普通高等教育"十四五"规划教材

Java 程序设计案例教程

主　编　刘志刚　王　辉
副主编　李　萌　杜　娟

中国石化出版社

内容提要

本书从企业用人的实践技术需求出发,系统地介绍了Java语言及相关技术。全书共15章,其中前3章为Java的入门基础,主要包括Java简介及开发环境搭建、Java基础语法等;第4章至第5章介绍Java面向对象编程,全面讨论了面向对象程序设计开发的思维方法及在Java中语言中的实现;第6章针对具体的软件项目开发案例,综合使用面向对象的各种技术,包括封装、继承、多态、接口等;第7章介绍了Java软件开发中常用的系统API类,包括System、Random、Date、Calendar等,此外还介绍了字符串相关类;第8章介绍了Java集合框架的知识,包括单列集合Collection和双列集合Map;第9章介绍了Java中的异常处理机制;第10章介绍了文件操作和二进制流技术;第11章介绍线程的基本知识,包括线程的创建、使用等;第12章介绍数据库的相关基本概念,JDBC技术常用类及接口,以及JDBC数据库编程的方法;第13章介绍网络编程的相关知识,重点介绍了Socket技术;第14章介绍了GUI基本知识,包括布局、组件、容器等;第15章以飞机大战游戏为案例,综合使用各种Java技术完成设计与开发。

本书结构合理,语言简练,内容深入浅出,以案例的方式讲解各章知识点,使读者学而知所用,体现了Java编程语言的实践性特点,本书可以作为高等院校和培训班相关专业的教材,还可供从事计算机技术、电子商务、系统工程的人员和企业技术人员参考。

图书在版编目(CIP)数据

Java程序设计案例教程 / 刘志刚,王辉主编. —北京:中国石化出版社,2021.4
ISBN 978-7-5114-6181-0

Ⅰ. ①J… Ⅱ. ①刘… ②王… Ⅲ. ①JAVA语言-程序设计-教材 Ⅳ. ①TP312.8

中国版本图书馆CIP数据核字(2021)第044650号

未经本社书面授权,本书任何部分不得被复制、抄袭,或者以任何形式或任何方式传播。版权所有,侵权必究。

中国石化出版社出版发行
地址:北京市东城区安定门外大街58号
邮编:100011 电话:(010)57512500
发行部电话:(010)57512575
http://www.sinopec-press.com
E-mail:press@sinopec.com
北京柏力行彩印有限公司印刷
全国各地新华书店经销

*

787×1092毫米16开本 30.75印张 667千字
2021年6月第1版 2021年6月第1次印刷
定价:68.00元

前言

Java 程序设计语言是随着 Internet 的发展而产生的,是目前被广泛使用的程序设计语言之一。由于 Java 语言具有学习入门快、社会需求量大、就业面广等特点,使得 Java 程序设计语言成为计算机方向的一门专业必须课,其课程体系也成为各高校计算机学院、软件学院学生学习的技术主线之一。

现在大数据 Java 程序设计教材单纯地从程序设计语言的角度出发,纯粹介绍语言特点及语法规则,忽视了 Java 程序设计语言的应用性。现在大多的高校计算机专业和软件学院则强调学生的实践动手能力,对学生的实践动手能力要求更高,这就需要有相应的实践性强的教材。本书正是以这一市场需求为立足点,以理论要点为基础,以案例驱动的方式介绍各章知识点,使读者学而知所用,体现了 Java 编程语言的实战性特点。

编者在多年教学经验的基础上,根据学生的认知规律精心组织了本书内容,循序渐近地介绍了 Java 语言程序设计的有关概念和编程方法。全书共 15 章,具有重项目实践、重理论要点、采用案例汇总知识点、力求体现实战性特点,使读者逐步具体利用 Java 开发应用程序的能力。教材内容充实、结构合理、每章均配有习题。本书集知识性、实践性和操作性于一体,具有内容安排合理、层次清楚、图文并茂、通俗易懂、案例丰富等特点。

本书由东北石油大学计算机与信息技术学院刘志刚、王辉、李萌、杜娟四位老师进行编写。全书由刘志刚统稿,第 1、2、3 章和第 14.5、14.6 节由杜娟编写,第 4、5、6、7、15 章由刘志刚编写,第 8、9、10 章由李萌编写,第 11、12、13 章和第 14.1~4 节由王辉编写。由于编者水平有限,加之本书内容覆盖面广,书中难免有不妥之处,敬请广大读者发送意见到 DqpiLzg@163.com 批评指正。

目录

第1章 Java 概述 …………………………………………………………（1）
  1.1 Java 语言简介 ………………………………………………………（1）
    1.1.1 Java 发展简史 …………………………………………………（1）
    1.1.2 Java 的影响力 …………………………………………………（2）
    1.1.3 Java 的语言特点 ………………………………………………（3）
  1.2 Java 平台及主要应用方向 …………………………………………（4）
  1.3 Java 的运行机制及 JVM ……………………………………………（5）
  1.4 Java 的 JDK 和 JRE …………………………………………………（7）
    1.4.1 什么是 JDK ……………………………………………………（7）
    1.4.2 什么是 JRE ……………………………………………………（7）
  1.5 Java 的开发环境 ……………………………………………………（8）
    1.5.1 集成开发环境 IDE ……………………………………………（8）
    1.5.2 安装 JDK ………………………………………………………（9）
    1.5.3 安装 Eclipse ……………………………………………………（11）
  1.6 Java 程序的编写与执行 ……………………………………………（13）
    1.6.1 记事本编写 Java 程序 …………………………………………（13）
    1.6.2 Eclipse 编写 Java 程序 …………………………………………（13）
  1.7 Java 程序的输入输出与注释语句 …………………………………（16）
    1.7.1 输出语句 ………………………………………………………（16）
    1.7.2 输入语句 ………………………………………………………（16）
    1.7.3 注释语句 ………………………………………………………（18）
  1.8 生成 Java 文档 ………………………………………………………（20）
  本章小结 ……………………………………………………………………（23）
  习题 …………………………………………………………………………（24）

第2章 Java 语言基础 …………………………………………………（26）
  2.1 Java 程序的构成 ……………………………………………………（26）
  2.2 Java 的标识符 ………………………………………………………（27）
  2.3 Java 的数据类型 ……………………………………………………（27）
    2.3.1 字符类型 ………………………………………………………（28）
    2.3.2 数值类型 ………………………………………………………（28）
  2.4 Java 的变量和常量 …………………………………………………（30）

I

2.4.1 变量 ………………………………………………………………………（30）
   2.4.2 常量 ………………………………………………………………………（30）
 2.5 Java 的常见运算符 …………………………………………………………………（30）
   2.5.1 赋值运算符 …………………………………………………………………（31）
   2.5.2 算术运算符 …………………………………………………………………（31）
   2.5.3 比较运算符 …………………………………………………………………（34）
   2.5.4 逻辑运算符 …………………………………………………………………（34）
   2.5.5 条件运算符 …………………………………………………………………（35）
 2.6 Java 程序的流程控制 ………………………………………………………………（35）
 2.7 选择结构 ……………………………………………………………………………（36）
   2.7.1 单分支结构 if 语句 …………………………………………………………（36）
   2.7.2 双分支结构 if-else 语句 ……………………………………………………（37）
   2.7.3 多分支结构 if-else if-else 语句 ……………………………………………（39）
   2.7.4 多分支结构 switch 语句 ……………………………………………………（40）
 2.8 循环结构 ……………………………………………………………………………（43）
   2.8.1 for 循环 ………………………………………………………………………（43）
   2.8.2 while 循环 ……………………………………………………………………（45）
   2.8.3 do…while 循环 ………………………………………………………………（47）
 2.9 跳转语句 ……………………………………………………………………………（47）
   2.9.1 break 语句 ……………………………………………………………………（47）
   2.9.2 continue 语句 …………………………………………………………………（49）
   2.9.3 return 语句 ……………………………………………………………………（49）
 本章小结 ……………………………………………………………………………………（50）
 习题 …………………………………………………………………………………………（51）
第 3 章 方法和数组 ………………………………………………………………………………（52）
 3.1 方法 …………………………………………………………………………………（52）
   3.1.1 什么是方法 …………………………………………………………………（52）
   3.1.2 方法的重载 …………………………………………………………………（56）
   3.1.3 方法的递归 …………………………………………………………………（58）
 3.2 数组 …………………………………………………………………………………（60）
   3.2.1 数组的基本概念 ……………………………………………………………（60）
   3.2.2 一维数组 ……………………………………………………………………（60）
   3.2.3 二维数组 ……………………………………………………………………（65）
   3.2.4 数组排序 ……………………………………………………………………（70）
   3.2.5 数组查找 ……………………………………………………………………（72）
   3.2.6 复制数组 ……………………………………………………………………（73）
   3.2.7 Arrays 数组操作类 …………………………………………………………（74）
 3.3 数组作为方法的参数 ………………………………………………………………（76）
 本章小结 ……………………………………………………………………………………（77）
 习题 …………………………………………………………………………………………（77）

第4章 类和对象 …………………………………………………………………（79）
4.1 面向对象概述 ………………………………………………………………（79）
4.1.1 封装性 …………………………………………………………………（80）
4.1.2 继承性 …………………………………………………………………（80）
4.1.3 多态性 …………………………………………………………………（80）
4.2 类的描述 ……………………………………………………………………（80）
4.2.1 类的定义 ………………………………………………………………（81）
4.2.2 类的使用 ………………………………………………………………（82）
4.2.3 类的设计 ………………………………………………………………（85）
4.2.4 类的成员封装 …………………………………………………………（86）
4.3 对象的创建与使用 …………………………………………………………（88）
4.3.1 对象的创建 ……………………………………………………………（88）
4.3.2 对象的比较 ……………………………………………………………（90）
4.3.3 对象的使用 ……………………………………………………………（91）
4.3.4 匿名对象 ………………………………………………………………（95）
4.3.5 对象的内存分配 ………………………………………………………（96）
4.3.6 对象的内存释放 ………………………………………………………（97）
4.4 构造方法 ……………………………………………………………………（98）
4.4.1 构造方法的定义 ………………………………………………………（98）
4.4.2 构造方法的重载 ………………………………………………………（99）
4.5 this 关键字 …………………………………………………………………（102）
4.6 static 关键字 ………………………………………………………………（104）
4.6.1 静态变量 ………………………………………………………………（105）
4.6.2 静态方法 ………………………………………………………………（106）
4.6.3 静态代码块 ……………………………………………………………（106）
4.7 垃圾回收 ……………………………………………………………………（107）
4.8 包 ……………………………………………………………………………（109）
4.8.1 包的定义 ………………………………………………………………（109）
4.8.2 类的导入 ………………………………………………………………（110）
4.8.3 静态导入 ………………………………………………………………（113）
4.9 程序文件的组织 ……………………………………………………………（114）
4.9.1 源文件和字节码文件 …………………………………………………（114）
4.9.2 Java 项目的目录结构 …………………………………………………（114）
4.9.3 在 Java 项目中添加 Java 类 …………………………………………（115）
4.9.4 以包的形式管理 Java 类 ………………………………………………（116）
本章小结 …………………………………………………………………………（119）
习题 ………………………………………………………………………………（119）

第5章 继承和多态 …………………………………………………………………（123）
5.1 类的继承 ……………………………………………………………………（123）
5.1.1 继承的概念 ……………………………………………………………（123）

5.1.2　重写父类方法 ································ (125)
　　5.1.3　super 关键字 ································ (126)
　5.2　final 关键字 ···································· (132)
　　5.2.1　final 关键字修饰类 ······················· (132)
　　5.2.2　final 关键字修饰方法 ···················· (133)
　　5.2.3　final 关键字修饰变量 ···················· (134)
　5.3　抽象类与接口 ·································· (135)
　　5.3.1　抽象类 ······································ (135)
　　5.3.2　接口 ··· (138)
　5.4　多态 ··· (146)
　　5.4.1　多态概述 ··································· (146)
　　5.4.2　对象类型转换和 instanceof ··········· (147)
　　5.4.3　Object 类 ·································· (151)
　5.5　访问控制 ·· (153)
　　5.5.1　公共权限 ··································· (153)
　　5.5.2　私有权限 ··································· (154)
　　5.5.3　默认权限 ··································· (154)
　　5.5.4　保护权限 ··································· (155)
　5.6　内部类 ··· (156)
　　5.6.1　成员内部类 ································ (156)
　　5.6.2　静态内部类 ································ (157)
　　5.6.3　方法内部类 ································ (158)
　　5.6.4　匿名内部类 ································ (159)
　5.7　泛型 ··· (161)
　　5.7.1　泛型数据类型 ······························ (161)
　　5.7.2　接口中的泛型 ······························ (161)
　　5.7.3　泛型类 ······································ (162)
　　5.7.4　泛型方法 ··································· (166)
　5.8　反射 ··· (166)
　　5.8.1　使用 Class 类实例化对象 ··············· (167)
　　5.8.2　使用 Class 实现反射 ····················· (170)
　本章小结 ·· (173)
　习题 ··· (173)
第6章　面向对象综合案例 ························· (177)
　6.1　案例场景 ·· (177)
　6.2　案例实现 A ···································· (178)
　　6.2.1　代码实现 ··································· (178)
　　6.2.2　案例实现分析 ······························ (180)
　6.3　案例实现 B ···································· (180)
　　6.3.1　代码实现 ··································· (180)

6.3.2　案例实现分析 …………………………………………………………（183）
　6.4　案例实现 C ……………………………………………………………………（183）
　　6.4.1　代码实现 ……………………………………………………………………（183）
　　6.4.2　案例实现分析 …………………………………………………………（186）
　6.5　案例实现 D ……………………………………………………………………（186）
　　6.5.1　代码实现 ……………………………………………………………………（186）
　　6.5.2　案例实现分析 …………………………………………………………（187）
　本章小结 …………………………………………………………………………（187）
　习题 ………………………………………………………………………………（188）
第 7 章　Java 常用类 ………………………………………………………………（190）
　7.1　数据包装类 ……………………………………………………………………（190）
　　7.1.1　构造方法产生包装类对象 …………………………………………………（191）
　　7.1.2　valueOf 方法产生包装类对象 ………………………………………………（191）
　　7.1.3　将十进制转换为二进制和十六进制 ………………………………………（191）
　　7.1.4　字符串与数值的转换 ………………………………………………………（192）
　　7.1.5　自动装箱与拆箱 ……………………………………………………………（193）
　7.2　String 类 ………………………………………………………………………（194）
　　7.2.1　构造字符串对象 ……………………………………………………………（194）
　　7.2.2　String 类的常用方法 ………………………………………………………（195）
　　7.2.3　对象的字符串表示 …………………………………………………………（203）
　　7.2.4　字符串与字符数组 …………………………………………………………（204）
　7.3　StringBuffer 类 …………………………………………………………………（205）
　　7.3.1　StringBuffer 对象的创建 ……………………………………………………（205）
　　7.3.2　StringBuffer 类的常用方法 …………………………………………………（207）
　7.4　StringTokenizer 类 ………………………………………………………………（209）
　7.5　System 类与 Runtime 类 ………………………………………………………（211）
　　7.5.1　System 类 ……………………………………………………………………（211）
　　7.5.2　Runtime 类 …………………………………………………………………（212）
　7.6　Math 类与 Random 类 …………………………………………………………（214）
　　7.6.1　Math 类 ………………………………………………………………………（214）
　　7.6.2　Random 类 …………………………………………………………………（216）
　7.7　日期操作类 ……………………………………………………………………（219）
　　7.7.1　Date 类 ………………………………………………………………………（219）
　　7.7.2　Calendar 类 …………………………………………………………………（219）
　　7.7.3　DateFormat 类 ………………………………………………………………（221）
　　7.7.4　SimpleDateFormat 类 ………………………………………………………（222）
　本章小结 …………………………………………………………………………（224）
　习题 ………………………………………………………………………………（224）
第 8 章　集合框架 …………………………………………………………………（227）
　8.1　集合框架概述 …………………………………………………………………（227）

V

8.1.1 集合框架介绍 …………………………………………………………… (227)
8.1.2 集合框架层次结构 ………………………………………………………… (227)
8.2 Collection 接口 …………………………………………………………………… (228)
8.3 List 集合 …………………………………………………………………………… (230)
 8.3.1 List 接口 ……………………………………………………………………… (230)
 8.3.2 ArrayList 类 ………………………………………………………………… (232)
 8.3.3 LinkedList 类 ………………………………………………………………… (236)
 8.3.4 集合遍历 ……………………………………………………………………… (239)
8.4 Set 集合 …………………………………………………………………………… (245)
 8.4.1 Set 接口 ……………………………………………………………………… (245)
 8.4.2 HashSet 类 …………………………………………………………………… (245)
 8.4.3 TreeSet 类 …………………………………………………………………… (247)
 8.4.4 集合遍历 ……………………………………………………………………… (250)
8.5 Map 集合 ………………………………………………………………………… (251)
 8.5.1 Map 接口 ……………………………………………………………………… (251)
 8.5.2 HashMap 类 ………………………………………………………………… (254)
 8.5.3 TreeMap 类 ………………………………………………………………… (255)
 8.5.4 集合遍历 ……………………………………………………………………… (256)
8.6 Collections 工具类 ……………………………………………………………… (258)
 8.6.1 复制、增加 …………………………………………………………………… (259)
 8.6.2 查找、替换 …………………………………………………………………… (261)
 8.6.3 排序 …………………………………………………………………………… (263)
本章小结 ……………………………………………………………………………… (264)
习题 …………………………………………………………………………………… (265)

第9章 异常处理 …………………………………………………………………… (267)

9.1 异常处理概述 …………………………………………………………………… (267)
 9.1.1 异常的结构体系 ……………………………………………………………… (267)
 9.1.2 初识异常 ……………………………………………………………………… (268)
9.2 Java 异常类型 …………………………………………………………………… (270)
 9.2.1 运行时异常 …………………………………………………………………… (270)
 9.2.2 非运行时异常 ………………………………………………………………… (271)
9.3 异常捕捉、处理 ………………………………………………………………… (271)
 9.3.1 try…catch …………………………………………………………………… (271)
 9.3.2 throws/throw ……………………………………………………………… (275)
9.4 自定义异常 ……………………………………………………………………… (278)
 9.4.1 自定义异常 …………………………………………………………………… (278)
 9.4.2 自定义异常的抛出、捕捉与处理 …………………………………………… (279)
本章小结 ……………………………………………………………………………… (282)
习题 …………………………………………………………………………………… (282)

第 10 章 文件读写与数据流 (284)
10.1 Java IO 流 (284)
10.1.1 IO 流分类 (284)
10.1.2 初识 IO 流 (286)
10.2 File 类 (287)
10.2.1 File 类的常用方法 (288)
10.2.2 操作文件属性 (290)
10.2.3 创建删除文件及文件夹 (295)
10.2.4 遍历目录 (297)
10.3 字节流 (300)
10.3.1 字节流分类 (300)
10.3.2 使用字节流读写文件 (302)
10.3.3 使用字节流复制文件 (304)
10.3.4 使用字节流缓冲区 (305)
10.3.5 使用字节缓冲流 (307)
10.4 字符流 (309)
10.4.1 字符流分类 (309)
10.4.2 使用字符流读写文件 (310)
10.4.3 使用字符流缓冲区 (312)
10.4.4 使用字符缓冲流 (313)
10.4.5 转换流 (315)
本章小结 (317)
习题 (317)

第 11 章 多线程 (319)
11.1 线程概述 (319)
11.1.1 进程与线程 (319)
11.1.2 认识线程 (320)
11.2 线程的创建 (321)
11.2.1 支持线程的类 (321)
11.2.2 继承 Thread 类创建多线程 (322)
11.2.3 实现 Runnable 接口创建多线程 (325)
11.2.4 两种实现多线程方式的对比分析 (327)
11.2.5 后台线程 (331)
11.3 线程的生命周期及状态转换 (332)
11.4 线程调度与优先级 (334)
11.4.1 线程调度策略 (334)
11.4.2 线程优先级 (334)
11.5 线程的基本控制 (336)
11.5.1 线程测试 (337)

  11.5.2 线程插队 ………………………………………………………………………(339)
  11.5.3 线程让步 ………………………………………………………………………(340)
  11.5.4 线程休眠 ………………………………………………………………………(342)
  11.5.5 线程中断 ………………………………………………………………………(343)
 11.6 线程同步 …………………………………………………………………………………(344)
  11.6.1 问题的提出 ……………………………………………………………………(344)
  11.6.2 同步代码块 ……………………………………………………………………(345)
  11.6.3 同步方法 ………………………………………………………………………(347)
  11.6.4 死锁 ……………………………………………………………………………(349)
 本章小结 ……………………………………………………………………………………………(351)
 习题 …………………………………………………………………………………………………(351)
第 12 章　数据库编程 ………………………………………………………………………………(353)
 12.1 数据库基础知识 …………………………………………………………………………(353)
  12.1.1 数据 ……………………………………………………………………………(353)
  12.1.2 数据库 …………………………………………………………………………(353)
  12.1.3 数据库管理系统 ………………………………………………………………(353)
  12.1.4 数据库系统 ……………………………………………………………………(353)
 12.2 JDBC 简介 ………………………………………………………………………………(354)
  12.2.1 JDBC 体系结构 ………………………………………………………………(354)
  12.2.2 JDBC 驱动类型 ………………………………………………………………(355)
 12.3 JDBC 常用 API …………………………………………………………………………(355)
  12.3.1 驱动程序管理 …………………………………………………………………(355)
  12.3.2 数据库连接 ……………………………………………………………………(356)
  12.3.3 SQL 语句 ………………………………………………………………………(356)
  12.3.4 数据 ……………………………………………………………………………(358)
 12.4 搭建数据库编程环境 ……………………………………………………………………(358)
  12.4.1 MySQL 数据库管理系统 ……………………………………………………(359)
  12.4.2 启动数据库服务器 ……………………………………………………………(359)
  12.4.3 下载数据库驱动 ………………………………………………………………(361)
  12.4.4 加载驱动程序 …………………………………………………………………(361)
  12.4.5 连接数据库 ……………………………………………………………………(362)
  12.4.6 关闭数据库 ……………………………………………………………………(363)
 12.5 数据库基本操作 …………………………………………………………………………(364)
  12.5.1 数据库应用开发基本方法 ……………………………………………………(364)
  12.5.2 创建数据库与表 ………………………………………………………………(365)
  12.5.3 插入数据 ………………………………………………………………………(367)
  12.5.4 查询数据 ………………………………………………………………………(370)
  12.5.5 修改数据 ………………………………………………………………………(372)
  12.5.6 删除数据 ………………………………………………………………………(373)

本章小结 ………………………………………………………………………… (373)
习题 ……………………………………………………………………………… (374)

第13章　网络编程 ………………………………………………………………… (376)

13.1　概述 ……………………………………………………………………… (376)
13.1.1　网络通信基础 ……………………………………………………… (376)
13.1.2　TCP协议与UDP协议 …………………………………………… (377)
13.1.3　网络通信的支持机制 ……………………………………………… (377)

13.2　URL通信机制 …………………………………………………………… (377)
13.2.1　URL简介 …………………………………………………………… (378)
13.2.2　URL类 ……………………………………………………………… (378)
13.2.3　读取URL资源 ……………………………………………………… (379)
13.2.4　URLConnection类 ………………………………………………… (382)

13.3　InetAddress类 …………………………………………………………… (384)

13.4　TCP通信 ………………………………………………………………… (385)
13.4.1　TCP通信简介 ……………………………………………………… (385)
13.4.2　套接字 ……………………………………………………………… (385)
13.4.3　Socket ……………………………………………………………… (385)
13.4.4　ServerSocket ……………………………………………………… (388)
13.4.5　简单的TCP通信实例 ……………………………………………… (390)

13.5　UDP通信 ………………………………………………………………… (393)
13.5.1　UDP通信简介 ……………………………………………………… (393)
13.5.2　DatagramPacket …………………………………………………… (393)
13.5.3　DatagramSocket …………………………………………………… (394)
13.5.4　简单的UDP通信实例 ……………………………………………… (394)

本章小结 ………………………………………………………………………… (397)
习题 ……………………………………………………………………………… (397)

第14章　GUI开发 …………………………………………………………………… (399)

14.1　GUI概述 ………………………………………………………………… (399)
14.1.1　AWT简介 …………………………………………………………… (399)
14.1.2　Swing简介 ………………………………………………………… (400)
14.1.3　AWT与Swing区别 ………………………………………………… (400)

14.2　一个简单的窗口应用 …………………………………………………… (401)
14.2.1　基于Swing的GUI程序设计步骤 ………………………………… (402)
14.2.2　模块化设计 ………………………………………………………… (403)

14.3　Swing容器 ………………………………………………………………… (404)
14.3.1　顶层容器 …………………………………………………………… (404)
14.3.2　中间容器 …………………………………………………………… (414)

14.4　常用布局管理器 ………………………………………………………… (418)
14.4.1　BorderLayout边界布局管理器 …………………………………… (418)

14.4.2　FlowLayout 流式布局管理器 ……………………………………（420）
　　　14.4.3　CardLayout 卡片布局管理器 ……………………………………（422）
　　　14.4.4　GridLayout 网格布局管理器 ……………………………………（424）
　　　14.4.5　BoxLayout 盒式布局管理器 ……………………………………（425）
　　　14.4.6　绝对布局 ………………………………………………………（427）
　14.5　常用事件处理 ……………………………………………………………（429）
　　　14.5.1　事件处理机制 …………………………………………………（429）
　　　14.5.2　窗体事件 ………………………………………………………（431）
　　　14.5.3　鼠标事件 ………………………………………………………（434）
　　　14.5.4　键盘事件 ………………………………………………………（436）
　　　14.5.5　动作事件 ………………………………………………………（438）
　　　14.5.6　焦点事件 ………………………………………………………（439）
　14.6　Swing 常用基本组件 ……………………………………………………（440）
　　　14.6.1　标签组件 ………………………………………………………（441）
　　　14.6.2　文本组件 ………………………………………………………（442）
　　　14.6.3　按钮组件 ………………………………………………………（444）
　　　14.6.4　菜单组件 ………………………………………………………（448）
　　　14.6.5　列表组件 ………………………………………………………（453）
　本章小结 …………………………………………………………………………（457）
　习题 ………………………………………………………………………………（457）
第 15 章　Java 游戏开发综合案例 …………………………………………………（459）
　15.1　飞机大战游戏概述 ………………………………………………………（459）
　15.2　系统设计与实现 …………………………………………………………（460）
　　　15.2.1　飞行物父类与接口 ……………………………………………（460）
　　　15.2.2　英雄机 …………………………………………………………（462）
　　　15.2.3　敌飞机 …………………………………………………………（464）
　　　15.2.4　小蜜蜂 …………………………………………………………（465）
　　　15.2.5　子弹 ……………………………………………………………（466）
　　　15.2.5　主程序 …………………………………………………………（467）
　本章小结 …………………………………………………………………………（476）

第 1 章　Java 概述

在这个国家，每个人都应该学习如何编程，因为它教你如何思考。
Everybody in this country should learn how to program a computer, because it teaches you how to think.

——史蒂夫·乔布斯（Steve Jobs）
苹果公司创始人

学习目标

- ▶ 了解 Java 的发展历史。
- ▶ 掌握 JDK、JRE、JVM 的含义、作用及相互之间的关系。
- ▶ 掌握安装和配置 Java 开发环境的方法。
- ▶ 掌握基本的输出语句。
- ▶ 能利用记事本和 Eclipse 编写、运行简单的 Java 程序。

●章节配套课件

●对应代码文件

1.1　Java 语言简介

Java 语言是一种面向对象的程序设计语言，它的发明公司是 Sun，目前该公司已被美国数据软件巨头甲骨文（Oracle）公司收购。James Gosling 是 Java 语言的共同创始人之一，后来他被称为 Java 之父。

1.1.1　Java 发展简史

1991 年，Sun 公司启动了由 James Gosling 领导的 Green 项目，准备为智能消费型电子产品编写一个通用控制系统。该系统原来准备用 C++语言来编写，但 C++语言太复杂，在 API 等方面存在很大问题，所以 James Gosling 等决定创造一种全新的语言。虽然这个项目最终被取消，但这门语言却无心插柳柳成荫，迅速流行。同时，为了给新语言命名，Gosling 注意到自己办公室外有一棵茂密的橡树（Oak），这是一种在硅谷很常见的树，所以他将这个新语言命名为 Oak。但 Oak 是另外一个注册公司的名字，因此无法使用。在命名征集会上，大家提出了很多名字，最后按大家的评选次序，将十几个名字排列成表，上报给商标律师。排在第一位的是 Silk（丝绸），尽管大家都喜欢这个名字，但遭到 James Gosling 的坚决反对。排在第二和第三的也都没有通过律师这一关。只有排在第四位的名字得到了所有人的认可和律师的通过，这个名字就是 Java。十多年来，Java 语言就像爪哇咖啡一样誉满全球，成为实至名归的企业级应用平台的霸主，如同咖啡一般醇香动人。目前，Java 语言仍然是世界上最受欢迎的编程语言之一，而且是一种面向对象的高级编程语言。

自从 Sun 公司在 1995 年正式对外公布 Java 语言和发布 JDK 1.0 后，Java 语言就被 PC

Magazine 杂志评为1995年十大优秀科技产品之一，Microsoft 公司总裁 Bill Gates 说："Java 语言是有史以来最卓越的计算机程序设计语言。"同时，IBM、Microsoft、Apple、DEC、Adobe、HP、Oracle、Toshiba、Netscape 等公司相继购买了 Java 许可证。Java 语言历史发展中的关键节点如下：

（1）1998年12月，Sun 公司发布了 JDK 1.2，同时还发布了 JSP/Servlet、EJB 等规范，并将 Java 分成 J2SE、J2EE、J2ME 三个版本；

（2）2000年5月，JDK 1.3 发布；

（3）2001年6月，NOKIA 宣布到2003年将出售1亿部支持 Java 的手机；

（4）2002年2月，Sun 公司发布了最为成熟的版本 JDK 1.4，Java 的计算能力有了大幅提升。在此期间，Java 在企业应用领域也获得了巨大的成功，Struts、Hibernate、Spring 等 Java 开源框架相继推出并普及，IBM、BEA 等公司也推出了自己的企业级商业应用服务器，例如 WebLogic、WebSphere、JBoss 等；

（5）2003年7月，Sun 公司发布代号为 Tiger(老虎)的 JDK I.5，此时的 J2SE、J2EE、J2ME 相应的改名为 Java SE、Java EE 和 Java ME，并且此时的 JDK 版本号也相应的从 JDK 1.5 重新命名为 JDK 5.0；

（6）2006年11月，Sun 公司宣布将 Java 技术作为免费软件对外发布；

（7）2006年12月，Sun 公司发布代号为 Mustang(野马)的 JDK 6.0，与 JDK 5.0 相比，Mustang 在性能方面有了不错的提升，在脚本、WebService、XML、编译器 API、数据库、网络等方面都有不错的新特性和功能加强；

（8）2007年11月，Google 公司宣布推出基于 Linux 的开源智能手机操作系统——Android，并迅速占领市场。Android 使用 Java 语言来开发应用程序(源程序采用 *.dex 作为扩展名)，使用类似 JVM 的 Dalvik 虚拟机来运行程序，这给 Java 一个新的发展和推广机遇；

（9）2009年2月19日，工程代号为 Dolphin(海豚)的 JDK 7.0 完成了第一个里程碑版本；

（10）2009年4月20日，Oracle 公司正式宣布以74亿美元的价格收购 Sun 公司，Java 商标从此正式归 Oracle 公司所有。James Gosling 在自己的博客中发表信息来"悼念"这个伟大的公司，如图1-1所示。

此后，Oracle 公司进一步加快了 JDK 的发布速度。2011年7月，Oracle 公司发布 Java JDK 7.0。2014年3月，Oracle 公司发布 Java SE8。截至2019年，Oracle 公司已经发布了 JDK 13，目前在如下的官方网站上可以下载 JDK 最新版本：

https://www.oracle.com/technetwork/java/javase/downloads/index.html

图1-1　James Gosling"悼念"Sun 公司

1.1.2　Java 的影响力

Java 语言经过三十年的发展已经成为人类计算机史上影响深远的编程语言。Java 语言所崇尚的开源、自由等精神吸引了世界顶尖软件公司和无数优秀的程序员，衍生出许多应用服务器和开源框架。因此，Java 已经超出了编程语言的范畴，发展为一个开发平台、一个产业、一种思想、一种文化，广泛应用于个人 PC、数据中心、游戏控制台、超级计算机、移动电话和互联网，同时拥有全球最大的开发者专业社群和开源生态系统。

Java 语言拥有一套十几年积累、许多软件公司倾力打造、经无数软件工程项目测试的庞大且完善的类库，内置了其他语言需要操作系统才能支持的功能。自 2001 年 6 月 TIOBE 编程榜发布以来，总共有 13 个编程语言曾经进入前十名，而 Java 语言多年来一直高居榜首。感兴趣的读者可以查阅网址：https://www.tiobe.com/tiobe-index/。

Oracle 声称，全球共有 900 万 Java 程序员；全球至少有 15 亿台 PC、31 亿部手机上运行着 Java 程序，25 亿张智能卡基于 Java；全球至少 50% 的网页是用 Java 语言写出来的。根据 IDC 的统计数字，在所有软件开发类人才的需求中，对 Java 工程师的需求达到全部需求量的 60%~70%。关于 Java 软件人才的国内需求情况，读者可以从智联招聘、51Job、中华英才网等招聘网站查阅。

1.1.3 Java 的语言特点

Java 是一种简单的、面向对象的、分布式的、解释型的、健壮安全的、结构中立的、可移植的、性能优异、多线程的动态语言。Java 语言作为一种广泛使用的程序设计语言，具有以下特性：

（1）Java 语言是简单的。一方面，Java 语言的语法与 C 语言、C++ 语言很接近，这使得大多数程序员很容易学习和使用 Java。另一方面，Java 丢弃了 C++ 中很少使用的、很难理解的特性，如操作符重载、多继承、自动的强制类型转换等。特别地，Java 语言不使用指针，并提供了自动的内存收集，使得程序员不必为内存管理而担忧。

（2）Java 语言是面向对象的。Java 语言提供类、接口和继承等原语，为了简单起见，只支持类之间的单继承，但支持接口之间的多继承，并支持类与接口之间的实现机制（关键字为 implements）。Java 语言全面支持动态绑定，是一个纯面向对象的程序设计语言。

（3）Java 语言是分布式的。Java 语言支持 Internet 应用的开发，在基本的 Java 应用编程接口中有一个网络应用编程接口（java.net），它提供了用于网络应用编程的类库，包括 URL、URLConnection、Socket、Serversocket 等，同时 Java 的 RML（远程方法调用）机制也是开发分布式应用的重要手段。

（4）Java 语言是健壮的。强类型机制、异常处理、内存空间的自动收集等都是 Java 程序健壮性的重要保证。对指针的丢弃是 Java 的明智选择，Java 的安全检查机制使得 Java 更具健壮性。

（5）Java 语言是安全的。Java 通常被用在网络环境中，为此 Java 提供了一种安全机制以防恶意代码的攻击。除了 Java 语言具有的许多安全特性以外，Java 对通过网络下载的类也具有安全防范机制（类 ClassLoader），如分配不同的名字空间以防替代本地的同名类、字节代码检查，并提供安全管理机制（类 SecurityManager）让 Java 应用设置安全保障。

（6）Java 语言是体系结构中立的。Java 程序（后缀为 .java 的文件）在 Java 平台上被编译为体系结构中立的字节码格式（后缀为 .class 的文件），然后可以在支持 Java 平台的任何系统中运行，这种途径适合于异构的网络环境中软件的分发。

（7）Java语言是可移植的。这种可移植性主要来源于体系结构中立性，同时Java还严格规定了各个基本数据类型的长度，与具体的硬件平台无关。Java系统本身也具有很强的可移植性，Java编译器是用Java实现的，Java的运行环境是用ANSI C实现的。

（8）Java语言是编译解释型的。如前所述，Java程序在平台上被编译为字节码格式，然后可以在实现这个Java平台的任何系统中运行。在运行时，平台中的Java解释器对这些字节码进行解释执行，执行过程中需要的类在连接阶段被载入到运行环境中。

（9）Java是高性能的。与解释型的高级脚本语言相比，Java是高性能的。同时，Java的运行速度进一步随着JIT(Just-In-Time)编译器技术的发展越来越快。

（10）Java语言是多线程的。在Java语言中，线程是一种特殊的对象，Java语言支持多个线程的同时执行，并提供多线程之间的同步机制(关键字为synchronized)。

（11）Java语言是动态的。Java语言的设计目标之一是适应动态变化的环境。Java程序需要的类不仅能够动态地被载入到运行环境中，也可以通过网络来载入所需要的类，这也有利于软件的升级。另外，Java中的类有一个运行时的表示，能进行运行时的类型检查。

这些优良的语言特性使得Java应用具有很好的健壮性和可靠性，这也减少了应用系统的维护费用。同时，Java对面向对象技术的全面支持和Java平台内嵌的API能大大缩短应用系统的开发时间，有效降低软件开发成本。Java的"编译一次，到处可运行"的特性使得它能够提供一个随处可用的开放结构和在多平台之间传递信息的低成本方式，特别是Java企业应用编程接口（Java Enterprise API）为企业计算及电子商务应用系统提供了有关技术和丰富的类库。

1.2 Java平台及主要应用方向

从某种意义上来说，Java不仅是编程语言，还是一个开发平台。Java技术给程序员提供许多工具：编译器、解释器、文档生成器和文件打包工具等，同时Java还是一个程序发布平台，其有两种主要的发布环境：首先是Java运行时环境（Java Runtime Environment，JRE）包含了完整的类文件包；其次是许多主流的浏览器都提供了Java解释器和运行时环境，Java平台划分成Java SE、Java EE、Java ME，针对不同的市场目标和设备进行定位。具体如下：

（1）Java SE(Java Platform，Standard Edition)：Java SE以前称为J2SE，它允许开发和部署在桌面、服务器、嵌入式环境和实时环境中使用Java应用程序。Java SE包含了支持JavaWeb服务开发的类，并为Java Platform，Enterprise Edition(Java EE)提供基础。

（2）Java EE(Java Platform，Enterprise Edition)：Java EE以前称为J2EE，它允许开发和部署可移植、健壮、可伸缩、安全服务器端的Java企业应用程序。Java EE是在Java SE的基础上构建的，提供Web服务、组件模型、管理和通信API，且可以用来实现企业级的面向服务体系结构(Service-Oriented Architecture，SOA)和Web-2.0应用程序。

（3）Java ME(Java Platform，Micro Edition)：Java ME以前称为J2ME。Java ME为在移动设备和入式设备(比如手机、PDA、电视机顶盒和打印机)上运行的应用程序提供一个健壮且灵活的环境。Java ME包括灵活的用户界面、健壮的安全模型，并对可以动态下载的联网和离线应用程序的丰富支持。

这三种技术中核心的部分是Java SE，而Java ME和Java EE是在Java SE基础之上发展起来的，它们的体系关系如图 1-2 所示。

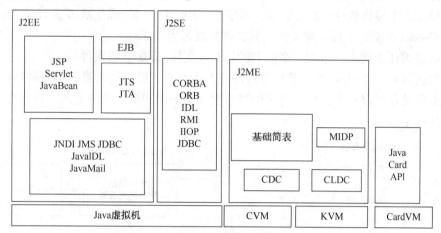

图 1-2　三种 Java 平台的关系示意图

Java 语言目前在服务器端确立了强大的战略优势，同时由于其独有的特性，在嵌入式系统开发方面的应用前景也非常广阔，未来的发展方向更是与 Internet 联系在一起。目前 Java 已作为一门综合性技术在众多领域中得到快速发展、应用。目前，使用 Java 开发的主要领域有以下几个方面：

（1）Web 页面动态设计、网站管理和交互操作等基于互联网的应用；
（2）嵌入式系统的开发与应用；
（3）交互式、可视化图形软件的开发；
（4）分布式计算系统的开发与应用；
（5）电子商务系统的开发与应用；
（6）多媒体系统的设计与实现。

1.3　Java 的运行机制及 JVM

一般来说，计算机高级语言主要有编译型和解释型两种类型。而 Java 是两种类型的集合，在 Java 程序代码的处理过程如图 1-3 所示。

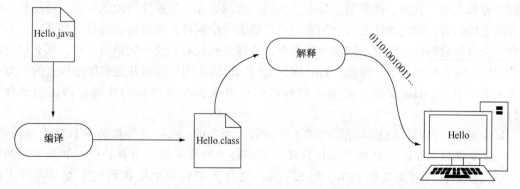

图 1-3　Java 程序代码处理过程

Java程序在计算机中执行要经过以下几个阶段：

（1）使用文字编辑软件（如记事本、写字板、UltraEdit等）或集成开发环境（MyEclipse、Eclipse、JCreater等）编写Java源文件，其文件扩展名为.java；

（2）通过编译，使文件生成一个同名的.class文件（即字节码文件）；

（3）通过解释，将class的字节码文件转变为由0和1组成的二进制指令并执行。

从以上各阶段可以看出，Java程序的执行包括了编译和解释两种方式，Java程序执行的具体过程如图1-4所示。

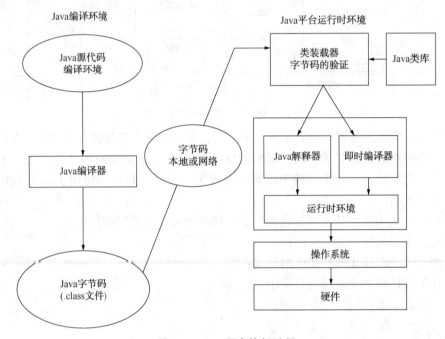

图1-4　Java程序执行过程

其中值得注意的是：.class文件是在Java虚拟机（JavaVirtualMachine，JVM）上运行的。Java虚拟机（JVM）是在一台计算机上由软件或硬件模拟的计算机，JVM可以实现Java程序的跨平台运行，即运行的操作平台可以各不相同。有JVM的存在，就可以将Java的.class文件转换为面向各个操作系统的程序，再由Java解释器执行。这就如同有一个中国富商，他同时要和美国、韩国、俄罗斯、日本、法国、德国等几个国家客户治谈生意，可是他不懂这些国家的语言，因此他针对每个国家的客户请了一个翻译，他说的话就只对翻译说，不同的翻译会将他说的话翻译给不同国家的客户，这样富商只需要说一句话给翻译，那么就可以同几个国家的客户沟通了。因此，Java虚拟机（JVM）的作用是读取并处理经编译过的、与平台无关的字节码.class文件；而Java解释器则负责将Java虚拟机的代码在特定的平台上运行。

Java虚拟机（JVM）的基本原理如图1-5所示。所有的.class文件都是在JVM上运行的，即.class文件只需要认识JVM，再由JVM去适应各个操作系统。也就是说，如果不同的操作系统安装上符合其类型的JVM，那么.class文件无论到哪个操作系统上都是可以正确执行。

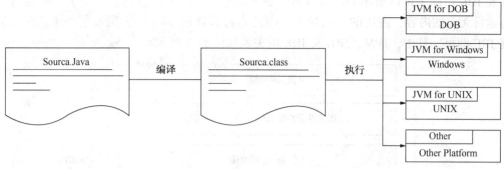

图 1-5 JVM 的基本原理

1.4 Java 的 JDK 和 JRE

1.4.1 什么是 JDK

SUN 公司为提高 Java 程序的编写效率，提供了一套 Java 开发包，简称 JDK（Java Development Kit）。它是一个编写 Java Applet 小程序和 Application 应用程序的程序开发库，是整个 Java 技术的核心，其中包括 Java 编译器、Java 运行工具、Java 文档生成工具、Java 打包工具等。不论什么 Java 应用服务器，其实质都是内置了某个版本的 JDK。主流的 JDK 是 SUN 公司发布的 JDK，它的版本也在不断地升级。在 1995 年，Java 诞生之初时的 JDK 的版本是 1.0，随后 SUN 公司相继推出了 JDK1.1、JDK1.2、JDK1.3、JDK1.4、JDK5.0、JDK6.0、JDK7.0 等，目前 JDK 的最新版本是本 JDK13.0。此外还有很多公司和组织都开发了自己的 JDK，例如 IBM 公司开发的 JDK、BEA 公司的 Jrocket、GNU 组织开发的 JDK 等。

在 JDK 的工具库中主要有 7 种程序，具体如下：

（1）javac：源代码的编译器，将 .java 源文件转换成 .class 字节码文件；

（2）java：程序的解释器，解释执行 .class 字节码文件；

（3）appletviewer：小应用程序浏览器，一种执行 HTML 文件上的 Java 应用小程序的浏览器；

（4）javadoc：根据 Java 源代码及注释语句生成 HTML 说明文档；

（5）jdb：程序的调试器，可以逐行执行程序，设置断点和检查变量；

（6）javah：产生可以调用 Java 过程的 C 过程，或建立能被 Java 程序调用的 C 过程的头文件。

（7）javap：反汇编器，显示编译类文件中的可访问功能和数据，显示字节代码含义。

1.4.2 什么是 JRE

不同于 JDK，JRE（Java Runtime Environment）是 Java 运行环境，是提供给普通用户使用的。由于普通用户只需要运行事先编译好的程序，不需要自己动手编写程序，因此 JRE 工具中只包含 Java 运行工具，不包含 Java 的编译工具，即：编写 Java 程序的时候需要 JDK，而运行 Java 程序的时候仅需要 JRE。此外，为方便开发人员，JDK 里面已经包含了 JRE，因此安装 JDK 后除了可以编译 Java 程序外，也可以正常运行 Java 程序。但由于 JDK 包含了许多与运行无关的内容，占用的空间较大，因此运行普通的 Java 序无须安装 JDK，而仅需要安装 JRE 即可。其中，JVM、JRE 及 JDK 的关系如图 1-6 所示。

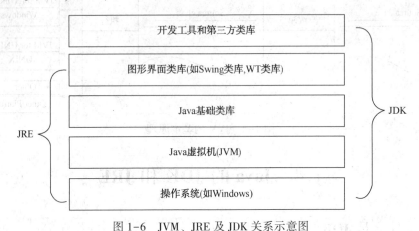

图 1-6　JVM、JRE 及 JDK 关系示意图

1.5　Java 的开发环境

1.5.1　集成开发环境 IDE

软件系统的规模越来越大，程序的复杂程度也越来越高，集成开发环境（Integrated Development Environment，IDE）的应用将大大提高软件开发人员的工作效率。在计算机开发语言的历史中，没有语言像 Java 这样受到如此众多厂商的支持，有如此多的开发工具。目前比较流行的 Java IDE 工具有 Eclipse/MyEclipse、NetBeans、JBuilder、JDeveloper、IntelliJ 等。据国外权威调查机构显示，当前市场份额为 Eclipse：45%，NetBeans：30%，JBuilder：15%，其他 IDE：10%。

1. Eclipse/MyEclipse

Eclipse 是 IBM 公司"日食计划"的产物。在 2001 年 6 月，IBM 公司将价值 4000 万美元的 Eclipse 捐给了开源组织。Eclipse 是一个免费的、开放源代码的、基于 Java 的可扩展开发平台。经过几年的发展，Eclipse 已经成为目前最流行的 Java IDE，成为业界的工业标准。

MyEclipse（MyEclipse Enterprise Workbench）是基于 Eclipse 进行扩展的商业收费软件，提供了功能丰富的 Java EE 集成开发环境，包括完备的编码调试、测试、发布以及应用程序服务器的整合，完全支持 HTML、Struts、JSP、CSS、JavaScript、Spring、SQL、Hibernate 等，能够极大地提高开发工作效率。

2. IntelliJ

IntelliJ 全称 IntelliJ IDEA，是 Java 编程语言开发的集成环境。目前，IntelliJ 在业界被公认为最好的 Java 开发工具，尤其在智能代码助手、代码自动提示、重构、J2EE 支持、各类版本工具（git、svn 等）、JUnit、CVS 整合、代码分析、创新的 GUI 设计等方面的功能可以说是超常的。IDEA 是 JetBrains 公司的产品，这家公司总部位于捷克共和国的首都布拉格，开发人员以严谨著称的东欧程序员为主。它的旗舰版本还支持 HTML，CSS，PHP，MySQL，Python 等。免费版只支持 Python 等少数语言。

3. NetBeans

NetBeans 是 Sun 公司发布的开源 Java IDE。随着 Eclipse 的逐渐兴起，Sun 公司也在试探性地向 Eclipse 靠拢，但同时又在不遗余力地开发完善 NetBeans。NetBeans 在功能上和 Eclipse 类似，但存在区别：

（1）Eclipse 的 GUI 库利用 SWT 完成，而 NetBeans 使用的是 Swing/AWT；

（2）NetBeans 版本的更新速度比 Eclipse 快；

（3）NetBeans 的性能比 Eclipse 高；

（4）NetBeans 除支持 Java 外，还支持 C/C++等多种语言。

4. JCreator

JCreator 是一个轻量型的 Java IDE，提供了 Java 程序的编辑、编译、调试和运行，支持语法着色，运行速度快，并且占用的资源少。

5. JBuilder

JBuilder 是 Borland 公司开发的 Java IDE。使用 JBuilder 可以快速、有效地开发各类 Java 应用。Borland 公司的著名产品有 Turbo C、Turbo Pascal、C++Builder、Delphi、JBuilder 等。由于商业收费，迅速被 Eclipse 和 NetBeans 超越。2006 年，JBuilder 终于脱离了 Borland 而正式成为 CodeGear 公司的主力 Java 开发工具，让 JBuilder 有机会重返 Java 开发工具王者的地位。JBuilder 从 2006 版开始使用 Eclipse 作为其核心开发，最新版本为 JBuilder2008R2，支持最新的 EJB 3.0 规范以及 JPA 技术。

1.5.2 安装 JDK

1. 获取 JDK

在安装 JDK 之前要获取安装文件。目前，在 Oracle 的官网上可以找到 JDK 的下载地址。具体做法为：打开浏览器输入 https：// www. oracle. com/java/technologies/，然后单击“JavaSE”选项，进入 Java SE at a Glance 选项卡页面。再次单击“Downloads”选项，进入 JavaSEDownloads 选项卡页面，最后选择需要下载的 JDK 版本（这里以 Java SE13. 0. 1 为例），其中 Windows 用户选择 jdk-13. 0. 1_ windows-x64_ bin. exe 即可下载可执行文件。JDK 下载网址具面见图 1-7 所示。

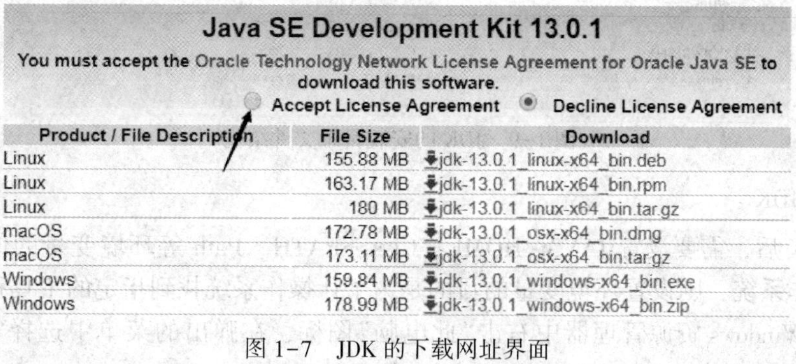
Java SE Development Kit 13.0.1

You must accept the Oracle Technology Network License Agreement for Oracle Java SE to download this software.

Accept License Agreement　Decline License Agreement

Product / File Description	File Size	Download
Linux	155.88 MB	jdk-13.0.1_linux-x64_bin.deb
Linux	163.17 MB	jdk-13.0.1_linux-x64_bin.rpm
Linux	180 MB	jdk-13.0.1_linux-x64_bin.tar.gz
macOS	172.78 MB	jdk-13.0.1_osx-x64_bin.dmg
macOS	173.11 MB	jdk-13.0.1_osx-x64_bin.tar.gz
Windows	159.84 MB	jdk-13.0.1_windows-x64_bin.exe
Windows	178.99 MB	jdk-13.0.1_windows-x64_bin.zip

图 1-7　JDK 的下载网址界面

2. 安装 JDK

打开下载的文件 jdk-13.0.1_windows-x64_bin.exe，即可开始安装 JDK，安装步骤如下：

（1）双击此文件，打开"安装程序"对话框；

（2）单击"下一步"，打开"目标文件夹"对话框，选择更改文件的安装路径。本书将 JDK 安装到 C:\ProgramFiles\Java\jdk-13.0.1 目录下，具体如图 1-8 所示。

（3）单击"下一步"，打开进度对话框，开始安装。

图 1-8 安装 JDK 的基本过程

在 JDK 安装完成后，打开安装目录，如图 1-9 所示，具有多个文件夹，主要文件夹功能如下：

（1）bin：包含所有命令。在 windows 平台上，它还包含系统运行时动态链接库；

（2）conf：包含用户编辑的配置文件；

（3）include：包含用于本地方法的文件，它只存在于 JDK 中；

（4）lib：存放 Java 的类库文件，及工具程序使用的 Java 类库；

（5）jmods：包含 JMOD 格式的平台模块。创建自定义运行时映像时需要它，它只存在于 JDK 中；

（6）legal：包含法律版权声明。

图 1-9 JDK 的安装目录文件结构

3. 配置 JDK

安装 JDK 后，需要设置 JAVA_HOME、CLASSPATH、Path 等环境变量的值。若将 Java 环境比作操作系统，则设置环境变量的目的是为了让操作系统找到指定的工具程序。

（1）在 Windows 资源管理器中右击"此电脑"图标，在弹出的菜单中选择"属性"命令，打开"系统"窗口，在窗口左侧选择"高级系统设置"选项，打开"系统属性"选项卡，单击"环境变量"按钮打开环境变量对话框，该过程如图1-10所示。

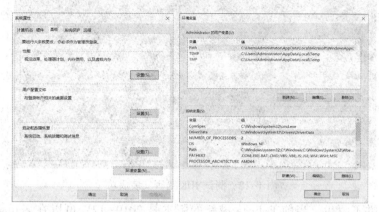

图1-10　配置"环境变量"对话框

（3）在"环境变量"对话框的"系统变量"选项区域中，单击"新建"按钮，在"变量名"文本框中输入JAVA_HOME，在变量值文本框输入设置好的JDK路径C：\ Program Files \ Java \ jdk-13.0.1，如图1-11所示，单击"确定"按钮完成JDK基准路径的设置。注意：设置JAVA_HOME变量的作用是在其他变量中用到JDK的安装路径时，可用JAVA_HOME变量的值来替换，使用时用%JAVA_HOME%表示。这样设置的优点是若改变了JDK的安装路径，只需要修JAVA_HOME变量的值，而CLASSPATH及path中的值不用修改。

图1-11　"新建系统变量"对话框

（4）在"环境变量"对话框的"系统变量"选项区域中，单击"新建"按钮，在"变量名"文本框中输入CLASSPATH，在"变量值"文本框输入"．;%JAVA_HOME% \ lib \ ;"，单击"确定"按钮完成JDK所用类路径的设置。注意：设置CLASSPATH主要用于说明JDK中所要用的类的位置，变量中的"．;"是不能省略的，主要用于表示当前目录，而";"是各个部分的分隔符。

（5）在"环境变量"对话框的"系统变量"选项区域中选中变量Path，单击"编辑"按钮，在弹出的"编辑系统变量"对话框中，单击"新建"按钮加入";% JAVA HOME% \ bin"即JDK bin目录所在路径。

（6）检测JDK是否配置成功，可以打开命令提示符窗口，输入javac命令。如果配置成功，会出现当前javac命令相关的参数说明，如图1-12所示。

1.5.3　安装Eclipse

Eclipse是一个开放源代码的、基于Java的可扩展开发平台，因其插件而闻名。就其本身而言，它只是一个框架和一组服务，用于通过插件组件构建开发环境。对于学习Java的

图 1-12　测试 JDK 是否安装成功

人来说 Eclipse 并不陌生。当前 Eclipse 最新的版本是 2019-12，可以在 eclipse 官网（https：∥www.eclipse.org/downloads/）进行下载安装。下面以安装为例，说明其安装过程。

（1）单击 Eclipse 的安装文件 eclipse-inst-win64.exe，进入指引安装界面。单击第二项，Eclipse IDE for Enterprise Java Developers，进入下载界面，如图 1-13 所示。

图 1-13　指引安装界面

（2）选择 Java 虚拟机的位置和安装 Eclipse 的位置，单击 INSTALL 进行安装。等待进度完成后，点击 LAUNCH 后即可启动运行，如图 1-14 所示。

图 1-14　成功安装 Eclipse

1.6　Java 程序的编写与执行

1.6.1　记事本编写 Java 程序

为了对 Java 的运行环境有更进一步的了解，本节通过记事本来编写一个简单的 Java 程序，并对其进行编译并执行。首先，在 Windows 资源管理器中，单击"查看"选项卡，勾选"文件扩展名"复选框，显示文件扩展名。这样做的目的是为了以后能方便地区分出 Hello.txt、Hello.java、Hello.class 等不同的文件类型。

【例1-1】　利用记事本编写第一个 Java 程序，并保存在 C:\ Ex_01.java 中。该程序的功能是在屏幕上打印出星号以及"Welcome to java world!"字符串信息。

```
01  public class Ex_01{
02      public static void main(String[] args) {
03          System.out.println("************************");
04          System.out.println("*Welcome to java world!*");
05          System.out.println("************************");
06      }
07  }
```

编写过程中注意以下事项：(1)源文件的扩展名必须为 .java；(2)Java 语言区分大小写。在 Java 程序中，System 和 system 是两个不一样的名称。

编写程序结束后，下一步通过 Java 的编译器 javac 将源程序编译成 .class 字节码文件，然后通过 java 命令来执行字节码文件。具体命令如下：

```
cd     待编译源文件的路径
javac  待编译的Java源文件（包括后缀名.java）
java   待执行文件名（不包括后缀名.class）
```

对于本例题则输入：

```
C:\>javac Ex_01.java
C:\>java Ex_01
```

如图 1-15 所示。如果执行 javac 命令提示符窗口没有任何错误信息，说明 Java 源文件已经编译成功，当前目录下会产生一个扩展名为 .class 的字节码文件。再次通过 java 执行程序后再屏幕上打印出星号及"Welcome to java World!"信息。

1.6.2　Eclipse 编写 Java 程序

虽然利用记事本编写程序过程简单，但是记事本无法提供 IDE 的强大辅助功能，如文件管理、智能提示、运行调试等，随着软件规模的逐步提高，目前行业在开发过程中，都是使用诸如 Eclipse 的开发工具来编写 Java 程序。

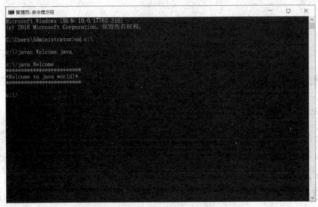

图 1-15　Java 程序的编译和执行

1. 启动 Eclipse

启动 Eclipse 后会首先显示工作空间设置对话框，如图 1-16 所示。工作空间的设置主要是用于确定所建立的 Java 项目的存储位置，用户可以单击 Browse 按钮进行更改，也可以采用 Eclipse 默认的工作路径。确定项目工作空间后，单击 Launch 进入 Eclipse 开发环境。

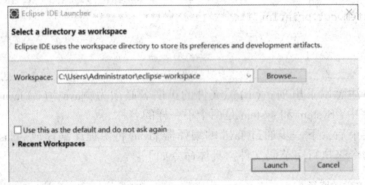

图 1-16　设置工作空间

2. 新建 Java 项目

从菜单栏中选择 File | New | Java Project 命令，打开 New Java Project 对话框，如图 1-17 所示。在 Project name 中输入项目名称，例如"Hello World"，并单击 Finish 按钮关闭对话框，完成 Java 项目的创建。

图 1-17　新建 Java 项目对话框

此外，创建 Java 项目后会弹出一个切换透视图的对话框，如图 1-18 所示，默认单击 No 按钮即可。

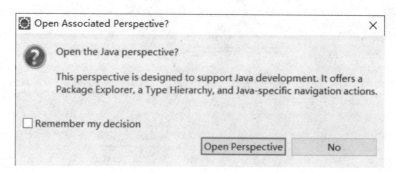

图 1-18　切换透视图对话框

3. 新建 Java 类

选择菜单 File | New | Class 命令，打开 New Java Class 对话框，如图 1-19 所示。在 Name 文本框中输入类名，例如"Welcome"，单击 Finish 按钮完成类的创建。

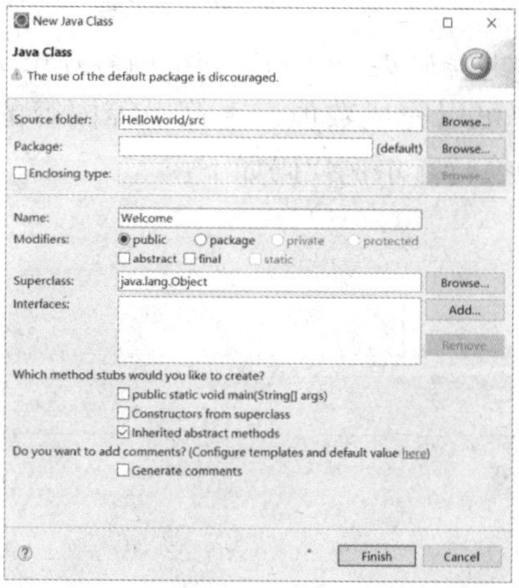

图 1-19　新建 Java 类对话框

注意：若在新建 Java 类的对话框中选中了"public static void main(String[ ] args)"复选框，则创建的类会自动添加主方法 main 的声明，用户只需要在 main 方法中添加语句实现相应功能，建议初学者，可以默认选中该复选框。

4. 编写和运行程序

类创建完毕后，在 Eclipse 的主窗口代码编辑器中输入例 1-1 中的程序代码，如图 1-20 所示。由于 Java 程序编译前，首先要进行源文件的保存。保存后，单击工具栏上的 Run 按钮后，Eclipse 会自动完成程序代码的编译，并在 Console 窗口中给出程序编译（如果编译错误）或者运行的结果。

通过比较可以发现，Eclipse 用来开发 Java 项目更加方便快捷，而且 Eclipse 提供语法高亮显示、错误纠正等功能，在做大型项目时尤为有用。因此 Eclipse 实际开发项目中是经常被使用的集成开发环境。

图1-20　程序编写和运行结果示意图

1.7　Java 程序的输入输出与注释语句

1.7.1　输出语句

Java 语言提供了一个常用的基础类 System，详细内容在第 7 章进行介绍。利用 System 中 out 对象的 print( ) 和 println( ) 可以完成数值、字符串等内容的输出，其中相对于 print( )，println( ) 输出内容后，会自动换行。示例代码如下：

```
double  x = 10000.0/3.0;
System.out.pritnln(x);
```

结果会打印出：

```
3333.33333333333333
```

1.7.2　输入语句

为了方便的从控制台（console）或者文本文件中读入基本数据类型的数据，JDK 5.0 在 java.util 包中引入了 Scanner 类，其中从文本文件中读取数据的方法与控制台类似，本节将主要介绍读取控制台输入的方法。

为了使用 Scanner 类，首先要进行 Scanner 对象的声明，关于对象的声明在后面的章节中会进行介绍。具体语法格式为：

```
Scanner sc = new Scanner(System.in);
```

其中 System.in 是 Java 虚拟机提供的一个系统输入对象。

Scanner 类根据分隔符把字符序列分隔成记号（token），该类默认使用空白符作为分隔符，其中空白符可以是一个或若干个空格、制表符、回车换行符。例如，以空格作为分隔符的如下字符序列：

12   3.14   Car

则 Scanner 类可以将其识别为整数 12，浮点数 3.14 和字符串 Car 三个记号。

【例 1-2】 使用 Scanner 类读取控制台的输入。

```java
import java.util.Scanner;
public class Ex_02 {
    public static void main(String[] args) {
        // 创建Scanner对象
        Scanner sc = new Scanner(System.in);
        // 提示输入数据
        System.out.println("Please enter a integer, double and string");
        int x = sc.nextInt();
        double y = sc.nextDouble();
        String s = sc.next();
        System.out.println("the input integer is:" + x);
        System.out.println("the input double is:" + y);
        System.out.println("the input string is:" + s);
    }
}
```

运行程序，首先会出现请输入数据的英文提示，然后在控制台上分别输入 12、3.14 和 Car，并空格分隔。输入完毕后，回车则会看到相应的三行输出。具体程序运行结果如下：

```
Please enter a integer, double and string
12 3.14 Car
the input integer is:12
the input double is:3.14
the input string is:Car
```

Scanner 类为每一种基本的数据类型都提供了相应的 nextXxx( ) 方法读取该类型的值，例如 nextBoolean( )、nextByte( )、nextShort( )、nextLong( )、nextDouble( )、nextFloat( )、next( )。其中每次调用 Scanner 对象的 nextXxx( ) 方法读取控制台中输入的一个标记，即：遇到空格或者回车换行，当前标记的读取结束。与其他方法不同，next( ) 方法统一将所有标记按照字符串的形式返回，该方法主要在无法确定控制台上的输入数据类型时进行使用。

此外，与 nextXxx( ) 系列的方法不同，Scanner 类还提供给了一个 nextLine( ) 方法，该方法每调用一次就读取控制台上的一整行数据，并以字符串形式返回。每次调用该方法，遇到回车换行时结束。

与 nextXxx( ) 系列方法相对应，Scanner 类还提供相应的 hasNextXxx( ) 方法，如 hasNextInt( ) 用来判断下一个数据是否匹配制定的数据类型。与此类似，还有 hasNextBoolean( )、hasNextByte( )、hasNextShort( )、hasNextLong( )、hasNextDouble( )、hasNextFloat( )、hasNext( )。

【例1-3】 编写程序计算并输出圆的面积,其中半径从控制台输入。

```
01  import java.util.Scanner;
02  public class Ex_03{
03    public static void main(String[] args) {
04        System.out.println("Please input the Pi and radius of the cirlce");
05        Scanner scanner = new Scanner(System.in);
06        System.out.print("Enter Pi: ");
07        double pi = scanner.nextDouble();
08        System.out.print("Enter radius: ");
09        int radius = scanner.nextInt();
10        double area = pi * radius * radius;
11        System.out.println("The area of cirlce is:" + area);
12    }
13  }
```

控制台上查看输入结果,如下:

```
Please input the Pi and radius of the cirlce
Enter Pi: 3.1415926
Enter radius: 2
The area of cirlce is:12.5663704
```

1.7.3 注释语句

与其他编程语言一样,Java源代码也允许出现注释,并且注释不影响程序的执行,只是起到提示开发人员的作用。在Java中,有三种不同功能的注释,分别为单行注释、区域注释和文档注释,本节将对这些注释的使用进行介绍。

1. 单行注释

单行注释是最常用的一种注释方式,可以为单条代码或者较小的代码片段的功能添加简短的代码说明,也可以注释掉单行代码。语法格式是:用"//"表示注释开始,注释内容从"//"开始到本行结尾。

【例1-4】 单行注释示例。

```
01  //计算成绩数组score中多门课成绩的总和
02  int[] score = {90, 100, 95, 87};
03  int sum = 0; //记录成绩总和
04  for (int i = 0; i < score.length; i++) {
05      sum = sum + score[i];
06  }
```

其中，第 1 行是对此段代码的功能进行了注释，第 3 行是 sum 的作用进行了说明。

2. 区域注释

对于长度为几行的注释，可以使用区域注释（又称"多行注释"）。开发人员通常使用区域注释描述文件、数据结构、方法和文件说明。它们通常放在文件的开头和方法的前面或内部。

要创建区域注释，需要在注释行开头添加 /*，在注释块末尾添加 */。此方法允许创建很长的注释，而无需在每一行的开头都添加 //。

【例 1-5】 区域注释示例

```
01  /*
02   * 计算多门课成绩的总和
03   */
04  public void sumScore(){
05      int[] score = {90, 100, 95, 87};
06      int sum = 0;  //记录成绩总和
07      for (int i = 0; i < score.length; i++) {
08          sum = sum + score[i];
09      }
10  }
```

区域注释在编译时，"/*"及"*/"之间的内容都会被忽略，所以上述两种风格的注释没什么异样，只是一种使用习惯而已，读者可以根据自己的喜好决定使用哪一种。另外，在使用区域注释时需要注意，"/*"、"*/"在 Java 中不能嵌套使用。如果注释内容中本身包含了"*/"，就不能使用区域注释了。因为编译器认为遇到"*/"，则注释结束，这可能会引起错误。这时只能使用单行注释方法来解决。

3. 文档注释

文档注释是 Java 特有的，释用于描述 Java 的类、接口、方法等，可通过 javadoc 工具转换成 HTML 文件。每个文档注释都会被置于注释定界符 /** 和 */ 之中，一个注释对应一个类、接口或成员。该注释应位于声明之前，如下面的代码所示。

【例 1-6】 文档注释。

```
01  /**
02   * 学生类
03   * @author Liu Zhigang
04   *
05   */
06  public class Student {
07      public String name;
08      public int score;
09  }
```

19

【例1-7】 综合演示各种注释的使用。

```java
01 /**
02  * 学生类
03  * @author Liu Zhigang
04  *
05  */
06 public class Student {
07     public String name;
08     int[] score = {90, 100, 95, 87};
09     public int sumScore = 0; //成绩总分
10     /*
11      * 计算多门课成绩的总和
12      */
13     public void getSumScore(){
14         for (int i = 0; i < score.length; i++) {
15             sumScore = sumScore + score[i];
16         }
17     }
18     /*
19      * 计算多门课成绩的最高分
20      */
21     public int getMaxScore(){
22         Arrays.sort(score);    //对成绩数组进行排序
23         return score[score.length];
24     }
25 }
```

1.8 生成 Java 文档

1. JDK 帮助文档

Java 程序员在使用 JDK 开发时，最好的帮助信息来自 Java 文档，它分包、分类地提供了详细的方法、属性的帮助信息，并具有详细的类树信息、索引信息等，提供了许多相关类之间的关系，如继承、实现接口等。

Java 文档全是由一些 HTML 文件组织起来的，在 Sun 公司的站点上可以下载他们的压缩包。打开 Java API 文档后，如图 1-21 所示。

2. 生成项目文档

Java 系统提供的 javadoc.exe 工具可以根据程序结构自动产生注释文档。当程序修改时，可以方便、及时地更新生成的注释文档。javadoc.exe 存在于 JDK 的 bin 目录下，使用 javadoc 生成的文档都是 HTML 格式的，可以直接通过 Web 浏览器查看。执行 javadoc 命令的一般格式如下：

第1章 Java概述

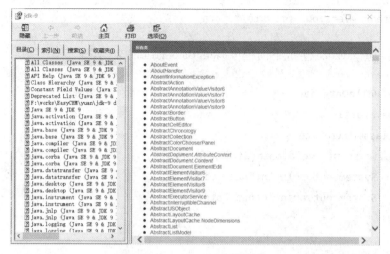

图 1-21 Java API 文档浏览

```
javadoc [options] [packages] [sourcefiles] [@files]
```

其中，在命令中有四组可选项，方括号本身不是命令的一部分。命令行的每个选项之间用一个或多个空格分开。各组选项的用途如表 1-1 所示。

表 1-1 javadoc 命令选项的用途

javadoc 命令选项	用途
options	指定执行 javadoc 时的命令选项，如果想显示标准命令选项，可以使用如下命令：javadoc – help
package	需要处理的一系列包名，名字之间用一个或多个空个分开
sourcefiles	一系列用空格分隔的源文件名，可以使用分配符，如果想指定当前目录的所用源文件可以使用
@ files	用空格分隔的一个或多个源文件的名字，也可以是一个或多个包。每个文件必须使用@作为前缀符

javadoc 中 options 选项很多，表 1-2 列出了比较常用的选项。

表 1-2 javadoc 的 options 执行选项

javadoc 执行选项	结果
-author	生成@ author 标记
-version	生成@ version 标记
-package	将文档输出到包、共有的或保护的类和成员上
-public	将文档输出到公有类和成员上
-protected	将文档输出到共有类和受保护的类以及共有的类成员上
-private	使所有类和成员生成文档注释
-d directoryName	使 javadoc 生成的 HTML 文件储存在指定的目录下。默认为当前目录

用户可以使用如下命令处理当前目录下的一个源文件中所有的类和成员，该命令为所有的类和成员生成文档注释并输出作者和版本信息。

```
javadoc –author –version –private *.java
```

【例1-7】 用 javadoc 生成下面程序 HelloDate.java 的文档。

```
01  //文件名：HelloDate.java
02  import java.util.*;
03  public class HelloDate {
04      public static void main(String[] args){
05          System.out.println("Hello,it's:");
06          System.out.println(new Date());
07      }
08  }
```

运行以下命令，为程序自动生成文档，生成过程如图1-22所示。

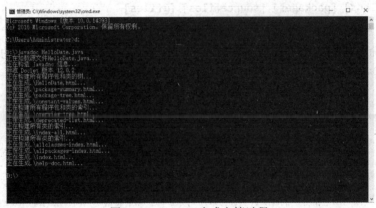

图1-22　javadoc 生成文档过程

```
javadoc HelloDate.java
```

生成过程结束后，会在当前目录下生成了许多 HTML 文件，这些就是程序的帮助文档其中 index.html 文档是起始文档。打开该文件，显示内容如图1-23所示。

图1-23　javadoc 生成的 HelloDate.java 程序文档

此外，javadoc 标记是插入文档注释中的特殊标记，它们主要用于标识代码中的特殊引用。javadoc 标记由@及其后所跟的标记类型和专用注释引用组成。javadoc 的主要标记如表 1-3 所示，感兴趣的读者可以查阅。

表 1-3　javadoc 标记

Javadoc 常用标记	用　　　途
@ author	为一个类或接口生成作者信息项
@ version	指定类模块的版本信息
@ see	提供另一个类、方法、成员变量等的链接
@ param	说明方法的形式参数
@ return	说明方法的返回值
@ exception	定义方法可能抛出的异常
@ throws	与@ exception 用途相同
@ deprecated	说明一个方法已经过时，可以用新版本的某个方法代替
@ serialData	说明由 writeObject( )、readObject( )、writeExternal( )或 readExternal( )写入或读取的数据项，这些方法在默认情况下是不可以串行化的
@ serialField	说明一个 ObjectStreamField 对象
@ serial	说明一个在默认情况下可以串行话的类的一个成员变量
@ since	指出一项功能在什么时候可以被加入到程序代码中，其结果是加入一个标题，后面紧跟着的是与该标记相关的文本说明。

本 章 小 结

本章主要概括描述了 Java 语言的发展历史、Java 平台及运行机制、Java 开发环境的搭建并且讲解了 Java 应用程序及 Java 应用程序及 JavaApplet 小应用程序的编写及运行过程。

Java 的体系架构主要有 3 个版本，它们分别是适用于小型设备的 Java ME，适用于桌面系统的平台标准版 Java SE，以及适用于创建服务器应用程序和服务的平台企业版 Java EE。

Java 程序的运行主要通过编译和解释两个过程完成，在此过程中 JVM 起到了跨平台的作用。它使得用户编制的 Java 程序可以在多种平台上运行。Java 的源程序称为 .java 文件，经过编译后产生的是同名的 .class 字节码文件，再经过解释在 Java 虚拟机上执行。

JDK 是指 Java 开发工具包，JRE 是指 Java 运行环境，而 JVM 是指 Java 虚拟机，三者之间有紧密的关联关系，其中 JDK 包括 JRE，而 JRE 包含 JVM，所以安装了 JDK 后，则直接安装了 JRE 及 JVM。

Java 类的编写可以通过记事本或 Eclipse 等集成开发环境完成。通过记事本方式编写的 Java 代码要在命令提示符状态下，使用 javac 和 java 命令进行编译和解释执行代码，而在 Eclipse 中可直接单击 Run 按钮完成编译、解释过程。

Java 中常用的输出语句有 print( ) 和 println( )。Java 中注释语句分为单行注释、区域注释和文档注释。

习 题

一、判断题
1. Java 的源代码中定义几个类，编译结果就生成几个 .class 字节码文件。　　　　（　　）
2. Java 源程序是由类定义组成，每个程序可以定义若干个类，但只有一个类是主类。
　　　　（　　）
3. 若源程序文件以 A.java 命名，编译后只生成一个名为 A 的字节码文件。（　　）
4. Java 程序是运行在 Java 虚拟机中的。　　　　（　　）
5. Java 程序对计算机硬件平台的依赖性很低。　　　　（　　）
6. Java 可以用来进行多媒体及网络编程。　　　　（　　）
7. Java 语言具有较好的安全性、可移植性及与平台无关等特性。　　　　（　　）
8. Java 语言的源程序不是编译型的，而是编译解释型的。　　　　（　　）
9. Java Application 程序中，必有一个主方法 main( )，该方法有没有参数都可以。
　　　　（　　）

二、填空题
1. 目前 Java 应用开发中的三个平台版本分别是_____、_____和_____。
2. Java 源程序文件编译后产生的文件称为_____文件，其扩展名为_____。
3. Java 中编译源代码的命令是_____，执行字节码文件运行程序的命令是_____。

三、选择题
1. main 方法是 Java Application 程序执行的入口点，关于 main 方法正确的是(　　)
  A. public static void main
  B. public static void main(String[ ] args)
  C. public static int main(String[ ] args)
  D. public void main(String args[ ])
2. Java Application 中的主类需包含 main 方法，main 方法的返回类型是(　　)。
  A. int　　　　B. float　　　　C. double　　　　D. void
3. Java 程序的执行过程中用到一套 JDK 工具，其中 java.exe 是指(　　)。
  A. Java 文档生成器
  B. Java 解释器
  C. Java 编译器
  D. Java 类分解器
4. 在 Java 中，负责对字节代码解释执行的是(　　)。
  A. 垃圾回收器　　B. 虚拟机　　C. 编译器　　D. 多线程机制
5. 下列叙述中，正确的是(　　)。
  A. Java 语言的标识符是区分大小写的
  B. 源文件名与 public 类名可以不同
  C. 源文件名其扩展名为 .jar
  D. 源文件中 public 类的数目不限

四、简答题
1. Java 语言有哪些特点？
2. 简述 Java 的运行机制。

3. 简述 Java 应用程序的开发流程。

五、上机练习题

1. 编写一个分行显示自己的姓名、地址和电话的 Java 应用程序。提示：

（1）打开文本编辑器，输入源代码并保存文件，扩展名为 .java。

（2）用 javac 命令编译源文件生成字节码文件 .class。

（3）利用 java 解释器解释执行字节码文件，观察运行结果。

2. 从键盘输入一个小写字母，然后输入出对应的大写字母。

3. 将华氏温度转换为摄氏温度和绝对温度（下面公式中 c 表示摄氏温度，f 表示华氏温度，k 表示绝对温度），其中 $c = 5*(f-32)/9$，$k = 273.1c$。

第 2 章　Java 语言基础

好软件的作用是让复杂的东西看起来简单。

The function of good software is to make the comlex appear to be simple.

——格雷迪·布奇（Grady Booch）
UML 和 Booch 方法的创始人

学习目标
- ▶ 掌握标识符的命名规则和命名约定。
- ▶ 掌握基础数据类型的性质与使用。
- ▶ 掌握变量、常量的声明与使用。
- ▶ 掌握常见的运算符与使用。
- ▶ 掌握选择结构、循环结构的定义与使用。
- ▶ 掌握常见的跳转语句。

●章节配套课件

●对应代码文件

2.1　Java 程序的构成

编写程序过程中，要想让计算机做一件事情，就需要告诉计算机做什么和如何去做。比如对计算圆的面积，如何编写程序呢？

（1）计算圆的面积，首先需要半径，因此需要一个存储单元来存储该半径的数值；

（2）其次圆的面积也需要一个存储单元，并根据圆的面积计算公式完成圆面积的计算；

（3）最后，需要输出该面积的数值。

按照以上步骤，可以使用计算机能够理解的语言之一——Java 与计算机进行沟通，使用 Java 语言描述的问题求解过程就是 Java 程序。该示例的代码如下：

【例 2-1-1】　编写程序求解圆的面积。

```
01 public class Ex_2_1_1 {
02     public static void main(String[] args) {
03         int radius = 4;
04         double area =0;
05         area = 3.14*radius*radius;
06         System.out.println(area);
07     }
08 }
```

该程序中，第 3 行~第 6 行的代码都称为语句，其中 public、class、static、void、double

都称为关键字。Ex_2_1_1、radius、area 都是我们自己命名的，都统一称为标识符，而出现的=、*又被称为运算符。此外 int、double 被称为数据类型。因此，从程序的基本结构来讲，程序是由一系列的语句组成，同时内部包括众多的数据类型、运算符、关键字、标识符等程序元素。

那么，Java 程序中对于程序中的各个组成元素是如何定义的呢？这就是本章要介绍的内容。

2.2 Java 的标识符

Java 程序中，由用户自己完成命名的，例如变量、常量以及程序设计语言中的方法名、类名，都统一称为标识符。其中，标识符的构成要符合以下规则：

（1）标识符由数字、字母、下划线_和$组成，不能含有特殊符号，如叹号(!)、星号(*)、百分号(%)等；

（2）标识符不能以数字开头；

（3）标识符不能是 Java 中的关键字；

（4）标识符可以是任意长度。

此外，Java 语言中的标识符是对大小写敏感的，例如 Computer 和 computer 是两个不同的标识符。

在行业的实际软件开发过程中，为了方便代码编写、维护和提高代码的可读性，标识符的命名除了符合上述语法规则外，还要遵循一定的命名约定。因此，在实际的软件开发中，标识符的命名一般都使用英文单词进行直接命名，并且有规律的使用大小写。具体如下：

（1）包名：尽可能的全部使用小写，如 com.lzg；

（2）类名：通常应该由名词组成，其中第一个单词首字母大写，如果还有其他单词，每个单词首字母均是大写，如 Person；

（3）方法名：通常是动宾短语，即第一个单词是动词。其中第一个单词全部小写，其他单词的首字母大写，如 sayHello；

（4）变量名：大小写规则与方法名相同；

（5）常量名：全部使用大写字母，并使用下划线分割单词，如 MAX_WIDTH。

2.3 Java 的数据类型

Java 中有两种数据类型：基本数据类型(primitivetype)和引用类型(referencetype)。其中，引用类型主要指的是本书后面介绍的数组、对象等。本章介绍的基本数据类型有8种，boolean、char、byte、short、int、long、double 和 float。其中 char 是字符类型，short、int、long、double 和 float 统称为数值类型。

boolean 是布尔类型，表示逻辑值，只有 true 和 false。例如语句 boolean result = true; 定义了类型是 boolean、名字为 result 的变量，它的值是 true。

2.3.1 字符类型

字符型数据是由一对单引号括起来的单个字符，如'A'、'b'。Java 使用的是 16 位的 Unicode 字符集。Java 中与此对应的是字符串，则是由一对双引号括起来的多个连续字符。

此外，尽管字符不是整数，但在许多情况下可以对它们进行类似整数的运算操作，例如可以将两个字符相加，或对一个字符变量进行增量操作。

（1）字符变量的定义与赋值

字符数据类型使用关键字 char 表示，在内存中占用 2 个字节。

```
char a1 = 'A';
char a2, a3;
a2 = 'a';
a3 = '@';
```

其中，字符型数据在内存中以 int 型数据表示，如：字符 A 在内存中的值是 65。此时，若要获取一个字符在内存中保存的数字的大小，可以将字符转为 int 数据类型后输出。即使用语句 System.out.println((int)a1)。

（2）特殊字符

一些特殊字符不能直接显示出来，表 2-1 给出了一些常见特殊字符。

表 2-1 常见的特殊字符

特殊字符	描述
\n	换行，将光标移动到下一行的开始位置
\t	将光标移动到下一个制表符的位置
\r	将光标移动到当前行的开始，不是移动到下一行
\\	输出一个反斜杠
\'	输出一个单引号
\"	输出一个双引号

示例：在控制台上使用一句代码直接输出如下字符串

```
He said "Java is Fun".
I heard it.
```

```
System.out.println("He said \"Java is Fun\""+ '\r'+'\n' + "I heard it.");
```

2.3.2 数值类型

Java 中把数值分成两类：整数和浮点数。所有数值类型都是有符号的，也就是说都有正数和负数。整数包括：byte、short、int 和 long，浮点数包括 float 和 double。具体如表 2-2 所示。

表 2-2 数值类型的说明

类型	说　明	内存	初始值
byte	8 位带符号整数，可以表示的数值范围 $-2^7 \sim 2^7-1$	1 字节	(byte)0
short	16 位带符号整数，可以表示的数值范围 $-2^{15} \sim 2^{15}-1$	2 字节	(short)0
int	32 位带符号整数，可以表示的数值范围 $-2^{31} \sim 2^{31}-1$	4 字节	0
long	64 位带符号整数，可以表示的数值范围 $-2^{63} \sim 2^{63}-1$	8 字节	0L
float	32 位单精度浮点数	4 字节	0.0f
double	64 位双精度浮点数	8 字节	0.0

Java 中所有的整型变量的初始值都是 0。int 类型是最常用的一种整数类型，它所表示的数据范围足够大，而且适合于 32 位和 64 位处理器。但对于大型计算，常会遇到很大的整数，超过 int 的表示范围，这时可以是用 long 类型。

如果一个数超出了计算机的表达范围，称为溢出。如果超过最大值，称为上溢；如果超过最小值，称为下溢。将一个整型类型的最大值加 1 后，产生上溢而变成了同类型的最小值；最小值减 1 后，产生下溢而变成了同类型的最大值。

整型常量可以有 3 种形式：十进制、八进制和十六进制。其中，八进制整数以 0 为前导，十六进制整数以 0X 或 0x 为前导。整型常量的默认类型是 int，对于 long 类型的数字要在后面加上 L。同时，Java 中的小数默认是 double 类型，若要表示 float 类型的小数，必须在小数的后面加上 f，例如 0.03f。

【例 2-3-1】 编写程序，练习使用各种基础数据类型。

```java
01 public class Ex_2_3_1 {
02   public static void main(String[] args) {
03       int i = 100;
04       float f = 0.23f;
05       double d = 3.145926;
06       boolean B = true;
07       char chr = 'a';
08       String str = "这是字符串类数据类型";
09
10       System.out.println("整型变量 i = "+ i);
11       System.out.println("单精度浮点变量 f = "+ f);
12       System.out.println("双精度浮点变量 d = "+ d);
13       System.out.println("布尔型变量 B = "+ B);
14       System.out.println("字符型变量 c = "+ chr);
15       System.out.println("字符串类对象 S = "+ str);
16   }
17 }
```

2.4 Java 的变量和常量

2.4.1 变量

变量是一个命名的存储单元，用来存储数据的，所有的运算符都与之相关联。程序运行过程中，变量的值可以发生改变。离开了变量，操作也就失去了对象。程序中若要使用变量，必须首先进行声明。一个变量的声明包括两部分：变量的类型和变量名，变量类型决定了变量所在存储单元的大小。

变量声明的具体语法为：

```
变量类型 变量名 [=初值];
```

例如以下程序进行的变量声明过程：

```
01   int i = 100;
02   float f = 0.23f;
03   double d = 3.145926;
```

在 Java 程序中有两个数据类型的变量：基本数据类型和引用数据类型。基本数据类型的变量把数据存放在该变量名标识的存储单元中。而引用数据类型的变量仅仅在该变量名标识的存储单元中存放实际数据的地址，即指向了存放实际数据的存储单元。

2.4.2 常量

常量的值是固定的、不可改变的，有时利用常量来定义如圆周率 3.1415926 这样的数学值。另外，也可以利用常量来定义程序中的一些界限，如数组的长度；或者利用常量来定义对于应用程序具有专门含义的特殊值。

在 Java 中，利用关键字 final 来声明常量。其中 final 表示这个变量只能赋值一次，一旦被赋值后，就不能再更改了。习惯上，常量名一般使用大写字母。

常量声明的具体语法为：

```
final 变量类型 变量名 [=初值];;
```

例如 final double PI = 3.1415926; 定义了圆周率常量。

2.5 Java 的常见运算符

程序是由许多语句组成的，而组成语句的基本单位就是表达式与运算符。Java 提供了很多的运算符，这些运算符除了可以处理一般的数学运算外，还可以做逻辑运算、关系运算等。根据功能的不同，运算符可以分为算术运算符、赋值运算符、关系运算符、逻辑运算符、条件运算符和位运算符。

2.5.1 赋值运算符

赋值运算符用于为变量指定值,不能为常量或表达式赋值。当赋值运算符两边的数据类型不一致时,使用自动类型转换或强制类型转换进行处理。Java 中的赋值运算符合使用范例如表 2-3 所示。

表 2-3 赋值运算符

运算符	运算	范例	结果
=	赋值	a=3; b=2;	
+=	加等于	a=3; b=2; a+=b	a=5; b=2;
-=	减等于	a=3; b=2; a-=b	a=1; b=2;
*=	乘等于	a=3; b=2; a*=b	a=6; b=2;
/=	除等于	a=4; b=2; a/=b	a=2; b=2;
%=	模等于	a=3; b=2; a%=b	a=1; b=2;

赋值语句的结果是将表达式的值赋给左边的变量。除了=运算符外,其他都是扩展赋值运算符,编译器首先会进行运算,再将运算的结果赋值给变量,具体如表 2-3 所示。

变量在赋值时,如果两种类型彼此不兼容,或者目标类型(=左边)取值范围小于原类型(=右边),需要进行强制类型转换。

```
int m1 = 20;
float m2 = 20.0f;
double n1 = m1;      //n1=20.0
float n2 = m1*m2;    //n2=400.0f
int n3 = (int)m2;    //n3=20
```

注意:在为变量赋值是,当两种类型彼此不兼容,或者目标类型取值范围小于源类型时,需要进行强制类型转换。例如,将一个 int 类型的赋值给 short 类型的变量,需要显式地进行强制类型转换。然而,在使用+=、*=类似的运算符计算时,操作数类型转换自动完成。

2.5.2 算术运算符

算术运算符在数学上经常会用到。Java 中算术运算符主要用于进行基本的算术运算,如加法、减法、乘法、除法等,这些算术运算符及其使用范例如表 2-4 所示。

表 2-4 算数运算符

运算符	运算	范例	结果
+	加	5+5	10
-	减	5-5	0
*	乘	5*5	25

续表

运算符	运算	范例	结果
/	除	5/5	1
%	取模	10%3	1
++	自增	a=1；b=++a	a=2；b=2
		a=1；b=a++	a=2；b=1
--	自减	a=1；b=--a	a=0；b=0
		a=1；b=a--	a=0；b=1

1. %：取模运算符

取模运算符也称取余运算符，运算得到的是除法运算的余数。运算结果的正负取于被取模数(被除数)的符号，与模数(除数)的符号无关。

```
System.out.println(5.5%3.2);    //2.3
System.out.println((-5)%3);     //-2
System.out.println(5%(-3));     //2
```

2. ++、--：自增、自减运算符

（1）自增、自减运算符是单目运算符，即只有一个操作数。
（2）操作数只能是变量，不能是常量或表达式。根据所放位置不同，分为前缀和后缀；
（3）运算规则：前缀：先算后用，后缀：先用后算。

```
int n = 1++;         //错误
int a = 1;
int b = ++a + 2;  //a=2,b=4;a先自增，再进行加2运算
int c = a-- + 2;  //a=1,c=4;a先进行加2运算，再自减
```

1. 自动类型转换

按照优先关系，低级数据("窄"数据)要转成高级数据("宽"数据)时，要进行自动类型转换，也称为隐式类型转。转换规则如表2-5所示。

表2-5　数据自动类型转换规则

操作数1类型	操作数2类型	计算后的类型
byte 或者 short	int	int
byte 或者 short 或者 int	long	long
byte 或者 short 或者 int 或者 long	float	float
byte 或者 short 或者 int 或者 long 或者 float	double	double
char	int	int

其中，操作数1类型和操作数2类型代表参加运算的两个操作数类型。
（1）若算数运算符的两个操作数都是整型，则计算结果也是整型；

(2) 两个操作数只要有一个是浮点数，则计算结果也是浮点数；

(3) 两个操作数一个是单精度浮点数，另一个是双精度浮点数，计算结果时双精度浮点数。

【例2-5-1】 编写程序，观察数据的自动类型转换。

```
01 public class Ex_2_5_1 {
02     public static void main(String[] args) {
03         int i = 100;
04         long l = 100L;
05         float f = 0.01f;
06         double d = 0.02;
07         System.out.println(i+l); //i+L的结果是200L
08         System.out.println(i+f); //i+f的结果是100.01f
09         System.out.println(i+d); //i+d的结果是100.02D
10         System.out.println(10/3);//3
11         System.out.println(10/0);//除数不能为0,错误
12         System.out.println(10/3);//3
13         System.out.println(10/3.0);//3.333333333333333
14     }
15 }
```

2. 强制类型转换

当类型转换时要注意使目标类型要注意使得目标类型能够容纳原类型的所有信息，允许的转换规则为：

byte—>short—>int—>long—>float—>double—>，以及char—>int

如上所示，把位于左边的一种类型的变量赋值给右边的类型不会丢失信息。

强制类型转换是一种显式的类型转换，它的通用格式如下：

(target_type) value

其中，目标类型targe_type指定了要将指定值转换成的类型，例如下面的程序段将int型强制转换成byte型：

```
int a=100;
byte b;
b=(byte)a;
```

当把浮点值赋给整数类型时,它的小数部分会被丢失。例如,如果将数值 1.23 赋值给整数,其结果只有 1,0.23 被舍弃了。

【例 2-5-2】 编写程序,完成数据的强制类型转换。

```
01  public class Ex_2_5_2 {
02    public static void main(String[] args) {
03      byte b;
04      int i=257;
05      double d=3.1415;
06      b = (byte)i;
07      System.out.println(b);
08      i = (int)d;
09      System.out.println(i);
10      b = (byte)d;
11      System.out.println(b);
12    }
13  }
```

该程序的输出结果分别是 1、3、3。

2.5.3 比较运算符

程序中较为常用的条件表达式的构成元素包括变量和比较运算符,其结果为 true 或者 false。比较运算符用于对两个数值或变量进行比较,其结果是一个布尔值,即 true 或者 false,Java 中的比较运算符如表 2-6 所示。比较运算符在使用过程中要注意的一个问题是:不能把比较运算符==误写为赋值运算符=。

表 2-6 比较运算符

运算符	运算	范例	结果
==	相等于	4==3	false
!=	不等于	4!=3	true
<	小于	4<3	false
>	大于	4>3	true
<=	小于等于	4<=3	false
>=	大于等于	4>=3	true

2.5.4 逻辑运算符

逻辑运算符用于对布尔型的数据进行操作,其结果仍然是一个布尔型数据,主要包括逻辑与(&)、逻辑或(|)、逻辑非(!)和异或(^)。常见的逻辑运算符如表 2-7 所示:

表 2-7 比较运算符

表达式	含义
a&b	只有 a 和 b 都为 true，结果才为 true。a 和 b 有一个是 false，结果都是 false。
a | b	只要 a 和 b 中有一个为 true，结果就位 true。
! a	对 a 的布尔值取反，若 a 为 true，则 ! a 为 false。
a^b	如果 a 和 b 中有且仅有一个为 false，则结果为 true，否则为 false。

2.5.5 条件运算符

条件运算符是一个三目运算符，即该运算符有 3 个操作数，语法如下：

```
<逻辑表达式>?<表达式 1>:<表达式 2>
```

上述语法中，程序首先利用条件运算符定义了一个整体的条件表达式，然后计算<逻辑表达式>的值，如果为 true，则整个条件表达式的结果为<表达式 1>的值，否则为<表达式 2>的值。

例如，假设 a 的值是 9，b 的值是 8，下面的赋值语句使得 max 的值为 9。

```
max = (a>b)?a:b;
```

该条语句可以通过 if-else 语句来替换：

```
int a=9, b=8;
int max = 0;
if(a>b)
    max = a;
else {
    max = b;
}
```

2.6　Java 程序的流程控制

与任何程序设计语言一样，Java 使用控制语句来产生执行流，从而完成程序状态的改变。Java 程序的流程控制语句主要分为以下三类：选择、循环和跳转。

在深入学习控制结构之前，需要先介绍一下程序块（block）的概念。块（即复合语句）是指由一对相匹配的花括号{}括起来的若干条程序语句。块定义着变量的作用域（scope）。一个程序块可以嵌套在另外一个块中。下面是一个语句块嵌套另一个语句块的例子。

```
01  public static void main(String[] args) {
02      int a;
03      …
04      {
05          int b;
06          //变量b的作用域只在块内,到了块外便失去作用
07          …
08      }
09      b=b+5; //注意:这条语句是错误的
10  }
```

但是,Java 不允许在两个嵌套的块内声明两个两个完全同名的变量。例如,下面的代码在编译时是通不过的。

```
01  public static void main(String[] args) {
02      int a;
03      …
04      {
05          int a; //在块内有一次定义变量a,错误
06          …
07      }
08  }
```

2.7 选择结构

分支结构又称为选择结构,它根据表达式的值来判断应该执行哪一个流程的分支。Java 中使用 if 和 switch 执行。

2.7.1 单分支结构 if 语句

有了用于比较的关系运算符后,就需要使用一条语句来作判断。最简单的语句就是 if 语句。if 语句的一般形式和语法表示如下,单分支 if 语句的执行过程如图 2-1 所示。

```
if(条件表达式)
    语句块
```

if 语句在判断条件成立时,则执行后面的语句块。如果执行的语句有多行,建议这些语句采用相同的缩进方式。

【例2-7-1】 比较我和你的身高，并根据结果打印不同的句子。

```
01 public class Ex_2_7_1{
02   public static void main(String[] args){
03     int my_height = 175;
04     int your_height = 190;
05     if(my_height<your_height)
06         System.out.println("我比你矮");
07     if (my_height>your_height)
08         System.out.println("我比你高");
09     if(my_height==your_height)
10         System.out.println("我和你一样高");
11   }
12 }
```

在该示例程序中共有 3 条 if 语句。比较表达式位于 if 关键字后面的括号中，如果比较的结果是 True，则执行后面的语句。如果比较的结果是 False，就跳过后面的语句，如图 2-2 所示。

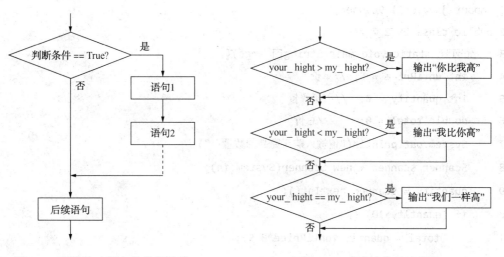

图 2-1　单分支 if 语句的执行过程　　　　图 2-2　身高比较的流程图

2.7.2　双分支结构 if-else 语句

可以扩展 if 语句构造双重选择，提供更多的灵活性，这就是 if-else 语句提供的判断方式。其中 else 语句一定要和 if 语句配对使用，不可以单独使用，if 或 else 后面的语句块若有多条一句，则外面必须使用花括号括起来。

if-else 语句的语法：

```
if(条件表达式)
    语句块1
else
    语句块2
```

注意事项：(1)条件表达式的值必须为布尔类型；(2)建议语句1和语句2所在的语句块，即使只有一句代码的话，也都分别使用{}括起来。

if-else语句的执行过程如图2-3所示。

【例2-7-2】 假定某个产品的售价是5元一个，当购买数量大于10个时，就提供5%的折扣。使用if-else语句计算并输出给定数量的总价。

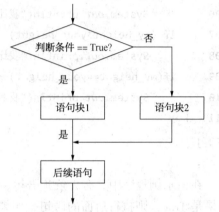

图2-3　if-else语句的执行过程

```
01  import java.util.Scanner;
02  public class EX_2_7_2{
03      public static void main(String[] args){
04          int untiPrice = 5;  //单价
05          int quantity = 0;   //购买数量
06          double total = 0;       //总价
07          System.out.println("请输入购买商品的数量：");
08          Scanner scanner = new Scanner(System.in);
09          quantity = scanner.nextInt();
10          if (quantity>10) {
11              total = quantity*untiPrice*0.95;
12          }
13          else {
14              total = quantity*untiPrice;
15          }
16          System.out.println("你购买"+quantity+"件商品,总价是:"+total);
17      }
18  }
```

程序的运行结果如下：

```
请输入购买商品的数量：
12
你购买12件商品,总价是:57.0
```

2.7.3 多分支结构 if-else if-else 语句

使用 if-else if-else 语句在 if-else 语句的基础上可以构造多分支选择结构，灵活性更强。其中 else 部分是可选的。其中注意：else 总是与离它最近的 if 相配对。

if-else if-else 语句的语法：

```
if(条件表达式)
    语句块 1
else if
    语句块 2
…
else
    语句块 n
```

【例 2-7-3】 根据学生成绩的五级分制，判断输入学生成绩的等级。

```java
01  import java.util.Scanner;
02  public class Ex_2_7_3{
03    public static void main(String[] args) {
04      System.out.print("Please input score of the student:");
05      Scanner scanner = new Scanner(System.in);
06      int score = scanner.nextInt();
07      if (score>=90) {
08        System.out.println("优秀");
09      }
10      else if(score>=80) {
11        System.out.println("良好");
12      }
13      else if(score>=70) {
14        System.out.println("中等");
```

```
15      }
16      else if(score>=60) {
17          System.out.println("及格");
18      }
19      else {
20          System.out.println("不及格");
21      }
22  }
23 }
```

【例 2-7-4】 阅读下面的例子,写出程序执行后的结果

```
01 int a = 10, b =5, c=20;
02 if(a<b)
03   if(b<c)
04     c=a;
05   else
06     c=b;
07 System.out.println(c);
```

注意:该示例中,第 5 行的 else 只与离它最近的、并且在同一个程序块中第 3 行的 if 相匹配。因此,第 3 行~第 6 行代码都隶属于 a<b 为 true 时执行的程序,由于本例中 a>b,所以程序结束后,控制台输出 c 的值为 20。

【例 2-7-5】 阅读下面的例子,写出程序执行后的结果。

```
01 int a = 10, b =5, c=20;
02 if(a<b){
03   if(b<c)
04     c=a;
05 }else
06   c=b;
07 System.out.println(c);
```

注意:该示例中,第 5 行的 else 与第 2 行的 if 相匹配,因此控制台输出 c 的值为 5。

2.7.4 多分支结构 switch 语句

在多个备选方案中处理多项选择时,有时使用 if-else if-else 语句结构就显得很繁琐,这时可以使用 switch 语句来实现同样的功能,阅读更加方便、可读性强,而且程序的执行效率也得到一定的提高。switch 语句是基于一个表达式的值来执行多个分支语句中的一个,它是一个不需要布尔求值的流程控制语句。

switch 语句的语法格式：

```
switch(表达式){
    case 值1: 语句（多个）; break;
    case 值2: 语句（多个）; break;
    … …
    case 值n: 语句（多个）; break;
    [default: 其他语句; break; ]
}
```

注意：

（1）表达式必须是 int、byte、char、short 等类型。从 JDK7.0 以后，表达式的值可以是 String 类型；

（2）case 后的值必须使用常量，而且每个 case 后的常量各不相同；

（3）default 子句是可以选择的。当表达式的值与任一个 case 语句的值都不相同时，程序执行 default 后面的语句，如果此时还没有 default 语句，则程序退出 switch 语句；

（4）break 语句用于执行完成一个 case 分支后，程序跳出 switch 结构。因为 case 子句只是起到一个标号的作用，用来查找匹配的入口并从此处开始执行。如果没有 break 语句，当程序执行完匹配的 case 语句序列后，程序还会继续执行后面的 case 语句序列，此种现象称为"case 穿透"；

（5）在一些特殊的情况下，多个相邻的 case 分支若执行一组相同的操作，此时可以合理的使用"穿透"，即 break 语句只出现在此多个相邻的 case 分支中的最后一个；

（6）case 分支中包含多条语句，可以不用花括号。

switch 语句的执行流程如图 2-4 所示：

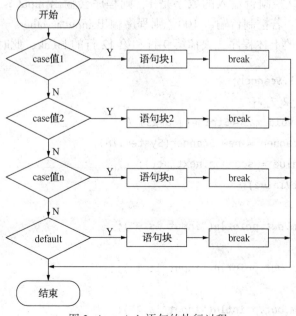

图 2-4　switch 语句的执行过程

【例2-7-6】 根据控制台输入数据的不同,给出不同的输出。

```
01  import java.util.Scanner;
02  public class Ex_2_7_6{
03    public static void main(String[] args) {
04        Scanner scanner = new Scanner(System.in);
05        int intVlalue = scanner.nextInt();
06        switch(intVlalue){
07        case 0:
08            System.out.println("input is 0");
09            break;
10        case 1:
11            System.out.println("input is 1");
12            break;
13        case 2:
14            System.out.println("input is 2");
15            break;
16        default:
17            System.out.println("input is others");
18        }
19    }
20  }
```

若程序执行后,从控制台输入的数字是1,则程序会输出 input is 1。若控制台输入2,则程序输出 input is 2。若控制台输入100,则程序输出 input is others。

【例2-7-7】 修改上述程序,去掉第9行和第12行的 break,此时程序的输出是什么?

```
01  import java.util.Scanner;
02  public class Ex_2_7_7{
03    public static void main(String[] args) {
04        Scanner scanner = new Scanner(System.in);
05        int intVlalue = scanner.nextInt();
06        switch(intVlalue){
07        case 0:
08            System.out.println("input is 0");
09        case 1:
10            System.out.println("input is 1");
11        case 2:
12            System.out.println("input is 2");
```

```
13              break;
14          default:
15              System.out.println("input is others");
16          }
17      }
18  }
```

注意：此时若从控制台输入的数字是 0，则程序会输出 input is 0、input is 1 和 input is 2。此时，程序执行第 1 个 case 后的语句后，并没有停止，继续执行第 2 个和第 3 个 case 后的语句，直到遇到 break 为止。我们将这种现象称为"case 穿透"，因此编写程序时请注意 break 的使用。

2.8 循环结构

循环结构是在一定条件下反复执行一段语句的流程结构。当面对的问题具有重复性、规律性的特征时，都可以使用循环结构来编写程序。根据循环执行次数的确定性，循环可以分为确定次数循环和非确定次数循环。确定次数循环可以采用 if 语句实现，而非确定次数循环通过条件判断是否继续执行循环体，采用 while 语句实现。一个循环结构一般包含 4 部分内容：

（1）初始化(initialization)：用来设置循环控制的一些初始条件，如设置计算器等；

（2）循环体部分(body)：这是反复执行的一段代码，可以是单一的一条语句，也可以是复合语句(代码块)；

（3）迭代部分(iteration)：用来修改循环控制条件，常常在本次循环结束，下一次循环开始前执行，例如，计算器的递增或者递减；

（4）判断部分(termination)：也称终止部分。是一个关系表达式或布尔逻辑表达式，其值用来判断是否满足循环终止条件。每执行一次循环都要对表达式求值。

具体来讲，Java 中包括 for、while 和 do…while 三种循环结构。

2.8.1 for 循环

当事先知道循环被重复执行多少次时，可以选择 for 循环结构。for 循环语法格式如下：

```
for(初始化；循环条件；变化的步长){
    语句；
}
```

具体说明如下:

(1) for 循环执行时,首先执行初始化操作,然后判断条件是否为真,如果满足,则执行循环体中的语句,最后执行改变步长部分。完成一次循环后,重新判断条件;

(2) 可以在循环的初始化部分声明一个变量,它的作用域是整个 for 循环;

(3) for 循环通常用于循环次数确定的情况,但也可以根据循环条件用于循环次数不确定的情况;

(4) 初始化、终止以及步长部分都可以为空语句(但分号不能省),三者均为空的时候,相当于一个无限循环;

(5) 在初始化部分和步长部分可以使用逗号语句来进行多个操作,逗号语句是用逗号分隔的语句序列。例如:

```
for(int a=1, b=4; a<b; a++,b--){
    System.out.println(a);
    System.out.println(b);
}
```

【例 2-8-1】 编写程序,读入某个学生的四门课程的成绩,计算该学生的平均分。

```
01 import java.util.Scanner;
02 public class Ex_2_8_1{
03   public static void main(String[] args) {
04       int total=0;
05       Scanner scanner = new Scanner(System.in);
06       for (int i = 0; i < 4; i++) {
07           int score = scanner.nextInt();
08           total = total + score;
09       }
10       System.out.println("Average Score is :" + total/4);
11   }
12 }
```

【例 2-8-2】 编写程序,求解 1! +2! +3! +…+10! 的值,并打印。

```
01 public class Ex_2_8_2{
02   public static void main(String[] args) {
03       long result = 0;
04       long f = 1;
05       for (int i = 1; i <=10; i++) {
06           f = f*i;
```

```
07        result = result + f;
08      }
09      System.out.print("the result is :" + result);
10  }
11 }
```

此外，Java 语言中提供了对 for 循环的增强实现方式，该方式进一步提升了遍历集合与数组时的方便性，具体如下。

【例 2-8-3】 使用 for 语句增强输出数组。

```
01 public class Ex_2_8_3{
02   public static void main(String[] args) {
03     String[] arr = {"何以", "解忧", "唯有Java"};
04     //使用for循环输出数组
05     for (int i = 0; i < arr.length; i++) {
06       System.out.println(arr[i]);
07     }
08     //使用for循环语句增强输出数组
09     for(String temp: arr){
10       System.out.println(temp);
11     }
12   }
13 }
```

其中，第 9 行代码为 for 语句的增强方式，即对 arr 数组的任何一个 String 类型的元素 temp 要进行的操作。

2.8.2　while 循环

当不清楚循环会被重复执行多少次时，可以选择 while 和 do…while 循环。

while 循环的特点是：先判断，后执行。循环体是在循环条件为真时执行，它的执行次数>=0。语法格式如下：

```
[循环前的初始化语句]
while(循环条件){
    循环体的代码;
    [修改循环变量的语句]
}
```

【例2-8-4】 编写程序计算 1+2+3+…+100 的和。

```java
01 public class Ex_2_8_4{
02   public static void main(String[] args) {
03       //求解1+2+3+...+100的和
04       int sum = 0;
05       int i=1;
06       while (i<=100) {
07           sum = sum + i;
08           i++;
09       }
10   }
11 }
```

【例2-8-5】 编写程序，输入多个学生的某门课成绩，计算这些学生的平均分。其中，当输入为1000时，程序停止计算。

```java
01 import java.util.Scanner;
02 public class Ex_2_8_5{
03   public static void main(String[] args) {
04       int total = 0; //成绩总分
05       int number = 0; //学生数
06       System.out.println("Please input the scores:----");
07       Scanner scanner = new Scanner(System.in);
08       while (true) {
09           int score = scanner.nextInt();
10           if(score == 1000)
11               break;
12           total = total + score;
13           number = number + 1;
14       }
15       System.out.println("average score is :" + total/number);
16   }
17 }
```

该示例中，是一个未知次数的循环体，在第8行代码使用while循环其实在本质上是一个死循环(无限次数循环)，只有当遇到输入的是1000时，才跳出循环体，其中break语句会在后面的章节中讲解。每次循环时，判断如果没有跳出循环，就读取控制台输入的学生成绩，然后累加。当循环结束后，在代码15行完成成绩平均值的计算并输出。

2.8.3 do…while 循环

与 while 循环不同，do…while 循环是先执行、后判断，循环体的执行次数>=1。do…while 语句可以实现"直到型"循环，语法格式如下：

```
[循环前的初始化语句]
do{
    循环体的代码;
    [修改循环变量的语句]
} while(循环条件);
```

【例 2-8-6】 输入一个正整数，将各位数字反转后输出。

```java
01 import java.util.Scanner;
02 public class Ex_2_8_6{
03   public static void main(String[] args) {
04     System.out.println("Please input the number:----");
05     Scanner scanner = new Scanner(System.in);
06     int number = scanner.nextInt();
07     System.out.print("the reverse number:");
08     do {
09       System.out.print(number%10);
10       number = number/10;
11     }while (number!=0);
12   }
13 }
```

程序运行后的结果如下：

```
Please input the number:----
345
the reverse number:543
```

2.9 跳转语句

Java 语言有 3 种跳转语句，分别是 break 语句、continue 语句和 return 语句。

2.9.1 break 语句

在 Java 中，break 语句有两种作用：(1)在 switch 语句中被用来终止一个语句序列；(2)

在循环结构中用来退出循环。

当使用 break 语句直接强行退出循环时,忽略循环体中的任何其他语句。即:当循环体中遇到 break 语句时,循环被终止,程序控制转到循环后面的语句重新开始。

【例 2-9-1】 在执行 100 次的单层循环体中,实现循环到第 5 次时循环体终止。

```
01 public class Ex_2_9_1{
02   public static void main(String[] args) {
03     for (int i = 0; i < 100; i++) {
04       if (i==5) {
05         break;    //如果i=5,终止循环
06       }
07       System.out.println("i:"+i);
08     }
09     System.out.println("Loop complete");
10   }
11 }
```

程序的运行结果如下:

```
i:0
i:1
i:2
i:3
i:4
Loop complete
```

【例 2-9-2】 在多层循环体中,当指定条件满足时终止内层循环。

```
01 public class Ex_2_9_2{
02   public static void main(String[] args) {
03     for (int i = 0; i < 3; i++) {
04       System.out.print("i:"+i+"--");
05       for (int j = 0; j < 100; j++) {
06         if(j==10){
07           break;
08         }
09         System.out.print(j+" ");
10       }//内层循环结束
11       System.out.println();
```

```
12        }//外层循环结束
13        System.out.println("Loops complete");
14    }
15 }
```

程序的运行结果如下：

```
i:0--0 1 2 3 4 5 6 7 8 9
i:1--0 1 2 3 4 5 6 7 8 9
i:2--0 1 2 3 4 5 6 7 8 9
Loops complete
```

从该示例的程序运行结果可以看出，内部循环中的 break 语句仅仅终止了该循环，外部的循环不受影响。

2.9.2 continue 语句

与 break 语句相对应，continue 语句跳过当次循环时循环体中尚未执行的语句，回到循环体的开始处继续执行下一次循环。当然，在下一轮循环开始执行前，要先进行终止条件的判断，从而判断是否执行下次循环。即：continue 语句的作用是用于结束当次循环。

【例 2-9-3】 编写程序，打印 10 以内的所有奇数。

```
01 public class Ex_2_9_3{
02   public static void main(String[] args) {
03     for (int i = 1; i <= 9; i++) {
04       if(i%2==0){
05         continue;
06       }
07       System.out.print(i + " ");
08     }
09   }
10 }
```

程序的运行结果如下：

```
1 3 5 7 9
```

2.9.3 return 语句

return 语句的主要功能是从一个方法返回到另外一个方法。也就是说，调用 return 语句后可以从当前 return 所在的方法返回调用它的方法。

【例 2-9-4】 编写程序，在方法中使用 return 语句完成程序跳转。

```java
01 public class Ex_2_9_4{
02   public static void main(String[] args) {
03     int maxValue = max(50, 100);
04     System.out.println("maxValue is :" + maxValue);
05     printInfo();
06   }
07   //在有返回值的方法中，利用return返回方法的执行结果
08   public static int max(int a, int b){
09     if(a>b){
10       return a;
11     }else {
12       return b;
13     }
14   }
15   //在没有返回值的方法中，在适当条件下利用return终止方法的执行
16   public static void printInfo(){
17     for (int i = 0; i < 10; i++) {
18       System.out.println("Student:" + i);
19       if(i==4){
20         return; //此处return的作用等同于break
21       }
22     }
23   }
24 }
```

程序的运行结果如下：

```
maxValue is :100
Student:0
Student:1
Student:2
Student:3
```

本 章 小 结

在 Java 程序中，常见的元素包括标识符、变量、常量、运算符、各种语句等组成。本章主要围绕程序的基本组成元素进行了介绍。Java 的基本数据类型包括 boolean、char、short、 int、long、double 和 float。Java 的常见运算符包括赋值运算、比较运算、逻辑运算和算数运算。其中赋值和算数两种运算符，注意自动类型转换和强制类型转换两种转换的使用。

Java 的选择结构包括 if 语句和 switch 语句。if 语句是一个基本的判定工具，它在给定的逻辑表达式为 true 时选择执行一个语句块。当逻辑表达式为 false 时，通过使用 else 关键字选择执行另外一个语句块。当一个条件表达式的值有多个时，可以使用多个 switch 语句从多个固定的选项中进行选择。学习 switch 语句时，注意 case 穿透问题。

Java 的循环结构主要有 3 种：for、while 和 do…while，其中 for 循环常用于循环次数已知的循环体，而对于循环次数未知的循环通常采用 while 循环和 do…while 循环。其中注意 do…while 循环最少执行一次。

Java 的跳转语句包括：break、continue 和 return。其中，break 用于中断所属语句块的循环体。continue 是中断当次循环迭代，转到下一次迭代。return 常用于有返回值声明的方法中，返回结果，此外也可以用于 void 方法来中断方法的执行。

习　　题

一、判断题

1. default 语句在 switch 分支选择结构中是必须的。　　　　　　　　　　（　　）
2. break 语句在 switch 分支选择结构中是必须的。　　　　　　　　　　（　　）
3. while 循环中的循环体至少执行一次。　　　　　　　　　　　　　　　（　　）
4. break 语句只是用来结束当次循环。　　　　　　　　　　　　　　　　（　　）

二、填空题

1. 顺序结构、选择结构和_____是结构化程序设计的 3 种基本流程控制结构。
2. 每一个 else 子句都必须和离它最近的_____子句相对应。
3. 循环包括 for 循环、do…while 循环和_____循环。
4. _____语句的功能是：跳过循环体内部下面未执行的语句，回到循环体开始位置继续下次循环。

三、编程题

1. 计算下面表达式的值：其中 n 是从控制台输入的整数

$$\frac{1}{1*2}+\frac{1}{2*3}+\frac{1}{3*4}+\cdots\cdots+\frac{1}{n*(n+1)}$$

2. 找出 100~999 之间的全部水仙花数【水仙花数是指一个 n 位数($n \geq 3$)，它的每一个位上的数字的 n 次幂之和等于它本身。（例如：1^3+5^3+3^3 = 153）】

3. 在控制台输入 5 个 100 以内的浮点数，并以空格分隔，找出最大的和最小的，并且打印

4. 从键盘输入一个小写字母，然后输入出对应的大写字母，用两种输入输入的方法实现。第一种使用控制输入输出，第二种是使用对话框输入输出。

5. 完成 $2^0+2^1+\cdots+2^n$ 的计算（提示：使用方法），并指定 n 的大小。

6. 输入一行字符，分别统计出其中英文字母和数字的个数。

第 3 章　方法和数组

以代码的行数来衡量程序设计的进度，就好比以重量来衡量飞机的制造进度。

Measuring programming progress by lines of code is like measuring aircraft building progress by weight.

——比尔·盖茨（Bill Gates）

微软公司创始人、软件工程师、慈善家

连续 22 年（1995—2016）蝉联《福布斯》全球富豪榜首富

学习目标

- ▶ 掌握方法的定义与使用。
- ▶ 掌握方法的重载，了解递归的基本过程。
- ▶ 掌握数组的声明、分配空间、初始化等基本使用。
- ▶ 掌握数组的遍历方法。
- ▶ 理解数组的排序算法。
- ▶ 掌握数组的基本复制方法。
- ▶ 掌握数组的 Arrays 操作类。

微信扫码立领

● 章节配套课件

微信扫码立领

● 对应代码文件

3.1　方　　法

3.1.1　什么是方法

假设有一个游戏程序在运行过程中，要不断地发射炮弹。发射炮弹的动作需要编写 100 行的代码，在每次实现发射炮弹的地方都需要重复地编写这 100 行代码，这样程序会变得很臃肿，可读性也非常差。为了解决代码重复编写的问题，就可以将发射炮弹的代码提取出来放在一个程序块 {} 中，并为这段代码起个名字，这样在每次发射炮弹的地方通过这个名字来调用发射炮弹的代码就可以了。上述过程中，所提取出来的代码可以被看作是程序中定义的一个方法，程序在需要发射炮弹时调用该方法即可。

所谓的方法就是为了完成某种功能的一段代码块，进一步说就是为了解决某一类问题的一个功能模块，它可以多次随时调用。在 Java 中，声明一个方法的具体语法格式如下：

```
修饰符 返回值类型 方法名([参数类型 参数名1,参数类型 参数名2,...]){
    执行语句
    ...
    [return 返回值];
}
```

对于上面的语法格式具体说明如下：

（1）修饰符：方法的修饰符比较多，有对访问权限进行限定的，有静态修饰符 static，还有最终修饰符 final 等，这些修饰符在后面的学习过程中会逐步介绍；

（2）返回值类型：用于限定方法返回值的数据类型；

（3）参数类型：用于限定调用方法时传入参数的数据类型；

（4）参数名：是一个变量，用于接收调用方法时传入的数据；

（5）return 关键字：用于结束方法或返回方法指定类型的值；

（6）返回值：被 return 语句返回的值，该值会返回给调用者。

注意：方法中的"参数类型参数名1，参数类型参数名2"被称作形式化参数列表，它用于描述方法在被调用时需要接收的参数。如果方法不需要接收任何参数，则参数列表为空。方法的返回值必须为方法声明的返回值类型，如果方法中没有返回值，返回值类型要声明为 void，此时方法中 return 语句可以省略。

针对上述的方法的说明和语法格式，本书将通过一些具体的案例来介绍方法在程序中起到的作用。

【例3-1-1】 编写程序打印三个长宽不同的矩形。

```
01 public class Ex_3_1_1 {
02     public static void main(String[] args) {
03         // 下面的循环是使用*打印一个宽为5、高为3的矩形
04         for(int i=0;i<3;i++){
05             for(int j=0;j<5;j++){
06                 System.out.print("*");
07             }
08             System.out.print("\n");
09         }
10         System.out.print("\n");
11         //下面的循环是使用*打印一个宽为10、高为6的矩形
12         for(int i=0;i<0;i++){
13             for(int j=0;j<4;j++){
14                 System.out.print("*");
15             }
16             System.out.print("\n");
17         }
18         System.out.print("\n");
19         //下面的循环是使用*打印一个宽为10、高为6的矩形
20         for(int i=0;i<6;i++){
21             for(int j=0;j<10;j++){
22                 System.out.print("*");
```

```
23              }
24              System.out.print("\n");
25          }
26          System.out.print("\n");
27      }
28  }
```

运行结果如图3-1所示。

图3-1　三个不同矩形的打印结果

该示例中，分别用三个嵌套for循环完成了三个不同矩形的打印，仔细观察发现，这三个嵌套for循环的代码是重复的，都在做一样的事情。此时，就可以将使用"*"打印矩形的功能定义为方法，在程序中调用三次即可，修改后的代码如例3-1-2所示。

【例3-1-2】　在【例3-1-1】中引入方法简化程序。

```
01  public class Ex_3_1_2 {
02      public static void main(String[] args) {
03          printRectangle(3,5);  //调用printRectangle()方法实现打印矩形
04          printRectangle(2,4);
05          printRectangle(6,10);
06      }
07      //下面定义了一个打印矩形的方法，接受两个参数，其中height为高，width为宽
08      public static void printRectangle(int height,int width){
09          //下面是使用嵌套for循环实现打印矩形
10          for(int i=0;i<height;i++){
11              for(int j=0;j<width;j++){
12                  System.out.print("*");
13              }
```

```
14              System.out.print("\n");
15          }
16      System.out.print("\n");
17  }
18 }
```

其中，该示例中的第 8~17 行代码就定义了一个方法 printRectangle()，方法体内实现打印矩形，第 8 行( )中的 height 和 width 是方法的参数，方法名前面的 void 是方法的返回值类型。

由于例 3-1-2 中的 printRectangle()方法没有返回值，接下来通过一个案例来演示方法中有返回值的情况，如例 3-1-3 所示。

【例 3-1-3】 编写方法计算矩形面积，并返回给调用者。

```
01 public class Ex_3_1_3 {
02     public static void main(String[] args) {
03         int area=getArea(3,5);          //调用getArea方法
04         System.out.println("The area is"+" "+ area);
05     }
06     //下面定义了一个求矩形面积的方法，接受两个参数，其中x为高，y为宽
07     public static int getArea(int x,int y){
08         int temp=x * y;          //使用变量temp记住运算结果
09         return temp;     //将变量temp的值返回
10     }
11 }
```

该示例中，定义了一个 getArea()方法用于求矩形面积，参数 x 和 y 分别用于接收调用方法时传入的高和宽，return 语句用于返回计算所得的面积。在 main()方法中通过调用 getArea()方法，获得矩形的面积，并将结果打印。

接下来通过一个图例演示 getArea()方法的整个调用过程，如图 3-2 所示。

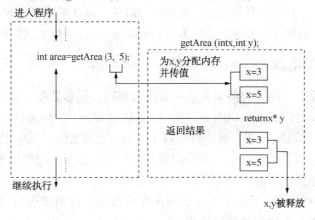

图 3-2 getArea()方法的调用过程

从图 3-3 可以看出，在程序运行期间，参数 x 和 y 相当于在内存中定义的两个变量。当调用 getArea( ) 方法时，传入的参数 3 和 5 分别赋值给变量 x 和 y，并将 x * y 的结果通过 return 语句返回。注意：当方法的调用过程结束后，方法内部定义局部变量 x 和 y 的内存被释放。

【例 3-1-4】 调用方法，完成变量的数值交换。定义一个方法完成两个整形变量数据的交换，在主程序中调用，观察交换后的结果，理解基础类型的值传递。

```
01  public class Ex_3_1_4 {
02      public static void main(String[] args) {
03          int num1 = 1;
04          int num2 = 2;
05          System.out.println("调用方法前, num1 is " + num1 + " and num2 is " + num2);
06          swap(num1, num2);
07          System.out.println("调用方法后, num1 is " + num1+ " and num2 is " + num2);
08      }
09      public static void swap(int n1, int n2) {
10          // Swap n1 with n2
11          int temp = n1;
12          n1 = n2;
13          n2 = temp;
14      }
15  }
```

本程序的运行结果如下：

```
方法调用前, num1 is 1 and num2 is 2
方法调用后, num1 is 1 and num2 is 2
```

在该示例程序中，第 6 行代码调用方法 swap( )，将 num1 和 num2 分别传递给 n1 和 n2。然后在该方法内部完成数值交换。但是值得注意的是交换的是 n1 和 n2 的值，并没有改变 num1 和 num2。原因：(1)调用 swap 时，是将 num1 和 num2 的值传递给 n1 和 n2，n1 和 n2 与 num1、num2 是不同的内存空间；(2)方法运行结束后，n1 和 n2 的内存被销毁。

3.1.2 方法的重载

在实际开发过程中，如果有两个方法的方法名相同，但参数不一致，则一个方法是另一个方法的重载。关于重载的具体说明如下：(1)方法名相同；(2)方法的参数类型、个数必须不一样；(3)方法的返回类型、修饰符可以不相同，也可相同。即：重载与方法的返回值和修饰符无关，只看参数列表。通过方法的重载，可以在某些特定需求下，进一步优化程序设计，使得程序更加便于阅读。

【例 3-1-5】 在程序中实现一个对数字求和的方法，分别实现对两个整数相加、对三个整数相加以及对两个小数相加的功能。

第3章 方法和数组

```
01  public class Ex_3_1_5 {
02      public static void main(String[] args) {
03          //下面是针对求和方法的调用
04          int sum1=add01(1,2);
05          int sum2=add02(1,2,3);
06          double sum3=add03(1.2,2.3);
07          //下面的代码是打印求和的结果
08          System.out.println("sum1="+sum1);
09          System.out.println("sum2="+sum2);
10          System.out.println("sum3="+sum3);
11      }
12      //下面的方法实现了两个整数相加
13      public static int add01(int x,int y){
14          return x+y;
15      }
16      //下面的方法实现了三个整数相加
17      public static int add02(int x,int y,int z){
18          return x+y+z;
19      }
20      //下面的方法实现了两个小数相加
21      public static double add03(double x,double y){
22          return x+y;
23      }
24  }
```

运行结果如下所示。

```
sum1=3
sum2=6
sum3=3.5
```

从例3-1-4的代码中不难看出，程序需要针对每一种求和的情况都定义一个方法，如果每个方法的名称都不相同，在调用时就很难分清哪种情况该调用哪个方法。为了解决这个问题，接下来通过方法的重载对例3-1-4进行修改。

【例3-1-6】 通过方法的重载简化【例3-1-5】的程序设计

```
01  public class Ex_3_1_6 {
02      public static void main(String[] args) {
03          //下面是针对求和方法的调用
```

```
04      int sum1=add(1,2);
05      int sum2=add(1,2,3);
06      double sum3=add(1.2,2.3);
07      //下面的代码是打印求和的结果
08      System.out.println("sum1="+sum1);
09      System.out.println("sum2="+sum2);
10      System.out.println("sum3="+sum3);
11   }
12   //下面的方法实现了两个整数相加
13   public static int add(int x,int y){
14      return x+y;
15   }
16   //下面的方法实现了三个整数相加
17   public static int add(int x,int y,int z){
18      return x+y+z;
19   }
20   //下面的方法实现了两个小数相加
21   public static double add(double x,double y){
22      return x+y;
23   }
24 }
```

该例的运行结果和上例一样，定义了三个同名的 add( ) 方法，它们的参数个数或类型不同，从而形成了方法的重载。在 main( ) 方法中调用 add( ) 方法时，通过传入不同的参数便可以确定调用哪个重载的方法，如 add(1, 2) 调用的是两个整数求和的方法。值得注意的是，方法的重载与返回值类型无关，它只需要满足两个条件，一是方法名相同，二是参数个数或参数类型不相同。

3.1.3 方法的递归

方法的递归是指在一个方法的内部都调用自身的过程。注意：递归必须有结束条件，不然就会陷入无限递归的状态，永远无法结束调用。接下来通过一个案例来学习方法的递归。

【例 3-1-7】 使用递归计算自然数之和。

```
01 public class Ex_3_1_7 {
02   public static void main(String[] args) {
03      int sum=getSum(4);              //调用递归方法，获得1~4的和
04      System.out.println("sum="+sum);  //打印结果
05   }
06   //下面的方法使用递归实现 求1~n的和
```

```
07    public static int getSum(int n){
08        if(n==1){
09            //满足条件，递归结束
10            return 1;
11        }
12        int temp=getSum(n-1);
13        return temp+n;
14    }
15 }
```

运行结果如下所示。

```
sum=10
```

该示例中，定义了一个 getSum( )方法用于计算 1~n 之间的自然数之和。例程中的第 12 行代码相当于在 getSum( )方法的内部调用了自身，这就是方法的递归，整个递归过程在 n==1 时结束。

由于方法的递归调用过程很复杂，接下来通过一个图例来分析整个调用过程。图 3-3 描述了例 3-1-6 的递归过程，整个递归过程中 getSum( )方法被调用了 4 次，每次调用时，n 的值都会递减。当 n 的值为 1 时，所有递归调用的方法都会以相反的顺序相继结束，所有的返回值会进行累加，最终得到结果 10。

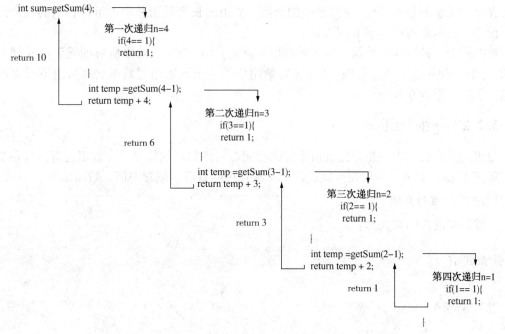

图 3-3　递归的调用过程

3.2 数　　组

3.2.1 数组的基本概念

根据第 2 章的介绍，基本类型的变量不能同时具有两个或两个以上的值。但是，在现实问题中，经常会要求用一个变量处理一组数据。例如，对 5 个学生的成绩进行处理，需要使用 5 个变量，分别命名为 score1、score2、score3、score4 和 score5。如果对 100 个学生的成绩进行处理，就需要定义 100 个变量，这不仅不方便，而且效率也很低。因此，程序语言中引入了数组这个概念。数组属于复合数据类型，复合数据类型是由多个基本数据类型的元素组织而成的数据类型。

数组是由相同类型的元素组成的集合，这些元素既可以是简单数据类型，也可以是其他复合数据类型，甚至数组。元素在数组中的相对位置由下标来表示。数组中的每个元素通过数组名和其后方括号中的下标整数值来引用。例如，记录 100 个学生的成绩可以分别用 score[0]，score[1]，score[2]，…，score[99]数组元素来引用，这样就方便了很多。

在 Java 语言中，数组是一种特殊的对象。数组与对象的使用一样，它们都需要定义类型(声明)、分配内存空间(创建)和释放内存空间。Java 数组使用 new 运算符为数组分配内存空间，而对空间的收回则由垃圾回收器自动进行。这一点与 C/C++语言不同，C/C++语言对内存的管理是由程序控制的。

在使用数组时，会涉及以下几个名词：(1)数组名：数组名应该符合 Java 语言标识符的命名规则；(2)数组的类型：因为数组是用来存储相同类型的数据的，所以数组的类型就是其所存储的元素的数据类型；(3)数组的长度：数组的长度是指数组中可以容纳的元素的个数，而不是数组所占用的字节数。

数组作为一种特殊的数据类型，具有以下特点：(1)一个数组中所有的元素都是同一类型的；(2)数组中的元素是有顺序的；(3)数组中的一个元素通过数组名和数组下标来唯一确定，下标从整数 0 开始。

3.2.2 一维数组

数组元素在数组中的相对位置由下标来指明。一维数组的特点是，数组元素只有一个下标。要使用 Java 数组，一般需要经过三个步骤：声明数组、创建空间、数组赋值。

1. 一维数组的声明

一维数组的声明格式为：

```
类型 数组名[];
```

或

```
类型[] 数组名;
```

其中，类型指定为数组中各元素的数据类型，包括基本类型和其他复合类型。数组名是一个标识符。方括号"[ ]"表示该变量是一个数组类型变量。在 Java 中，方括号放在数组名的前边或后边都可以，但是开发过程中更为建议的使用第 2 种声明格式。

例如，要声明一个整型数组，数组名为 a，声明的语句为：

```
int a[];
```

或

```
int[] a;
```

以上两种形式的语句是等价的，都可以用。在定义多个数组时，方括号放前边简略些。

Java 在数组的声明时并不为数组分配内存空间，因此在声明时，在方括号中不能给出数组的长度，即数组元素的个数。也就是说，不允许出现下列语句：

```
int a[10];          //错误
```

2. 一维数组内存申请

Java 语言把内存分为两种：栈内存和堆内存。注意的是：(1) 基本类型的变量和对象的引用变量是在栈内存中分配内存空间。引用变量也属于普通的变量，普通变量在程序运行到其作用域以之外后被释放；(2) 数组和对象本身的内存是在堆内存中分配，可以通常认为由 new 运算符创建的数组和对象在堆内存中分配，由系统的垃圾回收器释放。

堆中创建一个数组或对象之后，需要在栈中定义一个特殊的变量，并且让栈中的这个变量的取值等于数组或对象在堆内存中的首地址。此时，栈中的这个变量就是数组或对象的引用变量了。因此，引用变量实际上保存的是数组或对象在堆内存中的首地址，在程序中使用栈的引用变量访问堆中的数组或对象。

数组声明之后，接下来就是分配数组所需的内存，这时必须用 new 运算符，例如：

```
int[] a;                //声明名称为 a 的整型数组
a = new int[10];        //a 数组中包括 10 个元素，并为这 10 个元素分配空间
```

以上语句也可以合并为一条语句，如下：

```
int[] a = new int[10];      //a 数组中包括 10 个元素，并为这 10 个元素分配空间
```

这里 a 为引用变量，指向的是分配在堆内存中的数组 10 个元素的首地址 0x8000，如图 3-4 所示。如果想释放数组内存，使任何引用变量不指向堆内存中的数组对象，将常量 null 赋给数组即可。例如，将 null 赋给数组 a，即运行语句 a=null 就可以了。

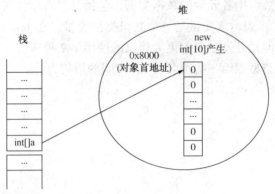

图 3-4　数组引用变量与内存分配

注意：在 Java 程序中声明数组时，无论采用何种方式定义数组，都不能指定其长度，如 int a[10]是非法的。

3. 一维数组的初始化

数组的初始化有两种方法：一种是静态初始化，另一种是动态初始化。

（1）静态初始化：静态初始化就是在声明数组的同时，直接给数组分配空间，并为每个元素赋初始值，一般在数组元素比较少时使用。一般形式为：

```
数据类型 数组名[]={值 1，值 2，…，值 n};
```

以下语句声明并初始化一个长度为 3 的整型数组，该数组有三个元素，取值分别是 1、2、3。

```
int a[] = {1,2,3};
```

注意：（1）在 Java 程序中声明数组时，无论采用何种方式定义数组，都不能指定其长度，例如 int a[10]语句是非法的；（2）先声明数组，然后采用静态初始化方法来初始化数组在 Java 程序中也是不允许的，例如：

```
int a[];
a={1,2,3};    //错误！
```

（2）动态初始化：有时根据程序要求，数组并不需要在声明时就赋初值，而是在使用时才赋值。另外，有些数组比较大，即元素非常多，用静态初始化方法枚举所有元素的值也很不方便。这就需要使用动态初始化方法。例如：

```
int[] a = new int[10];
for(int i=0; i<10; i++){
    a[i] = 100 + i;
}
```

【例3-2-1】 编写程序，分别录入10个学生的英语和物理成绩，计算这些学生两门课的成绩总和，并输出。

```java
01 import java.util.Scanner;
02 public class Ex_3_2_1{
03   public static void main(String[] args) {
04       double[] scoreEnglish = new double[10];
05       double[] scorePhysics = new double[10];
06       System.out.println("请输入学生的英语成绩");
07       Scanner scanner = new Scanner(System.in);
08       for (int i = 0; i < 10; i++) {
09           scoreEnglish[i] = scanner.nextDouble();
10       }
11       System.out.println("请输入学生的物理成绩");
12       for (int i = 0; i < 10; i++) {
13           scorePhysics[i] = scanner.nextDouble();
14       }
15       for (int i = 0; i < 10; i++) {
16           System.out.println(scoreEnglish[i]+scorePhysics[i]);
17       }
18   }
19 }
```

4. 测定数组的长度

在 Java 程序中，数组的下标从 0 开始递增，直到数组结束。如果数组下标的值等于或大于数组长度，程序也会编译通过，但在运行时会出现数组下标越界的错误，所以在使用数组时要注意这一点。通常，Java 数组的长度可以通过 Java 数组的 length 属性来获得。

【例3-2-2】 动态初始化数组并输出数组各元素。

```java
01 public class Ex_3_2_2 {
02     public static void main(String[] args) {
03         int a[]=new int[5];              //声明并初始化数组a,长度为5
04         int i;
05         int len=a.length;                //获得数组的长度并赋值给变量len
06         for(i=0;i<len;i++){
07             a[i]=5*(i+1);
08         }
09         //a[5]=30;如果程序中出现该语句会产生数组下标越界
```

```
10          for(i=0;i<len;i++){
11              System.out.print(a[i]+" ");        //输出数组的各个元素
12          }
13      }
14  }
```

运行如下所示：

```
5 10 15 20 25
```

注意：正确区分"数组的第 7 个元素"和"数组元素 7"很重要。因为数组下标从 0 开始，"数组的第 7 个元素"的下标是 6，而"数组元素 7"的下标为 7，实际上是指数组的第 8 个元素。如果混淆会导致下标出现"差 1"的错误。

【例 3-2-3】 求解数组的最大值、最小值和平均值。

```
01  public class Ex_3_2_3 {
02      public static void main(String[] args) {
03          int[] array = {32, 23, 25, 36, 56, 78, 99};
04          int min = array[0], max = array[0], avg = array[0];
05          int sum = 0;
06          for (int i = 0; i < array.length; i++) {
07              if (array[i] > max)
08                  max = array[i];
09              if (array[i] < min)
10                  min = array[i];
11              sum += array[i];
12          }
13          avg = sum / array.length;
14          System.out.println("最大值为: " + max);
15          System.out.println("最小值为: " + min);
16          System.out.println("平均值为: " + avg);
17      }
18  }
```

5. foreach 语句与数组

自 JDK 5.0 之后，Java 引进了一种新的 for 循环语句，它不用下标就可遍历整个数组，这种新的循环语句称为 foreach 语句。foreach 语句只需要提供元素类型、用于存储连续元素的循环变量和用于检索元素的数组名称，共三个数据。foreach 语句的示例用法如下：

```
for(元素类型 element: array){
    …
}
```

功能是每次从数组 array 中取出一个元素，自动赋给 element。用户不用判断是否超出了数组的长度。需要注意的是，element 的类型必须与数组 array 中元素的类型相同。例如：

```
int[] arr={2,4,6,8,10};
for(int row: arr){
    System.out.println(row);
}
```

3.2.3 二维数组

在 Java 语言中，一个数组的元素都是一维数组的数组就构成了二维数组。也就是说，二维数组可以视作一个特殊的一维数组，其每个元素又是一个一维数组。而三维数组就视作数组元素是二维数组的数组。

1. 认识二维数组

以双下标的二维数组 a 为例，设数组 a 含有 3 行 4 列，称为 3×4 形式的二维数组。

如图 3-5 所示，数组 a 中的元素可表示为 a[i][j]，其中 a 是数组名，i 和 j 是二维数组 a 中的元素的下标，它们唯一地确定了数组 a 中的每一个元素。注意，下标从 0 开始。

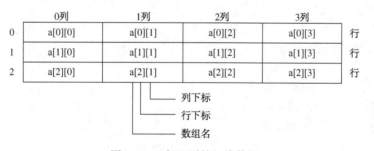

图 3-5　3 行 4 列的二维数组

图 3-5 中定义的二维数组可以这样描述：

```
int[][] a;            //声明整型数组
a=new int[3][];
```

这两条语句表示数组 a 有三个元素，每个元素都是 int[ ]类型的一维数组。数字 3 指定了高维的长度，相当于定义了三个数组引用变量，分别是 int[ ] a[0]、int[ ] a[1]和 int[ ] a[2]。这里，int[ ] a[0]等价于 int a[0][ ]，仅是书写方式不同，其作用是一样的。

以图 3-6 为例，在二维数组的高维定义好之后，因为每一行所表示的数组元素是 4 个，所以紧接着可以有这样的语句：

```
a[0]=new int[4];
a[1]=new int[4];
a[3]=new int[4];
```

这里，new 运算符是用来创建内存空间的。在 Java 语言中，方括号中的长度可以一样，也可以不一样。

由于 a[0]、a[1] 和 a[2] 都是数组引用变量，因此必须对它们赋值，使其指向真正的数组对象，才能引用这些数组中的元素。

2. 二维数组的声明与创建

二维数组声明的一般格式为：

```
类型 数组名[][];
```

或

```
类型[][] 数组名;
```

其中，类型表示数组元素的数据类型，数组名可以是任意合法的标识符，例如：

```
int a[][];
double[][] b;
```

以下声明是不合法的：

```
int a[2][];          //错误！
int b[][3];          //错误！
int c[2][2];         //错误！
```

与一维数组一样，二维数组的声明也不能为数组分配内存空间。申请内存空间、创建数组需要用到 new 运算符，通过 new 运算符才可以定义二维数组的行和列的大小。

对二维数组来说，创建数组的方式有以下两种。

（1）直接为每一维分配长度、大小，例如：

```
int a[][]=new int[2][3];
```

该语句创建了一个二维数组 a，其较高一维含两个元素，而每个元素为包含 3 个元素的整型一维数组。在这个定义中，每行的数组元素都是 3 列。此时该数组的分布示意如下：

a[0][0]	a[0][1]	a[0][2]
a[1][0]	a[1][1]	a[1][2]

(2) 从称为高维的第一个下标开始，分别为每一维分配空间，例如：

```
int b[][]=new int[2][];   //定义两行的二维数组，每个元素指向一个整型一维数组
b[0]=new int[3];          //b[0]指向的是一个长度为3的整型一维数组
b[1]=new int[5];          //b[1]指向的是一个长度为5的整型一维数组
```

此时，各行元素分布示意如下：

b[0][0]	b[0][1]	b[0][2]		
b[1][0]	b[1][1]	b[1][2]	a[1][3]	b[1][4]

注意：C/C++语言不同的是，(1)Java语言的多维数组并不一定是规则的矩阵形式，也就是说，不要要求多维数组的每一维长度都相同；(2)在Java语言中使用运算符new来分配内存时，对于多维数组至少要给出高维的第一个下标的维数值的大小。在C、C++语言中必须一次性指明每一维的长度。

正确的申请方式为：只指定数组的高层维数，例如：

```
int b[][]=new int[5][];    //定义5行的二维数组
```

或数组的高层维数和底层维数都指定，例如：

```
int b[][]=new int[5][2];
```

如果在程序中出现以下语句：

```
int a2[][]=new int[][];
```

编译器将给出以下错误提示：

```
Array dimension missing.
```

3. 二维数组元素的初始化

与一维数组一样，二维数组的初始化也分为静态和动态两种方式。

(1) 动态初始化

对二维数组来说，用new关键字分配内存空间，再为元素赋值。例如：

```
int a[][]=new int[2][3];    //定义2行3列的二维数组
a[0][0]=33;
```

(2) 静态初始化

直接对每个元素进行赋值,在声明和定义数组的同时也为数组分配内存空间。例如:

```
int a[][]={{2,3},{1,3},{2,3}};
```

声明一个 3×2 形式的数组,并对每个元素赋值。这种初始化形式,不必指出数组每一维的大小,系统会根据初始化时给出的初始值的个数自动计算数组每一维的大小。该数组各个元素的值为:

```
a[0][0]=2,a[0][1]=3,
a[1][0]=1,a[1][1]=3,
a[2][0]=2,a[2][1]=3.
```

注意:与一维数组一样,在声明二维数组并初始化时不能指定其长度,否则会出错。例如,语句 int a[2][3]={{3,4,5},{7,8,9}};在编译时将出错。

4. 二维数组的引用

二维数组是数组元素为一维数组的数组,因此二维数组的引用与一维数组类似,只要注意每一个行元素本身是一个一维数组就可以了。

与一维数组一样,也可以用 .length 成员方法测定二维数组的长度,即数组元素的个数。只不过使用"数组名.length"测定的是数组的行数,而使用"数组名[i].length"测定的是该行的列数。例如,若有如下的初始化语句:

```
int[][] arr={{3,9},{4,5,3},{12,2,3,1}};
```

则 arr.length 的返回值是 3,表示数组 arr 由 3 行或 3 个元素组成。而 arr[0].length 的长度是 2,表示 arr[0]是包含两个元素的一维数组;arr[1].length 的长度为 3,表示 arr[1]是包含 3 个元素的一维数组;arr[2].length 的返回值是 4,表示 arr[2]的长度是 4,即有 4 个元素。

【例 3-2-4】 在程序中测定数组的长度。

```
01 public class Ex_3_2_3 {
02     public static void main(String[] args) {
03         int ia1[];                      //声明数组ia1
04         int[] ia2;                      //声明数组ia2
05         int ia3[]={1,3,5,7,9};          //创建并初始化一维数组ia3
06         int ia4[]=new int[7];           //创建一个长度为7的数组ia4
07         //length测定数组长度
08         System.out.println("ia3 的长度="+ia3.length);
09         System.out.println("ia4 的长度="+ia4.length);
10         //创建二维数组,每行长度不一
11         int[][] ia5={{1,2},{3,4,5,6},{7,8,9}};
```

```
12          //ia5是3行，各列长度不同
13          System.out.println("ia5 的长度="+ia5.length);
14          //第一个（行）元素的长度
15          System.out.println("ia5[0] 的长度="+ia5[0].length);
16          //第二个（行）元素的长度
17          System.out.println("ia5[1] 的长度="+ia5[1].length);
18          //第三个（行）元素的长度
19          System.out.println("ia5[2] 的长度="+ia5[2].length);
20      }
21  }
```

运行结果下所示。

```
ia3 的长度=5
ia4 的长度=7
ia5 的长度=3
ia5[0] 的长度=2
ia5[1] 的长度=4
ia5[2] 的长度=3
```

【例3-2-5】 利用二维数组记录学生的成绩，并计算成绩的综合

```
01  public class Ex_3_2_4{
02      public static void main( String[] args ){
03          int sum = 0;
04          int[][] num = {
05                  { 30, 35, 26, 32 },
06                  { 33, 34, 30, 29 }
07                  };                         // 声明数组并设置初值
08
09          for( int i = 0; i < num.length; ++i ) {
10           System.out.print( "第 " + (i + 1) + " 个人的成绩为： " );
11
12           for( int j = 0; j < num[i].length ; ++j ) {
13               System.out.print( num[ i ][ j ] + " " );
14               sum += num[ i ][ j ];
15           }
16           System.out.println();
```

```
17          }
18
19          System.out.println( "\n总成绩是 " + sum + " 分！" );
20      }
21 }
```

3.2.4 数组排序

1. 选择排序

假设对一个数组进行从小到大的排序，采用选择排序算法。具体为：在列表中找到最大的数，并将它放在列表的最后。剩下的数构成一个新的列表，在此列表中选择最大的数，并将它放在列表最后。一直这样做下去，直到列表中只剩一个数为止。

假设数组 int a[ ] 有 7 个元素需要排序：

3 9 4 7 8 2 6

第一次，在数组元素 a[0]~a[6] 中找到最大的数 9，并与最后位置的数 6 交换位置，得到下面的列表：

3 6 4 7 8 2 9

第二次，在数组元素 a[0]~a[5] 中找到最大的数 8，并与最后位置的数 2 交换位置，得到下面的列表：

3 6 4 7 2 8 9

第三次，在数组元素 a[0]~a[4] 中找到最大的数 7，并与最后位置的数 2 交换位置，得到下面的列表：

3 6 4 2 7 8 9

第四次，在数组元素 a[0]~a[3] 中找到最大的数 6，并与最后位置的数 2 交换位置，得到下面的列表：

3 2 4 6 7 8 9

重复以上步骤，直到数组列表中只剩下一个元素为止。

【例 3-2-6】 采用选择排序算法对数组进行排序。

```
01 public class Ex_3_2_6 {
02     public static void main(String[] args) {
03         double[] myList={5.0,4.4,1.9,2.9,3.4,3.5};//数组初始化
```

```
04        System.out.println("在排序前,数组是:");
05        printList(myList);//打印排序前的数组
06        selectionSort(myList);//对数组排序
07        System.out.println();
08        System.out.println("排序后的数组是:");
09        printList(myList);//打印排序后的数组
10    }
11    static void printList(double[]list)   {     //打印数组的方法
12        for(int i=0;i<list.length;i++){
13            System.out.print(list[i]+" ");
14            System.out.println();
15        }
16    }
17    static void selectionSort(double[] list){ //对数组排序的方法
18        double currentMax;
19        int currentMaxIndex;   //保存最大值元素的下标号
20        for(int i=list.length-1;i>=1;i--){      //外层循环,确定列表范围
21            //在列表list[0]~list[i]找到一个最大的数
22            currentMax=list[i];                 //保存最大的数
23            currentMaxIndex=i;                  //保存最大数的下标号
24            for(int j=i-1;j>=0;j--){     //内层循环,在列表范围查找最大的数及下标号
25                if(currentMax<list[j]){
26                    currentMax=list[j];
27                    currentMaxIndex=j;
28                }
29            }
30            if(currentMaxIndex!=i){
31                list[currentMaxIndex]=list[i];
32                list[i]=currentMax;
33            }
34        }
35    }
36 }
```

2. 冒泡排序

对一个数组进行从小到大排序,除选择排序外,还可以使用冒泡排序算法。具体为:在每次遍历中,连续对相邻两个元素进行比较。如果比较的两个元素是降序排列,则交互它们的值;否则,保持不变。

按照冒泡排序，第一次遍历后，最后一个元素成为数组中最大的元素。第二次遍历后，倒数第二元素成为数组中第二大元素。持续整个过程，直到所有元素都已安排好。

【例3-2-7】 采用冒泡排序算法对数组进行排序。

```java
01  public class Ex_3_2_7 {
02      public static void inSort(int[] list){
03          //遍历次总数为list.length-1
04          for(int k=1;k<list.length;k++){
05              //第k次遍历时，未排序好的表范围是list[0]~list[list.length-k]
06              for(int i=0;i<list.length-k;i++){
07                  //若相邻两元素是降序排列，则交换它们的位置
08                  if(list[i]>list[i+1]){
09                      int tmp=list[i];
10                      list[i]=list[i+1];
11                      list[i+1]=tmp;
12                  }
13              }
14          }
15      }
16      public static void main(String[] args) {
17          int[]num={5,46,26,67,2,35};
18          inSort(num);
19          for(int k=0;k<num.length;k++){
20              System.out.println(num[k]);
21          }
22      }
23  }
```

3.2.5 数组查找

线性查找法就是将要查找的关键字key与数组中的元素逐个进行比较，直到在列表中找到与关键字匹配的元素，或者查完了列表后也没有找到要找的元素。如果查找成功，则返回与关键字匹配元素的下标号，如果没有找到，就返回-1。

【例3-2-8】 线性查找。该程序创建一个包含10个int型的随机的数组，并显示它。程序提示用户输入要查找的关键字，并进行线性查找。

```java
01  import java.util.*;
02  public class Ex_3_2_8 {
03      public static void main(String[] args) {
04          int[] list=new int[10];
```

```
05          //用随机数创建一个列表,并显示该列表
06          System.out.print("列表是 ");
07          for(int i=0;i<list.length;i++){
08              list[i]=(int)(Math.random()*100);
09              System.out.print(list[i]+" ");
10          }
11          System.out.println();
12          System.out.print("请输入关键字 ");
13          Scanner sc=new Scanner(System.in);
14          int key=sc.nextInt();              //从键盘输入关键字key
15          int index=linearSearch(key,list); //查找key在列表中的下标号
16          if(index!=-1){
17              System.out.println("关键字的下标号是: "+index);
18          }
19          else{
20              System.out.println("在列表中没有这个关键字");
21          }
22      }
23      //在列表中查找关键字的方法
24      public static int linearSearch(int key,int[] list){
25          for(int i=0;i<list.length;i++){
26              if(key==list[i]){
27                  return i;
28              }
29          }
30          return -1;
31      }
32  }
```

在该示例中,第 8 行中的 Math. random( )生成大于或等于 0.0,小于 1.0 的随机 double 型数。方法 linearSearch( )在 list 数组中查找 key 元素。当 key 与数组中某个元素匹配时,方法返回数组 list 中第一个与关键字匹配的元素的下标号,不匹配时则返回-1。

3.2.6 复制数组

在 Java 语言中,对于基本类型的数据可以通过赋值语句完成复制。但值得注意的是:对于对象型数据,不能通过赋值语句完成复制。

假设源数组是 sourceArray,目标数组是 targetArray。下面是复制数组的三种方法:

(1) 通过循环语句复制数组中的每一个元素

如果要复制数组元素是 Java 基本数据类型,则可以采用下面的语句完成复制:

```
for(int i=0; i<sourceArray.length; i++){
    targetArray[i]=sourceArray[i];
}
```

（2）使用 Object 类中的 clone 方法

如果要复制数组元素不是 Java 基本数据类型，则可以采用下面的语句完成复制：

```
int targetArray=(int[])sourceArray.clone();
```

（3）使用 System 类中的类方法 arraycopy

```
System.arraycopy(sourceArray,src_pos,targetArray,tar_pos,length);
```

参数 src_pos、tar_pos 分别指 sourceArray 和 targetArray 的起始位置。由 length 指定从源数组 sourceArray 复制到目标数组 targetArray 的个数。本方法只能对基本类型数据实现复制。

【例 3-2-9】 编写程序利用 arraycopy 方法完成数组的复制。

```
01  public class Ex_3_2_9 {
02      public static void main(String[] args) {
03          int[] list1={0,1,2,3,4,5};
04          int[] list2=new int[list1.length];
05          //将数组list1复制给数组list2
06          System.arraycopy(list1, 0, list2, 0, list1.length);
07          System.out.println("显示 list1 and list2");
08          printList("list1 is",list1);
09          printList("list2 is",list2);
10      }
11      public static void printList(String s,int[] list){//显示列表的方法
12          System.out.print(s+" ");
13          for(int i=0;i<list.length;i++){
14              System.out.print(list[i]+" ");
15          }
16          System.out.print('\n');
17      }
18  }
```

3.2.7 Arrays 数组操作类

java.util.Arrays 类提供了一些用来操作数组的实用方法，包括数组的排序、比较、填

充、查找等功能。本书限于篇幅,仅重点介绍如下方法,对于其他方法请查阅 JDK 文档。

1. 排序

(1) public static void sort(double[ ] a):对指定的 double 数组按升序进行排序;

(2) public static void sort(double[ ] a, int fromIndex, int toIndex):上一个方法的重载,仅对指定索引 fromIndex 到 toIndex 的元素进行排序;

2. 判定相等

public static void boolean equals(double[ ] a, double[ ] a2):如果两个指定的 double 型数组彼此相等,则返回 true;

3. 填充

(1) public static void fill(double[ ] a, double val):将指定的 double 值分配给指定 double 型数组的每个元素;

(2) public static void fill(double[ ] a, int fromIndex, int toIndex, double val):上一方法的重载,但是仅填充部分元素,索引从 fromIndex 开始,到 toIndex 结束,但是不包括 toIndex;

4. 查找

public static int binarySearch(double[ ] a, double key):在排序后的数组中查找指定的 key;

5. 其他

public static String toString(double[ ] a):将数组直接转换成一个字符串。

注意:以上形参数组也可以是其他基础数据类型的,不仅限于 double 数组。

【例 3-2-10】 编写程序,演示利用 Arrays 类提供的方法实现一维数组的输出、升序排序、对比和填充等功能。

```
01  import java.util.Arrays;
02  public class Ex_3_2_10 {
03      public static void main(String[] args) {
04          int[] a1 = {0,2,3,7,8,1,6,4,5};
05          //数组进行升序排序
06          Arrays.sort(a1);
07          System.out.println("a1数组: " + Arrays.toString(a1));
08          //在排序后的数组中查找指定元素
09          int b = 5;
10          int pos = Arrays.binarySearch(a1, b);
11          System.out.println("元素5在数组中的索引是: " + pos);
12          //按照a的长度,声明一个新的数组b
13          int[] a2 = new int[a1.length];
14          Arrays.fill(a2, 0, 5, 100);
```

```
15      Arrays.fill(a2, 6, 8, 200);
16      System.out.println("a2数组: " + Arrays.toString(a2));
17      int[] a3 = {0, 1, 2, 3, 4, 5};
18      int[] a4 = {0, 1, 2, 3, 4, 5};
19      if(Arrays.equals(a3, a4))
20          System.out.println("a3与a4相等");
21      else
22          System.out.println("a3与a4不相等");
23   }
24 }
```

3.3 数组作为方法的参数

在 Java 中，可以使用数组作为方法的参数来传递数据。在使用数组参数时，应注意以下事项：

（1）在形参列表中，数组名后的方括号不能省略，其中方括号的个数和数组的维数要相同，但方括号中可以不给出数组元素的个数；

（2）在实参列表中，数组名后不需要括号；

（3）数组名作为实参时，传递的是地址，而不是具体的数组元素值，即实参和形参具有相同的存储单元。

【例 3-3-1】 计算给定数组的各元素的平均值。

```
01 public class Ex_3_3_1 {
02     static float AverageArray(float a[]){
03         float average=0;
04         int i;
05         for(i=0;i<a.length;i++){
06             average=average+a[i];
07         }
08         return average/a.length;
09     }
10     public static void main(String[] args) {
11         float average,a[]={1,2,3,4,5};
12         average=AverageArray(a);
13         System.out.println("average="+average);
14     }
15 }
```

程序运行结果如下：

```
average=3.0
```

本 章 小 结

本章重点介绍了方法和数组的使用。在方法的学习过程中，要掌握方法的定义、重载，理解使用方法的优点。当处理大量数据时，一般来说都会使用到数组。数组对象是非常特殊的，它不仅记录各个组成元素，可以利用 length 返回数组的长度，这种特性方便数组的使用。本章学习后，要重点掌握一维数组的定义、内存分配、初始化和遍历。对于多维数组，重点掌握二维数组的使用。同时，结合数组的排序，理解数组的具体使用过程。此外，Java 语言为了提高程序开发的效率，提供了 Arrays 数组操作类。利用此类，可以方便的完成数组的排序、查找、比较等方法。

习 题

一、判断题

1. 一个数组可以存放许多不同类型的值。   （   ）
2. 数组索引通常是 float 类型。   （   ）
3. 如果将单个数组元素传递给方法，并在方法中对其修改，则在被调用方法结束运行时，该元素中存储的是修改后的值。   （   ）
4. int a[ ][ ] = new int[10, 10];   （   ）
5. int a[10][10] = new int[ ][ ];   （   ）
6. int a[ ][ ] = new int[10][10];   （   ）
7. int[ ] a[ ] = new int[10][10];   （   ）
8. int[ ][ ] a = new int[10][10];   （   ）

二、简答题

1. main 方法的 return 类型是什么？
2. 在返回值类型不是 void 的方法中，不写 return 语句会发生错误吗？可以在返回值类型为 void 的方法中写 return 语句吗？
3. 实参如何传递给形参？实参可以和形参同名吗？
4. 什么是方法重载？可以在一个类中定义两个名称和参数列表相同但返回值或修饰符不同的方法吗？
5. 什么是数组？Java 程序中创建数组需要哪些步骤？如何访问数组中的元素？数组元素的下标和数组长度有什么关系？
6. 数组的创建和元素的内存分配是如何完成的？
7. 怎样获取一维数组的长度？怎样获取二维数组中一维数组的个数？

三、编程题

1. 写一个方法计算一个整数各位数字的和。

2. 编写程序，完成计算 1！+2！+3！+…+10！。

3. 编写方法完成 20+21+…+2n 的计算，在 main 方法中调用该方法，并指定 n 的大小。

4. 请编写程序，根据冒泡排序算法实现对数组{12，3，9，5，7}的排序，其中冒泡排序使用方法完成。

5. 随机生成一个长度为 5，元素是 10 以内整数的数组。请找到这样的两个元素，满足它们间的距离最小，并打印它们以及在原数组中的索引。

6. 定义一个一维数组，其中存储随机生成的 100 个 1~100 的整数，统计每个整数出现的次数。

7. 某比赛有 10 个评委打分，编写程序求选手的平均得分，要求去掉一个最高分和一个最低分，再进行平均。程序运行如下：

8. 开发一个指法练习小程序，流程如下。其中，产生每行的字符输出、统计用户在每行的正确率使用方法完成。

（1）用户输入是否同意开始练习，输入 Y 表示同意，输入 N 表示不同意；

（2）同意后，提示几行，输入数字；

（3）其中每行随机 20 个字母；

（4）开始后，用户在每一行的下面键入对应的字母；

（4）结束后，计算准确率；

（5）错误的字母，全部列举出来。

第4章 类和对象

只有两种编程语言：一种是经常被骂的，一种是没人使用的。

There are only two kinds of programming languages: those people always bitch about and those noboby uses.

——本贾尼·斯特劳斯特劳普（Bjarne Stroustrup）

C++语言之父

学习目标
- ▶ 掌握类的设计和定义。
- ▶ 掌握如何创建和使用类的对象、如何使用匿名对象。
- ▶ 理解对象的内存分配与释放。
- ▶ 掌握构造方法的定义、作用，以及如何实现类的构造方法。
- ▶ 掌握 this 和 static 两个关键字的使用。
- ▶ 掌握包的使用方法。

微信扫码立领
● 章节配套课件

微信扫码立领
● 对应代码文件

4.1 面向对象概述

现实生活中存在各种形态不同的事物，这些事物之间存在着各种各样的联系。面向对象是一种符合人类思维习惯的编程思想，在程序中使用对象来映射现实中的事物，使用对象的关系来描述事物之间的联系，这种思想就是面向对象。

面向对象简称 OO（Object Oriented），20 世纪 80 年代以后，有了面向对象分析（OOA）、面向对象设计（OOD）、面向对象程序设计（OOP）等新的系统开发方式模型的研究。对 Java 语言来说，一切皆是对象。把现实世界中的对象抽象地体现在编程世界中，一个对象代表了某个具体的操作。一个个对象最终组成了完整的程序设计，这些对象可以是独立存在的，也可以是从别的对象继承过来的。对象之间通过相互作用传递信息，实现程序开发。

面向对象开发模式更有利于人们开拓思维，在具体的开发过程中便于程序的划分，方便程序员分工合作，提高开发效率。面向对象程序设计有以下优点：

（1）可重用性：代码重复使用，减少代码量，提高开发效率。本章介绍的面向对象的三大核心特性（继承、封装和多态）都围绕这个核心。

（2）可扩展性：指新的功能可以很容易地加入到系统中来，便于软件的修改。

（3）可管理性：能够将功能与数据结合，方便管理。

与面向对象设计编程不同，面向过程设计编程方法是以时间为轴，主要分析解决问题所需要的步骤，然后用函数把这些步骤实现，使用的时候逐个依次调用就可以了。面向对象设计编程则是以空间为轴，把解决的问题按照一定规则划分为多个独立的对象，然后通过调用对象的方法来解决问题。此外，一个应用程序可能会包含多个对象，此时会通过多个对象的相互配合来实现应用程序的功能。这样当应用程序功能发生变动时，只需要修改个别的对象就可以了，从而使代码更容易得到维护。面向对象的特点主要可以概括为封装性、继承性和多态性，接下来针对这三种特性进行简单介绍。

4.1.1 封装性

封装是面向对象的核心思想，将对象的属性和行为封装起来，不需要让外界知道具体实现细节，这就是封装思想。例如，用户使用电脑，只需要使用手指敲键盘就可以了，无须知道电脑内部是如何工作的，即使用户可能碰巧知道电脑的工作原理，但在使用时，并不完全依赖电脑工作原理这些细节。

封装是将代码及其处理的数据绑定在一起的一种编程机制，该机制保证了程序和数据都不受外部干扰且不被误用。封装的目的在于保护信息，使用它的主要优点如下：

（1）保护类中的信息，它可以阻止在外部定义的代码随意访问内部代码和数据。

（2）隐藏细节信息，一些不需要程序员修改和使用的信息，比如取款机中的键盘，用户只需要知道按哪个键实现什么操作就可以，至于它内部是如何运行的，用户不需要知道；

（3）有助于建立各个系统之间的松耦合关系，提高系统的独立性。当一个系统的实现方式发生变化时，只要它的接口不变，就不会影响其他系统的使用。例如 U 盘，不管里面的存储方式怎么改变，只要 U 盘上的 USB 接口不变，就不会影响用户的正常操作；

（4）提高软件的复用率，降低成本。每个系统都是一个相对独立的整体，可以在不同的环境中得到使用。例如，一个 U 盘可以在多台电脑上使用。

4.1.2 继承性

继承性主要描述的是类与类之间的关系，通过继承可以在无须重新编写原有类的情况下，对原有类的功能进行扩展。例如，有一个汽车的类，该类中描述了汽车的普通特性和功能，而轿车的类中不仅应该包含汽车的特性和功能，还应该增加轿车特有的功能，这时，可以让轿车类继承汽车类，在轿车类中单独添加轿车特性的方法就可以了。继承不仅增强了代码复用性、提高了开发效率，而且还为程序的修改补充提供了便利。

4.1.3 多态性

多态性指的是在程序中允许出现重名现象，它指在一个类中定义的属性和方法被其他类继承后，它们可以具有不同的数据类型或表现出不同的行为，这使得同一个属性和方法在不同的类中具有不同的语义。例如，当听到"Cut"这个单词时，理发师的行为是剪发，演员的行为是停止表演，不同的对象所表现的行为是不一样的。

面向对象的思想光靠上面的介绍是无法真正理解的，只有通过大量的实践去学习和理解，才能将面向对象真正领悟。

4.2 类 的 描 述

面向对象的编程思想力图在程序中对事物的描述与该事物在现实中的形态保持一致。为了做到这一点，面向对象的思想中提出两个概念，即类和对象。其中，类是对某类事物的抽象描述，而对象用于表示现实中该类事物的个体。接下来通过一个图例来描述类与对象的关系，如图4-1所示，可以将玩具模型看作一个类，将一个个玩具看作对象，从玩具模型和玩具之间的关系便可以看出类与对象之间的关系。类用于描述多个对象的共同特征，它是对象的模板。对象用于描述现实中的个体，它是类的实例。从该示例上，可以明显看出对象是根据类创建的，并且通过一个类可以创建多个对象。

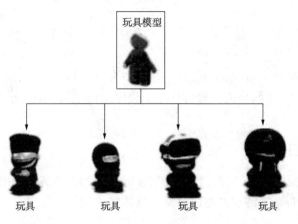

图 4-1　类与对象

4.2.1　类的定义

面向对象中最核心的就是对象，为了在程序中创建对象，首先需要定义一个类。类是对象的抽象，它用于描述一组对象的共同特征和行为。类中可以定义成员变量和成员方法，其中成员变量用于描述对象的特征（也被称作属性），成员方法用于描述对象的行为（可简称为方法）。接下来通过一个案例来学习如何定义一个类，如例4-2-1所示。

【例 4-2-1】　编写 Person 类。

```
01 class Person {
02     int age;          //定义 int 类型的变量 age
03     //定义 speak()方法
04     void main() {
05         System.out.println("大家好，我今年" + age +"岁！");
06     }
07 }
```

该示例中定义了一个 Person 类。其中 Person 是类名，age 是成员变量，speak( )是成员方法。其中，在成员方法 speak( )中可以直接访问成员变量 age。

注意：在 Java 中，定义在类中的变量被称为成员变量，定义在方法中的变量被称为局部变量。如果在某一个方法中定义的局部变量与成员变量同名，这种情况是允许的，此时方法中通过变量名访问到的是局部变量，而并非成员变量，请阅读下面的示例代码：

```
01 class Person{
02     int age=10;                    //类中定义的变量被称作成员变量
03     void speak(){
04         int age=60;                //方法内部定义的变量被称作局部变量
05         System.out.println("大家好，我今年" +age+ "岁！");
06     }
07 }
```

上面的代码中，在 Person 类的 speak( ) 方法中有一条打印语句，访问了变量 age，此时访问的是局部变量 age，也就是说当有另外一个程序来调用 speak( ) 方法时，输出的值为 60，而不是 10。

4.2.2 类的使用

应用程序想要完成具体的功能，仅有类是远远不够的，还需要根据类创建实例对象。在 Java 程序中可以使用 new 关键字来创建对象，具体格式如下：

```
类名 对象名称 = new 类名();
```

例如，创建 Person 类的实例对象代码如下：

```
Person p = new Person();
```

上面的代码中，new Person( ) 用于创建 Person 类的一个实例对象，Person p 则是声明了一个 Person 类型的变量 p。中间的等号用于将 Person 对象在内存中的地址赋值给变量 p，这样变量 p 便持有了对象的引用。本章节为了便于描述，通常会将变量 p 引用的对象简称为 p 对象。实际上，在内存中变量 p 和对象之间的引用关系如图 4-2 所示。

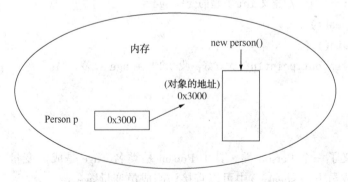

图 4-2 引用变量和对象的内存分析

在创建 Person 对象后，可以通过对象的引用来访问对象所有的成员，具体格式如下：

```
对象引用.对象成员
```

接下来通过一个案例来学习如何访问对象的成员，如下所示。

【例 4-2-2】 编写程序完成 Person 对象成员的访问。

```
01  class Ex_4_2_2{
02      public static void main(String[] args){
03          Person p1=new Person();        //创建第一个Perosn对象
04          Person p2=new Person();        //创建第二个Person对象
05          p1.age=18;                     //为age属性赋值
06          p1.speak();                    //调用对象的方法
07          p2.speak();
08      }
09  }
```

运行结果如下：

大家好，我今年18岁！
大家好，我今年0岁！

该示例中，p1、p2 分别引用了 Person 类的两个实例对象。从运行结果可以看出，p1 和 p2 对象在调用 speak() 方法时，打印的 age 值不相同。这是因为 p1 对象和 p2 对象是两个完全独立的个体，它们分别拥有各自的 age 属性，对 p1 对象的 age 属性进行赋值并不会影响到 p2 对象 age 属性的值。程序运行期间 p1、p2 引用的对象在内存中的状态如图 4-3 所示。

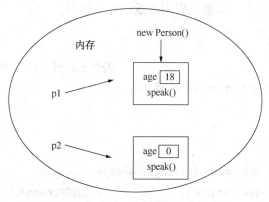

图 4-3 p1 和 p2 对象在内存中的状态

在【例 4-2-2】中，通过 p1.age = 18 将 p1 对象的 age 属性赋值为 18，但并没有对 p2 对象的 age 属性进行赋值，按理说 p2 对象的 age 属性应该是没有值的。但从图所显示的运行结果可以看出 p2 对象的 age 属性也是有值的，其值为 0。这是因为在实例化对象时，Java 虚拟机会自动为成员变量进行初始化，针对不同类型的成员变量，Java 虚拟机会赋予不同的初始值，如表 4-1 所示。

表 4-1　成员变量的初始化值

成员变量类型	初始值	成员变量类型	初始值
byte	0	double	0.0d
short	0	char	空字符，'\u0000'
int	0	boolean	false
long	0L	引用数据类型	null
float	0.0f		

当对象被实例化后，在程序中可以通过对象的引用变量来访问该对象的成员。需要注意的是，当没有任何变量引用这个对象时，它将成为垃圾对象，不能再被使用。接下来通过两段程序代码来分析对象是如何成为垃圾的。

【例 4-2-3】 Java 中的自动垃圾回收。

```
01 {
02     Person p1=new Person();
03     ......
04 }
```

上面的代码中，使用变量 p1 引用了一个 Person 类型的对象，当这段代码运行完毕时，变量 p1 就会超出其作用域而被销毁，这时 Person 类型的对象就没有被任何变量引用，变成垃圾。

【例 4-2-4】 编写程序手动清空引用变量的内存指向。

```
01 class Person{
02     void say(){                          //创建say()方法，输出一句话
03         System.out.println("我是一个人！");
04     }
05 }
06 class Ex_4_2_4{
07     public static void main (String[] args){
08         Person p2=new Person();          //创建Person对象
09         p2.say();                        //调用say()方法
10         p2=null;                         //将Person对象置为null
11         p2.say();
12     }
13 }
```

运行结果如下所示：

我是一个人！
Exception in thread "main" java.lang.NullPointerException

在【例 4-2-4】中，创建了一个 Person 类的实例对象，并两次调用了该对象的 say( ) 方法。第 9 行代码调用 say( ) 方法时可以正常打印，但在第 10 行代码中将变量 p2 的值置为 null，当再次在第 11 行调用 say( ) 方法时抛出了空指针异常。在 Java 中，null 是一种特殊的常量，当一个变量的值为 null 时，则表示该变量不指向任何一个对象。当把变量 p2 置为 null 时，被 p2 所引用的 Person 对象就会失去引用，成为垃圾对象，其过程如图 4-4 所示。

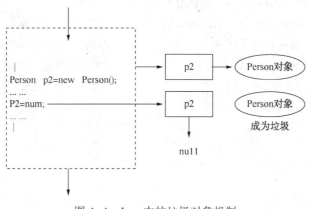

图 4-4　Java 中的垃圾对象机制

4.2.3　类的设计

在 Java 中，对象是通过类创建出来的。因此，在程序设计时，最重要的就是类的设计。接下来通过一个具体的案例来学习如何设计一个类。

假设要在程序中描述一个学校所有学生的信息，可以先设计一个学生类 Student，在这个类中定义两个属性 name、age 分别表示学生的姓名和年龄，定义一个方法 introduce( ) 表示学生做自我介绍。根据上面的描述设计出来的 Student 类如例所示。

【例 4-2-5】　编写学生类 Student。

```
01  public class Student{
02      String name;
03      int age;
04      public void introduce(){
05          //方法中打印属性 name 和 age 的值
06          System.out.println("大家好，我叫"+name+",我今年"+age+"岁！");
07      }
08  }
```

在 Student 类中，定义了两个属性 name 和 age。其中的 name 属性为 String 类型，在 Java 中使用 String 类的实例对象表示一个字符串，例如：

```
String name="李芳";
```

关于字符串的相关知识在本书的第 8 章将会进行详细地讲解，在此处可简单地将字符串理解为一连串的字符。

【例 4-2-6】 针对上述示例中设计的 Student 类创建对象，并访问该对象的成员。

```
01  public class Ex_4_2_6{
02      public static void main(String[] args){
03          Student stu=new Student();           //创建学生对象
04          stu.name="李芳";                      //为对象的那么属性赋值
05          stu.age=-30;                         //为对象的age属性赋值
06          stu.introduce();                     //调用对象的方法
07      }
08  }
```

运行结果如下所示。

```
大家好，我叫李芳,我今年-30 岁!
```

4.2.4 类的成员封装

在【例 4-2-6】的第 5 行代码中，将年龄赋值为一个负数-30，这在程序中不会有任何问题，但在现实生活中明显是不合理的。为了解决年龄不能为负数的问题，在设计一个类时，应该对成员变量的访问做出一些限定，不允许外界随意访问。这就需要实现类的封装。

所谓类的封装是指在定义一个类时，将类中的属性私有化，即使用 private 关键字来修饰，私有属性只能在它所在类中被访问。为了能让外界访问私有属性，需要提供一些使用 public 修饰的公有方法，其中包括用于获取属性值的 getXxx( )方法和设置属性值的 setXxx( )方法。接下来通过一个案例来实现类的封装，如例所示。

【例 4-2-7】 对 Student 类中的属性进行封装。

```
01  class Student{
02      private String name;                    //将name属性私有化
03      private int age;                        //将age属性私有化
04      //下面是共有的getXxx()和setXxx()方法
05      public String getName(){
06          return name;
```

```
07      }
08      public void setName(String stuName){
09          name=stuName;
10      }
11      public int getAge(){
12          return age;
13      }
14      public void setAge(int stuAge){
15          //下面是对传入的参数进行检查
16          if (stuAge<=0){
17              System.out.println("年轻不合法....");
18          }else{
19              age=stuAge;              //对属性赋值
20          }
21      }
22      public void introduce(){
23          System.out.println("大家好，我叫" +name+ ",我今年"+age+"岁！");
24      }
25  }
26  public class Ex_4_2_7{
27      public static void main(String[] args){
28          Student stu=new Student();
29          stu.setAge(-30);
30          stu.setName("李芳");
31          stu.introduce();
32      }
33  }
```

运行结果如下所示。

```
01 年轻不合法....
02 大家好，我叫李芳,我今年0岁！
```

在该示例的 Student 类中，使用 private 关键字将属性 name 和 age 声明为私有，对外界提供了几个公有的方法，其中 getName( ) 方法用于获取 name 属性的值，setName( ) 方法用于设置 name 属性的值。同理，getAge( ) 和 setAge( ) 方法用于获取和设置 age 属性的值。在 main( ) 方法中创建 Student 对象，并调用 setAge( ) 方法传入一个负数 -30，在 setAge( ) 方法中对参数 stuAge 的值进行检查，由于当前传入的值小于 0，因此会打印"年龄不合法"的信息，age 属性没有被赋值，仍为默认初始值 0。

4.3 对象的创建与使用

Java是面向对象的编程语言，对象就是面向对象程序设计的核心。所谓对象就是真实世界中的实体，对象与实体是一一对应的，也就是说现实世界中每一个实体都是一个对象，它是一种具体的概念。对象有以下特点：(1)对象具有属性和行为；(2)对象具有变化的状态；(3)对象具有唯一性；(4)对象都是某个类别的实例；(5)一切皆为对象，真实世界中的所有事物都可以视为对象。

例如，在真实世界的学校里，会有学生和老师等实体，学生有学号、姓名、所在班级等属性(数据)，学生还有学习、提问、吃饭和走路等操作。学生只是抽象的描述，这个抽象的描述称为"类"。在学校里活动的是学生个体，即张同学、李同学等，这些具体的个体称为"对象"，"对象"也称为"实例"。

对象是在程序运行中生成的，它所占的空间也是在程序运行中动态分配的。当一个对象完成它的使命后，即生命周期结束后，Java的垃圾收集程序就会自动回收这个对象所占的空间。在Java中，对象的创建、使用和释放称为对象的生命周期。一个典型的Java程序会创建很多对象，它们通过消息传递共同完成程序的功能。

4.3.1 对象的创建

Java中，对象通过类来创建，对象是类的实例。类是某一类对象的共同特征(属性、行为)的描述，一个类可以创建很多对象，不同对象的同一属性的值可能不同。如图4-5所示，定义个类Circle，用图形化符号表示，Circle类包含一个属性radius和一个内部方法findArea，用于求圆的面积。Circle类利用new运算符调用类的构造方法创建了两个对象：circle1和circle2，两个圆的半径取值不同，分别为2和5。通常由一个类所创建的一个对象称为这个类的一个实例(instance)。

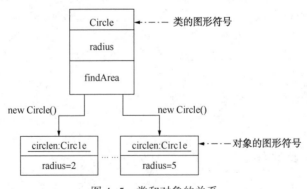

图4-5 类和对象的关系

创建对象包括三个组成部分：对象的声明、对象实例化和对象初始化。

通常格式如下：

类名 对象名=new 构造方法；

例如：

```
Circle circle1 = new Circle(2);
Circle circle2 = new Circle(5);
```

（1）声明对象：由类名和对象名组成，如上式等号左边部分；

（2）实例化：必须给一个对象分配相应的存储空间，才能使用它，如上式等号右边部分。在声明一个对象时，并没有给该对象分配存储空间。对象的实例化完成对象的空间分配，对象实例化由 new 运算符完成；

（3）初始化：初始化工作由构造方法完成。构造方法一方面提供了类名，由 new 运算符根据类名决定为新建对象分配多大的内存。另一方面，构造方法的调用将新建对象初始化，确定对象的初始状态，主要包括为对象的成员变量赋初值。当类的定义中没有构造方法时，Java 使用系统默认的构造方法。

new 运算符返回一个引用（reference，即对象所在的内存地址），并将它赋给对象名。对象引用实际上是一个引用变量，指向对象所在的内存的首地址。

关于对象的引用，我们看一个例子，如：

```
Rabbit rabbit;              // 甲
rabbit=new Rabbit();        // 乙
rabbit=new Rabbit();        // 丙
```

从赋值对象角度看，当程序运行到甲时，Rabbit 类声明了一个 rabbit 对象，是对 Rabbit 类的一个空引用。当程序运行到乙时，用 new 运算符给 rabbit 对象分配一个内存空间（地址），对这个引用指定为 rabbit。当程序运行到丙时，另一个对象引用重写了 rabbit 引用，前一个引用必须断开。

假定 Rabbit 类声明两只兔子 rabbit 和 rabbit2 对象。先分配 rabbit 对象的内存空间，再把 rabbit 引用赋给 rabbit2 对象，即对单一对象也可以有两种引用方式。这样，Rabbit 类就指定了两个引用，即：

```
Rabbit rabbit,rabbit2;   //声明两个空引用对象变量
rabbit=new Rabbit();     //创建引用变量rabbit，指向对象在对内存的首地址
rabbit2= rabbit;         //创建引用变量rabbit2，和rabbit指向同一个对象的首地址
```

关于变量赋值，如图 4-6 所示。Primitive type assignment 指的是基本类型变量之间的赋值，Object assignment 指的是对象之间的赋值。

（1）语句 i=j：把 j 的值赋给 i，i 原来的初值为 1，经过把 j 的值 2 赋给 i 之后，i 的值变为 2，j 的初值还是 2；

（2）使用类 Circle 创建两个对象 c1 和 c2，现在把对象 c2 的引用值赋给对象 c1，c1 对象原来的半径 radius 为 5。经过赋值之后，c1 和 c2 的引用一样指向了 c2 对象在堆内存中的首

地址，radius 的值就变为9。c1 对象没有引用变量指向它，就变为废弃的对象，由 Java 的垃圾回收机制自动回收。

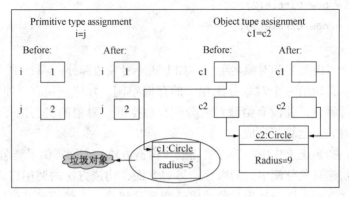

图 4-6　变量的赋值

4.3.2　对象的比较

对象也可以称为"类类型的变量"，它属于非基本类型的变量。实际上，对象是一种引用型变量，引用型变量保存的值实际是对象在堆内存的首地址。通过对象的比较，更进一步理解对象的深刻内涵。

【例 4-3-1】　以圆柱体类 Cylinder 的对象为参数进行方法调用，说明对象的比较。

```
01 class Cylinder{
02     private static double pi=3.14;
03     private double radius;
04     private int height;
05     public Cylinder(double r,int h){        //有参构造方法，初始化成员变量
06         radius=r;
07         height=h;
08     }
09     public void compare(Cylinder v){        //实现对象比较的成员方法，参数为对象
10         if(this==v)                         //判断this和v是否指向同一对象
11             System.out.println("这两个对象相等");
12         else
13             System.out.println("这两个对象不相等");
14     }
15 }
16 public class Ex_4_3_1{                      //主类，创建对象
17     public static void main(String[] args){
18         Cylinder v1=new Cylinder(2.0,3);
19         Cylinder v2=new Cylinder(2.0,3);
```

```
20          Cylinder v3=v1;              //v1和v3指向内存中的同一对象
21          v1.compare(v2);              //调用compare()方法，比较v1和v2
22          v1.compare(v3);              //调用compare()方法，比较v1和v3
23      }
24 }
```

运行结果：

```
这两个对象不相等
这两个对象相等
```

该示例中，第 13 行的 this 表示调用该方法的对象。从主类的第 18 行和第 19 行可以看出，程序用 new 运算符创建了对象 v1 和 v2。从表面上看，两次调用构造方法的两个实参都一样，好像两个对象也应该一样。实际上，v1 和 v2 对象是内存中两个独立的对象。因为它们是分别创建的，所以在内存中就有两个不同的首地址，首地址不同，意味着对象 v1 和 v2 的值也是不同的，所以对象 v1 和对象 v2 是不相等的。而对象 v1 和 v3 则不同，它们指向同一个对象在内存中的首地址，拥有相等的值，所以是相等的两个对象。

4.3.3 对象的使用

创建对象之后，就可以使用对象了。对象的使用包括：引用对象的成员变量和调用对象的成员方法、对象作为方法的参数、作为方法的返回值、作为数组元素以及作为类的成员变量。在此主要讨论对象成员变量的引用和对象成员方法的调用、对象作为数组元素以及对象作为类的成员变量。

1. 对象的一般使用

通过实心点"."运算符可以实现对对象成员变量的访问和对象成员方法的调用。变量和方法也可以通过一定的访问权限允许或禁止其他对象对它的访问。

（1）通过对象引用对象的成员变量，通用格式：对象名.变量

（2）通过对象调用对象的成员方法，通用格式：对象名.方法名([参数列表])

对象名就像公园的门票，拿着票就可以参观公园内的风景，即对象内的成员变量和成员方法。

例如：假定已定义了一个有年龄、速度和毛色的 Rabbit 类，则

```
Rabbit rabbit=new Rabbit();
rabbit.age=3;                    //兔子3岁
rabbit.speed=100;                //跑的速度是每秒100米
```

运算符 new 分配一块内存空间给 rabbit 对象，rabbit 是内存中对象的引用变量。rabbit 对象有两个成员变量 age、speed。

【例 4-3-2】 用 Person1 类描述人的主要特征，主类 StudentDemo 描述一个具体的人。

```
01 class Person1{
02     String name;
03     String sex;
04     int age;
05     Person1(String n,String s,int a){
06         name=n;
07         sex=s;
08         age=a;
09     }
10 }
11 public class Ex_4_3_2{
12     public static void main(String[] args){
13         Person1 ya=new Person1("yang","female",20);
14         System.out.println("name=" +ya.name);
15         System.out.println("sex="+ya.sex);
16         System.out.println("age="+ya.age);
17     }
18 }
```

运行结果：

```
name=yang
sex=female
age=20
```

总而言之，在类声明之外（如 main 方法中）使用类时，必须声明该类的对象变量。相反，在类内部使用类自己的成员时，不必指出成员名称前的对象名称。

2. 对象作为类的成员变量

类成员既可以是基本数据类型，也可以是对象。类成员包含其他类的对象，可以扩展此类的功能。

【例 4-3-3】 编写程序演示对象作为类的成员变量。

```
01 class Man{
02     private int id;
03     private sDate jt;
04     Man(int ia, int ya,int ma, int da){  //构造方法的参数包括job对象本身的实例变量
```

```
05            id=ia;
06            jt=new sDate(ya,ma,da);
07       }
08       void disp(){
09            System.out.println("编号:"+id);
10            System.out.print("工作日期：");
11            jt.outdate();
12       }
13 }
14 class sDate{
15       private int year;
16       private int month;
17       private int day;
18       sDate(int y,int m,int d){
19            year=y;
20            if(m>0&&m<13)
21                 month=m;              //在构造方法中确定月份的值，m是整型，取值范围为1~12
22            else
23                 month=1;              //如果月份的值不满足条件表达式，则设月份的默认值为1
24            day=vDay(d);
25       }
26       private int vDay(int v){
27            //数组下标和1-12的月份值正好吻合。由于数组元素下标从0开始，增加元素值0
28            int[] dM={0,31,28,31,30,31,30,31,31,30,31,30,31};
29            //下面条件表达式中dM[month]月份值与数组dM的元素值相对应
30            if(v>0&&v<=dM[month])
31                 return v;
32            else
33                 return 1;
34       }
35       void outdate(){
36            System.out.println(year+"，"+month+","+day);
37       }
38 }
39 class Ex_4_3_3{           //主类
40       public static void main(String[] args){
41            Man m=new Man(123,1997,3,21);
42            m.disp();
43       }
44 }
```

运行结果：

```
编号:123
工作日期: 1997,3,21
```

在该案例中，定义一个 Man 类，内含成员变量 id、jt 分别代表职员的编号和参加工作的日期。id 是基本数据类型，jt 是 sDate 的对象。类 sDate 的作用是对职员参加工作日期进行合法性检验。

3. 对象作为数组元素

根据前面的章节介绍，数组可以存在各种类型的数据，因此对象也可以作为数组元素。当对象作为数组元素时，其数组称为对象数组。创建对象数组时，首先声明数组变量，并用 new 运算符给数组分配内存空间，然后对数组的每个元素进行初始化。

【例 4-3-4】 编写程序完成链表的定义，演示对象数组的使用。

```
01  class node{                              //节点类的定义
02      private int data;
03      private node next;
04      void setData(int x){
05          data=x;
06      }
07      int getData(){
08          return data;
09      }
10      node getNext(){
11          return next;
12      }
13      void setNext(node x){
14          next=x;
15      }
16  }
17  public class Ex_4_3_4{                   //主类
18      public static void main(String[] args){
19          node x[]=new node[3];            //创建三个节点对象
20          int i;
21          for(i=0;i<x.length;i++)          //初始化对象数组元素，给节点的data赋值，并组成链表
22              x[i]=new node();
23          for(i=0;i<x.length;i++);
24              x[i].setData(i);
```

```
25          if(i<x.length-1)
26              x[i].setNext(x[i+1]);
27      }
28      node start=new node();              //利用start依次输出链表中节点的值
29      start=x[0];                         //指向链表中的第1个节点
30      System.out.println(start.getData());   //输出x[0].data
31      while(start.getNext()!=null){
32          start=start.getNext();              //指向下一个节点
33          System.out.println(start.getData());  //输出x[i].data
34      }
35  }
```

运行结果：

```
0
1
2
```

在该案例中，ObjArray.java 对象作为数组元素的应用。在 main 主方法中，语句 node x[ ]=new node[3]用来创建对象数组 x，语句 x[i]=new node( )用来对数组 x 的元素初始化。注意：本案例演示了一个链表的具体编程方法。创建链表可以先仅创建一个链表头，其他链表中的元素(称为节点)则可以在需要的时候再动态地逐个创建并加入到链表中。链表中的数据在内存中不是连续存放的，每个节点除了保存数据外，还有一个专门的属性用来指向链表的下一个节点(称为链表的指针)，所有的链表节点通过指针相连，访问它们时需要从链表头开始顺序进行。

4.3.4 匿名对象

当一个对象被创建之后，在调用该对象的成员方法时，也可以不定义对象的名称，而直接调用这个对象的方法，这样的对象叫做匿名对象。例如：

```
Person p1=new Person();
p=new Person();
p.Speak();
```

上述代码，使用匿名对象可以改写为：

```
new Person().speak();
```

注意：(1)改写后的这条语句没有产生任何对象名称，而是直接用 new 关键字创建了 Person 类的对象并直接调用它的 speak 方法，得出的结果和改写之前是一样的；(2)这个方法运行完，这个匿名对象就变成了垃圾。

使用匿名对象有两种情况：

■ 如果对一个对象只需要一次方法调用，就可以使用匿名对象；

■ 将匿名对象作为实参传递给一个方法调用，例如程序中有一个 getSomeOne 方法，要接收一个 Person 类对象作为参数，函数定义如下：

```
Public void getSomeOne(Person p){
.....
}
```

可以用下面的语句调用这个方法：

```
getSomeOne(new Person());
```

4.3.5 对象的内存分配

Java 把内存分配分成两种：一种是栈内存，另一种是堆内存。其中，在方法中定义的一些基本类型的变量及对象的引用变量存放在栈内存中。当该变量的作用域结束后，Java 会自动释放掉为该变量所分配的内存空间。

不同于栈内存，堆内存用来存放由 new 运算符创建的对象或数组。在堆中分配的内存，由 Java 虚拟机的自动垃圾回收器来管理。在堆中产生了一个数组或对象后，还可以在栈中定义一个特殊的引用变量。在栈中的这个变量的取值等于数组或对象在堆内存中的首地址，栈中的这个变量就成了数组或对象的引用变量，以后就可以在程序中使用栈中的引用变量来访问堆中的数组或对象，引用变量就相当于是对数组或对象的一个标号或指引，就像一个指引标记。引用变量是普通的变量，定义时在栈中分配。引用变量在程序运行到其作用域之外后被释放。而数组和对象本身在堆中分配，即使程序运行到使用 new 产生数组和对象的语句所在的代码块之外，数组和对象本身占据的内存也不会被释放掉。数组和对象只有在没有引用变量指向它时，才会变为垃圾，但仍然占据内存空间不放，在随后一个不确定的时间被垃圾回收器回收并释放。这也是 Java 比较占内存的原因。例如：

```
Person p=new Person()
```

以类 Person 作为变量类型定义了一个对象引用变量 p，用来指向等号右边 new 运算符创建的一个 Person 对象在堆内存的首地址，变量 p 就是堆内存中对象的引用。这条语句运行之后的内存状态如图 4-7 所示。

注意：假定类 Person 中定义了一个整型的成员变量 age，内存状态图中的 0 表示 age 成员变量的默认初始值为 0

第4章 类和对象

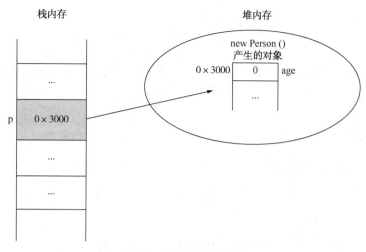

图 4-7 对象的内存分配

如果程序创建了多个对象，各个对象在堆内存中是独立的，分别占据着不同的内存空间。调用某个对象的方法时，该方法内部所访问的成员变量是自身的成员变量。每个创建的对象都有自己的生命周期，对象只能在其有效的生命周期内被使用。当没有引用变量指向某个对象时，这个对象就会变成垃圾，内存在某个时间被收回。对象作用域如图 4-8 所示。

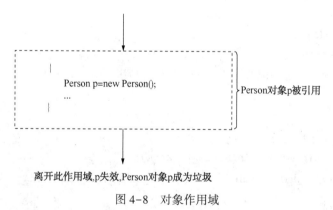

图 4-8 对象作用域

4.3.6 对象的内存释放

释放对象就是把对象从内存中清除。当一个对象不再为程序所用时，应该将它释放并收回内存空间，以便被其他新对象使用。

为了清除一个对象，许多其他面向对象程序设计语言要求另外编写程序来收回其内存空间，用这种方式写出的内存管理程序既麻烦又容易出错。Java 语言，只需要程序员创建对象，至于释放对象的工作则由系统自动完成。此项工作由 Java 虚拟机承担。Java 虚拟机能自动地判断出对象是否还在使用，并在对象不再使用时释放掉对象所占的资源，这便是 Java 的自动垃圾回收机制。Java 的垃圾自动回收操作以较低的优先级运行，比较费时，一般它在系统空闲时才运行。Java 的垃圾回收操作也可以在程序中调用方法 System.gc 在任何时间请求进行。

4.4 构造方法

从前面所学到的知识可以发现，实例化一个类的对象后，如果要为这个对象中的属性赋值，则必须要通过直接访问对象的属性或调用 setXxx( ) 方法的方式才可以。如果需要在实例化对象的同时就为这个对象的属性进行赋值，可以通过构造方法来实现。接下来，本节将介绍构造方法的具体用法。

4.4.1 构造方法的定义

在一个类中定义的方法如果同时满足以下条件，该方法称为构造方法，具体如下：
(1) 方法名与类名相同；
(2) 在方法名的前面没有返回类型的声明；
(3) 在方法中不能使用 return 语句返回一个值；
(4) 构造方法一般情况下都是 public 的。

值得注意的是，构造方法是类的一个特殊成员，它会在类实例化对象时被自动调用，因此常用来完成类的初始化。

【例 4-4-1】 无参的构造方法。

```
01 class Person{
02     //下面是类的构造方法
03     public Person(){
04         System.out.println("无参的构造方法被调用了......");
05     }
06 }
07 public class Ex_4_4_1{
08     public static void main(String[] args){
09         Person p=new Person();              //实例化Person对象
10     }
11 }
```

运行结果如下：

```
无参的构造方法被调用了......
```

在该示例中，Person 类中定义了一个无参的构造方法 Person( )。从运行结果可以看出，Person 类中无参的构造方法被调用了。这是因为第 9 行代码在实例化 Person 对象时会自动调用类的构造方法，new Person( ) 语句的作用除了会实例化 Person 对象，还会调用构造方法 Person( )。

在一个类中除了定义无参的构造方法，还可以定义有参的构造方法，通过有参的构造方法就可以实现对属性的赋值。接下来对上述示例进行改写，改写后的代码如下所示。

【例4-4-2】 有参的构造方法。

```
01  class Person{
02      int age;
03      //定义有参的构造方法
04      public Person(int a){
05          age=a;
06      }
07      public void speak(){
08          System.out.println("I am "+age+" years old.!");
09      }
10  }
11  public class Ex_4_4_2{
12      public static void main(String[] args){
13          Person p=new Person(20);              //实例化Person对象
14          p.speak();
15      }
16  }
```

运行结果如下所示。

```
I am 20 years old.!
```

在该示例中，Person类定义了有参的构造方法Person(inta)。第13行代码中的new Person(20)会在实例化对象的同时调用有参的构造方法，并传入参数20。在构造方法Person(inta)中将20赋值给对象的age属性。通过运行结果可以看出，Person对象在调用speak()方法时，其age属性已经被赋值为20。

4.4.2 构造方法的重载

与普通方法一样，构造方法也可以重载，在一个类中可以定义多个构造方法，只要每个构造方法的参数类型或参数个数不同即可。在创建对象时，可以通过调用不同的构造方法为不同的属性赋值。接下来通过一个案例来学习构造方法的重载。

【例4-4-3】 构造方法的重载。

```
01  class Person{
02      String name;
03      int age;
04      //定义两个参数的构造方法
05      public Person(String con_name,int con_age){
06          name=con_name;            //为name属性赋值
07          age=con_age;              //为age属性赋值
```

```
08      }
09      //定义一个参数的构造方法
10      public Person(String con_name){
11          name=con_name;                  //为name属性赋值
12      }
13      public void speak(){
14          //打印name和age的值
15          System.out.println("大家好，我叫"+name+",我今年"+age+"岁！");
16      }
17 }
18 public class Ex_4_4_3{
19      public static void main(String[] args){
20          //分别创建两个对象p1和p2
21          Person p1=new Person("陈杰");
22          Person p2=new Person("李芳",18);
23          //通过对象p1和p2调用speak()方法
24          p1.speak();
25          p2.speak();
26      }
27 }
```

运行结果如图所示

```
大家好，我叫陈杰,我今年0岁！
大家好，我叫李芳,我今年 18 岁！
```

该示例中，Person 类中定义了两个构造方法，它们构成了重载。在创建 p1 对象和 p2 对象时，根据传入参数的不同，分别调用不同的构造方法。从程序的运行结果可以看出，两个构造方法对属性赋值的情况是不一样的，其中一个参数的构造方法只针对 name 属性进行赋值，这时 age 属性的值为默认值 0。

注意：在 Java 中的每个类都至少有一个构造方法，如果在一个类中没有定义构造方法，系统会自动为这个类创建一个默认的构造方法，这个默认的构造方法没有参数，在其方法体中没有任何代码，即什么也不做。

下面程序中 Person 类的两种写法效果是完全一样的。

第 1 种写法：

```
01 class Person {
02 }
```

第 2 种写法：

```
01 class Person {
02     public Person(){
03     }
04 }
```

对于第 1 种写法，类中虽然没有声明构造方法，但仍然可以用 new Person( ) 语句来创建 Person 类的实例对象，其主要原因就是 Java 虚拟机为 Person 类默认声明了一个无参的构造方法。若系统提供的构造方法不能满足实际需求，我们可以自己在类中自己定义构造方法。值得注意的是，一旦为该类手工定义了构造方法，系统就不再提供默认的构造方法了，具体代码如下所示：

```
01 class Person {
02     int age;
03     public Person(int x) {
04         age=x;
05     }
06 }
```

上面的 Person 类中定义了一个对成员变量赋初值的构造方法，该构造方法有一个参数，这时系统就不再提供默认的构造方法。此时若调用无参构造方法，则会编译错误。具体如下：

```
01 public class Ex_4_4_3 {
02     public static void main(String[] args){
03         Person p=new Person();        //实例化Person对象
04     }
05 }
```

编译程序报错，结果如下所示：

错误：无法将类 Person 中的构造器 Person 应用到给定类型：Person p=new Person();

错误原因：调用 new Person( ) 创建 Person 类的实例对象时，需要调用无参的构造方法，而我们并没有定义无参的构造方法，只是定义了有参的构造方法，系统将不再自动生成无参的构造方法。为了避免出现上面的错误，在类中如果定义了有参的构造方法，可以再定义一个无参的构造方法。

此外，在声明构造方法时，一般情况下都使用 public 访问修饰符。

【例4-4-4】 构造方法的访问修饰符。

```
01 class Person{
02     //定义构造方法
03     private Person(){
04         System.out.println("调用无参的构造方法");
05     }
06 }
07 public class Ex_4_4_4{
08     public static void main(String[] args){
09         Person p=new Person();
10     }
11 }
```

编译程序报错,结果如下所示。

```
Exception in thread "main" java.lang.Error: 无法解析的编译问题:
构造函数 Person()不可视
at Ex_4_4_4.main(Ex_4_4_4.java:9)
```

从结果中可以看出,程序在编译时出现了错误,错误提示为 private 关键字修饰的构造方法 Person() 只能在 Person 类中被访问,是不可视的。也就是说 Person() 构造方法是私有的,不可以被外界调用,也就无法在类的外部创建该类的实例对象。因此,为了方便实例化对象,构造方法通常会使用 public 来修饰。

4.5　this 关键字

在【例4-4-3】中使用变量表示年龄时,构造方法中使用的是 con_age,成员变量使用的是 age,这样的程序可读性很差。这时需要将一个类中表示年龄的变量进行统一的命名,例如都声明为 age。但是这样做又会导致成员变量和局部变量的名称冲突,在方法中将无法访问成员变量 age。为了解决这个问题,Java 中提供了一个关键字 this,用于在方法中访问对象的其他成员,包括成员变量、成员方法和构造方法。接下来,本书将通过三个示例详细讲解 this 关键字在程序中的用法。

【例4-5-1】 通过 this 关键字明确访问类的某个成员变量,解决与局部变量名称冲突问题。

```
01 class Person{
02     int age;
03     public Person(int age){
04         this.age=age;
```

```
05     }
06     public int getAge(){
07         return this.age;
08     }
09 }
```

在上面的代码中,构造方法的参数被定义为 age,它是一个局部变量,在类中还定义了一个成员变量,名称也是 age,在构造方法中如果直接使用 age,则是访问局部变量,但如果使用 this.age 则是访问成员变量。

【例 4-5-2】 通过 this 关键字调用成员方法。

```
01 class Person{
02     public void openMouth(){
03         ...
04     }
05     public void speak(){
06         this.Mouth();
07     }
08 }
```

该示例中,speak()方法中使用 this 关键字调用 openMouth()方法。注意,此处的 this 关键字可以省略不写,也就是说上面的第 6 行代码写成"this.openMouth()"和"openMouth()",效果是完全一样的。

【例 4-5-3】 通过 this 关键字调用构造方法。

```
01 class Person{
02     public Person(){
03         System.out.println("无参的构造方法 被调用了....");
04     }
05     public Person(String name){
06         this();
07         System.out.println("有参的构造方法被调用了....");
08     }
09 }
10 public class Ex_4_5_3{
11     public static void main(String[] args){
12         Person p=new Person("itcast");        //实例化Person对象
13     }
14 }
```

运行结果如下所示。

```
无参的构造方法 被调用了....
有参的构造方法被调用了....
```

构造方法是在实例化对象时被 Java 虚拟机自动调用的，在程序中不能像调用其他方法一样去调用构造方法，但可以在一个构造方法中使用"this([参数 1，参数 2…])"的形式来调用其他的构造方法。本示例中，中第 12 行代码在实例化 Person 对象时，调用了有参的构造方法，在该方法中通过 this() 调用了无参的构造方法，因此运行结果中显示两个构造方法都被调用了。

注意：在使用 this 调用类的构造方法时，应注意以下三点：(1) 只能在构造方法中使用 this 调用其他的构造方法，不能在成员方法中使用；(2) 在构造方法中，使用 this 调用构造方法的语句必须位于第一行，且只能出现一次；(3) 不可以在多个构造方法中，使用 this 互相调用构造方法。

下面是两个错误的 this 调用构造方法的例子。

(1) 第一个错误使用 this 的例子：

```
01 public Person(){
02     String name="小芳";
03     this(name);          //调用有参的构造方法，由于不在第一行，编译错误！
04 }
```

(2) 第二个错误使用 this 的例子：

```
01 class Person(){
02     public Person(){
03         this("小芳");    //调用有参的构造方法
04         System.out.println("无参的构造方法被调用了....");
05     }
06     public Person(String name){
07         this();
08         System.out.println("有参的构造方法被调用了....");
09     }
10 }
```

4.6 static 关键字

在 Java 中，定义了一个 static 关键字，它用于修饰类的成员，如成员变量、成员方法以及代码块等，被 static 修改的成员具备一些特殊性，接下来将对这些特殊性进行逐一地讲解。

4.6.1 静态变量

在定义一个类时,只是在描述某类事物的特征和行为,并没有产生具体的数据。只有通过 new 关键字创建该类的实例对象后,系统才会为每个对象分配空间,存储各自的数据。有时候,我们希望某些特定的数据在内存中只有一份,而且能够被一个类的所有实例对象所共享。例如某个学校所有学生共享同一个学校名称,此时完全不必在每个学生对象所占用的内存空间中都定义一个变量来表示学校名称,而可以在对象以外的空间定义一个表示学校名称的变量让所有对象来共享。

在 Java 中,定义了一个 static 关键字,它用于修饰类的成员,如成员变量、成员方法以及代码块等,被 static 修改的成员具备一些特殊性。其中,使用 static 关键字来修饰成员变量,该变量被称作静态变量。静态变量被所有实例共享,可以直接使用"类名. 变量名"的形式来访问。

【例 4-6-1】 编写程序完成静态变量的使用。

```
01 class Student{
02     static String schoolName;            //定义静态变量
03 }
04 public class Ex_4_6_1{
05     public static void main(String[] args){
06         Student stu1=new Student();                //创建学生对象
07         Student stu2=new Student();
08         Student.schoolName="NEPU";                 //为静态变量赋值
09         System.out.println("我的学校是"+stu1.schoolName);//打印第一个学生对象的学校
10         System.out.println("我的学校是"+stu2.schoolName);//打印第二个学生对象的学校
11     }
12 }
```

运行结果如下所示。

```
我的学校是NEPU
我的学校是NEPU
```

该示例中,Student 类中定义了一个静态变量 schoolName,用于表示学生所在的学校,它被所有的实例所共享。由于 schoolName 是静态变量,因此可以直接使用 Student. schoolName 的方式进行调用,也可以通过 Student 的实例对象进行调用,如 stu2. schoolName。第 8 行代码将变量 schoolName 赋值为"NEPU",通过运行结果可以看出学生对象 stu1 和 stu2 的 schoolName 属性均为"NEPU"。

注意:static 关键字只能用于修饰成员变量,不能用于修饰局部变量,否则编译会报错。下面的代码是非法的。

```
01 class Person{
02     public static int age;
03     public static void sayHello(){        //定义静态方法
04         staic int m;          //错误的static用法,不可以修饰局部变量
06     }
05 }
```

4.6.2 静态方法

有时我们希望在不创建对象的情况下就可以调用某个方法,换句话说也就是使该方法不必和对象绑在一起。要实现这样的效果,只需要在类中定义的方法前加上 static 关键字即可,我们称这种方法为静态方法。同静态变量一样,静态方法可以使用"类名.方法名"的方式来访问,也可以通过类的实例对象来访问。

【例 4-6-2】 编写程序完成静态方法的使用。

```
01 class Person{
02     public static void sayHello(){        //定义静态方法
03         System.out.println("helllo");
04     }
05 }
06 class Ex_4_6_2{
07     public static void main(String[] args){
08         Person.sayHello();
09     }
10 }
```

运行结果如下所示:

```
hello
```

该示例中,Person 类中定义了静态方法 sayHello( ),在第 8 行代码处通过"Person.sayHello( )"的形式调用了静态方法,由此可见静态方法不需要创建对象就可以调用。

注意:在一个静态方法中只能访问用 static 修饰的成员,原因在于没有被 static 修饰的成员需要先创建对象才能访问,而静态方法在被调用时可以不创建任何对象。

4.6.3 静态代码块

在 Java 类中,使用一对大括号包围起来的若干行代码被称为一个代码块,用 static 关键字修饰的代码块称为静态代码块。当类被加载时,静态代码块会直接执行,由于类只加载一次,因此静态代码块只执行一次。因此在程序中,可以使用静态代码块来对类的成员变量进

行初始化。

【例 4-6-3】 编写程序完成静态代码块的使用。

```
01 class Ex_4_6_3{
02     //静态代码块
03     static{
04         System.out.println("测试类的静态代码块执行了");
05     }
06     public static void main(String[] args){
07             //下面的代码创建了两个Person对象
08             Person p1=new Person();
09             Person p2=new Person();
10     }
11 }
12 class Person{
13     static String country;
14     //下面是一个静态代码块
15     static{
16         country="china"
17             System.out.println("Person类中的静态代码块执行了");
18     }
19 }
```

运行结果如下所示：

```
测试类的静态代码块执行了
Person类中的静态代码块执行了
```

从该示例的运行结果可以看出，程序中的两段静态代码块都执行了。首先，在加载类的同时就会执行该类的静态代码块，紧接着会调用 main( )方法。在该方法中创建了两个 Person 对象，但在两次实例化对象的过程中，静态代码块只执行一次，这就说明类在第一次使用时才会被加载，并且只会加载一次。

4.7 垃 圾 回 收

在 Java 中，当一个对象成为垃圾后仍会占用内存空间，时间一长，就会导致内存空间的不足。针对这种情况，Java 中引入了垃圾回收机制。程序员不需要过多关心垃圾对象回收的问题，Java 虚拟机会自动回收垃圾对象所占用的内存空间。

一个对象在成为垃圾后会暂时地保留在内存中，当这样的垃圾堆积到一定程度时，Java

虚拟机就会启动垃圾回收器将这些垃圾对象从内存中释放，从而使程序获得更多可用的内存空间。除了等待 Java 虚拟机进行自动垃圾回收，也可以通过调用 System.gc() 方法来手动通知 Java 虚拟机立即进行垃圾回收。当一个对象在内存中被释放时，它的 finalize() 方法会被自动调用，因此可以在类中通过定义 finalize() 方法来观察对象何时被释放。接下来通过一个案例来演示 Java 虚拟机进行垃圾回收的过程，如例 4-7-1 所示。

【例 4-7-1】 编写程序完成对象的手动垃圾回收机制。

```
01  class Person{
02      //下面定义的finalize方法会在垃圾回收前被调用
03      public void finalize(){
04          System.out.println("对象将被作为垃圾回收....");
05      }
06  }
07  public class Ex_4_7_1{
08      public static void main(String[] args){
09          //下面是创建了两个Person对象
10          Person p1=new Person();
11          Person p1=new Person();
12          //下面将变量置为null，让对象成为垃圾
13          p1=null;
14          p2=null;
15          //调用方法进行垃圾回收
16          System.gc();
17          for(int i=0;i<1000000;i++){
18              //为了延长程序运行的时间
19          }
20      }
21  }
```

运行结果如下所示。

```
对象将被作为垃圾回收...
对象将被作为垃圾回收...
```

该示例中，Person 类中重写了一个继承于父类 object 的 finalize() 方法，该方法的返回值必须为 void，并且要使用 public 来修饰。关于继承和重写，会在下一章进行具体讲解。其次，在 main() 方法中创建了两个对象 p1 和 p2，然后将两个变量置为 null 这意味着新创建的两个对象成为垃圾了，紧接着通过 System.gc() 语句通知虚拟机进行垃圾回收。从运行结果可以看出，虚拟机针对两个垃圾对象进行了回收，并在回收之前分别调用两个对象的

finalize()方法。

需要注意的是，Java 虚拟机的垃圾回收操作是在后台完成的，程序结束后，垃圾回收的操作也将终止。因此，在程序的最后使用了一个 for 循环，延长程序运行的时间，从而能够更好地看到垃圾对象被回收的过程。

4.8 包

在实际项目开发中，往往需要开发很多不同的类，能否方便高效地组织这些类对项目的开发与使用具有很重要的意义。Java 中提供包（Package）将不同类组织起来进行管理，借助于包可以方便地组织自己的类代码，并将自己的代码与别人提供的代码库分开管理。使用包的目的之一就是可以在同一个项目中使用名称相同的类。假如两个开发人员不约而同地建立了两个相同名字的类，只要将其放置在不同的包中，就不会产生冲突。

4.8.1 包的定义

若要将类放入指定的包中，就必须使用 package 语句，语法如下：

```
package   <包名>
```

语法说明：

（1）package 语句的作用是向编译器声明本文件中类所在的包名，它应当是源程序代码的第一条语句（注释除外），其中 package 是 Java 语言的关键字。每个源文件中最多有一句 package 语句，因为一个类不可能属于两个包，就如同不能把一件衣服同时放进两个箱子一样；

（2）包名指定了源程序文件所在的子目录名，该子目录名是在源程序根目录下的相对路径名。这时，称"源程序文件中的类被放人到了指定的包中"；

（3）编译时，编译器会按照 package 语句在类程序根目录下创建完全相同的子目录结构，并将编译生成的类程序文件（.class）自动放入对应的子目录中；

（4）若存放在源程序根目录下的类不需要添加 package 语句，则称"这些类被放入了默认（default）包中"；

（5）可以在源程序根目录下建立多级子目录。这时，包名的命名形式为"一级子目录.二级子目录……"子目录之间用点"."隔开，例如 java.lang 表示此源文件中的类在 java 包下的 lang 子包中；

（6）包名（类所在的子目录名）习惯上以小写字母开头，类名习惯上以大写字母开头，这样可以很容易辨识出包名与类名。

在实际开发中，包可能分很多级，越复杂的系统，包越多、级也可能越多。包实际上代表的是文件夹（目录路径）。有了包以后，将类文件放在不同的包中，不仅方便项目管理，而且还可以有效避免类名冲突。

【例 4-8-1】 包的使用示例，将代码放在 chapter04 包中。

```
01  package chapter04;
02  public class Ex_4_8_1 {
03       public static void main(String[] args){
05           System.out.println("我在 chapter04.Ex_4_8_1!!!");
06       }
07  }
```

运行本例，结果如下所示：

```
我在 chapter_04.Ex_4_8_1!!!
```

从结果中可以看出，运行在具体包中的类时要使用类名全称，就是包名与类名顺次用"."隔开。如果没有使用全称类名，则系统报"java.lang.NoClassDefFoundError"的异常，如下所示。

```
Exception in thread "main" java.lang . NoClassDefFoundError: Ex_4_8_1
```

在运行程序时，要将目前目录设置为最外层的包文件夹所在的目录，而不是类文件所在目录，否则在有些情况下运行可能报错，这取决于操作系统和机器的情况。另外，在开发中要注意不要把类文件随意复制到别的目录中，否则将可能引起程序不能正常运行。

如果没有在源文件中使用 package 语句，那么这个源文件中的类就被放置在一个匿名包中。匿名包是一个没有名字的包，代码编译后类文件与源文件在同一个目录中。在本书此节之前的章节中，定义的所有类都在匿名包中。

4.8.2 类的导入

当一个类要使用与自己处在同一个包中的类时，直接访问该类即可。若要使用其他包中的类就，必须使用 import 语句进行导包，基本语法如下：

```
import  <包名>.*;
import  <包名>.类名;
```

第 1 种语法表示要使用指定包中所有的类，但不包括子包中的类，也称为通配引入，"*"为通配符。第 2 种语法表示要使用指定包中的某个特定类。

导入结束后，后续程序使用被导入的类，可直接使用类名，这样可以简化程序代码；导入后仍可以继续使用"包名.类名"的形式。同时，一个源文件根据需要可以有多条 import 语句。其中，import 语句要放在 package 语句之后和类声明之前。如果有多条 import 语句，它们的先后顺序无所谓。

下面的代码给出了一个简单使用 import 语句的例子。

```
import java.util.*;
import java.io.Inputstream;
```

注意：(1)多条 import 语句并不影响程序的运行性能，因为 import 语句只在编译的时候有作用；(2)java.lang 包中的类，系统是自动引入的，相当于每个源文件中系统都会在编译时自动加上"importjava.lang.*"语句；(3)不能使用星号*代替包，例如直接使用 import java.*.* 的导入语句是非法的。

有的读者可能会问，使用*号代替所有包中的类就可以了，指定具体的类名岂不很不方便？是的，如果只使用一个包中的类或多个包中不同名称的类确实如此，但若要使用多个包中的同名类就不行了。针对此问题，本小节分如下两个方面对此问题进行介绍：(1)两个包有同名类，但只用到其中一个及其他不同名的类；(2)两个包中有同名类，且都要使用。

(1) 两个包中有同名类，但只用到其中一个及其他不同名的类

例如，java.util 和 java.sql 包中都有名称为 Date 的类，在程序中要同时使用这两个包中的其他很多类，但只用到 java.util 包中的 Date 类。

【例 4-8-2】 两个包中的同名类导入，但是只使用一个包中的该类。

```
01 package chapter_04;
02 import java.util.*;
03 import java.sql.*;
04 public class Ex_4_8_2 {
05     public static void main(String[] args){
06         //使用 Date 类
07         Date d = new Date();
08     }
09 }
```

编译代码，结果如下所示。

```
Exception in thread "main" java.lang.Error: 无法解析的编译问题:
类型 Date 有歧义
类型 Date 有歧义
at chapter_04.Ex_4_8_2.main(Ex_4_8_2.java:7)
```

从结果中可以看出，系统会报 Date 类匹配失败，因为在源代码中用 import 语句引入了两个包中的所有类，两个包中都有 Date 类，系统不知道应该匹配哪一个。如果只用到 java.util 包中的 Date 类，可以将代码中的 import 部分修改成如下代码。

```
01 import java.util.*;
02 import java.util.Date;
03 import java.sql.*;
```

这时再编译，就不会报错了，因为编译时系统会优先匹配 import 语句中明确给出类名的类。

（2）两个包中有同名类，且都要使用

如果要使用两个不同包中的同名类，只靠 import 就无法解决了。例如以下代码：

【例 4-8-3】 两个包中的同名类导入，并且都在程序中使用。

```
01 package chapter_04;
02 import java.util.*;
03 //引入 java.util.Date 类
04 import java.util.Date;
05 import java.sql.*;
06 //引入 java.sql.Date 类
07 import java.sql.Date;
08 public class Ex_4_8_3{
09     public static void main(String[] args) {
10         //使用 java.util 中 Date 类
11         Date d1 = new Date();
12         //使用 java。sql 中 Date 类
13         Date d2 = new Date(123);
14     }
15 }
```

编译代码，结果如下示。

```
Exception in thread "main" java.lang.Error: 无法解析的编译问题:
    at chapter_04.Ex_4_8_3.main(Ex_4_8_3.java:9)
```

从结果中可以看出，系统报具体指定名称的同名类只能引入一次的错误，因为如果允许明确引入两个不同包中的同名类，在匹配时系统又不知道应该找哪个了。真正解决的办法是在使用同名类的地方使用"包名．类名"的形式，才能保证程序正确运行。具体修改如下：

```
01 package chapter_04;
02 import java.util.*;
03 import java.sql.*;
04 class Ex_4_8_3 {
05     public static void main(String[] args) {
06         //使用 java.util 中 Date 类
07         java.util.Date d1 = new java.util.Date();
```

```
08              //使用 java.sql 中 Date 类
09              java.sql.Date d2 = new java.sql.Date(123);
10      }
11 }
```

4.8.3 静态导入

从 JDK 5.0 开始，导入语句不但可以导入类，还具有导入静态方法和静态成员变量的功能，不过需要在关键字 import 和包名之间添加关键字 static，语句如下：

import static   <包名>.<类名>.*;

import static   <包名>.<类名>.<具体方法/成员变量名>;

"*"还是代表通配符，不过这里表示的是指定类下面所有静态的方法或成员变量。如果要明确指明要使用的方法或成员变量，用第 2 行语法。碰到不同类下同名静态方法或成员变量时，解决冲突的方法类似上一小节，这里不再赘述。

【例 4-8-4】 编写程序实现静态导入。

```
01 package chapter_04;
02 //引入 System 类下所有的静态成员，包括方法和成员变量
03 import static java.lang.System.*;
04 //引入 Math 类下的静态 sqrt 方法
05 import static java.lang.Math.sqrt;
06 public class Ex_4_8_4{
07     public static void main(String[] args) {
08         //在第 9、10 行调用 println 与 sqrt 方法不需要像以前一样列出方法所在类的类名了
09         out.println("简单的打印功能!!!!");
10         out.println("25.25 的平方根为： " + sqrt(25.25));
11     }
12 }
```

编译运行代码，结果如下所示。

```
简单的打印功能!!!!
25.25 的平方根为： 5.024937810560445
```

从结果中可以看出，程序正常编译运行并打印出结果。

但是值得注意的是，在实际开发中很少有开发人员采用静态引入，这只是一种语言特性而已，因为这种代码编写形式非常容易降低代码的可读性，造成维护困难。因此，在使用此项功能时一定要注意不影响代码的可读性，否则有害无益。

4.9 程序文件的组织

4.9.1 源文件和字节码文件

在实际的软件开发过程中，开发一个项目可能要编写很多个源程序文件。其中，对于一个 Java 源程序文件可以包含多个类，但注意的是：

（1）某个源程序文件可以包含多个类，此时该类中最多只能有一个 public 类，并且其他的类都不能指定访问权限（即访问权限是默认权限）；

（2）如果源程序文件中有一个 public 类，则该文件必须以该类的类名作为文件名；

（3）如果源程序文件中没有 public 类，则应任选文件中某个类的类名作为文件名；

（4）编译后，Java 源程序文件中的每个类都会生成一个与类同名的字节码文件。

【例 4-9-1】 编写程序将以下代码放到一个 Test.java 文件中。

```java
public class Test {
    public static void main(String[] args) {
        int[] a = new int[10];
        for(int i=0; i<10; i++){
            a[i] = 100 + i;
        }
    }
}
class A{
    public void m(){

    }
}
```

在该示例中，程序编写完后，在硬盘上只有一个 Test.java 文件，编译后会生成 Test.class 和 A.class 两个字节码文件。

4.9.2 Java 项目的目录结构

通常，将 Java 项目的源文件（源程序）放在一个 src 目录下进行集中管理，同时配合使用包。与此对应，字节码（类程序）文件都在项目的 bin 目录中，类的源文件和字节码文件在硬盘上的目录结构彼此对应。

在 Eclipse 集成开发环境中新建 Java 项目，需分别指定项目根目录、源程序根目录和类程序根目录。图 4-9 演示了在 Eclipse 中新建一个 Java 项目 Project1，然后将源程序根目录设为 src，类程序根目录设为 bin。

在将项目的根目录设为 C:\JavaTest 之后，Eclipse 界面中的类程序根目录 Project1/bin

对应的是文件系统中的 C：\ JavaTest \ bin。同理，源程序根目录 Project1/src 对应的是文件系统中的 C：\ JavaTest \ src。

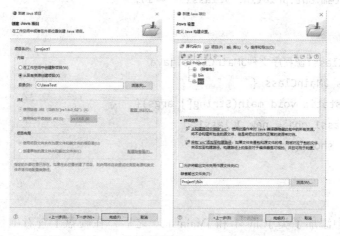

图 4-9 设置项目 Project 的源程序根目录(src)和类程序根目录(bin)

4.9.3 在 Java 项目中添加 Java 类

在 Java 项目中添加(即新建)Java 类时，应当将类的源程序存路径同意设为 Java 项目的源程序根目录，这样可以对项目的源程序文件进行集中管理。图 4-10 演示了在项目 Project1 中新建一个 Java 类 JClass1，并将该类的源程序文件存放文件夹(Source folder)设为 Project1/src。

图 4-10 新建一个 Java 类 JClass1 并将其源程序文件保存到 Project1/src 中

【例 4-9-2】 在项目中添加两个类：JClass1 和 JMainClass，其中类 JMainClass 是一个主类，它的主方法 main( )用到了类 JClass1。

```
01  //类JClass1:源程序文件JClass1.java
02  public class JClass1 {
03      private int f1 = 10;      //一个字段
```

```
04     public void show1() {          //一个方法
05         System.out.println("JClass1:" +f1);
06     }
07 }
08 //主类JMainClass:源程序文件JMainClass.java
09 public class JMainClass {
10     public static void main(String[] args){
11         JClass1 obj = new JClass1;
12         obj.show1();
13     }
14 }
```

（1）在项目中添加了类 JClass1 和 JMainClass 之后，在硬盘上查看项目的源程序根目录 src（即 D：\ JavaTest \ src），可以看到如图 4-11 所示的内容。

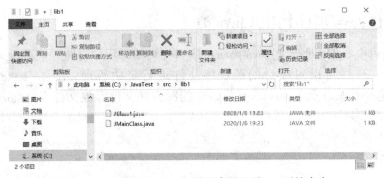

图 4-11 查看项目 Project 源程序根目录 src 下的内容

（2）运行主类 JMainClass，Eclipse 会先对 JMainClass.java 和 JClass1.java 进行编译，并将所生成的类程序文件自动保存到项目的类程序根目录 bin（D：\ JavaTest \ bin）。查看该目录，可以看到如图 4-12 所示的内容：

图 4-12 查看项目 Project1 类程序根目录 bin 下的内容

4.9.4 以包的形式管理 Java 类

软件项目中会定义很多个类，因此会有很多个源程序文件。Java 语言可以利用包的形式，对这些源程序文件进行分组管理，即在源程序根目录 src 下再建立子目录，将源程序文件分隔到不同的子目录下进行管理。

将 Java 源程序文件放入不同的子目录进行分组管理，实际上是对源程序文件中的类进行分组管理，即将文件中的类放入不同的包(package)，源程序文件所在的子目录名被称为是类的包名。

例如，在项目 Project1(D：\ JavaTest)的源程序根目录 src 下再建立一个字目录 lib1，然后在该子目录中新建两个类 JClass2 和 JClass3(见图 4-13)。这时，称"类 JClass2 和 JClass3 被放入了包 lib1 中"。

图 4-13　类 JClass2 和 JClass3 被放入了包 lib1 中

在 Eclipse 中将一个类放入某个包中，需要在新建 Java 类时为其指定包名。图 4-14 演示了新建 Java 类 JClass2 时将其放入在包 lib1 的设置界面，其中将与包相关的设置选项即 Package 选项设为 lib1。单击 Finish 按钮，Eclipse 将为类 JClass2 创建一个源程序文件 JClass2.java，并自动将该文件保存到源程序根目录 src 下的子目录 lib1 中。

图 4-14　新建类 JClass2 时将 Package 选项设为 lib1

【例 4-9-3】　在项目 Project1 的包 lib1 中添加两个类，JClass2 和 JClass3

```
01 //类JClass2：源程序文件lib\jClass2.java
02 package lib1;        //向编译器声明包名
03 public class JClass2{
04     private int f2 = 20;    //一个字段
```

```
05      public void show2(){     //一个方法
06          System.out.println("JClass2:"+ f2);
07      }
08  }
09  //类JClass3:源程序文件lib\JClass3.java
10  package lib1;//向编译器声明包名
11  public class JClass3 {
12      private int f3 = 50;     //一个字段
13      public void show3(){
14          System.out.println("JClass3:" + f3);
15      }
16  }
```

编译例的源程序文件 JClass2.java 和 JClass3.java，Java 编译器会按照 package 语句的指示在类程序根目录 bin 下创建一个子目录 lib1，并将编译生成的类程序文件(.class)自动放入这个子目录。具体见图 4-15 所示。

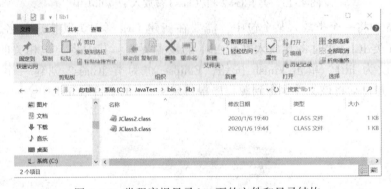

图 4-15 类程序根目录 bin 下的文件和目录结构

Java 项目中的类程序根目录 bin 会与源程序根目录 src 保持完全相同的目录结构。图 4-16 给出了项目 Project1 的完整目录结构和文件列表。

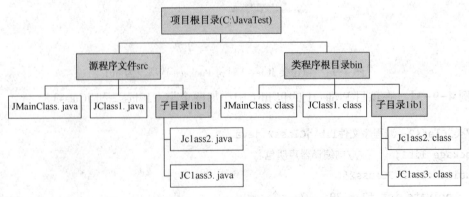

图 4-16 项目 Project1 的完整目录结构和文件列表

JMainClass.java 和 JClass.java 保存在源程序根目录 src 下，这表示类 JMainClass 和 JClass1 都被放入了项目的默认包(或称无名包)。存放在默认包里的类不需要添加 package 语句。而 JClass2.java 和 JClass3.java 保存在子目录 lib1 下，这表示类 JClass2 和 JClass3 被放入了 lib1 包中。放在非默认包里的类必须在程序代码的开头添加 package 语句，声明包名。例如，类 JClass2 和 JClass3 都需要在程序代码的开头添加如下 package 语句：

```
package lib1;              //将本文件中的类放入包lib1
```

这里对分包管理 Java 类做一个小结：(1)一个 Java 项目可能包含很多个 Java 类，可以对这些 Java 类进行分包管理，分包管理就是将其对应的程序文件放入不同的子目录，包名与目录名存在一一对应的关系；(2)子目录下还可以再建立子目录，这相当于是在包里再划分子包，包可以分为任意多级，多级包名之间用点隔开；(3)放入包中的类需要在其源程序文件的开头使用 package 语句声明其所在的包。

本 章 小 结

本章详细介绍了 Java 面向对象程序设计的基础知识，首先结合面向对象的封装、继承和多态的三大特性进行了总体概述；其次分别介绍了类的定义、成员的封装、对象的创建与使用，对于对象内存的分配、释放和垃圾回收也进行了相关说明；然后，将构造方法作为一种特殊的成员方法进行了单独说明，包括 this、static 关键字的使用；最后，本章介绍了包的基本使用，以及如何使用包来进行文件的管理。熟练掌握这些基础知识，将有助于学习下一章的内容。深入理解面向对象的思想，对于以后的实际开发也是大有裨益的。

习 题

一、判断题

1. 在定义一个类的时候，如果类的成员被 private 修饰，该成员不能在类的外部被直接访问。   (   )
2. Java 中的每个类都至少有一个构造方法，如果一个类中没有定义构造方法，系统会自动为这个类创建一个默认的无参构造方法。   (   )
3. 声明构造构方法时，不能使用 private 关键字修饰。   (   )
4. 类中 static 修饰的变量或方法，可以使用类名或对象的引用变量直接访问。   (   )
5. 方法的内部类不能访问外部类的成员变量。   (   )
6. 类中的构造方法只有一个。   (   )
7. 使用运算符 new 创建对象时，赋给对象的值实际上是一个引用值。   (   )
8. 对象可以作为方法参数，对象数组不可以作为方法参数。   (   )

二、填空题

1. 面向对象的三大特征是_____、_____和_____。

2. Java 语言使用关键字_____来创建类的实例对象。

3. 定义在类中的变量被称为_____，定在在方法中的变量被称为_____。

4. 在类中利用关键字_____修饰的成员变量可以被所有的实例对象共享。

5. 类的访问权限关键字包括_____、_____、_____和默认 4 种。

6. Java 源文件中最多只能有一个_____类，其他类的个数布线。

三、选择题

1. 下面哪一个是正确的类声明？
   A. public void HH{ }
   B. public class Move( ){ }
   C. public class void number{ }
   D. public class Car{ }

2. 在以下哪种情况中，构造方法会被调用？
   A. 类定义
   B. 创建对象
   C. 调用对象方法
   D. 使用对象的变量时

3. 下面对于构造方法的偶数，正确的有哪些？（多选）
   A. 方法名必须和类名相同
   B. 方法名前没有返回值类型的声明
   C. 在方法中不能使用 return 语句返回一个值
   D. 当定义带参数的构造方法，系统默认的不带参数的构造方法依然存在。

4. 使用 this 调用类的构造方法，下面说法正确的是？（多选）
   A. 使用 this 调用构造方法的格式为 this([参数 1，参数 2，…])
   B. 只能在构造方法中使用 this 调用其他的构造方法
   C. 使用 this 调用其他构造方法的语句必须放在第一行
   D. 不能在一个类中的两个构造方法中使用 this 互相调用

5. 下面哪些可以使用 static 关键字修饰？（多选）
   A. 成员变量
   B. 局部变量
   C. 成员方法
   D. 成员内部类

6. 能够正确导入包 lib 中类 Circle 的语句是？
   A. import Lib.Circle
   B. importlib.？
   C. import Circle
   D. import lib.*

7. 访问定义在 public 类中的 private 成员，下列访问形式中的正确的是？
   A. 在本类中访问
   B. 在同一文件的类中访问
   C. 在同一包的类中访问
   D. 在不同包的类中访问

8. 访问定义在默认权限类中的 private 成员，下列访问形式中的正确的是？
   A. 在本类中访问
   B. 在同一文件的类中访问
   C. 在同一包的类中访问
   D. 在不同包的类中访问

四、编程题

1. 写出一个 Point(点)类，该类具有 x，y(表示点的横坐标、纵坐标)两个属性，并定义两个构造方法，第一个构造方法无参数，将 x，y 均设置为零，第二个构造方法使用坐标值为参数，设置 x，y 为给定坐标值，同时 Point 类包含 show 方法，show 方法可以打印输出该类的 x 和 y 的值。

2. 请按照以下要求设计一个学生类，并进行测试。要求如下：

(1) Student 类中包含姓名、成绩两个属性;

(2) 分别给这两个属性定义两个方法,一个方法用于设置值,另一个方法用于获取值;

(3) Student 类中定义一个无参的构造方法和一个接收两个参数的构造方法,两个参数分别为姓名和成绩属性赋值;

(4) 在测试类中创建两个 Student 对象,一个使用无参的构造方法,然后调用方法给姓名和成绩赋值,另一个使用有参的构造方法,在构造方法中给姓名和成绩赋值。

3. 编写 Java 程序模拟简单的计算器。定义名为 Number 的类其中有两个整型数据成员 n1 和 n2 应声明为私有。编写构造方法赋予 n1 和 n2 初始值再为该类定义加 addition、减 subtration、乘 multiplication、除 division 等公有成员方法分别对两个成员变量执行加、减、乘、除的运算。在 main 方法中创建 Number 类的对象调用各个方法并显示计算结果。

4. 根据以下需求和设计,编码实现。

请设计部门和人员

定义部门类;属性:部门名称。

定义人员类:属性:姓名、工号、所属部门、电话。

方法:

构造方法(所属部门);

显示人员的详细信息;[张三(U0001) 计划部电话:1392645＊＊＊＊]

定义公司类:公司下有部门、有员工,都是多个,是动态数组;

方法:

新增员工到公司;

根据姓名查找员工;

根据电话查找员工;

根据部门名称查找部门;

在部门中根据姓名查找员工;

在部门中根据电话查找员工。

5. (1) 定义一个游戏中 Hero 英雄的类,在该类中定义英雄的名字,生命值和等级 3 个属性,定义一个构造函数完成对生命值和等级的初始化,分别赋初值为 100,1。同时实现名字的输入和英雄信息的输出。(2) 在上一题的基础上,为英雄再定义拥有一个参数的构造方法,传入一个英雄类型的值,如果为 1,则为普通英雄,生命值为 100,如果该值为 2,则为高级英雄,生命值初始化为 200。(3) 在上两英雄类型的基础上,为英雄添加一个基本战斗的方法,该方法拥有一个英雄类型的参数,当传入另一个英雄时,能降低对方 100 点血。再增加一个绝招的重载方法,加入一个战斗类型参数,通过输入不同绝招参数,降低对方不同的血量。

6. 设计一个 BankAccount 类,实现银行某账号的资金往来账目管理,包括建账号、存入、取出等。BankAccount 类包括,账号(BankAccountId)、开户日期 Date(日期)、Rest(余额)。另有一个构造函数和三个成员函数 Bankin() (处理存入账),Bankout()处理取出账)和和一个负责生成账号的自动增长的函数。

7. 设计一个词典类 Dic,每个单词包括英文单词及对应的中文含义,并有一个英汉翻译成员函数,通过查词典的方式将一段英语翻译成对应的汉语。提示:字典项类 DicItem 包括

EngLish(英语单词)、Chinese(对应中文含义)数据成员,字典类包括一个字典项类的列表,包含 Add( )(添加单词)和 trans(英汉翻译)成员函数。

8. 编写一个程序,统计学生成绩,其功能包括输入学生的姓名和成绩,按成绩从高到低排列打印输出,对前%70 的学生定为合格(PASS),而后 30%的学生定为不合格(FAIL)。提示:设计一个类 student,包含学生的姓名和成绩等数据。设计一个类 Compute,这个类中包含了多个学生的信息,方法有 sort( )、disp( ),,它们分别用于按成绩排序和输出数据。

第 5 章 继承和多态

相比其他技术领域，美对于计算来说更为重要，因为软件超乎寻常的复杂，而美是对复杂性的一种终极防御。

Beauty is more important in computing than anywhere else in technology because software is so complicated. Beauty is the ultimate defence against complexity.

——大卫·盖勒特（David Gelernter）
美国艺术家、作家、耶鲁大学计算机科学系教授

学习目标

- ▶ 掌握类的继承关系，明确父类和子类间的转型。
- ▶ 掌握方法的重写与重载的区别，掌握 super 的使用以及 this 的区别。
- ▶ 掌握抽象类的定义与使用。
- ▶ 掌握接口的用途与使用。
- ▶ 掌握公共、私有和默认的访问权限。
- ▶ 掌握内部类的定义与使用。
- ▶ 理解泛型的作用，掌握基本的泛型定义和使用方法。
- ▶ 理解反射的作用，掌握基本的反射机制。

5.1 类 的 继 承

5.1.1 继承的概念

在现实生活中，继承一般指的是子女继承父辈的财产。在程序中，继承描述的是事物之间的所属关系，通过继承可以使多种事物之间形成一种关系体系。例如猫和狗都属于动物，程序中便可以描述为猫和狗继承自动物。同理，波斯猫和巴厘猫继承自猫，而沙皮狗和斑点狗继承自狗。这些动物之间会形成一个体系，具体如图 5-1 所示。

图 5-1 动物继承关系图

在 Java 中，类的继承是指在一个现有类的基础上去构建一个新的类，构建出来的新类被称作子类，现有类被称作父类（超类），子类会自动拥有父类所有可继承的属性和方法。此时，我们常称"子类从父类中继承，父类派生出子类"。在程序中，如果想声明一个类继承另一个类，需要使用 extends 关键字。具体语法为：

```
public class 子类名称 extends 父类名称 {

}
```

【例 5-1-1】 编写程序实现 Dog 类从 Animal 类继承。

```
01  //定义Animal类
02  class Animal {
03      String name;                    //定义name属性
04      //定义动物叫的方法
05      void shout() {
06          System.out.println("动物发出叫声");
07      }
08  }
09  //定义Dog类继承Animal类
10  class Dog extends Animal {
11      //定义一个打印name的方法
12      public void printName() {
13          System.out.println("name="+name);
14      }
15  }
16  //定义测试类
17  public class Ex_5_1_1 {
18      public static void main(String[] args) {
19          Dog dog=new Dog();              //创建一个Dog类的实例对象
20          dog.name="沙皮狗";              //为Dog类的name属性进行赋值
21          dog.printName();                //调用Dog类的printName()方法
22          dog.shout();                    //调用Dog类继承来的shout()方法
23      }
24  }
```

运行结果如下所示。

```
name=沙皮狗
动物发出叫声
```

该示例中，Dog 类通过 extends 关键字继承了 Animal 类，这样 Dog 类便是 Animal 类的子类。从运行结果不难看出，子类虽然没有定义 name 属性和 shout() 方法，但是却能访问这两个成员。这就说明，子类在继承父类的时候，会自动继承父类的相关成员。

在类的继承中，需要注意一些问题，具体如下：

（1）在 Java 中，类只支持单继承，不允许多重继承，也就是说一个类只能有一个直接父类，例如下面这种情况就是不合法的。

```
class A{}
class B{}
class C extends A,B{}            //C类不可以同时继承A类和B类
```

（2）多个类可以继承一个父类，例如下面这种情况是允许的。

```
class A{}
class B extends A{}
class C extends A{}              //类B和类C都可以继承类A
```

（3）在 Java 中，多层继承是可以的，即一个类的父类可以再去继承另外的父类。例如 C 类继承自 B 类，而 B 类又可以去继承 A 类，这时，C 类也可称作 A 类的子类。下面这种情况是允许的。

```
class A{}
class B extends A{}//类B继承类A，类B是类A的子类
class C extends B{}//类C继承类B，类C是类B的子类，同时也是类A的子类
```

（4）在 Java 中，子类和父类是一种相对概念，也就是说一个类是某个类父类的同时，也可以是另一个类的子类。例如上面的示例中，B 类是 A 类的子类，同时又是 C 类的父类。

（5）如果定义一个类后，它没有父类，则 Object 类是它的默认父类。

5.1.2 重写父类方法

在继承关系中，子类会自动继承父类中定义的一些方法。但是对于子类，继承过来的方法的具体实现方式可能不符合子类实际情况。此时，就需要在子类中对继承的方法进行一些修改，这种过程就称为子类重写继承的父类方法。需要注意的是，子类重写的方法需要和父类被重写的方法具有相同的方法名、参数列表以及返回值类型，即整个方法的头部定义都是相同的。

上述示例中，Dog 类从 Animal 类继承了 shout() 方法，该方法在被调用时会打印"动物发出叫声"，这明显不能描述一种具体动物的叫声，Dog 类对象表示犬类，发出的叫声应该是"汪汪"。为了解决这个问题，可以在 Dog 类中重写父类 Animal 中的 shout() 方法，具体代码下例所示。

【例 5-1-2】 在子类 Dog 中重写父类 Animal 的 shout() 方法。

```
01  //定义Animal类
02  class Animal {
03      //定义动物叫的方法
04      void shout() {
05          System.out.println("动物发出叫声");
06      }
07  }
08  //定义Dog类继承动物类
09  class Dog extends Animal {
10      //定义狗叫的方法
11      void shout() {
12          System.out.println("汪汪……");
13      }
14  }
15  //定义测试类
16  public class Ex_5_1_2 {
17      public static void main(String[] args) {
18          Dog dog=new Dog();              //创建Dog类的实例对象
19          dog.shout();                    //调用dog重写的shout()方法
20      }
21  }
```

运行结果如下所示。

汪汪……

该示例中，定义了 Dog 类并且继承自 Animal 类。在子类 Dog 中定义了一个 shout( )方法对父类的方法进行重写。从运行结果可以看出，在调用 Dog 类对象的 shout( )方法时，只会调用子类重写的该方法，并不会调用父类的 shout( )方法。

注意：子类重写父类的方法时，不能使用比父类中被重写的方法更严格的访问权限。如父类中的方法是 public 的，子类的方法就不能是 private 的，关于访问权限中更多的知识，我们将在本章的后续进行详细讲解，在这里大家只要有个印象就行了。

5.1.3 super 关键字

在程序开发过程中，有时需要在子类中去访问父类的成员，例如访问父类的成员变量、成员方法和构造方法。为解决此问题，Java 提供了一个 super 关键字用于访问父类的成员。接下来分两种情况来学习一下 super 关键字的具体用法。

（1）使用 super 关键字访问父类的成员变量和成员方法。具体格式如下：

```
super.成员变量
super.成员方法([参数1,参数2…])
```

【例 5-1-3】 在 Dog 子类中利用 super 关键字访问父类 Animal 的成员变量和成员方法。

```
01  //定义Animal类
02  class Animal {
03      String name="动物";
04      //定义动物叫的方法
05      void shout() {
06          System.out.println("动物发出叫声");
07      }
08  }
09  //定义Dog类继承动物类
10  class Dog extends Animal {
11      String name="犬类";
12      //重写父类的shout()方法
13      void shout() {
14          super.shout();                    //访问父类的成员方法
15      }
16      //定义打印name的方法
17      void printName() {
18          System.out.println("name="+super.name);//访问父类的成员变量
19      }
20  }
21  //定义测试类
22  public class Ex_5_1_3 {
23      public static void main(String[] args) {
24          Dog dog=new Dog();                //创建一个Dog对象
25          dog.shout();                      //调用dog对象重写的shout()方法
26          dog.printName();                  //调用dog对象的printName()方法
27      }
28  }
```

运行结果如下所示。

```
动物发出叫声
name=动物
```

该示例中，定义了一个 Dog 类继承 Animal 类，并重写了 Animal 类的 shout() 方法。在子类 Dog 的 shout() 方法中使用 super.shout() 调用了父类被重写的方法，在 printName() 方法中使用 super.name 访问父类的成员变量。从运行结果可以看出，子类通过 super 关键字可以成功地访问父类成员变量和成员方法。

（2）使用 super 关键字访问父类的构造方法。此时，super 调用语句必须位于代码块的第一行，并且只能出现一次。语法具体格式如下：

```
super([参数1,参数2…])
```

【例 5-1-4】 在 Dog 子类中利用 super 关键字访问父类 Animal 的构造方法。

```
01  //定义Animal类
02  class Animal {
03      //定义Animal类有参的构造方法
04      public Animal(String name) {
05          System.out.println("我是一只"+name);
06      }
07  }
08  //定义Dog类继承Animal类
09  class Dog extends Animal {
10      public Dog() {
11          super("沙皮狗");            //调用父类有参的构造方法
12      }
13  }
14  //定义测试类
15  public class Ex_5_1_4 {
16      public static void main(String[] args) {
17          Dog dog=new Dog();         //实例化子类Dog对象
18      }
19  }
```

运行结果如下所示。

```
我是一只沙皮狗
```

根据前面所学的知识，本案例实例化 Dog 对象时一定会调用 Dog 类的构造方法。从运行结果可以看出，Dog 类的构造方法被调用时，父类的构造方法也被调用了。需要注意的是，通过 super 调用父类构造方法的代码必须位于子类构造方法的第一行，并且只能出现一次。

将本案例的第 11 行代码去掉，再次编译程序会报错。

第5章 继承和多态

出错的原因是：在子类 Dog 的构造方法 Dog( ) 中一定会调用父类 Animal 的同等结构的构造方法。而此时，由于 Animal 类显示声明了一个有参数的构造方法 Animal(String name)，此时编译器就不再为 Animal 默认声明一个无参数的构造方法 Animal( )。因此，Dog( ) 调用父类的 Animal( )，发现不存在，就会编译报错。

针对上述原因，第 1 个解决办法就是通过 super 指定调用父类的哪个构造方法。第 2 个解决办法父类中定义无参的构造方法，如下所示。

```
01  //定义Animal类
02  class Animal {
03      //定义Animal无参的构造方法
04      public Animal() {
05          System.out.println("我是一只动物");
06      }
07      //定义Animal类有参的构造方法
08      public Animal(String name) {
09          System.out.println("我是一只"+name);
10      }
11  }
12  //定义Dog类继承Animal类
13  class Dog extends Animal {
14      //定义Dog类无参的构造方法
15      public Dog() {
16          //方法体中无代码
17      }
18  }
19  //定义测试类
20  public class Ex_5_1_4 {
21      public static void main(String[] args) {
22          Dog dog=new Dog();         //创造Dog类的实例对象
23      }
24  }
```

运行结果如下所示。

```
我是一只动物
```

从运行结果可以看出，子类在实例化时默认调用了父类无参的构造方法。通过这个案例还可以得出一个结论，那就是在定义一个类时，如果没有特殊需求，尽量在类中定义个无参的构造方法，避免被继承时出现错误。

【例5-1-5】 利用继承关系来描述人 Person、教师 Teacher 和学生 Student 的关系。

Person 有姓名 name 和 age 的状态，具备问好 sayhello 和呼吸 breath 的行为，学生和教师继承 Person，分别重写 sayHello 的方法，同时学生实现 gotoSchool 的方法，教师实现 teachingCourse 的方法。要求 Person 完成对 name 和 age 进行 get/set 设置（数据封装）。

建立测试程序进行验证：

（1）建立名为 Zhangsan，年龄 23 的学生对象，然后依次调用学生自己的方法和继承过来的方法；

（2）建立名为 Lisi，年龄 32 的教师对象，然后一次调用教师自己的方法和继承过来的方法；（3）利用循环建立 5 个学生对象，名字依次为 s1，s2，…，放到动态数组 ArrayList 中；

（4）遍历该数组，完成动态数组 ArrayList 中的每个对象的读取，并调用各自的 sayHello 方法。

```
01 public class Person {
02     private String name;
03     private int age;
04     public int getAge() {
05         return age;
06     }
07     public void setAge(int age) {
08         this.age = age;
09     }
10     public String getName() {
11         return name;
12     }
13     public void setName(String name) {
14         this.name = name;
15     }
16     public void sayHello() {
17         System.out.println("Hello");
18     }
19     public final void breathe() {
20         System.out.println(this.name + " breathe");
21     }
22 }
23
24 public class Student extends Person {
25     public void sayHello() {
26         System.out.println("Hello,I'm a student:" + getName());
27     }
```

```java
28  public void gotoSchool() {
29      System.out.println("go to school");
30  }
31 }
32 public class Teacher extends Person {
33  public void sayHello() {
34      super.sayHello();
35      System.out.println("Hello,I'm a teacher:" + getName());
36  }
37  public void teachingCourse() {
38      System.out.println("teach course");
39  }
40 }
41
42 import java.util.ArrayList;
43 public class Ex_5_1_5 {
44  public static void main(String[] args) {
45      System.out.println("-------------student--------------");
46      Student s = new Student();
47      s.setName("Zhangsan");
48      s.setAge(23);
49      s.sayHello();
50      s.gotoSchool();
51      s.breathe();
52      System.out.println("-------------teacher--------------");
53      Teacher t = new Teacher();
54      t.setName("Lisi");
55      t.setAge(32);
56      t.sayHello();
57      t.teachingCourse();
58      t.breathe();
59      System.out.println("-------------student list--------------");
60      ArrayList list = new ArrayList();
61      for (int i = 0; i < 5; i++) {
62          Student student = new Student();
63          student.setName("s" + (i+1));
64          list.add(student);
```

```
65        }
66        for (int i = 0; i < list.size(); i++) {
67            Student temp = (Student)(list.get(i));
68            temp.sayHello();
69        }
70    }
71 }
```

5.2　final 关键字

final 关键字可用于修饰类、变量和方法，它有"这是无法改变的"或者"最终"的含义，因此被 final 修饰的类、变量和方法将具有以下特性：

（1）final 修饰的类不能被继承；

（2）final 修饰的方法不能被子类重写；

（3）final 修饰的变量(成员变量和局部变量)是常量，只能赋值一次。

本章接下来对这些特性进行逐一地讲解。

5.2.1　final 关键字修饰类

Java 中的类被 final 关键字修饰后，该类将不可以被继承，也就是不能够派生子类。接下来通过一个案例来验证，如下例所示。

【例 5-2-1】　final 修饰的类不能被继承。

```
01 //使用final关键字修饰Animal类
02 final class Animal {
03     //方法体为空
04 }
05 //Dog类继承Animal类
06 class Dog extends Animal {
07     //方法体为空
08 }
09 //定义测试类
10 class Ex_5_2_1 {
11     public static void main(String[] args) {
12         Dog dog=new Dog();         //创建Dog类的实例对象
13     }
14 }
```

编译程序报错，如下所示。

> 类型 Dog 不能成为终态类 Animal 的子类

该示例中，由于 Animal 类被 final 关键字所修饰。因此，当 Dog 类继承 Animal 类时。编译出现了"无法从最终 Animal 进行继承"的错误。由此可见，被 final 关键字修饰的类为最终类，不能被其他类继承。

5.2.2　final 关键字修饰方法

当一个类的方法被 final 关键字修饰后，这个类的子类将不能重写该方法。正是由于 final 的这种特性，当在父类中定义某个方法时，如果不希望被子类重写，就可以使用 final 关键字修饰该方法。接下来通过一个案例来验证。

【例 5-2-2】　父类中 final 修饰的方法不能被子类重写。

```
01  //定义Animal类
02  class Animal {
03      //使用final关键字修饰shout()方法
04      public final void shout() {
05          //程序代码
06      }
07  }
08  //定义Dog类继承Animal类
09  class Dog extends Animal {
10      //重写Animal类的shout()方法
11      public void shout() {
12          //程序代码
13      }
14  }
15  //定义测试类
16  class Ex_5_2_2 {
17      public static void main(String[] args) {
18          Dog dog=new Dog();        //创建Dog类的实例对象
19      }
20  }
```

编译程序报错，如下所示。

> class Dog overrides final method shout.()

该示例中，Dog 类重写父类 Animal 中的 shout( ) 方法后，编译报错。这是因为 Animal 类的 shout( ) 方法被 final 所修饰。由此可见，被 final 关键字修饰的方法为最终方法，子类不能对该方法进行重写。

5.2.3　final 关键字修饰变量

Java 中被 final 修饰的变量为常量，它只能被赋值一次，也就是说 final 修饰的变量一旦被赋值，其值不能改变。如果再次对该变量进行赋值，则程序会在编译时报错。接

【例 5-2-3】　final 修饰局部变量。

```
01 public class Ex_5_2_3 {
02     public static void main(String[] args) {
03         final int num=2;           //第一次可以赋值
04         num=4;                     //再次赋值会报错
05     }
06 }
```

编译程序报错，如下所示。

```
不能对终态局部变量 num 赋值。它必须为空白，并且不使用复合赋值
```

该示例中，当第 4 行对 num 赋值时，编译报错。原因在于变量 num 被 final 修饰。由此可见，被 final 修饰的变量为常量，它只能被赋值一次，其值不可改变。此案例中，被 final 关键字修饰的变量为局部变量。接下来通过一个案例来演示 final 修饰成员变量的情况，如下所示。

【例 5-2-4】　final 修饰成员变量。

```
01 //定义student类
02 class Student {
03     final String name;              //使用final关键字修饰name属性
04     //定义introduce()方法，打印学生信息
05     public void introduce() {
06         System.out.println("我是一个学生，我叫"+name);
07     }
08 }
09 //定义测试类
10 public class Ex_5_2_4 {
11     public static void main(String[] args) {
12         Student stu=new Student();           //创建Student类的实例对象
13         stu.introduce();                     //调用Student的introduce()方法
14     }
15 }
```

编译出错,如下所示。

空白终态字段 name 可能尚未初始化

该示例中出现了编译错误,提示变量 name 没有初始化。这是因为使用 final 关键字修饰成员变量时,虚拟机不会对其进行初始化。因此使用 final 修饰成员变量时,需要在定义变量的同时赋予一个初始值,下面将第 3 行代码修改为:

final String name="李芳";   //为final关键字修饰的name属性赋值

再次编译程序,程序将不会发生错误,运行结果如下所示。

我是一个学生,我叫李芳

5.3 抽象类与接口

5.3.1 抽象类

在现实世界中,有些事物是非常抽象的,抽象到在现实生活中找不到一个具体的实体与之对应。比如现实世界中可以找到圆、正方形、三角形等具体的图形,但是几何图形就是一个很抽象的事物。同样,动物也是如此。此外,有些行为也是非常抽象的,只有在具体的事物中才会有意义。那么这些类就可以定义为抽象类,这些行为就可以描述为抽象方法。

在面向对象编程时,当定义一个类时,常常需要定义一些方法来描述该类的行为特征,但有时这些方法的实现方式是无法确定的。例如前面在定义 Animal 类时,shout() 方法用于表示动物的叫声,但是针对不同的动物,叫声也是不同的,因此 shout() 方法中无法准确描述动物的叫声。

针对上面描述的情况,Java 允许在定义方法时不写方法体,可以将不包含方法体的方法定义为抽象方法,抽象方法必须使用 abstract 关键字来修饰,具体示例如下:

abstract void shout();   //定义抽象方法shout()

当一个类中包含了抽象方法,该类就称为抽象类,必须使用 abstract 关键字来修饰,使用 abstract 关键字修饰的类为抽象类,具体示例如下:

```
//定义抽象类Animal
abstract class Animal {
    //定义抽象方法shout()
    abstract int shout();
}
```

注意：
（1）包含抽象方法的类必须声明为抽象类；
（2）抽象类可以不包含任何抽象方法，只需使用 abstract 关键字来修饰即可；
（3）抽象类是不可以被实例化的，因为抽象类中有可能包含抽象方法，抽象方法是没有方法体的，不可以被调用；
（4）如果想调用抽象类中定义的方法，则需要创建一个子类，在子类中将抽象类中的抽象方法进行实现；
（5）abstract 修饰的方法没有具体代码实现，即方法定义后没有代码块{}，并且以分号;结尾。

【例 5-3-1】 编写程序实现 Animal 抽象类和 Dog 具体类，完成抽象类和抽象方法的演示。

```java
01 //定义抽象类Animal
02 abstract class Animal {
03     //定义抽象方法shout()
04     abstract void shout();
05 }
06 //定义Dog类继承抽象类Animal
07 class Dog extends Animal {
08     //实现抽象方法shout()
09     void shout() {
10         System.out.println("汪汪……");
11     }
12 }
13 //定义测试类
14 public class Ex_5_3_1 {
15     public static void main(String[] args) {
16         Dog dog=new Dog();          //创建Dog类的实例对象
17         dog.shout();                //调用dog对象的shout()方法
18     }
19 }
```

运行结果如下所示。

```
汪汪……
```

从运行结果可以看出，子类实现了父类的抽象方法后，可以正常进行实例化，并通过实例化对象调用方法。

【例 5-3-2】 利用抽象类描述几何图形。

场景描述：不同几何图形的面积计算公式是不同的，但是它们具有的特性是相同的，都具有长和宽这两个属性，也都具有面积计算的方法。那么可以定义一个抽象类，在该抽象类中含有两个属性(width 和 height)和一个抽象方法 area( )。

(1)首先创建一个表示图形的抽象类 Shape，代码如下所示：

```java
01 public abstract class Shape {
02     public int width; // 几何图形的长
03     public int height; // 几何图形的宽
04     public Shape(int width, int height) {
05         this.width = width;
06         this.height = height;
07     }
08     public abstract double area(); // 定义抽象方法，计算面积
09 }
```

(2)定义一个正方形类，该类继承自形状类 Shape，并重写了 area( )抽象方法。正方形类的代码如下：

```java
01 public class Square extends Shape {
02     public Square(int width, int height) {
03         super(width, height);
04     }
05     // 重写父类中的抽象方法，实现计算正方形面积的功能
06     @Override
07     public double area() {
08         return width * height;
09     }
10 }
```

(3)定义一个三角形类，该类与正方形类一样，需要继承形状类 Shape，并重写父类中的抽象方法 area( )。三角形类的代码实现如下：

```java
01 public class Triangle extends Shape {
02     public Triangle(int width, int height) {
03         super(width, height);
04     }
05     // 重写父类中的抽象方法，实现计算三角形面积的功能
06     @Override
07     public double area() {
08         return 0.5 * width * height;
09     }
10 }
```

（4）最后创建一个测试类，分别创建正方形类和三角形类的对象，并调用各类中的 area() 方法，打印出不同形状的几何图形的面积。测试类的代码如下：

```java
01 public class Ex_5_3_2 {
02     public static void main(String[] args) {
03         Square square = new Square(5, 4); // 创建正方形类对象
04         System.out.println("正方形的面积为: " + square.area());
05         Triangle triangle = new Triangle(2, 5); // 创建三角形类对象
06         System.out.println("三角形的面积为: " + triangle.area());
07     }
08 }
```

在该程序中，创建了 4 个类，分别为图形类 Shape、正方形类 Square、三角形类 Triangle 和测试类 ShapeTest。其中图形类 Shape 是一个抽象类，创建了两个属性，分别为图形的长度和宽度，并通过构造方法 Shape() 给这两个属性赋值。

在 Shape 类的最后定义了一个抽象方法 area()，用来计算图形的面积。在这里，Shape 类只是定义了计算图形面积的方法，而对于如何计算并没有任何限制。也可以这样理解，抽象类 Shape 仅定义了子类的一般形式。

正方形类 Square 继承抽象类 Shape，并实现了抽象方法 area()。三角形类 Triangle 的实现和正方形类相同，这里不再介绍。

在测试类 ShapeTest 的 main() 方法中，首先创建了正方形类和三角形类的实例化对象 square 和 triangle，然后分别调用 area() 方法实现了面积的计算功能。

运行该程序，输出的结果如下：

```
正方形的面积为: 20.0
三角形的面积为: 5.0
```

5.3.2　接口

不同于类，接口描述的一些抽象的行为能力，它像一个模板一样约定所有的子类应该具有的行为。因此，类的名称命名都是名词，而接口的命名更多的是形容词或者动词。在接口中，只包括抽象变量和抽象方法，因此 Java 默认在接口中可以省略 abstract 关键字，即接口中的变量和方法即使没有 abstract，也是抽象的。接口被定义后，与抽象类类似，应当被子类实现(继承)，否则单独存在没有任何意义。在定义接口时，需要使用 interface 关键字来声明，具体语法格式如下：

```
interface 接口名称{
    抽象变量定义和赋值；     //定义全局变量
    抽象方法声明；           //定义抽象方法
}
```

具体示例如下:

```
interface Runable {
    int ID=1;              //定义全局变量
    void stop();           //定义抽象方法
    void run();
}
```

上面的代码中,Runable 即为一个接口。从示例中会发现抽象方法 stop( )和 run( )并没有使用 abstract 关键字来修饰,这是因为接口中定义的方法和变量都包含一些默认修饰符,接口中定义的方法默认使用"public abstract"来修饰,即抽象方法。接口中的变量默认使用"publicstaticfinal"来修饰,即全局常量。

由于接口中的方法都是抽象方法,因此不能通过实例化对象的方式来调用接口中的方法。此时需要定义一个类,并使用 implements 关键字实现接口中所有的方法。

【例 5-3-3】 接口的具体使用演示。

```
01  //定义了Animal接口
02  interface Runable {
03      int ID=1;                  //定义全局变量
04      void stop();               //定义抽象方法stop()
05      void run();                //定义抽象方法run()
06  }
07  //Dog类实现了Animal接口
08  class Dog implements Runable{
09      //实现stop()方法
10      public void stop() {
11          System.out.println("狗停下来…");
12      }
13      //实现run()方法
14      public void run() {
15          System.out.println("狗在跑");
16      }
17  }
18  //定义测试类
19  public class Ex_5_3_3 {
20      public static void main(String[] args) {
21          Dog dog = new Dog();    //创建Dog类的实例对象
22          dog.stop();             //调用dog对象的stop()方法
```

```
23        dog.run();              //调用Dog类的run()方法
24    }
25 }
```

运行结果如下所示。

```
狗停下来...
狗在跑
```

此案例演示的是类与接口之间的实现关系，从运行结果可以看出，类 Dog 在实现了 Runable 接口后是可以被实例化的。

此外，Java 允许定义一个接口使用 extends 关键字去继承另一个接口，接下来对上述案例稍加修改，演示接口之间的继承关系。

【例 5-3-4】 编写程序，观察接口之间的继承关系和类与接口之间的实现关系。

```
01 //定义了Animal接口
02 interface Runable{
03     int ID=1;                       //定义全局变量
04     void breathe();                 //定义抽象方法breathe()
05     void run();                     //定义抽象方法run()
06 }
07 // Live 接口继承Runable接口
08 interface Live extends Runable {    //接口继承接口
09     void liveOnland();              //定义抽象方法liveOnland()
10 }
11 //定义Dog类实现LandAnimal接口
12 class Dog implements Live{
13     //实现breathe()方法
14     public void stop() {
15         System.out.println("狗停下来...");
16     }
17     //实现run()方法
18     public void run() {
19         System.out.println("狗在跑");
20     }
21     //实现liveOnland()方法
22     public void liveOnland() {
23         //TODO Auto-generated method stub
```

```
24          System.out.println("狗生活在陆地上");
25      }
26 }
27 //定义测试类
28 public class Ex_5_3_4 {
29     public static void main(String[] args) {
30         Dog dog=new Dog();          //创建Dog类的实例对象
31         dog.stop();                 //调用Dog类的stop()方法
32         dog.run();                  //调用Dog类的run()方法
33         dog.liveOnland();           //调用Dog类的liveOnland()方法
34     }
35 }
```

运行结果如下所示。

```
狗停下来...
狗在跑
狗生活在陆地上
```

上述示例中，定义了两个接口，其中 Live 接口继承了 Runable 接口，因此 Live 接口包含了三个抽象方法。当 Dog 类实现 Live 接口时，需要实现两个接口中定义的三个方法。从运行结果看出，程序可以针对 Dog 类实例化对象并调用类中的方法。

结合上面的介绍，接下来对接口的特点进行归纳，具体如下：

（1）接口中的方法都是抽象的，不能实例化对象；

（2）当一个类实现接口时，如果这个类是抽象类，则实现接口中的部分方法即可，否则需要实现接口中的所有方法；

（3）一个接口可以通过 extends 关键字继承多个接口，接口之间用逗号隔开；

（4）一个类通过 implements 关键字实现接口时，可以实现多个接口，被实现的多个接口之间要用逗号隔开；

（5）一个类在继承另一个类的同时还可以实现接口，此时，extends 关键字必须位于 implements 关键字之前。

【例 5-3-5】 编写程序，实现一个类实现多个接口。

```
interface Run {
    程序代码……
}
interface Fly {
    程序代码……
}
```

```
class Bird implements Run,Fly {
    程序代码……
}
```

【例5-3-6】 编写程序，实现一个子类从父类继承的同时并且实现多个接口。

```
class Dog extends Animal implements Live, Runable {
    程序代码……
}
```

接口在面向对象的设计与编程中应用的非常广泛，特别是实现软件模块间的插接方面有着巨大的优势。其实，我们生活中也经常碰到接口的概念，大家想一想，我们在电子市场随便挑选了一块计算机主板和一块PCI卡(网卡、声卡等)，结果，这块PCI卡能够很好利用在这块主板上，这是什么原因呢？主板厂商和PCI卡厂商都是同一家吗？他们互相认识吗？答案是否定的。但他们都知道同一个标准，那就是PCI规范。做PCI卡的厂商严格按照PCI规范去实现他们的PCI卡，也就是与主板卡槽的连接处是固定的格式，包括卡的尺寸与连接电路线的排列顺序，但卡内部如何制造，就无所谓了，可以做成网卡，也可以做成声卡。做主板的厂商也要知道PCI规范，他们只要保留一个能使用PCI卡的插槽，也就是按照PCI卡的尺寸与连接电路线的排列顺序去使用可能插进来的PCI卡，而不必知道PCI卡的内部具体实现。

我们通过编写一段程序来模拟上述过程的实现，PCI卡中的每个方法名称(相当于PCI卡的尺寸与连接电路线的排列顺序)必须是固定的，主板才能根据自己想执行的命令找到PCI卡中对应的方法，PCI卡也必须具有主板可能用到的所有命令方法。这正是调用者和被"调用者必须共同遵守某一限定，调用者按照这个限定进行方法调用，被调用者按照这个限定进行方法实现"的应用情况，在面向对象的编程语言中，这种限定就是通过接口类来表示的。主板和各种PCI卡就是按照PCI接口进行约定的。接下来通过一个案例进行学习，如例5-24所示。

【例5-3-7】 利用接口的技术，编程描述PCI规范和各种板卡的关系。

```
01  //定义PCI接口
02  interface PCI {
03      void start();              //定义抽象方法start()
04      void stop();               //定义抽象方法stop()
05  }
06  //定义NetWorkCard类实现PCI接口
07  class NetWorkCard implements PCI {
08      //实现start()方法
09      public void start() {
```

```
10          System.out.println("Send…");
11      }
12      //实现stop()方法
13      public void stop() {
14          System.out.println("NetWork Stop");
15      }
16 }
17 //定义SoundCard类实现PCI接口
18 class SoundCard implements PCI {
19      //实现start()方法
20      public void start() {
21          System.out.println("Du du…");
22      }
23      //实现stop()方法
24      public void stop() {
25          System.out.println("Sound stop");
26      }
27 }
28 //定义MainBoard类
29 class MainBoard {
30      //定义一个userPCICard()方法，接收PCI类型的参数
31      public void userPCICard(PCI p) {
32          p.start();                  //调用传入对象的start()方法
33          p.stop();                   //调用传入对象的stop()方法
34      }
35 }
36 //定义Assembler类
37 class Assembler {
38      public static void main(String[] args) {
39          MainBoard mb=new MainBoard();   //创建MainBoard类的实例对象
40          NetWorkCard nc=new NetWorkCard();//创建NetWorkCard类的实例对象nc
41          mb.userPCICard(nc);//调用MainBoard对象的usePCICard()，将nc作为参数传入
42          SoundCard sc=new SoundCard();//创建NetWorkCard类的实例对象sc
43          mb.userPCICard(sc);//调用MainBoard对象的usePCICard()，将sc作为参数传入
44      }
45 }
```

例该示例中，类 Assembler 就是计算机组装者，他买了一块主板 mb 和一块网卡 nc，一块声卡 sc，由于 NetWorkCard 与 SoundCard 都是 PCI 接口的子类，所以，它们的对象能直接传递

给 usePCICard( )方法中 PCI 接口类型的引用变量 p，在参数传递的过程中发生了隐式自动类型转换。通过这个例子大家应该明白了一个类必须实现接口中的所有方法的原因，因为调用者可能会用到接口中的每个方法，所以，被调用者必须实现这些方法。运行结果如下所示：

```
Send...
NetWork Stop
Du du...
Sound stop
```

【例 5-3-8】利用接口的技术，编程描述教师和学生的行为关系。

具体描述：(1)声明两个个接口 Sing 和 Paint，接口 Sing 中拥有 singPopMusic 唱流行音乐和 singRockandRoll 唱摇滚两个行为。接口 Paint 中拥有 paintOilPainting 画油画、paintSketch 画素描两个行为(2)声明一个学生类，继承 Sing 接口并实现；(3)声明一个教师类，继承 Sing 和 Paint 接口并实现；(4)让教师类和学生类都从 Person(人)类继承，Person 类中包括 name(姓名)和 breathe(呼吸)。

```
01  //父类：人
02  public class Person {
03      public String name;
04      public void breathe(){
05          System.out.println("breathe!");
06      }
07  }
08  //绘画接口
09  public interface Paint {
10      public void paintOilPainting();    //绘制油画
11      public void paintSketch();         //绘制素描
12  }
13  //唱歌接口
14  public interface Sing {
15      public void singPopMusic();        //唱流行歌曲
16      public void singRockAndRoll();     //唱摇滚
17  }
18  //学生子类
19  public class Student extends Person implements Sing {
20      public void singPopMusic() {
21          System.out.println("Student "+ name + " is sing a pop Music");
22      }
23      public void singRockAndRoll() {
```

```
24          System.out.println("Student "+ name + " is sing a rock and roll");
25      }
26      public void study(){
27          System.out.println("Student "+ name + " is study");
28      }
29  }
30  //教师子类
31  public class Teacher extends Person implements Sing, Paint {
32  
33      public void singPopMusic() {
34          System.out.println("Teacher "+ name + " is sing a pop Music");
35      }
36      public void singRockAndRoll() {
37          System.out.println("Teacher "+ name + " is sing a rock and roll");
38      }
39  
40      public void paintOilPainting() {
41          System.out.println("Teacher "+ name + " is painting oil");
42      }
43  
44      public void paintSketch() {
45          System.out.println("Teacher "+ name + " is painting sketch");
46      }
47  
48      public void teachCourse(){
49          System.out.println("Teacher "+ name + " is teaching");
50      }
51  }
52  //测试类
53  public class Ex_5_3_8{
54      public static void main(String[] args){
55          Student s = new Student();
56          s.name = "Tom";
57          s.singPopMusic();
58          s.singRockAndRoll();
59          s.breathe();
60          s.study();
61  
62          Teacher t = new Teacher();
```

```
63        t.name = "Alice";
64        t.singPopMusic();
65        t.singRockAndRoll();
66        t.breathe();
67        t.teachCourse();
68        //放对象到 ArrayList 中
69        ArrayList list = new ArrayList();
70        list.add(s);
71        list.add(t);
72        for (int i = 0; i < list.size(); i++) {
73            //取出元素，利用 instanceof 判断类型
74            if(list.get(i) instanceof Student)
75                ((Student)list.get(i)).study();
76            if (list.get(i) instanceof Teacher) {
77                ((Teacher)list.get(i)).teachCourse();
78            }
79        }
80    }
```

5.4 多　　态

5.4.1 多态概述

在设计一个方法时，通常希望该方法具备一定的通用性。例如要实现一个动物叫的方法，由于每种动物的叫声是不同的，因此可以在方法中接收一个动物类型的参数，当传入猫类对象时就发出猫类的叫声，传入犬类对象时就发出犬类的叫声。在同一个方法中，这种由于参数类型不同而导致执行效果各异的现象就是多态。

在 Java 中为了实现多态，允许使用一个父类类型的变量来引用一个子类类型的对象，根据被引用子类对象特征的不同，得到不同的运行结果。其中，多态的正确运用，必须存在三个要素：

(1) 在程序中存在一组父类和子类之间的继承关系或者子类与接口的实现关系；
(2) 定义父类的引用变量来指向子类的对象；
(3) 程序通过该引用变量来调用父类/接口、子类的公共方法。

【例 5-4-1】 多态基本用法的演示案例。

```
01  //定义接口Animal
02  interface Animal {
03      void shout();                          //定义抽象shout()方法
```

```
04  }
05  //定义Cat类实现Animal接口
06  class Cat implements Animal {
07      //实现shout()方法
08      public void shout() {
09          System.out.println("喵喵……");
10      }
11  }
12  //定义Dog类实现Animal接口
13  class Dog implements Animal {
14      //实现shout()方法
15      public void shout() {
16          System.out.println("汪汪……");
17      }
18  }
19  //定义测试类
20  public class Ex_5_4_1 {
21      public static void main(String[] args) {
22          Animal an1=new Cat();    //创建Cat对象，使用Animal类型的变量an1引用
23          Animal an2=new Dog();    //创建Dog对象，使用Animal类型的变量an2引用
24          animalShout(an1);        //调用animalShout()方法，将an1作为参数传入
25          animalShout(an2);        //调用animalShout()方法，将an1作为参数传入
26      }
27      //定义静态的animalShout()方法，接收一个Animal类型的参数
28      public static void animalShout(Animal an) {
29          an.shout();              //调用实际参数的shout()方法
30      }
31  }
```

运行结果如下所示：

```
喵喵……
汪汪……
```

该示例中，第22行、第23行代码实现了父类类型变量引用不同的子类对象，当第24行、第25行代码调用animalShout()方法时，将父类引用的两个不同子类对象分别传入，结果打印出了"喵喵"和"汪汪"。由此可见，多态不仅解决了方法同名的问题，而且还使程序变得更加灵活，从而有效地提高程序的可扩展性和可维护性。

5.4.2 对象类型转换和instanceof

在程序中，经常会出现父类的引用变量指向子类对象，例如上述示例中的 Animal an1 =

new Cat()，此时可以使用该引用变量访问父类和子类的公共方法，但是值得注意的，不能通过父类变量去调用子类中的特有方法。

【例5-4-2】 父类类型的子类对象错误的调用子类的特有方法。

```
01  //定义Animal接口
02  interface Animal {
03      void shout();           //定义抽象方法shout()
04  }
05  //定义Cat类实现Animal接口
06  class Cat implements Animal {
07      //实现抽象方法shout()
08      public void shout() {
09          System.out.println("喵喵……");
10      }
11      //定义sleep()方法
12      void sleep() {
13          System.out.println("猫睡觉");
14      }
15  }
16  //定义测试类
17  public class Ex_5_4_2 {
18      public static void main(String[] args) {
19          Cat cat=new Cat();      //创建Cat类的实例对象
20          animalShout(cat);       //调用animalShout()方法，将cat作为参数传入
21      }
22      //定义静态方法animalShout()，接收一个Animal类型的参数
23      public static void animalShout(Animal animal) {
24          animal.shout();         //调用传入参数animal的shout()方法
25          animal.sleep();         //调用传入参数animal的sleep()方法
26      }
27  }
```

编译程序报错，结果如下所示。

没有为类型 Animal 定义方法 sleep()

该示例中，调用animalShout()方法时传入了Cat类型的对象，而方法的参数类型为Animal类型，这便将Cat对象当作父类Animal类型使用。当编译器检查到第25行代码时，发现Animal类中没有定义sleep()方法，从而出现错误，报告找不到sleep()方法。解决办法：

148

在 animalShout( )方法中将 Animal 类型的变量强转为 Cat 类型，具体代码如下：

```
01 public static void animalShout(Animal animal) {
02     Cat cat=(Cat) animal;        //将animal对象强制转换为Cat类型
03     cat.shout();                 //调用cat的shout()方法
04     cat.sleep();                 //调用cat的sleep()方法
05 }
```

修改后再次编译，程序没有错，运行结果如下所示。

```
喵喵......
猫睡觉......
```

通过运行结果可以看出，将传入的对象由 Animal 类型转为 Cat 类型后，程序可以成功调用 shout( )和 sleep( )方法。需要注意的是，在进行类型转换时也可能出现错误，若调用 animalShout( )方法时传入一个 Dog 类型的对象，这时进行强制类型转换就会出现出错，如下所示：

```
24 public class Ex_5_4_2 {
25     public static void main(String[] args) {
26         Dog dog=new Dog();           //创建Dog类型的实例对象
27         animalShout(dog);            //调用animalShout()方法，将dog作为参数传入
28     }
29     //定义静态方法animalShout()，接收一个Animal类型的参数
30     public static void animalShout(Animal animal) {
31         Cat cat=(Cat) animal;        //将animal对象强制转换为Cat类型
32         cat.shout();                 //调用cat的shout()方法
33         cat.sleep();                 //调用cat的sleep()方法
34     }
35 }
```

此时程序在运行时报错，提示 Dog 类型不能转换成 Cat 类型。出错的原因是，在调用 animalShout( )方法时，传入一个 Dog 对象，在强制类型转换时，Animal 类型的变量无法强转为 Cat 类型。

针对这种情况，Java 提供了一个关键字 instanceof，它可以让 Java 虚拟机运行程序时判断一个对象是否为某个类的实例或者子类实例，语法格式如下：

```
对象（或者引用对象变量）instanceof 类（或接口）
```

上述类型转换的最终修改代码如下：

```
01  public static void animalShout(Animal animal) {
02      if(animal instanceof Cat) {
03          Cat cat=(Cat)animal;        //将animal强转为Cat类型
04          cat.shout();                //调用cat的shout()方法
05          cat.sleep();                //调用cat的sleep()方法
06      } if(animal instanceof Dog) {
07          Dog dog=(Dog)animal;
08          dog.shout();
09          dog.sleep();
10      }else {
11          System.out.println("this animal is not a cat or dog");
12      }
13  }
```

在上述修改的代码中，使用instanceof关键字判断animalShout()方法中传入的对象是否为Cat或者Dog类型，如果是Cat或者Dog类型就进行强制类型转换，否则就打印"this animal is not a cat"。

【例5-4-3】 利用instanceof判断类型，进而完成类型转换和方法调用。

场景描述：对计算机Computer、个人计算机DesktopPC、笔记本LaptopPC，使用继承关系进行描述。LaptopPC中增加MoveFreely方法，代表笔记本可以自由移动。在DesktopPC中增加DismantleFreely方法，代表个人计算机可以自由拆卸。根据多态性，将LaptopPC和DesktopPC对象加入链表ArrayList。取出链表中的对象，进行类型转换，调用相应的MoveFreely或者DismantleFreely方法。

```
01  //DesktopPC类
02  public class DesktopPC extends Computer {
03      ……
04      public void DismantleFreely(){
05          System.out.println("PersonalPC can dismantle freely");
06      }
07  }
08  //LaptopPC类
09  public class LaptopPC extends Computer{
10      ……
11      public void MoveFreely(){
12          System.out.println("NoteBookPC can move freely");
13      }
```

```
14  }
15  //测试类
16  public class Ex_5_4_3 {
17      public static void main(String[] args) {
18          Computer pc1 = new PersonalPC();
19          Computer pc2 = new LaptopPC();
20          java.util.ArrayList list = new java.util.ArrayList();
21          list.add(pc1);
22          list.add(pc2);
23          for(int i = 0; i<list.size(); i++){
24              if(list.get(i) instanceof DesktopPC){
25                  ((PersonalPC)list.get(i)).DismantleFreely();
26              }
27              if(list.get(i) instanceof LaptopPC){
28                  ((NoteBookPC)list.get(i)).MoveFreely();
29              }
30          }
31          list.remove(pc1);
32          list.remove(pc2);
33      }
34  }
```

5.4.3　Object 类

在 JDK 中提供了一个 Object 类，它是所有类的默认父类，即每个类都直接或间接继承自该类。

【例 5-4-4】 Animal 与 Object 的继承关系。

```
01  //定义Animal类
02  class Animal {
03      //定义动物叫的方法
04      void shout() {
05          System.out.println("动物叫!");
06      }
07  }
08  //定义测试类
09  public class Ex_5_4_4 {
10      public static void main(String[] args) {
```

```
11        Animal animal=new Animal();          //创建Animal类对象
12        System.out.println(animal.toString()); //调用toString()方法并打印
13    }
14 }
```

运行结果如下所示。

```
Animal@c17164
```

该示例中，第12行代码调用了Animal对象的toString()方法，虽然例5-4-4的Animal类并没有定义这个方法，但程序并没有报错。这是因为Animal默认继承自Object类，在Object类中定义了toString()方法，在该方法中输出了对象的基本信息。Object类的toString()方法中的代码具体如下：

```
getClass().getName()+"@"+integer.toHexString(hashCode());
```

为了方便初学者理解上面的代码，接下来分别对其中用到的方法进行解释，具体如下：
（1）getClass().getName()代表返回对象所属类的类名，即Animal；
（2）hashCode()代表返回该对象的哈希值；
（3）Integer.toHexString(hashCode())代表将对象的哈希值用16进制表示。

其中，hashCode()是Object类中定义的一个方法，这个方法将对象的内存地址进行哈希运算，返回一个int类型的哈希值。

在实际开发中，通常希望对象的toString()方法返回的不仅仅是基本信息，而是一些特有的信息，这时重写Object的toString()方法便可以实现，如例5-4-5所示。

【例5-4-5】 编写程序，重写Animal类继承的toString()方法。

```
01 //定义Animal类
02 class Animal {
03     //重写object类的toString()方法
04     public String toString() {
05         return "I am an animal";
06     }
07 }
08 //定义测试类
09 public class Ex_5_4_5 {
10     public static void main(String[] args) {
11         Animal animal=new Animal();          //创建Animal对象
12         System.out.println(animal.toString());//打印animal的toString()方法的返回值
13     }
14 }
```

运行结果如下所示:

```
I am an animal
```

该示例中的 Animal 类中重写了 Object 类的 toString( )方法,当在 main( )方法中调用 toString( )方法时,就打印出了 Animal 类的描述信息"I am an animal"。

5.5 访 问 控 制

类的访问控制主要是指对类中成员(成员方法和成员变量)的访问控制,成员的访问包括:(1)某个类中的方法是否能够访问(调用)另一个类中的成员;(2)某个类是否能够继承其父类的成员。其中,第2点涉及到的继承和访问控制问题将在下一章讲继承时详细介绍。具体来讲,类成员的访问权限包括:(1)公共权限;(2)私有权限;(3)默认权限;(4)保护权限。

5.5.1 公共权限

公共权限使用 public 关键字来进行修饰。当一个成员被声明为 public 时,对于所有其他类,无论该类属于哪个包中,均能够访问该成员,即 public 修饰的成员可以在任何类中访问。

【例 5-5-1】 公共权限 public 的使用示例。

```
01 package chapter_05;
02 public class TestPublic {
03     public void methodTest(){
04         System.out.println("调用的方法为 public 类型");
05     }
06 }
07 //在另一包中创建 Sample 类
08 package a;
09 import chapter_05.TestPublic;
10 public class Ex_5_5_1{
11     public static void main(String[] args){
12         TestPublic a = new TestPublic();
13         a.methodTest();
14     }
15 }
```

编译上述两个源代码文件,并运行类 Ex_5_5_1,结果如下所示。

```
调用的方法为 public 类型
```

从结果中可以看出，methodTest 方法被正确地调用了，这是因为类 TestPublic 及其方法 methodTest 都被标识为 public。

对于继承而言，规则为如果父类的成员声明为 public，那么无论这两个类是否存在同一个包中，该子类都能继承其父类的该成员。

5.5.2 私有权限

本小节将介绍成员被标识为私有权限 private 后的含义与用法，并且在本小节最后将介绍面向对象中的封装及其优点。标识为私有类型的成员用 private 关键字修饰，其不能被该成员所在类之外的任何类中的代码访问。

【例 5-5-2】 私有权限 private 的使用示例。

```
01 package chpter_05;
02 public class TestPrivate {
03     private void methodTest(){
04         System.out.println("调用的方法为private 类型");
05     }
06 }
07 public class Ex_5_5_2{
08     public static void main(String[] args){
09         TestPrivate a = new TestPrivate();
10         a.methodTest();
11     }
12 }
```

编译上述两个源代码文件，编译器报错的结果如下所示。

```
Exception in thread "main" java.lang.Error: 无法解析的编译问题:
类型 TestPrivate 中的方法 methodTest()不可视
```

从结果可以看出，虽然两个类在同一个包中，方法 methodTest 却不能被调用。因为其被设置为 private 类型，对该成员自己类之外的任何代码来说都是不可见的。

对于继承而言，规则为如果父类的成员声明为 private，子类在任何情况下都不能继承该成员。

5.5.3 默认权限

当一个成员前面没有写任何访问限制修饰时，其访问权限为默认类型，注意的是默认权限不使用任何关键字。具有此访问权限的成员，只对与此成员所属类在同一个包中的类是可见的。也就是说，对同一个包中的类，默认类型相当于 public，而对包外的类则相当于 private。下面的两段代码说明了默认类型的使用。

【例 5-5-3】 默认权限的使用示例。

```
01 package chapter_05;
02 //TestDefault 的 test 方法的访问类型为默认类型
03 public class TestDefault {
04    void test() {
05        System.out.println("test 方法为默认（不写）类型，方法调用成功!!! ");
06    }
07 }
08 //下面的代码说明试图调用位于不同包中 TestDefault 类对象的 test 方法
09 package chapter_05;
10 import a.TestDefault;
11 public class Ex_5_5_3{
12     public static void main(String[] args) {
13         //创建对象并调用方法
14         TestDefault t = new TestDefault();
15         t.test();
16     }
17 }
```

编译代码 TestDeault 后，若试图编译例 XXX，将会显示如下所示的错误。

```
Exception in thread "main" java.lang.Error: 无法解析的编译问题:
类型 TestDefault 中的方法 test()不可视
```

上述问题的解决办法为，将两个类放入同一个包中，或者将 test( )标识为 public 类型。

5.5.4 保护权限

标识为保护类型的成员用 protected 关键字修饰，其规则与默认类型几乎一样。当访问该成员的类位于同一包中，则该类型成员的访问权限相当于 public 类型。只是有一点区别，若访问该成员的类位于包外，则只有通过继承才能访问该成员。其中注意的是，在实际行业开发过程中，很少使用保护权限 protected，因此对于保护权限读者了解即可。

为方便掌握，表 5-1 列出了本章中所有访问限制修饰符和其对应的可见性。

表 5-1 成员访问修饰符

可见性	public	private	默认	protected
对同一个类	是	是	是	是
对同一个包中的任何类	是	否	是	是
对包外所有非子类	是	否	否	否
对同一个包中的子类基于继承访问	是	否	是	是
对包外的字类基于继承访问	是	否	否	是

此外，访问限制修饰符 public、private 和 protected 都不能用来修饰局部变量，否则将导致编译报错。

5.6 内 部 类

在 Java 中，允许在一个类的内部定义类，这样的类称作内部类，这个内部类所在的类称作外部类。根据内部类的位置、修饰符和定义的方式可分为成员内部类、静态内部类、方法内部类和匿名内部类。接下来针对这些内部类分别进行讲解。

5.6.1 成员内部类

在一个类中除了可以定义成员变量、成员方法，还可以定义类，这样的类被称作成员内部类。在成员内部类中可以访问外部类的所有成员，接下来通过一个案例来学习如何定义成员内部类，如下例所示。

【例 5-6-1】 编写程序实现成员内部类的定义与使用。

```java
01 class Outer {
02     private int num=4;                       //定义类的成员变量
03     //下面的代码定义了一个成员方法，方法中访问内部类
04     public void test() {
05         Inner inner=new Inner();
06         inner.show();
07     }
08     //下面的代码定义了一个成员内部类
09     class Inner {
10         void show() {
11             //在成员内部类的方法中访问外部类的成员变量
12             System.out.println("num="+num);
13         }
14     }
15 }
16 public class Ex_5_6_1 {
17     public static void main(String[] args) {
18         Outer outer=new Outer();             //创建外部类对象
19         outer.test();                        //调用test()方法
20     }
21 }
```

运行结果如下所示。

```
num=4
```

在该示例中，Outer 类是一个外部类，在该类中定义了一个内部类 Inner 和一个 test( ) 方法。其中，Inner 类有一个 show( ) 方法，在 show( ) 方法中访问外部类的成员变量 num，test( ) 方法中创建了内部类 Inner 的实例对象，并通过该对象调用 show( ) 方法，将 num 值进行打印。从运行结果可以看出，内部类可以在外部类中被使用，并能访问外部类的成员。

如果想通过外部类去访问内部类，则需要通过外部类对象去创建内部类对象，创建内部类对象的具体语法格式如下：

```
外部类名.内部类名 变量名=new 外部类名().new内部类名();
```

根据此方法，修改上述示例如下：

```
01 public class Ex_5_6_1 {
02     public static void main(String[] args) {
03         Outer.Inner inner=new Outer().new Inner();      //创建内部对象类
04         inner.show();                                    //调用test()方法
05     }
06 }
```

运行结果同【例5-6-1】一样，需要注意的是，如果内部类被声明为私有，外界将无法访问，即将【例5-6-1】中的内部类 Inner 使用 private 修饰，则本段代码会编译报错。

5.6.2 静态内部类

在 Java 程序中，可以使用 static 关键字来修饰一个成员内部类，此种内部类被称作静态内部类，它可以在不创建外部类对象的情况下被实例化。创建静态内部类对象的具体语法格式如下：

```
外部类名.内部类名 变量名=new 外部类名.内部类名();
```

【例5-6-2】 编写程序实现静态内部类的定义与使用。

```
01 class Outer {
02     private static int num=6;
03     //下面的代码定义了一个静态内部类
04     static class Inner {
05         void show() {
06             System.out.println("num="+num);
07         }
08     }
09 }
```

```
10 class Ex_5_6_2 {
11     public static void main(String[] args) {
12         Outer.Inner inner=new Outer.Inner();    //创建内部对象类
13         inner.show();                            //调用内部类方法
14     }
15 }
```

运行结果如下所示：

```
num=6
```

在上述示例中，内部类 Inner 使用 static 关键字来修饰，是一个静态内部类。第 12 行代码创建了内部类对象，可以看出静态内部类的实例化方式与非静态的成员内部类的实例化方式是不一样的。

注意：

（1）在静态内部类中只能访问外部类的静态成员，如将第 2 行代码定义的变量 num 前面的 static 去掉，程序编译会出错；

（2）在静态内部类中可以定义静态的成员，而在非静态的内部类中不允许定义静态的成员。下面的代码是非法的，编译会报错。

```
class Outer {
    class Inner {
        static int num=10;          //不能定义静态成员，编译报错
        void show() {
            System.out.println("num="+num);
        }
    }
}
```

5.6.3　方法内部类

方法内部类是指在成员方法中定义的类，它只能在当前方法中被使用，即方法内部类的作用域仅限于方法内部。同时，方法内部类可以访问外部类的成员。接下来通过一个案例来学习方法内部类的用法，如例 5-6-3 所示。

【例 5-6-3】 编写程序实现方法内部类的定义与使用。

```
01 class Outer {
02     private int num=4;                           //定义成员变量
03     public void test() {
```

```
04              //下面是在方法中定义的内部类
05              class Inner {
06                  void show() {
07                      System.out.println("num="+num);//访问外部类的成员变量
08                  }
09              }
10              Inner in=new Inner();              //创建内部类对象
11              in.show();                          //调用内部类的方法
12          }
13  }
14  public class Ex_5_6_3 {
15      public static void main(String[] args) {
16          Outer outer=new Outer();               //创建外部对象类
17          outer.test();                           //调用test()方法
18      }
19  }
```

编译结果如下所示。

```
num=4
```

在该示例中，在 Outer 类的 test() 方法中定义了一个内部类 Inner。由于 Inner 是方法内部类，因此程序只能在方法中创建该类的实例对象并调用 show() 方法。从运行结果可以看出，方法内部类也可以访问外部类的成员变量 num。

5.6.4 匿名内部类

在前面多态的讲解中，如果方法的参数被定义为一个接口类型，那么就需要定义一个类来实现接口，并根据该类进行对象实例化。除此之外，还可以使用匿名内部类来实现接口。为了便于初学者的理解，首先看下匿名内部类的格式，具体如下：

```
new 父类(参数列表) 或 父接口() {
    //匿名内部类实现部分
}
```

【例 5-6-4】 编写程序实现匿名内部类的定义与使用。

```
01  //定义动物类接口
02  interface Animal {                             //定义动物类接口
03      void shout();                              //定义方法shout()
```

```
04 }
05 public class Ex_5_6_4 {
06     public static void main(String[] args) {
07         //定义匿名内部类作为参数传递给animalShout()方法
08         animalShout(new Animal() {
09             //实现shout()方法
10             public void shout() {
11                 System.out.println("喵喵……");
12             }
13         });
14     }
15     //定义静态方法animalShout()
16     public static void animalShout(Animal an) {
17         an.shout();             //调用传入对象an的shout()方法
18     }
19 }
```

运行结果如下所示。

```
喵喵……
```

该示例中，使用匿名内部类实现了 Animal 接口。对于初学者而言，可能会觉得匿名内部类的写法比较难理解，接下来分两步来编写匿名内部类，具体如下：

（1）在调用 animalShout()方法时，在方法的参数位置写上 new Animal(){}，这相当于创建了一个实例对象，并将对象作为参数传给 animalShout()方法。在 new Animal()后面有一对大括号，表示创建的对象为 Animal 的子类实例，该子类是匿名的。具体代码如下：

```
animalShout(new Animal(){})
```

（2）在大括号中编写匿名子类的实现代码，具体如下：

```
animalShout(new Animal(){
    public void shout() {
        System.out.println("喵喵……");
    }
})
```

至此便完成了匿名内部类的编写。匿名内部类是实现接口的一种简便写法，在程序中不一定非要使用匿名内部类。对于初学者而言不要求完全掌握这种写法，只需尽量理解语法就可以了。

5.7 泛　　型

在设计类和接口时，需要说明相关的数据类型。Java 语言允许在类或接口的定义中，用一个占位符替代实际的类类型。这个技术称为泛型(generic)。通过使用泛型，可以定义一个类，其对象的数据类型由类的使用者在以后确定。

5.7.1 泛型数据类型

例如，需要定义一个类，其实例保存不同的数据集合。比如，保存整型数、字符串等。为此，必须分别定义保存整型数的类及保存字符串的类，可能还有其他的类。显然，会有很多代码是冗余的。现在，可以使用泛型技术，定义时，不需要指明具体的数据类型，而是使用泛型数据类型替代实际的数据类型，从而定义一个泛型类(generic class)。当使用这个类创建实例时，再根据实际情况选择具体的数据类型。

泛型能让类或接口的设计人员，在类或接口的定义中写一个占位符，而不是写实际的类类型，因此占位符称为泛型数据类型，也可以简称为泛型或类型参数。这样定义的类或接口，适用性更广。

为了在定义接口或类时建立泛型，可以在定义首行的接口名或类名的后面，写一个尖括号括起的标识符——例如 T。标识符 T 可以是任何的标识符，但通常是单个大写字母。它表示接口或类定义中的一个引用类型。

5.7.2 接口中的泛型

下面以一个示例说明如何使用泛型。

数学中，有序对是一对值 a 和 b，表示为(a, b)，其中(a, b)中的值是有序的，意思是说，如果 a 不等于 b，则(a, b)就不等于孙(b, a)。例如，二维空间中的二个点由它的 x 坐标和 y 坐标表示，坐标可表示为有序对(x, y)。有序对中的两个数据是同一类型的，但这个类型可以是任意的，例如整型、字符串型，甚至可以是对象。

假定，有相同类类型的对象对。可以定义一个接口描述有序对的行为，在其定义中使用泛型。例如，如下的接口 Pairable，它说明了这样的数对。Pairable 对象含有同一泛型 T 的两个对象。

【例 5-7-1】　编写程序实现接口中的泛型示例。

```
01 public interface Pairable<T> {
02     public T getFirst();        //得到有序对的第一个值
03     public T getSecond();       //得到有序对的第二个值
04     public void changeOrder();  //交换两个值的次序
05 }//end Pairable
```

实现这个接口的类的开头是下列语句：

```
public class OrderedPair<T> implements Pairable<T>
```

这个例子中，在 implements 子句中传给接口的数据类型是为类声明的泛型 T。一般地，可以将实际类的名字传给 implements 子句中出现的接口。

5.7.3 泛型类

根据上述的泛型接口 Pairable，下面定义一个泛型类 OrderedPair 来实现该接口。对象对中对象的次序是有关系的。符号<T>接在类头的标识符 OrderedPair 之后。在定义中，T 表示两个私有数据域的数据类型、构造方法的两个参数的数据类型、方法 getFirst 和 getSecond 的返回类型，以及方法 changeOrder 中局部变量 temp 的数据类型。

【例 5-7-2】 编写程序实现泛型类 OrderedPair。

```
01  //有相同数据类型的对象对的类
02  public class OrderedPair<T> implements Pairable<T>{
04      private T first, second;
05
06      public OrderedPair(T firstItem, T secondItem) {//注：构造方法名后没有<T>
07          first=firstItem;
08          second = secondItem;
09      }//end constructor
10
11      //返回对象对中的第一个值
12      public T getFirst() {
13          return first;
14      }//end getFirst
15
16      //返回对象中的第二个值
17      public T getSecond() {
18          return second;
19      }//end getSecond
20
21      //返回表示对象对的一个串
22      public String toString() {
23          return "(" + first + ", " + second + ")";
24      }//end toString
25
26      //交换对象中的两个对象
27      public void changeOrder() {
28          T temp = first;
```

```
29          first=second;
30          second=temp;
31       }//end changeOrder
32 }
```

在类 OrderedPair<T> 的定义中，T 是泛型类型参数，<T>跟在类头的标识符 OrderedPair 之后，但在构造方法名的后面不用写<T>。T 可以是数据域、方法参数及局部变量的数据类型，也可以是方法的返回类型。

例如，创建 String 对象的有序对，可以写如下的语句：

```
OrderePair<String> fruit = new OrderePair<>("apple","banana");
```

现在，OrderedPair 定义中作为数据类型出现的 T，都将使用 String 替代。

在 Java 7 之前，前面这条 Java 语句都需要写两遍数据类型 String，如下所示：

```
OrderedPair<String> fruit = new OrderePair<String>("apple","banana");
```

新版本中，简化了这个形式。例如可以将下列语句放在使用对象 fruit 的程序中：

```
System.out.println(fruit);
fruit.changeOrder();
System.out.println(fruit);
String firstFruit = fruit.getFirst();
System.out.println(firstFruit + "has length" + firstFruit.length());
```

这些语句得到的输出如下：

```
(apple, banana)
(banana, apple)
banana has length 6
```

有序对 fruit 有 OrderedPair 方法 changeOrder 和 getFirst。另外，getFirst 返回的对象是 String 对象，使用方法 length 可以显示它的长度。需要注意的是，不能将非字符串的对象对献给 fruit 对象，例如下面的语句是错误的：

```
fruit = new OrderePair<Integer>(1,2);    //错误！类型不兼容
```

虽然不能将 OrderedPair<lnteger>转为 OrderedPair<String>，但是可以创建 lnteger 对象的有序对，如下所示：

```
OrderedPair<Integer> intPair = new OrderedPair<>(1,2);
System.out.println(intPair);
intPair.changeOrder();
System.out.println(intPair);
```

这几行语句的输出结果如下：

```
(1, 2)
(2, 1)
```

【例 5-7-3】 利用泛型实现不同类型的坐标值的设置与返回。

现在考虑这样一个问题，有以下 3 种坐标。整数：x = 30；y = 50；小数：x = 30.2；y = 50.1；字符串：x = "东经"；y = "北纬"；要通过设置方法 setX、setY 和获取方法 getX、getY 设置和获取不同类型的坐标值。是否可以通过重载完成呢？观察下面的代码，找出其中的错误。

```
01  public class Point {
02      private int x1,y1;
03      private float x2,y2;
04      private String x3,y3;
05      public void setX(int x) {
06          this.x1=x;
07      }
08      public void setX(float x) {
09          this.x2=x;
10      }
11      public void setX(String x) {
12          this.x3=x;
13      }
14      public int getX() {
15          return x1;
16      }
17      public float getX() {
18          return x2;
19      }
20      public String getX() {
21          return x3;
22      }
23  }
```

以上代码在调试过程中会出现 Duplicatemethod getX( ) in type Point 错误信息，原因是方法名相同且返回类型相同的方法并不是重载。那么如何实现以上程序的思想呢？在这里可以使用泛型完成。下面，我们使用泛型类的办法来实现该案例的需求，代码具体如下：

```java
01 class PointDemo<T> {
02     private T x;
03     private T y;
04     public void setX(T x) {
05         this.x=x;
06     }
07     public void setY(T x) {
08         this.y=y;
09     }
10     public T getX() {
11         return x;
12     }
13     public T getY() {
14         return y;
15     }
16 }
17 public class Ex_5_7_3 {
18     public static void main(String[] args) {
19         PointDemo<Integer> p1=new PointDemo<Integer>();
20         PointDemo<Float> p2=new PointDemo<Float>();
21         PointDemo<String> p3=new PointDemo<String>();
22         //设置整型类型的坐标值
23         p1.setX(30);
24         p1.setY(50);
25         //设置浮点类型的坐标值
26         p2.setX(30.2f);
27         p2.setY(50.1f);
28         //设置字符串类型的坐标值
29         p3.setX("东经");
30         p3.setY("北纬");
31         System.out.println("x1、y1的坐标值为:"+p1.getX()+p1.getY());
32         System.out.println("x2、y2的坐标值为:"+p2.getX()+p2.getY());
33         System.out.println("x3、y3的坐标值为:"+p3.getX()+p3.getY());
34     }
35 }
```

5.7.4 泛型方法

假定有一个类，在它的头部没有定义类型参数，但在这个类的方法中需要使用泛型数据类型。例如，可能有一个能执行不同实用功能的静态方法的类。Java 类库中的 Math 类就是这样的一个类。编写泛型方法(generic method)的步骤如下：
- 在尖括号中写上类型参数，放在方法头部返回类型的前面。
- 在方法内使用类型参数，如同在一般类中的使用，即，或作为返回类型、方法参数的数据类型，或作为方法体内变量的数据类型。

以泛型方法 displayArray 为例，它显示有泛型类型项的数组的内容。main 方法调用 displayArray，先是传给它一个字符串数组，然后再传给它一个字符数组。

【例 5-7-4】 编写程序，实现泛型方法。

```
01 public class Ex_5_7_4 {
02     public static <T> void displayArray(T[] anArray) {
03         for (T arrayEntry : anArray) {
04             System.out.print(arrayEntry);
05             System.out.print(' ');
06         }
07         System.out.println();
08     }//end displayArray
09     public static void main(String args[]) {
10         String[] stringArray = {"apple","banana","carrot","dandelion"};
11         System.out.print("stringArray contains ");
12         displayArray(stringArray);
13
14         Character[] characterArray = {'a','b','c','d'};
15         System.out.print("characterArray contains ");
16         displayArray(characterArray);
17     }//end main
18 }//end Ex_5_7_4
```

执行该程序，得到的输出结果如下：

```
stringArray contains apple banana carrot dandelion
characterArray contains a b c d
```

5.8 反 射

一般情况下，写 Java 程序都是先设计类，再使用类声明、创建和访问对象。这些活动都是在程序运行之前完成的，程序员在使用类创建对象之前就对类的使用和编写就非常熟悉。但是在软件开发过程中，有时需要在程序运行时刻根据需要动态加载某些类,而这些类的信息程序员预先未知。那么,就需要一套 API 帮助程序员在程序中获取类的声明信息。反射(reflection)是 Java 程序在运行时刻获取类信息的机制。

在学习反射之前,首先简单介绍一下 RTTI。RTTI(Run-Time Type Identification)是运行时类型识别。RTTI 的作用是在运行时识别一个对象的类型和类的信息,这里分两种:

(1)传统的 RTTI:它假定我们在编译期已知道了所有类型,即在没有反射机制创建和使用类对象的技术前,一般都是编译期已确定其类型,如 new 对象时该类必须已定义好;

(2)反射机制,它允许我们在运行时动态发现和使用类型的信息。

在 Java 语言中,用来表示运行时类型信息的对应类就是 Class 类,Class 类是一个实实在在的类,存在于 JDK 的 java.lang 包中,利用 Class 可以有效实现程序的反射机制。该类的主要方法如表 5-2 所示:

表 5-2 Class 类的方法介绍

方法	方法说明
static Class forName(String className)	返回一个参数 className 指定类名称的 Class 对象
Object newInstance( )	返回 forName 方法中形参 className 指定类的对象
String getName( )	返回当前 Class 类型的引用变量所指向堆内存中的某个运行时对象的名字
Field[ ] getDeclaredFields( )	以数组形式返回类的所有成员变量。
Method[ ] getDeclaredMethods( )	以数组形式返回类的所有成员函数

5.8.1 使用 Class 类实例化对象

创建对象最常用的方式就是使用 new 运算符和类的构造方法,实际上,也可以使用 Class 类得到某个类的实例。不同于 new,该方法可以在运行时根据实际需要来生成指定的类的独享。具体步骤如下:

(1)使用 Class 的类方法得到一个和某类(参数 className 指定的类)相关的 Class 对象:

```
public static Class forName(String className) throws ClassNotFoundException
```

如果类在某个包中,className 必须带有包名,例如,className = "java.util.Date"。

(2)使用步骤(1)中获得的 Class 对象调用:

```
public Object newInstance() throws InstantiationExeption,IllegalAccessException
```

可以得到一个 className 类的对象。

要特别注意的是,使用 Class 类调用 newInstance( )实例化一个 className 类的对象时,className 类必须有无参数的构造方法。

【例 5-8-1】 使用 Class 类得到一个 Rect 类以及 java.util 包中 Date 类的对象。

```
01 import java.util.Date;
02 class Rect {
03     double width,height,area;
04     public double getArea() {
05         area = height * width;
06         return area;
07     }
08 }
09 public class Ex_5_8_1 {
10     public static void main(String[] args) {
11         try {
12             Class cs = Class.forName("Rect");
13             Rect rect = (Rect)cs.newInstance();
14             rect.width = 100;
15             rect.height = 200;
16             System.out.println("rect的面积"+rect.getArea());
17             cs = Class.forName("java.util.Date");
18             Date date = (Date)cs.newInstance();
19             System.out.println(date.toString());
20         }
21         catch (Exception e) {
22             System.out.println(e.toString());
23         }
24     }
25 }
```

运行效果如下所示

```
rect的面积20000.0
Tue Jan 07 10:19:38 CST 2020
```

【例5-8-2】编写程序模拟汽车动态更换驾驶员，实现在运行时刻动态指定所包含的对象。

首先编写 Person 类，代码如下：

```
01 public abstract class Person {
02     public abstract String getMess();
03 }
```

其次编写 Car 类，代码如下：

```
01 public class Car {
02     Person person;                        //组合驾驶员
03     public void setPerson(Person p) {
04         person = p;
05     }
06     public void show() {
07         if (person==null) {
08             System.out.println("目前没人驾驶汽车.");
09         }
10         else {
11             System.out.println("目前驾驶汽车的是:");
12             System.out.println(person.getMess());
13         }
14     }
15 }
```

然后编写主程序类，代码如下：

```
01 public class Ex_5_8_2{
02     public static void main(String[] args) {
03         Car car = new Car();
04         int i = 1;
05         while(true) {
06             try {
07                 car.show();
08                 Thread.sleep(2000);                    //每隔2000毫秒更换驾驶员
09                 Class cs = Class.forName("Driver"+i);
10                 Person p = (Person)cs.newInstance();
11                 //如果没有第i个驾驶员就跳到catch,即无人驾驶或当前驾驶员继续驾驶
12                 car.setPerson(p);                      //更换驾驶员
13                 i++;
14             }
15             catch (Exception e) {
16                 i++;
17             }
18             if(i>10) i=1;                              //最多10个驾驶员轮换开车
19         }
20     }
21 }
```

使用 Eclipse 运行上述程序，在不停止程序运行的情况下，继续编辑、编译 Person 类的子类。子类的名字必须是 Driver1、Driver2…Driver10(顺序可任意)，即单词 Driver 后跟一个不超过 10 的正整数。代码如下：

```
01 public class Driver3 extends Person{
02     public String getMess() {
03         return "中国驾驶员";
04     }
05 }
```

在编辑、编译类名如 Driver1、Driver2…Driver10 的 Person 类的子类时，此时可以观察上述运行程序结果的变化(观察汽车更换的驾驶员)。本程序的运行效果如下所示(用户的运行效果可能和这里的不同)：

```
目前没人驾驶汽车.
目前驾驶汽车的是:中国驾驶员
目前驾驶汽车的是:中国驾驶员
目前驾驶汽车的是:美国驾驶员
目前驾驶汽车的是:法国驾驶员
```

5.8.2　使用 Class 实现反射

上个小节介绍的使用 Class 类在程序运行时动态创建(实例化)对象的反射用法外，还有很多其他的反射用法。本节将继续介绍反射的相关知识，程序运行过程中可以利用 Class 动态获取某些的类的相关信息。相关方法如下：

【例 5-8-3】动态获取汽车类的名字。

```
01 public class Ex_5_8_3 {
02     public static void main(String[] args) {
03         Car a=new Car();
04         Class c=a.getClass();
05         System.out.println("The class name:"+c.getName());
06     }
07 }
```

该示例中，第 4 行代码调用汽车对象 a 的 getClass( )方法返回一个 Class 类型的引用变量，该变量在内存中指向 Class 类型的对象，在此案例中指向的是 Car 对象。第 5 行执行 Class 类的实例方法 getName 返回 Class 类型的对象的名字。此时是类 Car 的名字(包含包的相关信息)。所以显示的结果是：

```
The class name:cs.oop.objects.code_3_1.Car
```

除了类的名字外,还可以使用 Class 类来获取相关类的成员变量、成员方法和构造方法的相关信息,具体演示见下面的案例。

【例5-8-4】 使用 Class 类的 getDeclaredFields( )、getDeclaredMethods( )、getConstructors( )的实例化方法动态获取相关类的成员变量、成员方法和构造方法。

```
01  import java.lang.reflect.*;
02
03  /**
04   * 显示类的构造方法以及成员方法的名字、参数、返回值等信息.
05   */
06  public class AboutClass {
07      public static void about(Object object) {
08          Class c=object.getClass();
09          System.out.println(c);
10
11          //获取类的构造方法并逐一处理
12          Constructor[] constructors=c.getConstructors();
13          for (Constructor cs:constructors) {
14              String line="C";
15              //构造方法的名字
16              line +=cs.getName()+"(";
17              //各个参数的名字
18              Class[] parameterTypes=cs.getParameterTypes();
19              for(int i=0;i<parameterTypes.length;i++) {
20                  line+=parameterTypes[i].getName();
21                  if(i!=parameterTypes.length-1)
22                      line +=",";
23              }
24              line+=")";
25              System.out.println(line);
26          }
27          //获取类的成员方法并逐一处理
28          Method[] methods=c.getMethods();
29          for (Method method:methods) {
30              String line="M";
```

```
31          Class returnType=method.getReturnType();
32          line+=returnType.getName()+" "+method.getName()+"(";
33          Class[]parameterTypes=method.getParameterTypes();
34          for(int i=0;i<parameterTypes.length;i++) {
35              line+=parameterTypes[i].getName();
36              if(i!=parameterTypes.length-1)
37                  line +=",";
38          }
39          line+=")";
40          System.out.println(line);
41      }
42   }
43 }
```

假设客户代码如下：

```
01 public class Ex_5_8_4 {
02     public static void main(String[] args) {
03         Car a=new Car();
04         AboutClass.about(a);
05     }
06 }
```

那么，程序会依次输出对象 a 的类名、所有的构造方法以及所有的成员方法：

```
01 class chapter3.objects.code_3_1.Car
02 C chapter3.objects.code_3_1.Car(java.lang.String)
03 C chapter3.objects.code_3_1.Car()
04 M void ahead(int)
05 M void turnRight()
06 M void turnLeft()
07 M java.lang.String getName()
08 M double getLength()
09 M double getWidth()
10 M double getX()
11 M double getY()
12 M void wait(long)
13 M void wait()
```

```
14 M void wait(long,int)
15 M boolean equals(java.lang.Object)
16 M java.lang.String toString()
17 M int hashCode()
18 M java.lang.Class getClass()
19 M void notify()
20 M void notifyAll()
```

本 章 小 结

  本章主要介绍了面向对象中的继承、多态、抽象类、接口等知识，随后又介绍了内部类、泛型和反射等面向对象的较为高级的编程知识。

  （1）继承是描述多个类之间相互关系的一种重要技术，可以有效解决代码的冗余，提高代码的复用性。在学习过程中，要掌握继承技术涉及到的语法定义、方法的重写、方法的继承权限，掌握 super 和 final 关键字的使用；

  （2）多态是面向对象的一个非常重要的特点，可以最大程度的发挥继承在实际开发中的优势。掌握使用多态的三个要素：第一是继承，第二是父类引用变量指向子类对象，第三是调用父类和子类的公共方法。多态可以使得代码设计更加有弹性，尤其是结合 ArrayList 如何使用多态是常用的一个开发场景，希望读者能够引起注意。同时，要掌握使用 instanceof 判断引用变量的具体内存指向；

  （3）抽象类和接口，是在继承的基础上进行的进一步介绍。掌握抽象类的基本定义与使用，理解抽象类、抽象方法的抽象特性。接口是面向对象一个重点，不同于类，接口重点描述的并非事物，而是行为特性，它约定了它的所有实现子类所必须具有的行为规范；

  （4）内部类是 Java 在具体开发中常用的一种技术，掌握成员内部类、方法内部类和匿名内部类的使用，正确使用内部类可以使得程序变得更加简洁；

  （5）泛型和反射是面向对象中较为高级的编程知识，其中泛型可以更加广泛的定义类和接口，减少使用时的类型限制。反射能够在程序运行时动态获得类的相关信息。

  综上，熟练掌握这些基础知识，将有助于学习 Java 的面向对象知识，深入理解面向对象的思想，对于以后的实际开发也是大有裨益的。

习　　题

一、判断题

1. 抽象方法必须定义在抽象类中，所有抽象类中的所有方法都是抽象方法。　　（　　）
2. Java 中被 final 关键字修饰的变量，不能被重新赋值。　　（　　）
3. 不存在继承关系的情况下，可以实现方法的重写。　　（　　）
4. 接口中只能定义常量和抽象方法。　　（　　）

5. 方法的内部类不能访问外部类的成员变量。   (   )

二、选择题

1. 关于 super 关键字以下说法哪些是正确的？（多选）

A. super 关键字可以调用父类的构造方法

B. super 关键字可以调用父类的普通方法

C. super 与 this 不能同时存在于同一个构造方法中

D. super 与 this 可以同时存在于同一个构造方法中

2. 在 Java 语言中，以下说法哪些是正确的（多选）

A. 一个类可以实现多个接口

B. 不允许一个类继承多个类

C. 允许一个类同时继承一个类并实现一个接口

D. 允许一个接口继承另外一个接口

3. 关于抽象类，下列哪些说法是正确的？（多选）

A. 抽象类中可以有非抽象方法

B. 如果父类是抽象类，则子类必须重写父类的所有抽象方法

C. 不能用抽象类去创建对象

D. 接口和抽象类是同一个概念

4. 下面关于内部类，哪些说法是正确的？（多选）

A. 成员内部类是外部类的一个成员变量，可以访问外部类的其他成员

B. 外部类可以访问成员内部类的成员

C. 方法内部类只能在其定义的当前方法中进行实例化

D. 静态内部类中可以定义静态成员，也可以定义非静态成员

5. Outer 类中定义了一个成员内部类 Inner，需要在 main( ) 方法中创建 Inner 类实例对象，下面哪个是正确的？

A. Inner in = new Inner( )

B. Inner in = new Outer.Inner( )

C. Outer.Inner in = new Outer.Inner( )

D. Outer.Inner in = new Outer( ).new Inner( )

三、简答题

1. 什么是接口？类和接口有什么区别？

2. 接口的实现和类的继承有什么不同？

3. 抽象类和接口有什么区别？

4. 方法的重载与重写有什么区别？

5. 每一个类都有 toString( ) 方法吗？它是从哪里来的？如何使用它？

6. 什么是泛型？如何理解泛型？

7. 为什么有时需要使用反射？利用 Class 反射能获得哪些信息？

四、编程题

1. 在 Eclipse 环境中，创建三个类，分别是 Person、Teacher、Student，Person 有姓名 name 和 age 的状态，具备问好 sayhello 和呼吸 breath 的行为，学生和教师继承 Person，分别

重写 sayHello 的方法，同时学生实现 gotoSchool 的方法，教师实现 teachingCourse 的方法。

要求 Person 完成对 name 和 age 进行 get/set 设置(数据封装)。

建立测试程序进行验证：

(1) 建立名为 Zhangsan，年龄 23 的学生对象，然后依次调用学生自己的方法和继承过来的方法；

(2) 建立名为 Lisi，年龄 32 的教师对象，然后一次调用教师自己的方法和继承过来的方法；

(3) 利用循环建立 5 个学生对象，名字依次为 s1，s2，…，放到动态数组 ArrayList 中；

(4) 遍历该数组，完成动态数组 ArrayList 中的每个对象的读取，并调用各自的 sayHello 方法。

2. 在 Eclipse 环境中，创建三个类，分别是计算机、个人计算机、笔记本，使用继承关系进行描述。三个类中都有 TurnOn 方法，在主程序中使用多态性，分别调用个人计算机和笔记本的 TurnOn 方法。

3. 在 LaptopPC 中增加 MoveFreely 方法，代表笔记本可以自由移动。在 DesktopPC 中增加 DismantleFreely 方法，代表个人计算机可以自由拆卸。根据多态性，将 LaptopPC 和 DesktopPC 对象加入链表 ArrayList。取出链表中的对象，进行类型转换，调用相应的 MoveFreely 或者 DismantleFreely 方法。

4. 在某游戏系统中，有猫、狗、猪三种动物。

三者都有吃的行为，建立一个动物类作为他们的父类，但是三种动物吃的行为都不相同，猫吃老鼠、狗吃骨头、猪吃饲料。此外，在自身的特有行为中，猫可以抓老鼠，狗能看家护院，猪特别擅长睡觉。其中这些行为在具体实现时，可以输出一句话即可。

(1) 建立测试程序 1，该程序有一个方法 eatfunction(Animal a)，根据传递进来的动物的不同，分别调用他们的吃的行为和特有的行为

(2) 建立测试程序 2，定义一个 ArrayList 的链表对象，定义三个对象，分别是猫、狗、猪，然后放置 3 个对象到该链表对象。循环该链表，取出每一个，调用他们的公共行为和他们各自的行为。

5. 利用继承关系，设计名为 Person、小学生 PupilStudent、研究生 GraduateStudent 三个类，其中每个类都有 toString 方法返回各自的类型信息。PupilStudent 有上学方法 GoToSchool，GraduateStudent 有从事项目方法 DoProject；根据多态性，使用 ArrayList 链表将各个对象放入其中。利用循环取出链表中的元素，根据类型调用相应的方法。最后清空链表中的元素。

6. 完成以下内容

(1) 设计 Animal 类，属性包括 name(要求封装)，方法包括 breathe(呼吸)、walk(行走)。

(2) 设计 Horse、Snake 两个子类，继承 Animal，分别实现各自的 walk 方法(打印相当的信息即可)。

(3) 写一个测试程序，创建 2 个 Horse 对象，名字分别为 h1 和 h2；创建 2 个 Snake 对象，名字分别为 s1 和 s2(可以利用多态思想)。

(4) 将这四个对象放到动态数组 ArrayList 中。

（5）对数组进行遍历，根据对象的不同，分别调用各自的 run 方法和 name。

7. 设计一个接口实现照顾宠物的行为，名为 TakeCareOfPets，该接口描述了喂食 feed、和它完 play 两个行为。设计三个类，学生、教授和校长，分别实现该接口。

8. 寻找你身边的一个实际问题，编写程序加以解决。例如，童话故事中的两个人物：小红帽和狼。他们都有相同的行为：到达（arrive）、见面（meet）、交谈（talk）。另外，小红帽有年龄属性及采花行为，而狼会吃人。

9. 请创建一个 Animal 动物类，要求有方法 eat 方法，方法输出一条语句"吃东西"。创建一个接口 A，接口里有一个抽象方法 fly。创建一个 Bird 类继承 Animal 类并实现接口 A 里的方法输出一条有语句"鸟儿飞翔"，重写 eat 方法输出一条语句"鸟儿吃虫"。在 Test 类中向上转型创建 b 对象，调用 eat 方法。然后向下转型调用 eat 和 fly 方法。

第6章 面向对象综合案例

代码胜于雄辩。
Talk is cheap. Show me the code.

——林纳斯·托瓦茨（Linus Torvalds）
Linux 操作系统的奠基者

学习目标
- ▶ 掌握类的封装的准确性。
- ▶ 掌握类的继承的正确使用方法。
- ▶ 掌握利用接口隔离有变化的部分。
- ▶ 掌握封装、继承和多态在设计时的逐步演化。
- ▶ 掌握实际设计开发过程中，面向对象设计编程的思考方法。

●章节配套课件

●对应代码文件

●对应代码文件

●对应代码文件

●对应代码文件

前面的章节介绍了常用的面向对象编程技术，对封装、继承和多态等基础知识进行了重点讲解。本章将结合一个实际项目开发中的具体案例，使读者更为全面、深入的掌握面向对象的设计与编程知识。该案例的学习可以使读者更为熟练掌握对类和对象常见知识点的使用，同时具备一定的面向对象程序设计能力。该案例在讲解过程中，设计与编程实现方式不断演化、升级、深入，可以使读者结合具体的软件开发案例，进一步明确面向对象知识的使用，同时可以综合、深入、准确的掌握面向对象编程中封装、继承、多态、抽象和接口等各种知识，同时可以清晰的理解各种技术所用的不同场合。因此，该案例的知识讲解对于面向对象知识的学习、运用较为重要，希望读者能够认真思考每种实现方式的优点与缺点。同时，该案例也是本书在面向对象部分不同于其他教材的特色。

6.1 案例场景

假设你所在的开发团队要开发一个石油管网绘图软件，利用该软件进行绘图的效果如图6-1所示。该软件的具体开发需求如下：

图 6-1 绘图建模示意图

(1) 用圆来代表管网中的仪表 Instrument，用矩形来代表管网中的阀门 Valve，用直线来代表管线。其中仪表、阀门和管线都有自身的设备属性，比如温度 temperature，压力 pressure 等。同时，绘图软件在绘制各种设备时，可以修改几何图像的绘制方式，如线型 lineColor、填充色 fillColor、周长 Perimeter 和面积 Area。

(2) 建立测试类 MainFrame，完成创建 2 个仪表对象和 2 个阀门对象，设置其温度和压力，并计算代表仪表和阀门的圆和矩形的面积周长。将这四个元素添加到 ArrayList 中，取出动态数组中的每一个元素，调用其绘制的方法，并打印此时的面积和周长。

6.2 案例实现 A

6.2.1 代码实现

本方法首先建立两个类 Instrument 和 Valve 分别代表仪表和阀门，将属性(温度、压力、线型颜色、填充色)、行为(绘制、面积和周长的计算)分别在每个类中进行描述，将这两个类放在 nepu.lzg.device 包中。然后，在 nepu.lzg.Mainframe 包中建立测试类 MainFrame，声明对象放置在 ArrayList 中。遍历 ArrayList 取出每一个对象，根据放置的顺序，进行类型转换后，并调用相应的方法和属性。具体如下：

(1) 新建 nepu.lzg.device 包，并创建类 Instrument 和 Valve，具体代码如下：

```
01 package nepu.lzg.device;
02 /**
03  * 仪表类
04  * @author Liu Zhigang
05  */
06 public class Instrument{
07   public int _temperature ;
08   public int _pressure;
09   public String _lineColor;
10   public String _fillColor;
11   public void draw(){
12       System.out.println("circle draw");
13   }
14   public int getPerimeter(){
15       return 0;
16   }
17   public int getArea(){
18       return 0;
19   }
20 }
21 package nepu.lzg.device;
22 /**
23  * 阀门类
24  * @author Liu Zhigang
```

```
25  *
26  */
27  public class Valve{
28      public int _temperature ;
29      public int _pressure;
30      public String _lineColor;
31      public String _fillColor;
32      public void draw(){
33          System.out.println("circle draw");
34      }
35      public int getPerimeter(){
36          return 0;
37      }
38      public int getArea(){
39          return 0;
40      }
41  }
```

(2)新建 nepu.lzg.MainFrame 包,并创建测试类 MainFrame,具体代码如下:

```
01  package nepu.lzg.mainframe;
02
03  import java.util.ArrayList;
04  import nepu.lzg.device.Instrument;
05  import nepu.lzg.device.Valve;
06  public class MainFrame {
07      public static void main(String[] args) {
08          //定义两个仪表对象和两个阀门对象
09          Instrument a = new Instrument();
10          Instrument b = new Instrument();
11          Valve c = new Valve();
12          Valve d = new Valve();
13          //将四个对象放到ArrayList对象中
14          ArrayList list = new ArrayList();
15          list.add(a);
16          list.add(b);
17          list.add(c);
18          list.add(d);
```

```
19      //遍历ArrayList对象，取出每一个设备对象，根据各自的类型，分别执行它们的绘制、面积
        和周长的计算方法
20      for (int i = 0; i < list.size(); i++) {
21          if (0==i || 1==i) {
22              Instrument temp = (Instrument)list.get(i);
23              temp.draw();
24              temp.getArea();
25              temp.getPerimeter();
26          }
27          if (2==i || 3==i) {
28              Valve temp = (Valve)list.get(i);
29              temp.draw();
30              temp.getArea();
31              temp.getPerimeter();
32          }
33      }
34  }
35 }
```

6.2.2 案例实现分析

以上代码利用类和对象的封装思想，从功能上基本实现了软件需求。但是值得注意的是：

（1）阀门具有温度和压力属性，但是作为现实世界中的物理设备，其本身并没有填充色、线型等属性；

（2）填充色、线型以及周长和面积的计算，更确切的说是隶属于软件绘制时的圆和矩形。

因此，本案例在具体代码实现过程中，仪表和阀门类的封装并不够准确。值得注意的是：正确封装是面向对象编程良好开展的必备基础，封装的不准确会严重影响后续的软件开发。

6.3 案例实现 B

6.3.1 代码实现

第6.2节中的代码没有完成仪表和阀门的准确封装，我们在这一节中进行改进。首先，我们将仪表或者阀门中的几何属性和行为，例如线型颜色、填充色、绘制放在相应的几何图形类中；然后，将这些几何图形类作为阀门和仪表设备类的属性。为此我们建立三个包，分别为 nepu.lzg.shape、nepu.lzg.device 和 nepu.lzg.Main-

Frame。其中，nepu.lzg.shape 用来存储几何图形的类。

(1) 新建包 nepu.lzg.shape，创建对应的几何图形类(圆 Circle 和矩形 Rectangle)，具体实现代码如下：

```
01 package nepu.lzg.shape;
02 /**
03  * 圆
04  * @author Liu Zhigang
05  */
06 public class Circle{
07    public String _lineColor;
08    public String _fillColor;
09    public void draw(){
10        System.out.println("circle draw");
11    }
12    public int getPerimeter(){
13        return 0;
14    }
15    public int getArea(){
16        return 0;
17    }
18 }
19 package nepu.lzg.shape;
20 /**
21  * 矩形
22  * @author Liu Zhigang
23  */
24 public class Rectange{
25    //内部与Circle基本一致
26 }
```

(2) 将包 nepu.lzg.device 中的 Instrument 和 Valve 的具体实现代码修改如下：

```
01 package nepu.lzg.device;
02 import nepu.lzg.shape.Circle;
03
04 public class Instrument{
05    public Circle circle = new Circle();
06    public int _temperature ;
```

```
07   public int _pressure;
08 }
09
10 package nepu.lzg.device;
11 import nepu.lzg.shape.Rectange;
12 public class Valve{
13   public Rectange rct = new Rectange();
14   public int _temperature ;
15   public int _pressure;
16 }
```

（3）最后，MainFrame 的测试代码如下：

```
01 package nepu.lzg.mainframe;
02
03 import java.util.ArrayList;
04 import nepu.lzg.device.Instrument;
05 import nepu.lzg.device.Valve;
06 public class MainFrame {
07   public static void main(String[] args) {
08       Instrument a = new Instrument();
09       Instrument b = new Instrument();
10       Valve c = new Valve();
11       Valve d = new Valve();
12
13       ArrayList list = new ArrayList();
14       list.add(a);list.add(b);
15       list.add(c);list.add(d);
16
17       for (int i = 0; i < list.size(); i++) {
18           if (0==i || 1==i) {
19               Instrument temp = (Instrument)list.get(i);
20               temp.circle.draw();
21               temp.circle.getArea();
22               temp.circle.getPerimeter();
23           }
24           if (2==i || 3==i) {
25               Valve temp = (Valve)list.get(i);
```

```
26              temp.rct.draw();
27              temp.rct.getArea();
28              temp.rct.getPerimeter();
29          }
30      }
31  }
32 }
```

该实现方法中，我们发现在 MainFrame 测试类中的第 20 行~22 行使用 temp.circle.draw()调用仪表设备的绘制方式，具体绘制是通过该设备对象的内置 circle 对象属性的 draw 行为完成。此外，阀门类也是同理。

6.3.2 案例实现分析

该案例的实现，通过仪表与圆形、阀门与矩形的分离，相对于上一种实现方式，更加准确的完成了对象的信息封装，几何图形的属性和行为存储在 Circle 或者 Rectangle 中，而实际设备的属性和行为存储在 Instrument 和 Valve 中。

但是，该实现方式仍然存在缺点，具体如下：

（1）仪表和阀门内部有很多属性和行为的定义都是相同的，对应的圆和矩形也是如此，代码的冗余性较强；

（2）仪表和阀门都是设备，圆和矩形都是几何图形，那么是不是可以使用封装来解决代码的冗余，完成代码的复用呢？

综合以上分析，我们在下一节中给出具体的解决办法。

6.4 案例实现 C

6.4.1 代码实现

上一节的方法实现，虽然很好的解决了代码的封装性，用 Circle 和 Rectanble、Instrument 和 Valve 四个类准确完成了事物的封装，并通过在 Instrument 和 Valve 中定义几何图形类型的属性，很好的在几何图形和设备类之间建立了联系。但是，类的内部属性和行为的定义具有很大的冗余性，本节将针对这些问题使用继承技术来进一步解决。

首先，我们发现仪器 Instrument 和阀门 Valve 都是设备，而温度、压力等都是所有设备共有的属性。同理，对于圆形 Circle 和矩形 Rectangle，线型颜色、填充色以及绘制行为都是几何图形共有的。其次，在此基础上，我们建立设备类 Device 和图形类 Shape 分别作为它们的父类，将共有的属性和行为的定义放置在父类中，然后在子类中进行具体实现。该方法利用继承来有效的解决了代码的冗余、完成了代码的复用。具体的代码实现步骤如下：

（1）首先，在 nepu.lzg.shape 中建立图形 Shape 类作为所有几何图形的父类，将公共属性(线型颜色、填充色)和行为(绘制)放到内部，然后让圆形 Circle 和矩形 Rectangle 分别从 Shape 继承，完成代码的复用，并在子类中完成绘制方法的具体实现。本部分的具体实现代码如下：

```
01 package nepu.lzg.shape;
02 public class Shape {
03   public String _lineColor;
04   public String _fillColor;
05   public void draw(){
06   }
07   public int getPerimeter(){
08       return 0;
09   }
10   public int getArea(){
11       return 0;
12   }
13 }
14
15 package nepu.lzg.shape;
16 public class Circle extends Shape{
17   public void draw() {
18       System.out.println("circle draw");
19   }
20   public int getArea() {
21       return 0;
22   }
23   public int getPerimeter() {
24       return 0;
25   }
26 }
27 public class Rectange extends Shape{
28       //与Circle同理
29 }
```

（2）其次，在 nepu. lzg. device 中建立所有设备的父类 Device，将公共属性(温度和压力)放到内部，然后让仪表类 Instrument 和阀门类 Valve 分别从 Device 继承，完成代码的复用。同时，为了使用多态，将各个设备子类所依赖的几何图形的属性的定义也放到了父类中，然后在各个设备子类中分别进行实例化。此处注意：如果不在父类 Device 中定义 Shape 的应用变量，而是直接在子类中进行定义，则 MainFrame 中的测试代码无法使用多态。

具体实现代码为：

```
01 package nepu.lzg.device;
02 import nepu.lzg.shape.Shape;
03 public class Device {
04   public int _temperature ;
05   public int _pressure;
06      public Shape shape;
07 }
08 package nepu.lzg.device;
09 import nepu.lzg.shape.Circle;
10 public class Instrument extends Device{
11   shape = new Circle();
12 }
13 public class Valve extends Device{
14   shape = new Rectange();
15 }
```

最后，我们的测试类的写法也发生了较大的变化，直接使用多态完成 ArrayList 中多个对象的行为调用，具体如下：

```
01 public class MainFrame {
02   public static void main(String[] args) {
03       Device a = new Instrument();
04       Device b = new Instrument();
05       Device c = new Valve();
06       Device d = new Valve();
07       ArrayList list = new ArrayList();
08       list.add(a);list.add(b);
09       list.add(c);list.add(d);
10       for (int i = 0; i < list.size(); i++) {
11          //用多态精简代码
12          Device temp = (Device)list.get(i);
13          temp.shape.draw();
14          temp.shape.getArea();
15          temp.shape.getPerimeter();
16       }
17   }
18 }
```

上述代码中，第 11 行~15 行使用了多态技术有效的完成代码的简化，此时不再需要程序员手工编写代码判断 ArrayList 取出对象的类型(仪表还是阀门)，直接转换为父类 Deveice

类型，然后调用设备父类与子类的共有方法和属性。这相对于上一节（第6.3节）的测试代码有了很大的改进。

6.4.2 案例实现分析

本案例在具体实现过程中，具体的改进优点和缺点分别如下：

（1）优点：使用了继承和多态。其中使用多态的技巧在于设备和图形之间的依赖不是体现在具体的类中，而是在父类中完成，在设备Device里定义图形Shape类型的属性，然后在子类中进行初始化。有兴趣的同学，可以试验一下，如果不在Device里定义Shape，而是仍然按照上一个案例的实现方式，分别在各个设备子类中定义和实例化所依赖的几何图形，此时在测试应用的时候，是无法实现多态的；

（2）缺点：在本软件的场景需求中，除了阀门和仪表设备外，还有管线。但是在之前的实现代码中，我们始终没有定义管线和其对应的直线类。值得注意的是：直线是没有面积和周长的行为的，此时如果让直线从Shape类继承，则会让直线拥有它本不应该拥有的行为。此时，继承将是不准确的，那么是不是可以使用接口，将这些行为从设备类中分离呢？下面我们就来介绍如何使用接口来隔离这种变化。

6.5 案例实现 D

6.5.1 代码实现

上一节中，虽然用继承和多态很好的解决了代码的复用，但是若存在管线这种设备时，对表现其几何图形属性的直线，若直接继承于Shape，会让直线类Line拥有本不应该具备的行为。本节，我们使用接口来将这些不是所有子类共有的行为隔离出来，然后对于某些子类，如果具备接口的行为，就实现这个接口，否则就不实现。具体步骤如下：

（1）首先，在nepu.lzg.shape中建立两个接口IComputeArea和IComputePerimeter，分别描述面积和周长的计算行为；然后不同的几何图形根据自身的行为特点，实现相应的接口。其中Circle和Rectangle不仅继承shape，而且分别实现这两个接口。而Line仅是从shape继承，由于不具有周长和面积的特性，因此不去实现前面的两个接口。代码具体如下：

```
01 public class Shape {
02   public String _lineColor;
03   public String _fillColor;
04   public void draw(){}
05 }
06 public interface IComputeArea {
07   public int getArea();
08 }
09 public interface IComputePerimeter {
```

```
10    public int getPerimeter();
11 }
12 public class Circle extends Shape implements IComputeArea, IComputePerimeter{
13    public void draw() {
14        System.out.println("circle draw");
15    }
16    public int getArea() {
17        return 0;
18    }
19    public int getPerimeter() {
20        return 0;
21    }
22 }
23 public class Rectange extends Shape implements IComputeArea, IComputePerimeter{
24    //与Circle同理，省略。
25 }
26 public class Line extends Shape {
27    public void draw() {
28        System.out.println("Line draw");
29    }
30 }
```

(2)其次，对于 nepu.lzg.device 中新增管道类 PipeLine（在绘图时使用直线表示），具体实现与其他的设备类相同，代码如下：

```
01 public class PipeLine extends Device {
02    public PipeLine(){
03        shape = new Line();
04    }
05 }
```

6.5.2 案例实现分析

相对于上一种实现方法，这种案例实现是在继承的基础上，将那些并不是所有子类共有的行为利用接口进行描述，然后各个子类分别实现对应的接口，这就更进一步地完成了面向对象的正确描述。

本 章 小 结

本章通过一个具体的实际行业软件开发案例，具体的介绍了面向对象的封装、继承、多态和接口的使用，分别介绍了四种不同的代码设计实现方式，并对每一种代码的设计思路、优缺点进行了分析。

通过该案例的讲解，读者可以在全局的视角上进一步掌握封装、继承、动态以及接口的实际使用方法以及使用过程中注意的问题，四种不同的实现方式以层层递进的方式讲解了各种技术的实际使用与设计过程。该案例的掌握，对于读者深入掌握面向对象技术的设计、使用有非常大的帮助。希望读者们能够认真阅读本章，并体会每一种案例实现方式的区别，从而有效理解面向对象在实际中的思考方式与使用。熟练掌握这些知识，对于以后的实际开发是非常有帮助的。

习　题

1. 在某游戏系统中，按照面向对象思想进行设计和编程。

(1) 有很多的武器，包括弓箭(BowAndArrow)、魔杖(Wand)和剑(Sward)，每种武器都具备攻击和防守两个行为。在每种行为实现中，打印相应的提示信息即可，例如"弓箭攻击力90，防守力80"；

(2) 有很多的人物角色，包括射手(Shooter)、法师(Mags)和武士(Knight)。每种人物都包括姓名和武器两个属性，具有战斗、移动和变更武器的行为。

- 姓名属性是角色的身份（如射手的 name 默认就是"射手"），武器属性默认是射手用弓箭、法师用魔杖、武士用剑。
- 战斗行为包括用自身装备的武器进行攻击和防守。
- 移动行为则根据人物角色不同而不同，射手骑马，武士是奔跑，法师是瞬移（提示：具体实现打印信息即可）。
- 变更武器行为，改变角色自身的默认武器。

(3) 建立测试类，完成以下功能：

- 对于每种武器，定义一个对象。
- 对于每种人物角色，定义两个对象，即两个武士、两个法师和两个射手。
- 定义攻击团队1，里面包括一个武士、一个法师和一个射手，该团队使用默认的武器进行攻击和移动。
- 定义攻击团队2，里面包括一个武士、一个法师和一个射手，对于每种角色进行变更武器后攻击和移动，武士的武器换成弓箭、法师换成剑、射手换成法杖。

2. 假设你所在的公司要设计一款《飞机大战》游戏，请根据面向对象的程序设计知识，完成如下需求的设计与编写。

(1) 玩家具有经验值、金币数、钻石数，玩家拥有多架飞机(假设有葫芦娃牌飞机、嫦娥牌飞机、孙悟空牌飞机和凤凰牌飞机)；

(2) 在每次战斗前，可选择飞机出航战斗，供选择的飞机有葫芦娃牌飞机、凤凰牌飞机，注意每种飞机都是一个类；敌人的飞机有小飞机、大飞机和关底 BOSS；所有飞机在屏幕上都有自身特殊的样式；

(3) 玩家可以操作自己的飞机完成开火、移动，敌人的飞机也可以移动和开火；

(4) 每种飞机具有等级、生命总量、当前生命值、位置、飞行速度、攻击频率；

(5) 每种飞机都有自身的火力装置，或者是子弹，或者是导弹；

(6) 子弹和导弹的攻击力不同，二者也有自己的位置、飞行速度，在屏幕上具有不同的样式，移动方式也不同；

(7) 参数说明：
- 子弹攻击力为 80，导弹攻击为 90；
- 敌人小飞机的火力装置是子弹，攻击频率为 2。敌人大飞机的火力装置是导弹，攻击频率为 5。敌人关底 BOSS 的火力装置是导弹，攻击频率为 10；
- 葫芦娃牌飞机和凤凰牌飞机的火力装置都是导弹，攻击频率分别为 8 和 10。

(8) 每种飞机在开火时的攻击力＝自身火力装置的攻击力＊飞机自身的攻击频率；

(9) 主程序说明：
- 创建一个名叫 TOM 的玩家，选择葫芦娃牌飞机，屏幕出现飞机，玩家执行飞机的开火和移动；
- 创建 20 个敌人小飞机、10 个敌人大飞机、1 个关底大 BOOS；
- 所有敌机执行开火和移动。

(10) 提示：
- 开火是一个方法，名为 Fire，具体实现时打印一句话，显示出该飞机的攻击力即可。比如"葫芦娃飞机在开火，目前攻击力为：720.0"、"敌人小飞机在开火，目前攻击力为：160.0"；
- 屏幕出现飞机，也是一个方法，名为 draw，具体实现时打印一句话，例如"屏幕出现葫芦娃飞机"、"屏幕出现敌人小飞机"；
- 飞机的移动行为同理。

第7章 Java常用类

计算机编程的本质是控制复杂度。
Controlling complexity is the essence of computer programming.

——Brian W. Kernighan
《C Programming Language》作者，著名的计算机科学家
贝尔实验室计算科学研究中心高级研究人员

学习目标
- ▶ 掌握基本数值类型的包装类的使用方法。
- ▶ 掌握字符串 String、String Buffer 和 String Tokenizer 的使用方法。
- ▶ 掌握 String 与 String Buffer 的区别。
- ▶ 理解 System 和 Runtime 的用基本法。
- ▶ 了解 Math 和 Random 类的用法，掌握随机数的生成。
- ▶ 了解 Date 类，掌握 Calendar、Date Format 和 Simple Date Format 的基本用法。

●章节配套课件

●对应代码文件

7.1 数据包装类

在 Java 语言中，包装类（wrapper class）用来把基本数据类型的数据封装成对象。对应于 8 种基本数据类型，Java 提供了相应的包装类，包装类的名称与对应的基本数据类型名称一样，但是第一个字母是大写，只有 int 对应的包装类是 Integer。例如 Integer 类包装 int 数据、Double 类包装 double 数据。图 7-1 展示了 8 种包装类的继承层次。

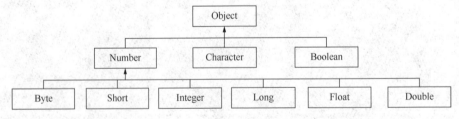

图 7-1 包装类的类层次结构

可以看到，这 8 种包装类中，Byte、Short、Integer、Long、Float 和 Double 都是 Number 类。在 JDK 中，Number 类里包含了 6 个抽象方法，它们的声明格式如下：

```
public byte byteValue();
public short short Value();
```

```
public int inValue();
public long longValue();
public float floatValue();
public double double Value();
```

在 Java 中，6 个数值包装类的父类是 Number。因此，每个数值包装类都实现了上面 6 个抽象方法，并对 Object 类定义的 toString 和 equals 方法进行了覆盖。

7.1.1 构造方法产生包装类对象

利用包装类将基本数据类型的数据封装成对象时，第一种方法要创建包装类的对象。构造可以用基本类型数据，或者字符串为参数构造包装对象。例如，将 double 值 7.88 构造为包装对象的两种方法如下：

```
Double doub01=new Double(7.88);    //用数值作参数构造包装对象
```

或者

```
Double doub01=new Double("7.88");   //用字符串作参数构造包装对象
```

同理，将 int 值 99 构造为包装对象的两种方法如下：

```
Integer int01=new Integer(99);    //用数值作参数构造包装对象
```

或者

```
Integer int02=new Integer("99");   //用字符串作参数构造包装对象
```

7.1.2 valueOf 方法产生包装类对象

利用包装类将基本数据类型的数据封装成对象时，第二种方法直接调用包装类的静态方法 valueOf(Sting str)，该方法返回一个包装对象。例如：

```
Double doub0 = Double.ValueOf("12.88"); //返回包装对象
Integer int0 = Integer.ValueOf("77");//返回包装对象
```

7.1.3 将十进制转换为二进制和十六进制

有时在开发中，还需要用到进制转换，尤其是整型数值。在 Java 中，Integer 包装类还提供了，具体用法如下：

```
System.out.println(Integer.toBinaryString(255));
System.out.println(Integer.toHexString(32));
```

程序运行后，会分别输出 11111111 和 20。其中，11111111 是十进制数 255 的二进制表示，而 20 是十进制数 32 的十六进制表示。在此简答说明一下：1 个十六进制数可以用 4 个二进制表示，因此 $(20)_{16} = (00100000)_2 = (32)_{10}$。窍门：做十进制数（或八进制）与十六进制数转换的时候，可以以二进制数为桥梁，然后进行转换。

7.1.4 字符串与数值的转换

1. 字符串转换为数值

转换为整型

使用包装类 Byte、Short、Integer、Long，调用相应的类方法 parseXxx(String str)，可以将"数字"格式的字符串转换为相应的基本数据类型。

【例 7-1-1】 利用包装类将数字格式的字符串转换位相应的基本数据类型。

```
01    public static void main(String[] args) {
02        //将字符串转换为byte型
03        String s1="12";
04        byte k1=Byte.parseByte(s1);
05        //将字符串转换为short型
06        short k2=Short.parseShort(s1);
07        //将字符串转换为int型
08        int k3=Integer.parseInt(s1);
09        //将字符串转换为long型
10        long k4=Long.parseLong(s1);
11        //将字符串转换为float型
12        String s2 = "123.4";
13        float k5 = Float.parseFloat(s2);
14        //将字符串转为包装类对象，然后调用对象的xxxValue()方法
15        String s="12345.88";
16        float k6=Float.valueOf(s).floatValue();
17        double k7=Double.valueOf(s).doubleValue();
18    }
```

2. 数值转换为字符串

在程序中使用 String 类静态方法 valueOf() 方法，可以直接将数字转换为字符串。这些方法的具体声明如下：

```
public static String.valueOf(byte n)
public static String.valueOf(int n)
public static String.valueOf(long n)
public static String.valueOf(float n)
public static String.valueOf(double n)
```

例如，将数据 1232.97 转换为字符串，其语句如下。

```
float x=123.987f;
String temp1=String.valueOf(x);
String temp2=(new Float(x)).toString();   //转换为Float对象，再调用toString()
```

7.1.5 自动装箱与拆箱

JDK 5.0 中增加了基本类型数据和相应的对象之间相互自动转换的功能，称为基本数据类型的自动装箱与拆箱（Autoboxing and Auto-Unboxing of Primitive Type）。

（1）自动装箱就是把基本数据类型的值直接赋给相应的包装类对象。例如：

```
Integer number=100;
```

或

```
int m=100;
Integer number=m;
```

上述语句的装箱过程等价于：

```
Integer number=new Integer(m);
```

（2）自动拆箱就是把包装类对象直接赋给相应的基本数据类型变量，或把包装类对象当作相应的基本数据类型来使用。例如，number 是一个 Integer 对象，那么允许：

```
int x=number+number;
```

上述语句的拆箱过程等价于：

```
int x=number.intValue()+number.intValue();
```

【例 7-1-2】 编写程序演示装箱和拆箱的过程。

```
01   public static void main(String[] args) {
02       //装箱:Integer x=new Integer(100),y=new   Integer(12);
03       Integer x = 100, y = 12;
04       //先拆箱再装箱:Integer m=new   Integer(x.intValue()+y.intValue());
05       Integer m = x + y;
06       //拆箱:int ok=m.intValue();
07       int ok = m;
08   }
```

注意：自动装箱与拆箱仅仅是形式上的方便，在性能上并没有提高，而且装箱时必须要保证类型的一致。例如：

```
Float c=12;
```

就是一个错误的装箱，正确的装箱应该是：

```
Float c=12.0f;
```

但是，Float c=new Float(12)总是正确的。因此，在实际开发中，对于习惯了对象的编程人员，反而觉得自动装箱与拆箱很别扭。

7.2 String 类

Java 使用 Java.lang 包中的 String 类来创建一个字符串变量，需要注意的是，Java 把 String 类声明为 Final 类，因此用户不能从 String 类派生出新的自定义类，即 String 类不能可以有子类。

7.2.1 构造字符串对象

1. 常量对象

字符串常量对象是用双引号括起的字符序列，例如：

```
String s = "abc";
```

注意：Java 语言为了提高程序的运行速度、节省内存，引入了字符串常量池的概念。所有使用双引号声明出来的 String 对象(常量对象)都会直接存储在常量池中。

采用常量对象的方式创建一个字符串时，Java 虚拟机首先会去字符串常量池中查找是否存在"abc"这个对象。如果不存在，则在字符串常量池中创建"abc"这个对象。然后，将池中"abc"这个对象的引用地址返回给"abc"对象的引用 s，这样 s 会指向字符串常量池中"abc"这个字符串对象；如果存在，则不创建任何对象，直接将池中"abc"这个对象的地址返回，赋给引用 s。

【例 7-2-1】 编写程序演示字符串常量对象的定义和比较。

```
01  public static void main(String[] args) {
02      String s = "we are students";
03      String s1,s2;
04      s1="how are you";
05      s2="how are you";
06      if (s1==s2) {
07          System.out.println("s1=s2");
08      }else {
09          System.out.println("s1 != s2");
10      }
11  }
```

程序的运行结果：

```
s1=s2
```

在本示例在执行到第 4 行时，Java 虚拟机在字符串常量池中没有发现"how are you"，因此创建该字符串对象。执行到第 5 行时，由于常量池中已经存在，因此直接将该字符串的内存地址返回给 s2，因此 s1 和 s2 具有相同的值，即都指向同一块内存。

2. 字符串对象

通过 String 的构造函数创建字符串对象可以使用 String 类声明字符串对象。例如：

```
String s = new String("we are students");
```

也可以用一个已创建的字符串创建另一个字符串，例如：

```
String s1 = "we are students";
String s2 = new String(s1);
```

此外，String 类还有两个较常用的构造方法。

（1）String(char a[ ])：用一个字符数组创建一个字符串对象。例如：

```
char a [] = {'s','o','k','A','B'};
String s = new String(a);
```

上述过程相当于：

```
String s = new String("sokAB");
```

（2）String(char a[ ], int startIndex, int count)：提取字符数组 a 中的部分字符创建字符串对象，参数 startIndex 和 count 分别指定在 a 中提取字符的起始位置和从该位置开始截取的字符个数。例如：

```
char a[]={'s','o','k','A','B'};
String s=new String(a,1,2);
```

相当于

```
String s = new String("ok");
```

7.2.2　String 类的常用方法

1. 字符串长度

public int length( )：获取该字符串的长度，例如：

```
String tom="我们是学生";
```

```
int n1,n2;
n1=tom.length();
n2="你好 abcd".length();
```

那么，n1 的值是 5，n2 的值是 6。

2. 字符串比较

public boolean equals(String s)方法：字符串对象调用 equals(String s)方法比较当前字符串对象是否与参数 s 指定的字符串的内容相同，例如：

```
String tom=new String("we are students");
String boy=new String("You are students");
String jerry=new String("we are students");
```

那么，tom.equals(boy)的值是 false，tom.equals(jerry)的值是 true。

注意：

(1)不能够直接使用等于比较符号＝＝来比较三个字符串对象的内容是否相同，因为不同于字符串常量对象，tom、boy 和 jerry 都是字符串对象的引用，里面存放的是三个字符串的内存地址，直接使用＝＝比较字符串对象，都会返回 false，即无法完成字符串内容的比较；

(2)不同于＝＝，利用 equals 可以完成字符串对象的内容比较，注意比较时是对字符大小写敏感的。若想忽略大小写的敏感问题，可以执行 public boolean equalsIgnoreCase(String s 方法。

【例 7-2-2】 编写程序完成字符串的比较。

```
01 public class Ex_7_2_2 {
02     public static void main(String args[]) {
03         String s1,s2;
04         s1 = new String("we are students");
05         s2 = new String("we are students");
06         System.out.println(s1.equals(s2)); // 输出结果是true
07         System.out.println(s1 == s2); // 输出结果是false
08         String s3, s4;
09         s3 = "how are you";
10         s4 = "how are you";
11         System.out.println(s3.equals(s4));// 输出结果是true
12         System.out.println(s3 == s4);//输出结果是true
13     }
14 }
```

3. 字符串判断

（1）public boolean startsWith(String s)、public boolean endsWith(String s)方法：

字符串对象调用这两个方法可以实现判断当前字符串是否以参数 s 指定的字符串开头或者结尾。例如：

```
String tom="260302820829021", jerry="210796709240220";
```

那么，tom.startsWith("260")的值是 true，jerry.startsWith("260")的值是 false。tom.endsWith("021")的值是 true，jerry.endsWith("021")的值是 false。

（2）public boolean regionMatches(boolean b, int firstStart, String other, int ortherStart, int lengtn)方法：

字符串调用该方法，从当前字符串参数 firstStart 指定的位置开始处，取长度为 length 的一个子串，并将这个子串和参数 other 指定的一个子串进行比较，其中，other 指定的子串是从参数 othertStart 指定的位置开始，取长度为 length 的一个子串。如果两个子串相同，该方法返回 true，否则返回 false。该方法的第 1 个参数 b 决定是否忽略大小写，当 b 取 true 时，忽略大小写。

【例 7-2-3】 统计字符串中出现固定字符串的数量。

```
01  public class Ex_7_2_3 {
02      public static void main(String args[]) {
03          int number = 0;
04          String s = "student;entropy;engage,english,client";
05          for (int k = 0; k < s.length(); k++) {
06              if (s.regionMatches(true, k, "en", 0, 2)) {
07                  number++;
08              }
09          }
10          System.out.println("number=" + number);// 输出结果为number=5
11      }
12  }
```

该示例利用循环，不断在字符串中寻找与 en 相等的字符子串，并统计相等的数量。其中第 6 行利用了 regionMatches 方法，其中 k 为循环变量，不断发生变化。

（3）public int compareTo(String s)、public int compareToIgnoreCase(String s)方法：

字符串对象可以使用 String 类中的 compareTo(String s)方法，按字典序与参数 s 指定的字符串比较大小。如果当前字符串与 s 相同，该方法返回值 0；如果当前字符串对象大于 s，该方法返回正值；如果小于 s，该方法返回负值。其中 compareToIgnoreCase(String s)方法忽略大小写。例如：

```
String str="abcde";
```

str.compareTo("boy")小于0，str.compareTo("aba")大于0，str.compareTo("abcde")等于0。下面的例7.5将一个字符串数组按字典序重新排列。

【例7-2-4】 编写程序完成字符数组的排序。

```java
01 import java.util.Arrays;
02 class SortString{
03   public static void sort(String a[]){
04     for(int i =0 ;i<a.length-1;i++){
05       for(int j = i+1;j<a.length;j++){
06         if(a[j].compareTo(a[i])<0){
07           String temp = a[i];
08           a[i] = a[j];
09           a[j] = temp;
10         }
11       }
12     }
13   }
14 }
15 public class Ex_7_2_4 {
16   public static void main(String args[]){
17     String[] a={"boy","apple","Applet","girl","Hat"};
18     String[] b=Arrays.copyOf(a,a.length);
19     System.out.println("使用用户编写的SortString类,按字典序排列数组a:");
20     SortString.sort(a);
21     for(String s:a){
22       System.out.print(" "+s);
23     }
24     System.out.println();
25     System.out.println("使用类库中的Arrays类,按字典序排列数组b:");
26     Arrays.sort(b);
27     for(String s:b){
28       System.out.print(" "+s);
29     }
30   }
31 }
```

程序的运行结果如下：

```
使用用户编写的SortString类,按字典序排列数组a:
Applet Hat apple boy girl
```

> 使用类库中的 Arrays 类,按字典序排列数组 b:
>
> Applet Hat apple boy girl

该示例中,首先编写了字符数组的排序方法 sort( ),内部通过两层循环并利用 compareTo( )方法完成字符串数组中各个元素的排序。然后,在主类的 main 方法中,声明原始字符串数组 a,第 18 行利用 Arrays 的 copyof 方法将数组 a 保存到 b 数组中。第 20 行执行 sort 方法完成数组 a 的排序,第 26 行调用 Arrays 类提供的 sort 方法完成数组 b 的排序,最后运行程序,发现利用 compareTo 方法自定义的 sort 方法与 Arrays 类提供的 sort 方法的排序结果相同。

(4) public Boolean contains(String s)方法:

字符串对象调用 contains 方法,判断当前字符串对象是否含有参数指定的字符串 s。例如 tom ="student",那么 tom. comtains("stu")的值就是 true,而 tom. contains("ok")的值是 false。

(5) public int indexOf(String s)、indexOf(String s, int startpoint)、lastIndexOf(String s)方法:

indexOf(String s)从当前字符串的头开始检索字符串 s;indexOf(String s, int startpoint)方法从字符串的 startpoint 位置处开始检索字符串;lastIndexOf(String s)方法从当前字符串的头开始检索 s。上述三个方法执行后都会返回首次出现 s 的位置,此外如果没有检索到字符串 s,这三个个方法返回的值都是-1。

例如:

```
String tom = "I am a good cat";
tom.indexOf("a");           //值是 2
tom.indexOf("good",2);      //值是 7
tom.indexOf("a",7);         //值是 13
tom.indexOf("w",2);         //值是-1
```

(6) Public String substring(int startpoint)、Public String substring(int start, int end)方法:

substring 方法返回当前字符串的子串,其中 substring(int startpoint)是从当前字符串的 startpoint 处截取到最后所得到的字符串。substring(int start, int end)方法获得一个当前字符串的子串,该子串是从当前字符串的 start 出截取到 end 出所得到的字符串,不包括 end 处所对应的字符。注意:截取子串后,原字符串没有发生任何变化。例如:

```
String tom = "I love tom";
String s = tom.substring(2,5); //注意 s = "lov"
```

程序运行结束后,tom 仍然是"I love tom",新的子串被放在了新的字符串变量 s 中。

(7) Public String replaceFirst(String oldStr, String newStr)、Public String replaceAll(String oldStr, String newStr)方法:

replaceFirst 方法将字符串对象中首次出现 oldStr 的位置都替换为 newStr,与之对象 replaceAll 则是全部替换。注意:替换后的新内容需要存储到新的字符串变量中,原有字符串不发生任何改变。

```
String str1 = "welcom to java1, java2 and java3";
String str2 = str1.replaceFirst ("java", "JSP");
String str3 = str1.replaceAll("java", "JSP");
```

(8) public String trim( )方法：

一个字符串 s 通过调用方法 trim( )得到一个字符串对象，该字符串对象是 s 去掉前后空格后的字符串。

【例 7-2-5】 编写程序获得文件名。

```
01 public class Ex_7_2_5{
02     public static void main(String args[]) {
03         String path="c:\\book\\javabook\\xml.doc";
04         int index = path.indexOf ("\\");
05         index =path.indexOf("", index);
06         String sub = path.substring(index);
07         System.out.println(sub);
08         index = path.lastIndexOf("\\");//输出结果是\book javabook ml.doc
09             sub =path.substring(index+ 1);
10         System.out.println(sub);   //输出结果是xml.doc
11     }
```

4. 字符串应用案例

【例 7-2-6】 应用字符串处理函数提取具有特征的字串。

场景描述：(1)在一个字符串中提取出电子邮件的账号。已知条件：该字符串中邮件账号前是一个空格，账号后是一个叹号。(2)该字符串中只有一个邮件账号，也只有一个叹号。字符串示例如下：My email is dqpilzg@ 163. com! You can mail to me.

代码实现方法1：

```
01 public class Ex_7_2_6{
02   public static void main(String[] args) {
03       String message = "My email is dqpilzg@163.com!You can mail to me.";
04       int locationA = 0;
05       int locationFirstFlagForA = 0; //记录邮件前的空格位置
06       int locationSecondFlagForA = 0;//记录邮件后的叹号位置
07       //1. 找到邮件中@的位置
08       for(int i=0; i<message.length();i++){
09           if (message.charAt(i) == '@') {
10               locationA = i;
```

```
11              System.out.println(locationA);
12              break;
13          }
14      }
15      //从@位置向前找到邮件前的空格位置
16      for(int i=locationA; i>=0; i--){
17          if (message.charAt(i) == ' ') {
18              locationFirstFlagForA = i;
19              break;
20          }
21      }
22      //从@位置向后找到邮件后的叹号位置
23      for (int i = locationFirstFlagForA+1; i < message.length(); i++) {
24          if (message.charAt(i) == '!') {
25              locationSecondFlagForA = i;
26              break;
27          }
28      }
29      //根据邮件地址前后的空格和叹号进行截取，获得邮件地址字符串
30      String email = message.substring(locationFirstFlagForA+1,locationSecondFlagForA);
31      System.out.println(email);
32  }
33 }
```

代码实现方法2：

```
01 public class Ex_7_2_6{
02     public static void main(String args[]){
03         String message = "My email is dqpilzg@163.com!You can mail to me.";
04         String email;
05
06         int locationFirstFlagForA = 0;
07         int locationSecondFlagForA = 0;
08         //因为只有一个叹号，首先找到叹号的位置
09         locationSecondFlagForA = message.indexOf('!');
10         //截取叹号以前的字符子串message2
11         String message2 = message.substring(0, locationSecondFlagForA);
12         //在子串message2中找到最后一个空格的位置
```

```
13          locationFirstFlagForA = message2.lastIndexOf(' ');
14          //在子串message2中截取，从空格到叹号
15          email = message2.substring(locationFirstFlagForA+1);
16          System.out.println(email);
17      }
18  }
```

【例7-2-7】 阅读以下程序，思考程序的运行结果。

```
01  public class Ex_7_2_7 {
02    public static void main(String[] args){
03          String message="ABCD";
04          repalce(message);
05          System.out.println(message);
06    }
07
08      public static void repalce(String str){
09          str.replaceAll("A", "B");
10      }
11  }
```

该程序运行后，第4行将message传递给replace方法，然后在第8行的replace方法内部替换形参字符串中的部分内容。但是有一点我们需要注意的是，字符串String类的替换方法repalceAll会产生新的字符串，对于原有字符串message并不做任何改变。因此代码第5行输出后，message的内容仍然为"ABCD"。

【例7-2-8】 在上述示例程序的基础上进行修改，增加repalce2方法和调用，思考该程序的运行结果。

```
01  public class Ex_7_2_8{
02    public static void main(String[] args){
03      String message="ABCD";
04      repalce1(message);
05      System.out.println(message);
06
07      String message2 = replace2(message);
08      System.out.println(message2);
09    }
10
11    public static void repalce1(String str){
12      str.replaceAll("A", "B");
```

```
13    }
14
15    public static String replace2(String str){
16        String r = str.replaceAll("A", "B");
17        return r;
18    }
19 }
```

在该程序 replace2 方法与 replace1 方法不同，第 7 行代码代用后，将 message 传递给 replace2 方法后。replace2 方法内部仍然调用 replaceAll 进行内容的替换，但值得注意的是该行代码将替换后生成的新字符串赋值给字符串变量 r，该变量在此方法执行结束后，利用 return 进行了返回。同时，在第 7 行代码中利用 message2 变量来接收 replace2 方法的返回结果，因此 message2 的内容为"BBCD"。

7.2.3 对象的字符串表示

在继承中我们讲过，所有的类都默认是 java.lang 包中 Object 类的子类或间接子类。Object 类有一个 public String toString( )方法，一个对象通过调用该方法可以获得该对象的字符串表示。一个对象调用 toString( )方法返回的字符串的一般形式如下：

创建对象的类的名字@对象的引用的地址

因此，Object 类的子类或间接子类也可以重写 toString( )方法，比如 java.util 中 Date 类就重写了 toString 方法，重写的方法返回时间的字符串表示。

【例 7-2-9】 编写程序在 Student 类重写了 toString( )方法，并使用 super 调用隐藏的 toString( )方法。

```
01 import java.util.Date;
02 public class Ex_7_2_9 {
03     public static void main(String args[]) {
04         Date date = new Date();
05         System.out.println(date.toString());
06         Student zhang = new Student("Zhang San");
07         System.out.println(zhang.toString());
08         System.out.println(new Student("Li Xiao").toString());
09     }
10 }
```

其中 Student.java 的代码如下：

```
01 public class Student {
02     String name;
03     public Student() {
04     }
```

```
05     public Student(String s) {
06        name = s;
07     }
08     public String tostring() {
09         String oldstr = super.toString();
10         return oldstr+ "\nI am a student, my name is "+ name;
11     }
12 }
```

程序运行结果如下：

```
Sat Jan 04 16:29:51 CST 2020
Student@61de33
I am a student, my name is Zhang San
Student@14318bb
I am a student, my name is Li Xiao
```

7.2.4 字符串与字符数组

String 类的构造方法 String(char[ ]a)和 String(char[ ] a, int offset, int length)分别用数组 a 中的全部字符和部分字符创建字符串对象。

String 类也提供了将字符串存放到数组的方法：

```
public void getChars(int start, int end,char c[], int offset)
```

字符串调用 getChars()方法将当前字符串中的一部分字符复制到参数 c 指定的数组中，将字符串中从位置 start 到 end-1 位置上的字符复制到数组 c 中，并从数组 c 的 offset 处开始存放这些字符。需要注意的是，必须保证数组 c 能容纳下要被复制的字符。

另外，还有一个简便的将字符串中的全部字符存放在一个字符数组中的方法：

```
public char[] toCharArray()
```

字符串对象调用该方法返回一个字符数组，该数组的长度与字符串的长度相等、第 i 个下标位置中的字符刚好为当前字符串中的第 i 个字符。

【例 7-2-10】 编写程序演示 getChars()和 toCharArray()方法的使用。

```
01 public class Ex_7_2_10{
02   public static void main(String args[]){
03     char [] a,b,c;
04     String s = "巴西足球队击败德国足球队";
05     a = new char[2];
```

```
06      s.getChars(5,7,a,0);
07      System.out.println(a);
08
09      b = "大家好,很高兴认识大家".toCharArray();
10      for(char ch:b)
11          System.out.print(ch);
12   }
13 }
```

运行效果如下所示:

```
击败
德国足球队击败巴西足球队
大家好,很高兴认识大家
```

7.3 StringBuffer 类

7.3.1 StringBuffer 对象的创建

前面我们学习了 String 字符串对象，String 类声明的字符串对象是不可修改的。也就是说，String 字符串不能修改、删除或替换字符串中的某个字符，即 String 对象一旦创建，其在内存中的内容是不可以再发生变化的，例如：

```
String s = new String("我喜欢学习");
```

上述代码中，字符串"我喜欢学习"在内存中定义后，无论我们对 s 对象做任何操作，包括替换、截取、大小写转换，都无法改变"我喜欢学习"这个字符串。改变后的内容是在内存中生成新的字符串。

本节介绍 StringBuffer 类与 String 类不同，该类能创建可修改的字符串序列。也就是说，该类的对象的字符串的内存空间可以自动改变大小，以便于存放一个可变的字符序列。比如，一个 StringBuffer 对象调用 append 方法可以追加字符序列，例如下个示例的程序运行后，buffer 变量的内容为"我喜欢学习数学"。

```
StringBuffer buffer = new StringBuffer ("我喜欢学习");
buffer.append("数学");
```

StringBuffer 类有 StringBuffer()、StringBuffer(int size)和 StringBuffer(String s)三个构造方法。具体如下：

（1）构造函数 StringBuffer()：使用该构造方法创建一个 StringBuffer 对象，分配给该对象的实体(字符串)的初始容量可以容纳 16 个字符，当该对象的实体存放的字符序列的长度大于16时，实体的容量自动地增加，以便存放所增加的字符。StringBuffer 对象可以通过 length ( )方法获取实体中存放的字符序列的长度，通过 capacity( )方法获取当前实体的实际容量；

（2）构造函数 StringBuffer(int size)：使用此构造方法创建一个 StringBuffer 对象，可以指定分配给该对象的实体的初始容量为参数 size 指定的字符个数，当该对象的实体存放的字符序列的长度大于 size 个字符时，实体的容量自动地增加，以便存放所增加的字符。

（3）构造函数 StringBuffer(String s)：使用此构造方法创建一个 StringBuffet 对象，可以指定分配给该对象的实体的初始容量为参数字符串 s 的长度额外再加 16 个字符。当该对象的实体存放的字符序列的长度大于 size 个字符时，实体的容量自动地增加，以便存放所增加的字符。

实际编程时，需要掌握的是不同的构造函数都可以创建 StringBuffer 对象的用法，具体对象创建后在内存中的容量以及改变字符串后的内存容量，用的比较少，大家了解即可。

此外注意，也可以使用 String 类的构造方法 String（StringBuffer bufferstring）创建一个字符串对象。

【例 7-3-1】 编写程序，演示不同的 StringBuffer 构造函数的使用。

```
01  public class Ex_7_3_1{
02      public static void main(String args[]) {
03          StringBuffer str = new StringBuffer();
04          str.append("大家好");
05          System.out.println("str:" + str);
06          System.out.println("length: " + str. length());
07          System.out.println("capacity:" + str. capacity());
08          str.append("我们大家都很愿意学习Java语言");
09          System.out.println("str:" + str);
10          System.out.println("length:" + str. length() );
11          System.out. println("capacity: " + str. capacity() );
12          StringBuffer sb = new StringBuffer("Hello");
13          System.out.println("length: " + sb. length() );
14          System.out.println("capacity:" + sb. capacity());
15      }
16  }
```

运行效果如下所示。

```
str:大家好
length: 3
capacity:16
str:大家好我们大家都很愿意学习Java语言
length:19
```

```
capacity: 34
length: 5
capacity:21
```

7.3.2 StringBuffer 类的常用方法

1. 追加方法

使用 StringBuffer 类的 append 方法可以将其他 Java 类型数据转化为字符串后，再追加到 StringBuffer 对象中，具体包括如下几种重载形式：

public StringBuffer append(Sting s)：将一个字符串对象追加到当前 StringBuffer 对象中，并返回当前 StringBuffer 对象的引用；

public StringBuffer append(int n)：将一个 int 型数据转化为字符串对象后再追加到当前 StringBuffer 对象中，并返回当前 StringBuffer 对象的引用；

public StringBuffer append(Object o)：将一个 Object 对象的字符串表示追加到当前 StringBuffer 对象中，并返回当前 StringBuffer 对象的引用。

类似的方法还有 append (long n)、append (Boolean n)、append (float n)、append (double n)、append(char n)，受本书篇幅关系，在此不再赘述，感兴趣的读者请查看 JDK 文档。

2. 查找和设置方法

public char charAt(int n)：该方法得到参数 n 指定的位置上的单个字符。注意：当前对象实体中的字符串序列的第一个位置为 0，第二个位置为 1，依此类推。n 的值必须是非负的，并且小于当前对 1 字符串序列的长度。

public setCharAt (int n, char ch)：将当前 StringBuffer 对象实体中的字符串位置 n 处的字符用参数 ch 指定的字符替换。同样，n 的值必须是非负的，并且小于当前对象实体中字符串序列的长度。

3. 插入方法

public StringBuffer insert(int index, String str)：StringBuffer 对象使用 insert 方法将参数 str 指定的字符串插入到参数 index 指定的位置，并返回当前对象的引用。

4. 反转方法

public StringBuffer reverse( )：StringBuffer 对象使用 reverse( )方法将该对象实体中的字符翻转，并返回当前对象的引用。

5. 删除方法

public StringBuffer delete(int startIndex, int endIndex)：从当前 StringBuffer 对象实体的字符串中删除一个子字符串，并返回当前对象的引用。这里 startIndex 指定了需删除的第一个字符的下标，endIndex 指定了需删除的最后一个字符的下一个字符的下标，因此要删除的子字符串从 startIndex 到 endIndex-1。

deleteCharAt(int index)：该方法删除当前 StringBuffer 对象实体的字符串中 index 位置处

的一个字符。

6. 替换方法

public StringBuffer replace（int startIndex，int endIndex，String str）：方法将当前 StringBuffer 对象实体中的字符串的一个子字符串用参数 str 指定的字符串替换。被替换的子字符串由下标 startIndex 和 endIndex 指定，即从 startIndex 到 endIndex-1 的字符串被替换。该方法返回当前 StringBuffer 对象的引用。

【例7-3-2】 编写程序演示 StringBuffer 类的常用方法。

```java
01 public class Ex_7_3_2{
02     public static void main (String args[]){
03         StringBuffer str =
04         new StringBuffer("he likes Java" );
05         str.setCharAt(0 , 'w');
06         str.setCharAt(1, 'e');
07         System.out.println(str);

08         str.insert(2, " all");
09         System.out.println(str);
10         int index = str.indexOf ("Java");
11         str.replace(index, str. length(),"apple");
12         System.out.println(str);
13     }
14 }
```

运行效果如下所示。

```
we likes Java
we all likes Java
we all likes apple
```

【例7-3-3】 阅读以下程序，观察程序的输出。

```java
01 public class Ex_7_3_3{
02   public static void main(String[] args){
03       StringBuffer a = new StringBuffer("AA");
04       StringBuffer b = new StringBuffer("BB");
05     f(a,b);
06     System.out.println(a);
07   }
08
```

```
09    private static void f(StringBuffer x, StringBuffer y){
10        x.append(y);
11    }
12 }
```

该程序的第 5 行代码将 a 和 b 两个 StringBuffer 变量传递给方法 f 的 x 和 y，方法体将 y 追加在 x 的末尾。此时注意，由于 x 和 a 指向相同的内存，对 x 在修改的同时，也是对 a 的修改，因此程序会输出"AABB"。该特性与 String 不同，StringBuffer 是可以改变字符串内容的。

注意：若将此例中的所有 StringBuffer 都换为 String，然后第 10 行改为 x = x+y，当方法执行后，我们发现 a 仍然是"AA"。

7.4　StringTokenizer 类

有时需要分析字符串并将字符串分解成可独立使用的子字符串，这些子字符串称为语言符号。例如，对于字符串"We are students "，如果把空格作为该字符串的分隔标记，那么该字符串有 3 个单词(语言符号)。对于字符串"We，are，student"，如果把逗号作为该字符串的分隔标记，那么该字符串仍然有 3 个单词(语言符号)。

当分析一个字符串并将字符串分解成可独立使用的单词时，可以使用 java.util 包中的 StringTokenizer 字符串分割器类，该类有两个常用的构造方法。

StringTokenizer(String s)：为字符串 s 构造一个分割器。使用默认的分隔标记记，即空格符(若干个空格被看作一个空格)、换行符、回车符、Tab 符。

StringTokenizer(String s，String delim)：为字符串 s 构造一个分割器。使用参数 delim 中的字符的任意组合作为分隔标记。

例如：

```
StringTokenizer fenxi = new StringTokenizer("we are students"):
Stringlokenizer fenxi = new StringTokenizer("we,are,students", ",");
```

此外，字符的任意组合可以作为分割标记的例子如下，该例子分割后的单词包括"we"、"are"、"students"。

```
Stringlokenizer fenxi = new StringTokenizer("we,are#students", ",#");
```

一个 String Tokenizer 对象称作一个字符串分割器，字符串分割器使用 nextToken( )方法逐个获取字符串中的语言符号．每当调用 nextToken( )时，都将在字符串中获得一个语言符号，每当获取到一个语言符号时，字符串分割器中负责计数的变量的值就自动减 1，该计数变量的初始值等于字符串中的语言符号数目。通常用 while 循环逐个获取语言符号，为了控制循环，可以使用 StringTokenizer 类中的 hasMoreTokens( )方法，只要字符串中还有语言符号，即计数变量的值大于 0，该方法就返回 true，否则返回 false。另外，还可以随时让分割器调用 countTokens( )方法得到分割器中计数变量的值。

【例 7-4-1】 利用 StringTokenizer 分析字符串,输出字符串中的单词,并统计出单词个数。

```
01  import java.util.*;
02  public class Ex_7_4_1{
03      public static void main(String args[]) {
04          String s = "we,are,stud#ents";
05          StringTokenizer fenxi = new StringTokenizer(s,",#");//用#号和逗号的任意组合作为分隔标记
06          int number = fenxi.countTokens();
07          while(fenxi.hasMoreTokens()) {
08              String str = fenxi. nextToken();
09              System.out.println(str);
10              System.out.println("还剩" + fenxi.countTokens()+"个单词");
11          }
12          System. out. println("s共有单词:"+ number+"个");
13      }
14  }
```

运行效果如下所示。

```
we are stud
还剩1个单词
ents
还剩0个单词
s共有单词:2个
```

【例 7-4-2】 根据话费单据计算用户的总费用。

需求描述:某种收费单据的收费项目是固定的,但不同的单据中各个收费项目的费用可能是不同的。比如,以下是一个通信收费据:

市话费:28.89元,长途话费:128.87元,上网费:298元。

对于那些具有固定收费项目的单据,可以使用 Stringtokenizer 类的实例分解出收费单据中的费用,并计算出总费用。下面的代码分解出收费单据中的费用(用收费项目做分隔标记),并计算出总费用。

```
01  import java. util. *;
02  public class Ex_7_4_2{
03    public static void main(String args[]) {
04    String s="市话费:28.89元,长途话费:128.87元,上网费:298元。";
05    String delim = "市话长途上网费元:,。";
```

运行效果如下所示。

```
28.89
128.87
298.0
总费用：455.76 元
```

7.5　System 类与 Runtime 类

在实际项目开发中，Java 程序在不同操作系统上运行过程中，有时需要取得平台相关的属性，或者调用平台命令来完成特定功能。为此，Java 语言在 java.lang 默认开发包中提供了 System 类和 Runtime 类来完成程序与运行平台之间进行交互，使用这两个类时不需要 import 语句导入。

7.5.1　System 类

System 类代表当前 Java 程序的运行平台，注意程序不能创建 System 类的对象，System 类的属性和方法都是静态的，可以直接调用。下面，先了解一下它的一些常用方法，如表 7-1 所示。

表 7-1　System 类常用方法

方法	功能描述
static long currentTimeMillis( )	返回以毫秒为单位的当前时间。
static void exit(int status)	终止当前正在运行的 Java 虚拟机。
static void gc( )	运行垃圾回收器。
static Properties getProperties( )	取得当前系统的全部属性。
static String getProperty(String key)	根据键取得当前系统中对应的属性值。

其中，对于 System 类的 getProperty( ) 获取的常见系统属性，如表 7-2 所示。

表 7-2　System 类获取的常见系统属性

属性名	说明	属性名	说明
java.version	Java 运行时环境版本	user.name	用户的账号名称
java.home	Java 安装目录	user.home	用户的主目录
os.name	操作系统的名称	use.dir	用户的当前工作目录
os.version	操作系统的版本		

【例 7-5-1】　编写程序演示 currentTimeMills( ) 的使用

```
01 public class Ex_7_5_1 {
02     public static void main(String[] args) throws Exception{
03         long start = System.currentTimeMillis();
04         Thread.sleep(100);
05         long end = System.currentTimeMillis();
06         System.out.println("程序睡眠了"+(end-start)+"毫秒");
07     }
08 }
```

程序的运行结果如图所示

```
程序睡眠了 102 毫秒
```

该示例程序中，先后获取了两次系统当前时间，在这两次中间调用 sleep(long millis) 方法，让程序睡眠 100 毫秒，最后用后获取的时间减去先获取的时间，求出系统睡眠的时间。注意：这里运行结果可能大于 100 毫秒，这是由于计算机性能不同造成的。

【例 7-5-2】 编写程序演示 getProperties(String key) 的使用

```
01 public class Ex_7_5_2 {
02     public static void main(String[] args) {
03         System.out.println("当前版本为:
"+System.getProperty("os.name")+System.getProperty("os.version"));
04         System.out.println("当前系统用户名为:"+System.getProperty("user.name"));
05         System.out.println("当前用户工作目录:"+System.getProperty("user.dir"));
07     }
09 }
```

程序的运行结果如下所示。

```
当前版本为: Windows Vista6
当前系统用户名为:dqpi1
当前用户工作目录:E:\javaworkspace\charpter7
```

以上运行结果，打印出当前系统 key 对应的属性。在例 7-5-2 中，根据系统属性的键 key，获取了对应的属性值并打印。

7.5.2 Runtime 类

Runtime 类代表 Java 程序的运行时环境，每个 Java 程序都有一个与之对应的 Runtime 实例，应用程序通过该对象与其运行时环境相连。应用程序不能创建自己的 Runtime 实例，可以调用 Runtime 的静态方法 getruntime() 方法获取它的 Runtime 对象。

Runtime 类有些方法与 System 类相似，下面先来了解一下 Runtime 类的常用方法，如表

7-3 所示。

表 7-3 Runtime 类常用方法

方法	功能描述
int availableProcessors( )	向 Java 虚拟机返回可用处理器的数目。
Process exec(String commend)	在单独的进程中执行指定的字符串命令。
void gc( )	运行垃圾回收器，回收未用对象，以便能够快速地重用这些对象当前占用的内存。
static Runtime getRuntime( )	返回与当前 Java 程序相关的运行时对象。
longfreeMemory ( )	返回 Java 虚拟机中的空闲内存量。
long maxMemory( )	返回 Java 虚拟机试图使用的最大内存量，以字节为单位
long totalMemory( )	返回 Java 虚拟机中的内存总量，以字节为单位

【例 7-5-3】 编写程序演示这 Runtime 一些常规方法的使用。

```
01 import java.io.IOException;
02 public class Ex_7_5_3{
03   public static void main(String args[]) throws IOException {
04       Runtime runtime = Runtime.getRuntime();
05       System.out.println("本机CPU内核数："+runtime.availableProcessors());
06       System.out.println("最大可用内存空间"+runtime.maxMemory()/1024/1024 +"GB");
07       System.out.println("可用内存空间:"+runtime.totalMemory()/1024/1024 +"GB");
08       System.out.println("空闲内存空间:"+runtime.freeMemory()/1024/1024 +"GB");
09       //释放内存
10       runtime.gc();
11   }
12 }
```

程序的运行结果如下所示。

```
本机CPU内核数：8
最大可用内存空间63GB
可用内存空间:4GB
空闲内存空间:4GB
```

该示例程序中，首先调用 getRuntime( )方法得到 Runtime 实例，然后调用它的方法获取 Java 运行时的环境信息，最后调用 exec(String command)方法，指定参数为"notepad.exe"命令，程序运行此条语句结束后，会自动启动记事本。

7.6　Math 类与 Random 类

7.6.1　Math 类

Java.lang.Math 类提供了许多用于数学运算的静态方法，包括指数运算、对数运算、平方根运算和三角运算等。Math 类还提供了两个静态常量 E（自然对数）和 PI（圆周率）。注意：Math 类的构造方法是私有的，因此它不能被实例化。另外，Math 类是用 final 修饰的，因此不能有子类。

接下来了解一下 Math 类的常用方法，如表 7-4 和表 7-5 所示。

表 7-4　Math 类的常用方法一

方法	功能描述
static int abs(int a)	返回绝对值
static double ceil(double a)	返回大于或等于参数的最小整数
static double floor(double a)	返回小于或等于参数的最小整数
static int max(int a, int b)	返回两个参数的较大值
static int min(int a, int b)	返回两个参数的较小值
static double random()	返回 0.0 和 1.0 之间 double 类型的随机数，包括 0.0，不包括 1.0
static long round(double a)	返回四舍五入的整数值

表 7-5　Math 类的常用方法二

方法	功能描述
staticdouble sin(double a)	三角函数正弦
staticdouble cos(double a)	三角函数余弦
staticdouble tan(double a)	三角函数正切
staticdouble asin(double a)	三角函数反正弦
staticdouble acos(double a)	三角函数反余弦
static double atan(double a)	三角函数反正切
static double toRadians(double angle)	将角度转换为弧度
static double toDegrees(double angle)	将弧度转换为角度
static double exp(double a)	返回 e^a 的值
static double log(double a)	返回 ln(a) 的值
static double sqrt(double a)	平方根函数
static double pow(double a, double b)	幂运算 a^b

【例 7-6-1】　编写程序演示这 Math 一些常规方法的使用。

```
01 public class Ex_7_6_1 {
02     public static void main(String[] args) {
```

```
03        System.out.println("-10的绝对值是："+Math.abs(-10));
04        System.out.println("大于2.5的最小整数是："+Math.ceil(2.5));
05        System.out.println("小于2.5的最小整数是："+Math.floor(2.5));
06        System.out.println("5和6的较大值是："+Math.max(5,6));
07        System.out.println("5和6的较小值是："+Math.min(5,6));
08        System.out.println("6.6四舍五入后是："+Math.round(6.6));
09        System.out.println("36的平方根是："+Math.sqrt(36));
10        System.out.println("2的3次幂是："+Math.pow(2,3));
11        for (int i = 0; i < 5; i++) {
12            System.out.println("随机数"+(i+1)+"->"+Math.random());
13        }
14    }
15 }
```

程序的运行结果如下所示。

```
-10的绝对值是：10
大于2.5的最小整数是：3.0
小于2.5的最小整数是：2.0
5和6的较大值是：6
5和6的较小值是：5
6.6四舍五入后是：7
36的平方根是：6.0
2的3次幂是：8.0
随机数1->0.2928280720645484
随机数2->0.9081257110033981
随机数3->0.4449504981957687
随机数4->0.10588713997154564
随机数 5->0.15648362057241838
```

在例 7-6-1 中，分别调用了 Math 类一些静态方法计算数值，最后用一个循环生成 5 个的 0.0 与 1.0 之间的 double 类型随机数，Math 类的还有很多数学中使用的方法，读者可以查阅 JDK 使用文档深入学习。以上方法，读者在开发程序使用时查阅 JDK 文档即可，不需要特殊记忆。

【例 7-6-2】 主程序中随机生成一个 0 到 100 的随机整数，调用判断一个数是否素数的方法进行该数的判断，并打印相应的信息。

```
01 public class Ex_7_6_2 {
02    public static void main(String[] args) {
03        int n= (int)(Math.random()*100);
04        if (isPrimeNumber(n)) {
```

```
05              System.out.println(n + " is prime number");
06          }
07          else {
08              System.out.print(n + " is not prime number");
09          }
10      }
11      // 判断某个整数是否是素数
12      private static boolean isPrimeNumber(int n) {
13          boolean flag = true;
14
15          for (int j = 2; j <= n - 1; j++) {
16              if (n % j == 0) {
17                  flag = false;
18                  break;
19              }
20          }
21          return flag;
22      }
23  }
```

在本程序中，第 3 行代码使用 Math. random 方法返回一个从 0 到 100 的随机整数，然后调用方法 isPrimeNumber 来判断是否为素数。该语句为 (int) (Math. random( ) * 100)。

上述示例，第 3 行代码若写为 (int) Math. random( ) * 100 则返回的是 0，而不是 0 到 100 之间的随机整数。

此外，若返回一个 50 到 80 之间的随机整数，代码可以写为：

```
(int)(Math.random()*50)+30;
```

7.6.2 Random 类

java. util. Random 专门用于生成一个随机数，它有两个构造方法：一个是无参数的，使用默认的种子（以当前时间作为种子），另一个需要一个 long 型的整数参数作为种子。注意：用同样的种子时，Random 类获取的随机数相同。

与 Math 类中的 random( ) 方法相比，Random 类提供了更多方法生成随机数，功能更为丰富。不仅能生成整数类型随机数，还能生成浮点型随机数，接下来先了解一下 Random 类的常用方法，如表 7-6 所示。

表 7-6 Random 类常用方法

方法	功能描述
boolean nextBoolean( )	返回下一个随机数，它是取自此随机数生成序列的均匀分布的 boolean 值。

续表

方法	功能描述
double nextDouble( )	返回下一个随机数,它是取自此随机数生成器序列的、在 0.0 和 1.0 均匀分布的 double 值。
float nextFloat( )	返回下一个随机数,它是取自此随机数生成器序列的、在 0.0 和 1.0 均匀分布的 float 值。
int nextInt( )	返回下一个随机数,它是此随机数生成器的序列中均匀分布的 int 值
int nextInt(int n)	返回一个随机数,它是取自此随机数生成器序列的、在 0(包括)和指定(不包括)之间均匀分布的 int 值。
long nextLong( )	返回下一个随机数,它是取自此随机数生成器序列的均匀分布的 long 值。

【例 7-6-3】 编写程序演 Random 类的使用。

```
01 import java.util.Random;
02 public class Ex_7_6_3 {
03     public static void main(String[] args) {
04         Random r = new Random();
05         System.out.println("----3个 int类型随机数---");
06         for (int i = 0; i<3; i++){
07             System.out.println(r.nextInt());
08         }
09         System.out.println("---3个0.0~100.0的double类型随机数---");
10         for (int i =0; i<3; i++){
11             System.out.println(r.nextDouble() * 100);
12         }
13         Random r2 =new Random(10);
14         System.out.println("-----3 个 int类型随机数-----");
15         for (int i = 0; i<3; i++) {
16             System.out.println(r2.nextInt());
17         }
18         System.out.println("-----3-0100 double类型随机数------");
19         for (int i = 0; i<3; i++) {
20             System.out.println(r2.nextDouble() * 100);
21         }
22     }
23 }
```

第一次运行结果如下所示。

```
-----3个 int类型随机数---
2133422507
95457321
1361081842
-3个0.0~100.0的double类型随机数---
30.213424699594082
80.17282969876098
79.0752851490741
-----3 个 int类型随机数-----
-1157793070
1913984760
1107254586
-----3-0100 double类型随机数------
41.29126974821382
67.21594668048209
36.817039279355136
```

第二次运行结果如下所示

```
-----3个 int类型随机数---
1821718834
-693454071
1035091356
-3个0.0~100.0的double类型随机数---
19.818162792567506
99.56683800950978
9.356289929150218
-----3 个 int类型随机数-----
-1157793070
1913984760
1107254586
-----3-0100 double类型随机数------
41.29126974821382
67.21594668048209
36.817039279355136
```

以上运行结果打印出随机数。首先用无参的构造方法创建 Random 实例，然后分别获取 3 个 int 类型随机数和 3 个范围在 0.0~100.0 之间的 double 类型随机数，可以看到程序运行两次，生成不同的随机数。接着创建了一个参数为 10 的 Random 实例，同样获取两组随机数，两次运行结果可以看到生成了相同的随机数，这是因为生成的是随机数，获取 Random 实例时指定了种子，用同样的种子获取的随机数相同，前两组不同随机数的种子是默认使用当前时间，所以前两组随机数不同。

7.7 日期操作类

在实际开发中经常会遇到日期类型的操作，Java 对日期的操作提供了良好的支持，这些操作的类包括 java.util 包中的 Date 类、Calendar 类，还有 java.text 包中的 DateFormat 类以及它的子类 SmplebateFormat 类，接下来详细讲解这些类的用法。

7.7.1 Date 类

Java.util 包中的 Date 类用于表示日期和时间，精确到毫秒。在实际开发中，需要注意的是 Date 的日期格式并不友好，因此一般使用 Calendar 类实现日期和时间字段之间的转换，并使用 DateFormat 类格式化和解析日期字符串。

【例 7-7-1】 编写程序演示 Date 类的基本使用。

```
01  import java.util.Date;
02  public class Ex_7_7_1 {
03      public static void main(String[] args) {
04          Date date1 = new Date();
05          System.out.println(date1);
06          Date date2 = new Date(999999999999L);
07          System.out.println( date2);
08      }
09  }
```

程序的运行结果如下所示。

```
Sun Jan 05 14:45:55 CST 2020
Sun Sep 09 09:46:39 CST 2001
```

在该示例程序中，首先使用 Data 类空参构造方法创建了一个日期并打印，这是创建的当前日期。接着创建了第二个日期并打印，传入了一个 long 型的参数，这个表示的是从 GMT(格林尼治标准时间) 的 1970 年 1 月 1 日 00：00：00 这一时刻开始，距离这个参数毫秒数后的日期。

7.7.2 Calendar 类

Calendar 类可以将取得的时间精确到毫秒。Calendar 类是一个抽象类，它提供了很多常量，先来了解一下 Calendar 类常用的常量，如表 7-7 所示。

表 7-7 Calendar 类的常用常量

常量	功能描述
public static final int YEAR	获取年。

续表

常量	功能描述
public static final int MONTH	获取月。
public static final int DAY_OF_MONTH	获取日。
public static final int HOUR_OF_DAY	获取小时，24小时制。
public static final int MINUTE	获取分。
public static final int SECOND	获取秒。
public static final int MILLISECOND	获取毫秒。

此外，Calendar类还有一些常用方法，如表7-8所示。

表7-8 Calendar类的常用方法

方法	功能描述
static Calendar getInstance()	使用默认时区和语言环境获得一个日历。
int get(int field)	返回给定日历字段的值。
boolean after(Object when)	判断此Calendar表示的时间是否在指定Object表示的时间之后，返回判断结果。
boolean before(Object when)	判断此Calendar表示的时间是否在指定Object表示的时间之前，返回判断结果。

【例7-7-2】 编写程序演示Calendar类的基本使用。

```
01  import java.util.Calendar;
02  public class Ex_7_7_2 {
03      public static void main(String[] args) {
04          Calendar c = Calendar.getInstance();
05          System.out.println("年:" + c.get(Calendar.YEAR)) ;
06          System.out.println("A:" + c.get(Calendar.MONTH));
07          System.out.println("日:" + c.get(Calendar.DAY_OF_MONTH));
08          System.out.println("时:" + c.get(Calendar.HOUR_OF_DAY));
09          System.out.println("分:" + c.get(Calendar.MINUTE));
10          System.out.println("秒:" + c.get(Calendar.SECOND));
11          System.out.println("毫秒:" +c.get(Calendar.MILLISECOND));
12
13      }
14  }
```

程序的运行结果如下所示：

年:2020
A:0
日:5
时:15
分:5
秒:45
毫秒:47

在该示例中，首先调用 Calendar 类的静态方法 getInstance( ) 获取 Calendar 实例，然后通过 get(int field) 方法，分别获取 Canlendar 实例中相应常量字段的值。

7.7.3 DateFormat 类

前面讲解过 Date 类，它获取的时间明显不便于阅读，在实际开发中需要对日期进行格式化操作，Java 提供了 DateFormat 类支持日期格式化。注意：该类是一个抽象类，需要通过它的一些静态方法来获取它的实例，先来了解它的常用方法，如表 7-9 所示。

表 7-9 DateFormat 类常用方法

方法	功能描述
static DateFormat getDateInstance( )	获取日期格式器，该格式器具有默认语言环境的默认格式化风格。
static DateFormat getDatTimeInstance( )	获取日期/时间格式器，该格式器具有默认语言环境的默认格式化风格。
static DateFormat getDateTimeInstance (int dateStyle, int timeStyle, Locale aLocale)	获取日期/时间格式器，该格式器具有给定语言环境的给定格式化风格。
String format(Date date)	将一个 Date 格式化为日期/时间字串。
Date parse(String source)	从给定字符串开始解析文本，以生成一个日期。

表 7-9 中列举了 DateFormat 类的常用方法，接下来用一个案例来演示这些方法的使用，如例 7-7-3 所示。

【例 7-7-3】 编写程序演示 DateFormat 类的基本使用。

```
import java.text.DateFormat;
import java.util.*;
public class Ex_7_7_3{
    public static void main(String[] args) {
        DateFormat df1= DateFormat.getDateInstance();
        DateFormat df2 = DateFormat.getTimeInstance();
        DateFormat df3 = DateFormat.getDateInstance(DateFormat.YEAR_FIELD,new Locale("zh", "CN"));
        DateFormat df4 = DateFormat.getTimeInstance(DateFormat.ERA_FIELD,new Locale("zh", "CN"));
```

```
            System.out.println("data: " + df1.format(new Date()));
            System.out.println("time:" + df2.format(new Date()));
            System.out.println("-----------------");
            System.out.println("data: " + df3.format(new Date()));
            System.out.println("time: " + df4.format(new Date()));
        }
    }
```

程序的运行结果如下所示。

```
data: 2020-1-5
time:15:30:13
-----------------
data: January 5, 2020
time: 下午03时30分13秒 CST
```

在该示例程序中，首先分别调用 DateFormat 类的 4 个静态方法获得 DateFormat 实例，然后分别对日期和时间格式化，可以看出

（1）没有参数的 getDateInstance 和 getTimeInstance 方法是使用默认语言环境和风格进行格式化的；

（2）有参数的 getDateInstance 和 getTimeInstance 方法指定了语言环境和风格，格式化的日期和时间更符合中国人的阅读习惯。其中 DateFormat. YEAR_FIELD 和 DateFormat. ERA_FIELD 分别为用于对齐 YEAR 和 ERA 字段的常量，而 Locale("zh", "CN") 用于国际化，按照不同的语言和国家输出格式，其中"zh"表示汉语，而"CN"表示中国。

7.7.4 SimpleDateFormat 类

上一节讲解了使用 DateFormat 类格式化日期和时间，如果想得到特殊的日期显示格式，可以通过 DateFormat 的子类 SimpleDateFormat 类来实现，它位于 java. text 包中，要自定义格式化日期，需要有一些特定的日期标记表示日期格式，先来了解一下常用日期标记，如表 7-10 所示。

表 7-10 常用日期标记

标记	说明
y	年，需要用 yyyy 表年的 4 位数字。
M	月份，需要用 MM 表示月份的 2 位数字。
d	天数，需要用 dd 表示天数的 2 位数字。
H	小时，需要用 HH 表示小时的 2 位数字。
m	分钟，需要用 mm 表示分钟的 2 位数字。
s	秒数，需要用 ss 表示秒数的 2 位数字。
S	毫秒。
G	公元，只需写一个 G 表示公元。

表 7-10 中列出了表示日期格式的日期标记，在创建 SimpleDateFormat 实例时需要用到它的构造方法，其中最常用的构造方法如下：

```
public SimplelatePormat(String pattera)
```

参数 pattera 使用日期标记表示格式化后的日期格式。另外，因为 SimpleDateFormat 类继承了 DateFormat 类，所以它可以直接用父类方法格式化日期和时间。

【例 7-7-4】 编写程序演示 SimpleDateFormat 类的基本使用。

```
01 import java.text.SimpleDateFormat;
02 import java.util.Date;
03 public class Ex_7_7_4{
04   public static void main(String[] args) throws Exception {
05       //创建SimpleDateRormat实例
06       SimpleDateFormat sdf = new SimpleDateFormat();
07       String date = sdf.format(new Date());
08       System.out.println("默认格式: "+ date);
09       System.out.println("-------------");
10       SimpleDateFormat sdf2 = new SimpleDateFormat("yyyy-MM-dd");
11       date =sdf2.format(new Date());
12       System.out.println("自定义格式1:" + date);
13       System.out.println("------------");
14       SimpleDateFormat sdf3 = new SimpleDateFormat("Gyy-MM-dd hh:mm:ss");
15       date = sdf3.format(new Date());
16       System.out.println("目定义格式2:"+ date);
17   }
18 }
```

程序的运行结果如下所示：

```
默认格式: 20-2-1 下午12:04
-------------
自定义格式1:2020-02-01
------------
目定义格式2:公元20-02-01 12:04:48
```

在该示例程序中，首先使用空参的构造方法创建 SimpleDateFormat 实例，然后调用父类的 format(Date date)方法，格式化当前日期和时间并打印输出。接着，指定参数为"yyyy-MM-dd"创建 SimpleDateFormat 实例，按自定义的格式显示日期和时间。最后，指定参数为"Gyy-MM-dd hh：mm：ss "创建 SimpleDateFormat 实例，按自定义的格式显示日期和时间。日期和时间的自定义格式多种多样，读者可以根据需求扩展更多的格式，如此不再赘述。

本 章 小 结

本章主要介绍了 Java 中的常用的类以及使用方法,包括数据包装类、String、StringBuffer、StringTokenizer、System、Runtime、Math、Random,以及各种日期操作类。Java 语言的内核非常小,其强大的功能主要由类库(Java API,应用程序接口)体现,因此从某种意义上说,掌握 Java 的过程也是充分利用 Java 类库中丰富资源的过程。

Java 将 int、float、double 等基本数据类型进行了封装,每一个包装类都提供了较为强大的方法和功能。要注意用基本数据类型创建变量和用其对应的包装类创建对象的意义是不同的,只有对象才可以调用相应类的方法。

在字符串技术的相关类中,String 类不是原始基本数据类型,在 Java 中,字符串是一个对象。在 Java 程序中使用字符串池来管理字符串。创建字符串常量对象时,程序在字符串常量池中寻找相同值的对象表达式。如果有该字符串值时,程序不会在常量池中创建新的字符串,而是将要创建的字符串对象指向已有的字符串值。在学习 String 时,注意的是所有的字符串相关操作方法,都是生成新的字符串,所操作的原有字符串不发生任何变化。

StringBuffer 与 String 不同,是线程安全的可变字符序列,所以当字符串的内容需要不断修改的时候,一般使用 StringBuffer。StringTokenizer 提供了一个按照分隔符来分割字符串的技术,其中需要注意的是实例化时可以使用各种分割标记的任意组合来完成强大的分割功能。

进行数学运算时,可以考虑使用 Math 类中的方法,产生随机数既可以用 Math.Random() 方法,也可以使用 Random 类完成。其中,需要注意的是 Math.Random() 返回的是 0 到 1.0 之间的随机小数,不包括 1.0。利用 Random 类在生成随机数时,功能更为强大。注意的是,Random 生成随机数时引入了种子的概念,若种子一样,则两次生成的随机数也相同。

最后,本章还介绍了日期相关的操作类,其中 Calendar、DateFormat 和 SimpleDateFormat 可以完成 Date 的格式化。

习 题

一、判断题

1. 设 String 对象 s = "H",运行语句"s.concat("ello");"后,对象 s 的内容为"Hello"。
 ( )
2. Java 的 String 类的对象即可以为字符串常量,也可以是字符串对象变量。 ( )
3. String str = "abcdefg"; char ch = str.charAt(9); ( )
4. String str = "abcdefg"; int length = str.length; ( )
5. char ch[] = "abcdefg"; ( )
6. Integer i = (Integer.valueOf("926")).intValue(); ( )
7. String s = (Double.valueOf("3.14")).toString(); ( )
8. Integer I = Integer.parseInt("926"); ( )

二、填空题

1. _____ 是 Java 中所类的直接或间接父类,也是类库中所有类的父类。

2. 定义初值为 10 的 6 次方的长整型变量 lvar 的语句是_____。

3. 以下程序的输出结果为_____

```
StringBuffer s = new StringBuffer("boy");
if((s.length()<3) && (s.append("男孩").equals("False")));
System.out.println(s);
```

4. 以下程序的输出结果为_____

```
String s1 = "hello";
String s2 = new String("hello");
if(s1 == s2)
    System.out.println("s1 == s2");
else {
    System.out.println("s1 !== s2");
}
```

三、阅读程序题

1. 写出程序运行结果

```java
public class Test {
    public static void main(String[] args) {
        String str = "012345";
        StringBuffer stringBuffer = new StringBuffer(str);
        stringBuffer.append("789");
        stringBuffer.insert(6, "6");
        stringBuffer.reverse();
        System.out.println("str = " + str);
        System.out.println("stringBuffer = " + stringBuffer);
    }
}
```

2. 写出程序运行结果

```java
public class Test {
    public static void main(String[] args) {
        String str = "No1101@No1102@No1103";
        StringTokenizer stk = new StringTokenizer(str, "@");
        int i = 0;
        while (stk.hasMoreTokens()) {
            i++;
            String word = stk.nextToken();
            System.out.println("word " + i + " is:" + word);
        }
    }
}
```

四、编程题

1. 对字符串"abcdef"与"123456"进行连接，并将结果转换为字符数组，依次数组中的每个元素。

2. 对字符串"I like java programing"取字符串"java programing"、"java"及"programing"。

（1）利用 String 类的 indexOf( )、lastIndexOf( )、substring( )方法实现；

（2）利用 StringTokenizer 类实现。

3. 将字符串"I like java"倒置，输出"avaj ekil I"。

4. 对于给定的 3 个正整数 12、3、25，用 Math 类的 max( )和 min( )，求得最大数和最小数，并输出结果。

5. 利用 Math 类中的 random( )方法产生随机的两个 10 以内的整数，并显示加法题目，要求用户从键盘输入题目得数。程序每次运行可以产生 5 个题目，最终统计出用户答对的题目数及总分。

6. 用 Date 类不带参数的构造方法创建日期，要求日期的输出格式是：星期 小时 分 秒。

7. 创建一个 CalendarDemo 类，其中创建的 Calendar 类的实例以系统当前时间为时间值，获取当前时间中的年、月、日、时、分、秒，并以年月日、时分秒的形式显示。计算并显示"1962 年 6 月 29 日"至"2020 年 1 月 25 日"之间的时间差值，以天为单位计算。

8. 现有一个字符串，如下：

Tom Telephone No is 18646681001. Marry Telephone No is 18646681002. Owen Telephone No is 18646681003.

请完成如下功能：

（1）在控制台上显示三个人的人名和电话号码，格式为：Tom：18646682201

（2）创建一个 Student 类，封装名字和电话，将截取出来的信息形成 3 个对象，放到 ArrayList 中。循环 list，完成(1)的操作。

9. 完成以下程序的开发：

（1）从控制台上输入多个国家的英文名称(如 Chinese，England，America)，每个国家名称输入后，要回车换行，用#号表示输入结束。

（2）读取多个国家的名称，依次放到一个 StringBuffer 变量中，并以"@"进行分隔。

（3）利用 StringTokenizer 类，来分析 StringBuffer 变量中存储的字符串，依次将每个国家的名称都变为大写后，打印在控制台上。

第 8 章 集合框架

数学的本质在于它的自由。
The essence of mathematics lies in its freedom.
——格奥尔格·康托尔（Cantor，Georg Ferdinand Ludwig Philipp）
集合论的奠基人

学习目标
- ▶ 了解集合框架的概念。
- ▶ 掌握 Collection 接口知识。
- ▶ 掌握 List 集合。
- ▶ 掌握 Set 集合。
- ▶ 掌握 Map 集合。
- ▶ 掌握集合常用操作。

●章节配套课件

●对应代码文件

8.1 集合框架概述

集合是指将一组元素组合成一个单元的简单对象。集合用于存储、取回、操作和传递这些聚合的元素。Java 中集合可以看作是一种存储数据的容器，用来存储对象信息。

8.1.1 集合框架介绍

Java 的集合框架位于 java.util 包下，它允许以各种方式将元素分组，并定义了各种使这些元素更容易操作的方法。Java 将一些基本的和使用频率极高的与集合相关的基础类进行封装和增强后再以一个框架的形式提供形成了集合框架。集合框架包含：对外的接口、接口的实现和对集合运算的算法。是可以往里面保存多个对象的类，存放的是对象，不同的集合类有不同的功能和特点，适合不同的场合，用以解决一些实际问题。

8.1.2 集合框架层次结构

集合框架主要由两个接口 Collection 接口和 Map 接口派生出来的。Collection 接口派生出 List、Set、Queue 等单列集合，Map 接口派生出 Map 集合。

集合按照数据存储结构可以分成两大类，单列集合 Collection 和双列集合 Map，这两种集合有以下特性。

Collection 单列集合一般用于存储一系列符合某种规则（可能有序也可能无序）的数据，它派生出很多接口，其中最常用也是最重要的接口有两个即 List 接口和 Set 接口。List 可以存储有序可重复的数据集合，它的重要实现类有 ArrayList 类和 LinkList 类；Set 可以存放无序不重复的数据集合，它的重要实现类有 HashSet 类和 TreeSet 类。

Map 双列集合一般用于存储具有映射关系的数据。存储在 Map 中的每一个元素都包含一个键(key)和这个键对应的值(value)，在应用中通过键就可以找到相应的值并对其进行操作，它的重要的实现类有 HashMap 类和 TreeMap 类。

　　图 8-1 给出了集合框架中部分常用的接口与类的层次结构图，本章节将对其中重要的实现类进行讲解。

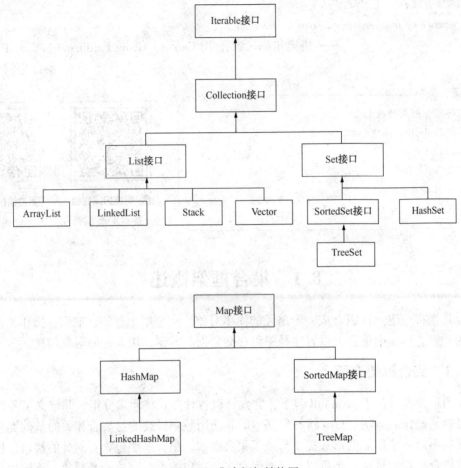

图 8-1　集合框架结构图

8.2　Collection 接口

　　Collection 接口是单列集合框架的顶层根接口，在 Collection 接口中定义了单列集合的一些通用方法。Collection 接口通常不会直接在程序中使用，但它提供了添加元素、删除元素、元素判定、元素遍历等对元素操作管理的基础方法。由于 Collection 接口为根接口，其他单列集合框架中的接口和方法都需要继承 Collection 接口才可以应用，所有这些对元素操作管理的基础方法在单列集合框架中是通用方法，常用方法如表 8-1 所示。

表 8-1 Collection 接口中的常用方法

方法	功能描述
boolean add(E e)	将指定的元素增加到集合中
boolean addAll(Collection c)	将指定单列集合中的所有元素添加到该集合中
void clear( )	删除该集合中的所有元素
boolean equals(Object o)	将指定对象和该集合进行比较
int hashCode( )	返回集合的哈希码
boolean isEmpty( )	判断该集合是否为空
Iterator<E> iterator( )	返回此集合中的元素的迭代器,用于遍历结合对象
boolean remove(Object o)	删除该集合中指定的元素
boolean removeAll(Collection c)	删除指定单列集合中的所有元素
int size( )	获取该集合元素个数

表 8-1 中所列举的方法及说明来自于 Java 官方的文档 JavaAPI 文档,表中只列举部分常用方法,如果读者想学习其他方法的用法请自行查阅 API 文档来学习使用。

下面通过一个集合遍历的例子程序来体验一下集合中方法的使用。

【例 8-2-1】 编写一个 java 类,在其中创建一个 Collection 集合,向集合中添加一些元素,遍历集合并打印出集合中的每一个元素。

```
01 class Example_08_01{
02     public static void main(String[] args){
03         Collection<String> col = new ArrayList<>();    //创建一个Collection集合对象
04         col.add("apple");                              //为集合添加元素
05         col.add("banana");
06         col.add("pear");
07         col.add("peach");
08         Iterator<String> inter = col.iterator();       //创建iterator迭代器
09         while (inter.hasNext()) {                      //查看iterator中是否有下一个元素
10             String str = inter.next();                 //获取迭代器中元素
11             System.out.println(str);
12         }
13     }
14 }
```

运行结果如下:

```
apple
banana
pear
peach
```

上述代码实现了一个简单 Collection 集合的使用,第3行代码处使用多态的方式创建一个 Collection 集合对象 col,然后使用 add( )方法添加一些数据元素到集合中,然后创建集合对象的 Iterator 对象 inter,通过 inter 来遍历(依次访问)集合中的元素。

8.3 List 集合

List 集合是单列集合中的一个重要的分支,是单列集合中有序集合的代表。List 集合中最常用到的两个派生类分别是 ArrayList 类和 LinkedList 类。ArrayList 类底层通过数组实现,随着元素的增加而动态扩容。LinkedList 类底层通过链表来实现,随着元素的增加不断向链表的后端增加节点。

8.3.1 List 接口

List 集合的根接口是 List 接口,该接口继承自 Collection 接口,该接口不但继承了 Collection 接口中所有的方法,还提供了很多自己独特的方法可以对存储在其中的每一个元素的插入位置进行精确地控制,可以通过索引来访问元素,遍历元素,控制元素。List 接口中常用方法如表 8-2 所示。

表 8-2　List 接口中的常用方法

方法	功能描述
void add(int index, E element)	将指定元素插入到集合指定位置(index)中
boolean addAll (int index, Collection<? extends E> c)	将指定单列集合插入到集合指定位置(index)中
E get(int index)	返回集合中指定位置的元素
int indexOf(Object o)	返回集合中指定元素第一次出现时的索引值,如果集合不包含该元素返回-1
int lastIndexOf(Object o)	返回集合中指定元素最后一次出现时的索引值,如果集合不包含该元素返回-1
ListIterator<E> listIterator(int index)	从集合的指定位置(index)开始按照顺序返回集合的迭代器
E remove(int index)	删除指定位置元素
E set(int index, E element)	在指定的元素替换指定位置的元素
List<E> subList(int fromIndex, int toIndex)	返回集合中[fromIndex, toIndex]区间内的所有元素组成的集合

表 8-2 中所列举的方法及说明来自于 Java 官方的文档 JavaAPI 文档,表中只列举属于 List 接口自己独有方法中部分常用方法,如果读者想学习其他方法的用法请自行查阅 API 文档来学习使用。

下面依然通过集合遍历的例子程序来体验一下 List 接口中方法和 Collection 接口中的方法的差别。

【例 8-3-1】　编写一个 java 类,在其中创建一个 List 集合,向集合中添加一些元素,遍历集合并打印出集合中的每一个元素,通过 set( )方法修改第二位和第三位的元素,通过 remove( )方法删除第四位元素,通过 get( )方法将集合遍历结果打印出来。

第8章 集合框架

```
01  class Example_08_02{
02      public static void main(String[] args){
03          List<String> list = new ArrayList<>();      //创建一个List集合对象
04          list.add("apple");                          //为集合添加元素
05          list.add("apple");
06          list.add("apple");
07          list.add("apple");
08          Iterator<String> inter = col.iterator();    //创建iterator迭代器
09          while (inter.hasNext()) {                   //查看iterator中是否有下一个元素
10              String str = inter.next();              //获取迭代器中元素
11              System.out.println(str);
12          }
13          System.out.println("===================");
14          list.set(1, "banana");      //修改列表中第二位元素
15          list.set(2, "pear");        //修改列表中第三位元素
16          list.remove(3);             //删除列表中第四位元素
17          for (int i = 0; i < list.size(); i++) {
18              System.out.println(list.get(i));    //使用get()方法区对应位置的列表元素
19          }
20      }
21  }
```

运行结果如下：

```
apple
apple
apple
apple
apple
===================
apple
banana
pear
```

上述代码中使用多态的方式创建一个 List 集合对象 list，然后使用父接口中的 add( ) 方法添加一些数据元素到集合中，然后通过 Iterator 对象遍历集合中的元素，然后通过使用 List 接口中的独有方法 set( ) 修改了对应位置的元素，通过 remove( ) 方法删除了指定位置的元素，并在循环中使用 get( ) 方法取得了对应位置的元素。

通过程序 Example_08_02 和程序 Example_08_01 的对比可以看出 List 集合是有序的集合，存在索引，因此通过索引对 List 集合中的元素做操作更精准，更灵活。

需要注意的是 List 集合中索引的起始值是"0"，所以操作第二个位置的索引值是"1"。

8.3.2 ArrayList 类

ArrayList 集合是 List 集合的一个实现类。ArrayList 内部封装了一个长度可变的数组对象。可以将 ArrayList 集合看作一个长度可变的数组，它拥有数组的各种特性，元素查询的速度很快，所以 ArrayList 集合常常用于随机访问元素。

ArrayList 集合拥有以下三个构造方法：

```
//无参构造函数
public ArrayList() {
    super();
    this.elementData = EMPTY_ELEMENTDATA;
}
//初始化一个固定宽度的集合
public ArrayList(int initialCapacity) {
    super();
    if (initialCapacity < 0)
        throw new IllegalArgumentException("Illegal Capacity: "+
                                initialCapacity);
    this.elementData = new Object[initialCapacity];
}
//将一个Collection（单列）集合转化成ArrayList集合
public ArrayList(Collection<? extends E> c) {
    elementData = c.toArray();
    size = elementData.length;
    if (elementData.getClass() != Object[].class)
        elementData = Arrays.copyOf(elementData, size, Object[].class);
}
```

ArrayList()：构造一个空 ArrayList 集合。

ArrayList(int initialCapcity)：构造一个宽度是给定值的 ArrayList 集合。

ArrayList(Collection<? extend E> c)：将一个 Collection（单列）集合转化成 ArrayList 集合。

我们可以根据自己的需求选择一种方式构造一个集合，需要注意的是采用第二种方式构造集合是很罕见的操作，因为如果赋予的参数值小于0程序会报错，如果大于0并且在内存中开辟的空间过大或者不够大时 ArrayList 的自动扩容机制会自动将它扩展或者收缩最终的效果和第一种方式构建得到的效果一致。

集合的类型在 JDK5.0 版本以前是 Object 类型，构造好的对象在使用的时候需要转型，从 JDK5.0 版本以后集合的类型变成泛型类型。

ArrayList 集合在使用时需要引入 java.util.ArrayList 包。

1. 增加元素

ArrayList 集合对集合的增加元素操作继承于 List 接口，有以下几种方法可以使用：

```
void add(E e)                           //在集合末尾增加元素
void add(int index, E element)          //在集合指定位置 index 增加元素
boolean addAll(Collection<? extends E> c)       //在集合末尾增加一个单列集合
boolean addAll(int index, Collection<? extends E> c) //在指定位置增加一个单列集合
```

以上 4 种方法都可以在一个集合中增加元素，但是请注意由于 ArrayList 集合是由数组构成的，所以在指定位置增加元素的操作除了正常的插入元素操作外还会对原来数组中存储的元素向后移动相应的位数，这种操作对数组来说需要消耗较多的资源所以如果处理的数据量较大的情况下请不要选择对 ArrayList 集合使用在指定位置插入元素的操作。下面我们用实例来体验一下 ArrayList 集合增加元素的各种方法。

【例 8-3-2】 编写一个 java 类，在其中创建两个 ArrayList 集合 list1 和 list2，向集合中添加一些元素，使用上述 4 种方法为集合添加元素，并将 list2 集合遍历结果打印出来。

```
01 public class Example_08_03 {
02   public static void main(String[] args) {
03     // 定义两个 ArrayList 集合
04     List<String> list1 = new ArrayList<>();
05     List<String> list2 = new ArrayList<>();
06     // 使用 add()方法在集合末尾增加元素
07     System.out.println("在集合末尾增加元素");
08     list1.add("apple");
09     list1.add("banana");
10     list1.add("pear");
11     list2.add("苹果");
12     list2.add("香蕉");
13     Iterator<String> inter1 = list2.iterator();
14     while (inter1.hasNext()) {
15       String str = inter1.next();
16       System.out.println(str);
17     }
18     System.out.println();
19     // 使用 add()方法在 list2 的第 2 位增加元素"水果"
20     System.out.println("在集合指定位置增加元素");
21     list2.add(1, "水果");
22     Iterator<String> inter2 = list2.iterator();
23     while (inter2.hasNext()) {
24       String str = inter2.next();
```

```
39            System.out.println(string);
40       }
41    }
42 }
```

运行效果如下所示：

```
在集合末尾增加元素
苹果
香蕉

在集合指定位置增加元素
苹果
水果
香蕉

在集合末尾增加一个单列集合
苹果
水果
香蕉
apple
banana
pear

在集合指定位置增加一个单列集合
苹果
apple
banana
pear
水果
香蕉
apple
banana
pear
```

2. 删除元素

ArrayList 集合对集合的删除元素操作有以下几种方法可以使用：

```
void clear()                    //删除所有元素返回空集合
E remove(int index)             //删除集合指定位置 index 的元素
```

```
boolean remove(Object o)          //删除集合中第一个出现的o，如果没有不处理
boolean removeAll(Collection<?> c) //删除在指定位置的一个单列集合
```

用实例说明这四种方法的使用。

【例 8-3-3】 在例 8-3-2 的基础上，删掉 list2 中第 5 位元素"水果"，打印结果后再删除第一次出现的"苹果"，打印结果后再删除 list2 中的 list1 中所有元素，再清空 list1 中所有元素。

```
01 public class Example_08_04 {
02   public static void main(String[] args) {
03     // 定义两个 ArrayList 集合
04     ArrayList<String> list1 = new ArrayList<>();
05     List<String> list2 = new ArrayList<>();
06     // 使用 add()方法在集合末尾增加元素
07     list1.add("apple");
08     list1.add("banana");
09     list1.add("pear");
10     list2.add("苹果");
11     list2.add("香蕉");
12     list2.add(1, "水果");
13     list2.addAll(list1);
14     list2.addAll(1,list1);
15     System.out.println("打印 list1 的值");
16     for (String string : list1) {
17       System.out.println(string);
18     }
19     System.out.println("打印 list2 的值");
20     for (String string : list2) {
21       System.out.println(string);
22     }
23     System.out.println("删掉 list2 中第 5 位元素"水果"");
24     list2.remove(4);
25     for (String string : list2) {
26       System.out.println(string);
27     }
28     System.out.println("删掉 list2 中 list1 元素");
29     list2.removeAll(list1);
30     for (String string : list2) {
31       System.out.println(string);
32     }
```

运行效果如下所示:

```
删掉 list2 中第 5 位元素"水果"
苹果
apple
banana
pear
香蕉
apple
banana
pear
删掉 list2 中 list1 元素
苹果
香蕉
清空 list1 元素
list1 元素的长度是: 0
```

8.3.3 LinkedList 类

LinkedList 集合是 List 集合中另一个常用实现类。LinkedList 内部是由一个双向链表组成,它可以被当成堆栈、队列进行操作。由于 LinkedList 集合底层是由双向链表组成所以它查询的速度要较 ArrayList 集合慢,但是它的增加删除操作要较 ArrayList 集合快,所以 LinkedList 集合常常用于增加删除操作较多的应用中。

LinkedList 集合拥有以下两个构造方法:

```
01    //无参构造函数
02    public LinkedList() {
03    }
04    //将一个Collection(单列)集合转化成LinkedList集合
05    public LinkedList(Collection<? extends E> c) {
        this();
        addAll(c);
    }
```

LinkedList( ): 构造一个空 LinkedList 集合。

LinkedList(Collection<? extend E> c): 将一个 Collection(单列)集合转化成 LinkedList 集合。

LinkedList 集合在使用时需要引入 java.util.LinkedList 包。

1. 增加元素

LinkedList 集合对集合的增加元素操作也继承于 List 接口,ArrayList 集合中增加元素的各种方法也可以使用到 LinkedList 集合中，同时 LinkedList 集合由于是用双向链表实现所以还提供了一些自己独有的增加元素的方法。以下几种方法是 LinkedList 集合独有的读取元素和增加元素的方法：

```
E getFirst()                //返回集合中的第一个元素
E getLast()                 //返回集合中的最后一个元素
void addFirst(E e)          //在集合开始增加指定元素
void addLast(E e)           //在集合结尾增加指定元素
```

以上四种方法都是 LinkedList 集合独有的方法，如果想使用这些方法创建集合的时候需要创建 LinkedList 类型的集合，不能通过多态创建 List 类型的集合。下面通过一个实例来体验一下 LinkedList 集合。

【例 8-3-4】 编写一个 java 类，在其中创建一个 LinkedList 集合 linklist，使用 List 继承来的方法向集合中添加一些元素，在使用 LinkedList 集合特有的方法在集合首尾添加元素，并将集合首位的元素打印出来。

```
01  public class Example_08_05 {
02      public static void main(String[] args) {
03          /*定义 LinkedList 集合，由于要使用 LinkedList 的特有方法初
04            始化应该初始化成 LinkedList<E>类型*/
05          LinkedList<String> linklist = new LinkedList<>();
06          // 使用 add()方法在集合末尾增加元素
07          linklist.add("apple");
08          linklist.add("banana");
09          linklist.add("pear");
10          System.out.println("使用 LinkedList 特有方法在集合首尾添加元素");
11          linklist.addFirst("苹果");
12          linklist.addLast("香蕉");
13          for (String string : linklist) {
14              System.out.println(string);
15          }
16          System.out.println("集合首个元素是："+linklist.getFirst());
17          System.out.println("集合最后一个个元素是："+linklist.getLast());
18
19      }
20  }
```

运行效果如下所示：

```
使用 LinkedList 特有方法在集合首尾添加元素
苹果
```

```
apple
banana
pear
香蕉
集合首个元素是：苹果
集合最后一个个元素是：香蕉 apple
```

2. 删除元素

LinkedList 集合对删除元素操作除了继承来的 List 接口中的方法可以使用外还有以下几种特有的方法可以使用：

```
E removeFirst()                              //删除集合中第一位元素
boolean removeFirstOccurrence(Object o)      //删除集合中第一个 o 元素的，如果没有不操作
E removeLast()                               //删除集合中最后一位元素
boolean removeLastOccurrence(Object o)       //删除集合中最后一个 o 元素的，如果没有不操作
```

用实例说明这四种方法的使用。

【例 8-3-5】 定义两个 LinkedList 集合，一个 linklist1 存储水果，一个 linklist2 存储 0-4 乱序的 5 个值，对 linklist1 增加一些水果元素，在以 linklist2 中数字为具体位置在 linklist1 中相应的位置添加元素"水果"，删除集合 linklist1 中的第一个元素和最后一个元素，在删除 linklist1 集合中第一个内容是"水果"的元素和最后一个内容是水果的元素，并将删除后的 linklist1 集合内容打印出来。

```
01 public class Example_08_06 {
02     public static void main(String[] args) {
03         //定义 LinkedList 集合用来存储各种水果
04         LinkedList<String> linklist1 = new LinkedList<>();
05         //定义一个泛型是 int 的集合存储乱序的数字 0-4
06         LinkedList<Integer> linklist2 = new LinkedList<>();
07         int[] num = {0,1,2,3,4};
08         for (int i : num) {
09             linklist2.add(i);
10         }
11         //将 linklist2 乱序
12         Collections.shuffle(linklist2);
13         linklist1.add("香蕉");
14         linklist1.add("苹果");
15         linklist1.add("栗子");
16         linklist1.add("梨");
```

```
17        linklist1.add("桃子");
18        for (int i : linklist2) {
19            linklist1.add(i, "水果");
20        }
21        linklist1.addLast("水果");
22        System.out.print("linklist1集合经过插入操作后的内容是：");
23        for (String str : linklist1) {
24            System.out.print(str+",");
25        }
26        System.out.println();
27        linklist1.removeFirst();
28        linklist1.removeLast();
29        System.out.print("linklist1集合删除首末位元素后的内容是：");
30        for (String str : linklist1) {
31            System.out.print(str+",");
32        }
33        System.out.println();
34        linklist1.removeFirstOccurrence("水果");
35        linklist1.removeLastOccurrence("水果");
36        System.out.print("linklist1集合删除第一次出现"水果"和最后一次出现"水果"后的内容是：");
37        for (String str : linklist1) {
38            System.out.print(str+",");
39        }
40    }
41 }
```

运行效果如下所示：

linklist1集合经过插入操作后的内容是：水果,水果,香蕉,水果,苹果,水果,水果,栗子,梨,桃子,水果,

linklist1集合删除首末位元素后的内容是：水果,香蕉,水果,苹果,水果,水果,栗子,梨,桃子,

linklist1集合删除第一次出现"水果"和最后一次出现"水果"后的内容是：香蕉,水果,苹果,水果,栗子,梨,桃子,

8.3.4 集合遍历

集合的遍历是各种集合都需要面对的问题，Java 语言中的集合在实际应用中存在着多种遍历方式。在这里我们介绍常见的三种遍历方式：使用 for 循环遍历一个集合；使用 Iterrator

迭代器遍历一个集合；用 jdk5.0 以后提供的 foreach 循环遍历一个集合。

1. for 循环遍历

使用传统的 for 循环遍历一个集合，其原理本质上就是创建一个计数器，这个计数器的宽度和集合的宽度相同，然后通过依次遍历计数器中的数字来读取相应位置的数据。下面用一个实例演示使用 for 循环遍历一个集合。

【例8-3-6】 使用 for 循环遍历一个集合。

```
01 public class Example_08_07 {
02   public static void main(String[] args) {
03     List<String> list = new ArrayList<>();
04     list.add("香蕉");    list.add("苹果");
05     list.add("栗子");    list.add("梨");
06     list.add("桃子");
07     for (int i = 0; i < list.size(); i++) {
08       System.out.print(list.get(i)+',');
09     }
10   }
11 }
```

使用 for 循环遍历一个集合需要知道集合的宽度来确定循环的次数，例子中使用 list.size() 方法来获取集合的宽度。这种使用传统的 for 循环的方式来遍历集合实际上是基于元素的位置，按位置读取。所以方式可以遍历有序集合，List 集合是有序集合可以应用这种办法遍历，但因为这种遍历机制需要读取特定位置元素所以这种方式用在 ArrayList 上运行速度较快，运行在 LinkedList 上速度比较慢。

2. Iterator 接口（迭代器）

由于程序开发中经常需要遍历集合中的所有元素。使用 for 循环来遍历集合不论从速度上还是操作上都不是一种很优秀的解决方案，并且 for 循环只能遍历有序集合。所以针对集合遍历这种需求，Java 专门设计了一个接口 Iterator 接口来负责集合的遍历，由于这个接口专门负责遍历各种集合所有我们又称这个 Iterator 接口为迭代器。迭代器中提供了 hasNext() 方法来检查迭代器中是否还有下一个元素，next() 方法来返回下一个迭代器中的下一个元素。下面用一个实例演示使用迭代器来遍历一个集合。

【例8-3-7】 使用迭代器遍历一个集合。

```
01 public class Example_08_08 {
02   public static void main(String[] args) {
03     List<String> list = new ArrayList<>();
04     list.add("香蕉");    list.add("苹果");
05     list.add("栗子");    list.add("梨");
06     list.add("桃子");
```

```
07        //创建一个迭代器
08        Iterator<String> it = list.iterator();
09        while (it.hasNext()) {
10            System.out.println(it.next());
11        }
12    }
13 }
```

上面程序中第 8 行代码中创建了一个迭代器"it"，it 的内容是通过集合调用相应的 iterator( )方法来得到的，it 的泛型需要相应集合存储的数据类型确定，本例中 list 集合中存储的类型是 String 类型，所以迭代器 it 的泛型需要是 String 类型。在第 9 行代码中使用 it.hasNext( )来判断 it 是否遍历到最后一个值，如果 it.hasNext( )返回 false 则判断集合遍历结束。通过 it.next( )将集合里面的值依次取出。

需要注意的是使用迭代器可以遍历所有类型的集合，但是遍历结果的顺序和集合的类型有关，在本小节 List 集合中遍历结果的顺序和 List 集合中的顺序相同。

另外迭代器内部存在着一个类似指针的存在 javaAPI 文档中称为光标，经过依次遍历操作的迭代器中的光标会指在迭代器的最后一位，所以不能再次遍历迭代器。

【例 8-3-8】 重复遍历迭代。

```
01 public class Example_08_08 {
02   public static void main(String[] args) {
03       List<String> list = new ArrayList<>();
04       list.add("香蕉");    list.add("苹果");
05       list.add("栗子");    list.add("梨");
06       list.add("桃子");
07       //创建一个迭代器
08       Iterator<String> it = list.iterator();
09       while (it.hasNext()) {
10           System.out.print(it.next()+",");
11       }
12       System.out.println();
13       System.out.println("再次遍历迭代器");
14       while (it.hasNext()) {
15           System.out.println(it.next());
16       }
17   }
18 }
```

运行效果如下所示：

> 香蕉,苹果,栗子,梨,桃子,
> 再次遍历迭代器

由于第一次遍历迭代器后，迭代器中的 next( ) 方法使光标已经指向迭代器中的最后一个元素，所以再次遍历的时候不会再重新遍历迭代器，如果想重新遍历迭代器需要重新生成一个迭代器对象。

另外迭代器一旦生成就不可以在集合中增加元素，如果增加元素在对迭代器进行遍历操作就会报错。

```
01  public class Example_08_08 {
02      public static void main(String[] args) {
03          List<String> list = new ArrayList<>();
04          list.add("香蕉");    list.add("苹果");
05          list.add("栗子");    list.add("梨");
06          list.add("桃子");
07          //创建一个迭代器
08          Iterator<String> it = list.iterator();
09          list.add("橘子");
10          while (it.hasNext()) {
11              System.out.print(it.next()+",");
12          }
13      }
14  }
```

运行效果如下所示：

```
Exception in thread "main" java.util.ConcurrentModificationException
    at java.util.ArrayList$Itr.checkForComodification(ArrayList.java:859)
    at java.util.ArrayList$Itr.next(ArrayList.java:831)
    at javaApi.Example_08_08.main(Example_08_08.java:20)
```

3. ListIterator 接口

Iterator 接口生成的迭代器让集合的遍历变得简单，但是 Iterator 接口提供的功能较少，不能满足某些需求，例如上面提到的重复遍历问题，逆向遍历问题，生成迭代器之后增加元素的问题。为了解决这些实际需求 Java 官方又设计了一个 ListIterator 接口，这个接口是 Iterator 接口的派生类，它拥有 Iterator 接口的所有功能，并且它还提供了一些独有的方法，这些方法让通过 ListIterator 接口生成的迭代器有了更强大的功能。但需要注意的是 ListIterator 接口只能用于有序列表中。ListIterator 接口中独特的方法如表 8-3 所示。

表 8-3　ListIterator 接口中的常用方法

方法	功能描述
void add(E e)	将指定元素插入到集合当前遍历的元素后面
boolean hasPrevious( )	逆序遍历集合
E previous( )	返回列表中上一个元素
int nextIndex( )	正序遍历返回遍历元素的索引
int previousIndex( )	逆序返回元素索引

下面依然通过实例来体验一下 ListIterator 接口生成迭代器如何遍历集合。

【例 8-3-9】 编写程序使用 ListIterator 接口生成迭代器遍历集合。

```
01  public class Example_08_09 {
02    public static void main(String[] args) {
03      List<String> list = new ArrayList<>();
04      list.add("香蕉");     list.add("苹果");
05      list.add("栗子");     list.add("梨");
06      list.add("桃子");
07      //创建一个 ListIterator 迭代器
08      ListIterator<String> it = list.listIterator();
09      //正序遍历迭代器
10      System.out.println("正序遍历");
11      while (it.hasNext()) {
12        //正序打印元素的索引和值
13        System.out.print(it.nextIndex()+it.next()+",");
14      }
15      System.out.println();
16      System.out.println("逆序遍历");
17      //逆序遍历迭代器
18      while (it.hasPrevious()) {
19        //逆序打印元素索引和值
20        System.out.print(it.previousIndex()+it.previous()+",");
21      }
22      //在此遍历迭代器,并在元素"栗子"后面为集合增加一个元素"橘子"
23      System.out.println();
24      System.out.println("重复正序遍历,在遍历的过程中增加元素");
25      //由于上面的逆序遍历,现在迭代器中的光标已经回到了起始位置所以可以重复遍历
26      while (it.hasNext()) {
27        //在元素"栗子"后面增加"橘子"
28        if (it.next().equals("栗子")) {
```

```
29              it.add("橘子");
30          }
31      }
32      while (it.hasPrevious()) {
33          //逆序打印元素索引和值
34          System.out.print(it.previousIndex()+it.previous()+",");
35      }
36  }
37 }
```

运行效果如下所示：

```
正序遍历
0香蕉,1苹果,2栗子,3梨,4桃子,
逆序遍历
4桃子,3梨,2栗子,1苹果,0香蕉,
重复正序遍历
5桃子,4梨,3橘子,2栗子,1苹果,0香蕉,
```

从程序中可以看出 ListIterator 接口生成迭代器如果需要重新遍历只要把它逆序遍历一遍，光标就会回到迭代器的起始位置，就可以重新遍历，并且通过迭代器的 add( ) 方法可以实现在迭代器中为集合增加元素的操作。

4. foreach 循环遍历

从前面的章节来看使用 ListIterator 接口生成迭代器的方式来遍历集合有很多的有点，但不可否认的是使用这种方式遍历集合需要写的代码很多，为了简化遍历集合时所需的代码，自 JDK5.0 版本后出现了一种新的遍历集合的方式—foreach 循环。foreach 循环的语法结构是：

```
for (Object o : list) {
  集合遍历代码
}
```

其中 Object 是引用变量类型需要和集合的泛型相同，o 是引用变量指的是每次遍历拿到的值，list 指要遍历的集合。下面通过实例来体验 foreach 循环遍历集合。

【例 8-3-10】编写程序使用 foreach 遍历集合。

```
01 public class Example_08_10 {
02   public static void main(String[] args) {
03     List<String> list = new ArrayList<>();
04     list.add("香蕉");  list.add("苹果");
```

```
05        list.add("栗子");    list.add("梨");
06        list.add("桃子");
07        for (String string : list) {
08            System.out.print(string+",");
09        }
10    }
11 }
```

运行效果如下所示：

```
香蕉,苹果,栗子,梨,桃子,
```

使用 foreach 循环遍历集合不用像使用迭代器那样写很多的代码，也不用像 for 循环那样去获取集合的长度使用起来非常方便，是现在建设使用的一种遍历方式。但是请各位读者小心，foreach 的本质其实是使用 Iterator 接口实现的，所以它具备 Iterator 接口的一切优缺点，它也只可以遍历集合，不能对集合进行修改。

8.4 Set 集合

Set 集合也是单列集合中的一个重要的分支，是单列集合中无序集合的代表。Set 集合中最常用到的两个派生类分别是 HashSet 类和 TreeSet 类。HashSet 类底层封装了一个 HashMap，利用 HashMap 的 key 值存储数据（后面的 Map 集合会提到）。TreeSet 类底层封装了一个 TreeMap，利用 TreeMap 的 key 值存储数据。由于 Map 的 key 值是不重复的所以 Set 集合中存入的数据是不重复数据。

8.4.1 Set 接口

Set 集合的根接口是 Set 接口，该接口也继承自 Collection 接口，该接口继承了 Collection 接口中所有的方法，但并不像 List 接口那样在 Collection 接口的基础上做了扩充。但是由于它的实现类底层都采用 Map 的方式来实现所以 Set 接口比 Collection 接口存储的数据更严谨，Set 集合中的数据时不可以重复的（两个元素之间不能"=="或者 equals），并且插入数据时插入的数据是无序的。

8.4.2 HashSet 类

HashSet 集合是 Set 集合的一个实现类。HashSet 集合有 Set 集合的特点：数据不能重复，并且插入数据时插入的数据是无序的。同时数据存储到 HashSet 集合内部也是无序的。

1. 数据不重复

HashSet 集合为了保证数据元素不重复，在数据插入时做了很多操作。当调用 add() 方法存入一个数据时，它会先调用 hashCode() 方法查找要存入对象的哈希值，根据哈希值计算要存储的位置，看看该位置中是否有值存在，如果没有值就存入该数据，如果有值则调用

equals( )方法比较两个值是否相等,如果不相等将新的值插入,如果相等则放弃操作。下面我们用实例来体验一下 Set 集合元素不重复。

【例 8-4-1】 编写一个 java 类,在其中创建 HashSet 集合,向集合中添加一些不重复元素,打印集合结果,再向集合中添加一些重复元素,打印结果。

```java
01  public class Example_08_11 {
02    public static void main(String[] args) {
03      //创建HashSet集合
04      Set<String> set = new HashSet<>();
05      set.add("香蕉");    set.add("苹果");
06      set.add("栗子");    set.add("梨");
07      set.add("桃子");
08      System.out.print("Set集合内容为: ");
09      for (String string : set) {
10        System.out.print(string+",");
11      }
12      //添加重复元素
13      set.add("香蕉");
14      set.add("桃子");
15      System.out.println();
16      System.out.print("Set集合内容为: ");
17      for (String string : set) {
18        System.out.print(string+",");
19      }
20    }
21  }
```

运行效果如下所示:

Set 集合内容为:香蕉,梨,栗子,桃子,苹果,
Set 集合内容为:香蕉,梨,栗子,桃子,苹果,

从结果上来看在 13 行和 14 行增加的"香蕉"、"桃子"由于是重复的数据,所以在存入 Set 集合后被放弃了。

2 插入数据无序,存储数据无序

HashSet 集合插入数据时插入的数据遵循 Set 集合的原则插入时是无序的,并且针对这些数据的存储它也是无序的,下面我们用例子说明。

【例 8-4-2】 编写一个 java 类,在其中创建 HashSet 集合,分别有序和无序的向集合中添加一些有序元素,打印集合结果,查看 HashSet 插入数据是否有序,存储数据是否有序。

```
01  public class Example_08_12 {
02    public static void main(String[] args) {
03        //创建 HashSet 集合
04        Set<String> set1 = new HashSet<>();
05        Set<String> set2 = new HashSet<>();
06        //有序插入有序数据 a,b,c,d
07        set1.add("a");
08        set1.add("b");
09        set1.add("c");
10        set1.add("d");
11        System.out.print("Set1 集合内容为: ");
12        for (String string : set1) {
13            System.out.print(string+",");
14        }
15        //无序插入有序数据
16        set2.add("c");
17        set2.add("d");
18        set2.add("a");
19        set2.add("b");
20        System.out.println();
21        System.out.print("Set2 集合内容为: ");
22        for (String string : set2) {
23            System.out.print(string+",");
24        }
25    }
26  }
```

运行效果如下所示：

```
Set1 集合内容为: d,b,c,a,
Set2 集合内容为: d,b,c,a
```

从上例结果上来看我们传入的数据顺序和我们存储的数据之间没有有序关系，并且存储在内部的数据也不是按照顺序排列的。

8.4.3 TreeSet 类

TreeSet 集合是 Set 集合另一一个实现类。TreeSet 集合同样有有 Set 集合的特点：数据不能重复，并且插入数据时插入的数据是无序的。但是它和 HashSet 集合不同的是：数据存储到 TreeSet 集合内部是有序的。同样由于这个原因 TreeSet 集合的效率要较 HashSet 集合的效率低，但是 TreeSet 集合可以按照我们制定的规则进行排序。

1. 自然排序

TreeSet 集合内部是基于 TreeMap 实现其本质就是使用一个平衡二叉树来存储元素。当二叉树中存入新元素时，新元素首先会与第 1 个元素 (最顶层元素) 进行比较，如果小于第 1 个元素就执行左边的分支，继续和该分支的子元素进行比较。如果大于第 1 个元素就执行右边的分支，继续和该分支的子元素进行比较。如此循环往复，直到与最后一个元素进行比较时，如果新元素小于最后一个元素就将其放在最后一个元素的左子树上，如果大于最后一个元素就将其放在最后一个元素的右子树上，所以 TreeSet 集合内部的元素是有序排列的。顺序是按照自然排序排列。下面我们用实例来体验一下 TreeSet 集合元素有序排列。

【例 8-4-3】 编写一个 java 类，在其中创建 TreeSet 集合，无序向集合中添加一些有序不重复元素，打印集合结果。

```
01 public class Example_08_13 {
02   public static void main(String[] args) {
03       //创建 TreeSet 集合
04       Set<String> tset = new TreeSet<>();
05       //无序插入有序数据
06       tset.add("c");
07       tset.add("d");
08       tset.add("a");
09       tset.add("b");
10       System.out.print("Set2 集合内容为: ");
11       for (String string : tset) {
12           System.out.print(string+",");
13       }
14   }
15 }
```

运行效果如下所示：

```
tSet 集合内容为: a,b,c,d
```

2. 针对自定义对象排序

需要注意的是由于 TreeSet 集合存储的内容排序是按照自然排序的规则排列，不一定满足我们自己编程的需求。如果想使用 TreeSet 集合存储我们自定义的对象并且使用 TreeSet 特性为自定义对象排序，那么我们自定义对象需要实现 Comparable 接口，并在接口中确定我们要排序的成员才可以使用 TreeSet 实现排序。下面我们用例子说明。

【例 8-4-4】 编写一个水果类，存储水果的编号，名称，单价。编写一个 java 类存储自定义的水果对象，并按照价格为对象排序。

编写存放水果的模型：

```
01 //创建水果模型,需要实现Comparable接口
02 public class Fruit implements Comparable<Fruit> {
03     private int id;
04     private String name;
05     private int price;
06     public Fruit(){}
07     //创建构造函数
08     public Fruit(int i,String name,int price){
09         this.id=id;
10         this.name=name;
11         this.price=price;
12     }
13     @Override
14     public int compareTo(Fruit o) {
15         //告诉接口我们要排序的成员变量
16         return this.price-o.price;
17     }
18     @Override
19     public String toString() {
20     return "Fruit [id=" + id + ", name=" + name + ", price=" + price + "]";
21     }
22 }
```

编写 Java 类存放一些水果进入 TreeSet 集合:

```
01 public class Example_08_14 {
02     public static void main(String[] args) {
03         //创建 TreeSet 集合
04         Set<Fruit> tset = new TreeSet<>();
05         //无序插入有序数据
06         tset.add(new Fruit(1,"苹果",20));
07         tset.add(new Fruit(2,"梨",10));
08         tset.add(new Fruit(3,"桃子",15));
09         tset.add(new Fruit(4,"西瓜",50));
10         System.out.println("tSet 集合内容为:");
11         for (Fruit fruit : tset) {
12             System.out.println(fruit);
13         }
```

```
14  }
15 }
```

运行效果如下所示:

```
tSet 集合内容为:
Fruit [id=0, name=梨, price=10]
Fruit [id=0, name=桃子, price=15]
Fruit [id=0, name=苹果, price=20]
Fruit [id=0, name=西瓜, price=50]
```

从上例结果上来看我们传入的自定义水果对象按照价格的顺序存储到 TreeSet 集合中。

8.4.4 集合遍历

Set 集合由于插入数据是无序的,所以如果要对 Set 集合做遍历操作只能使用 Iterrator 迭代器遍历;当然基于 Iterrator 迭代器的 foreach 也可以实现 Set 集合的遍历。下面用一个实例演示使用 Iterrator 迭代器和 foreach 循环分别遍历 HashSet 集合和 TreeSet 集合。

【例 8-4-5】 Iterrator 迭代器和 foreach 循环分别遍历 HashSet 集合和 TreeSet 集合。

```
01 public class Example_08_15 {
02     public static void main(String[] args) {
03         //创建 Set 集合
04         Set<String> hset = new HashSet<>();
05         Set<String> tset = new TreeSet<>();
06         hset.add("香蕉");    hset.add("苹果");
07         hset.add("栗子");    hset.add("梨");
08         hset.add("桃子");
09         tset.add("a");      tset.add("b");
10         tset.add("c");      tset.add("d");
11         tset.add("e");
12         //创建迭代器
13         Iterator<String> hit = hset.iterator();
14         Iterator<String> tit = tset.iterator();
15         //使用迭代器遍历 hashset 集合
16         System.out.print("使用迭代器遍历 hashset 集合:");
17         while (hit.hasNext()) {
18             System.out.print(hit.next()+",");
19         }
20         //使用迭代器遍历 treeset 集合
```

```
21         System.out.println();
22         System.out.print("使用迭代器遍历 treehset 集合:");
23         while (tit.hasNext()) {
24             System.out.print(tit.next()+",");
25         }
26         //使用 foreach 遍历 hashset 集合
27         System.out.println();
28         System.out.print("使用 foreach 遍历 hashset 集合:");
29         for (String string : hset) {
30             System.out.print(string+",");
31         }
32         //使用 foreach 遍历 treeset 集合
33         System.out.println();
34         System.out.print("使用 foreach 遍历 treehset 集合:");
35         for (String string : tset) {
36             System.out.print(string+",");
37         }
38     }
39 }
```

运行效果如下所示：

```
使用迭代器遍历 hashset 集合:香蕉,梨,栗子,桃子,苹果,
使用迭代器遍历 treehset 集合:a,b,c,d,e,
使用 foreach 遍历 hashset 集合:香蕉,梨,栗子,桃子,苹果,
使用 foreach 遍历 treehset 集合:a,b,c,d,e,
```

8.5　Map 集合

上面的章节我们介绍的单列集合，但是现实生活中有很多问题单列集合没有办法解决，例如我们查询学生的信息是通过学号查询的，所以我们希望有一种存储形式可以将学生的信息和学号一对一的存储起来方便我们查询。基于这种实际需求 Java 设计了一个双列集合 Map 集合。Map 集合中存储的每一个元素都是由一个键(Key)和一个值(Value)组成，Key 和 Value 之间的关系是一对一的关系，这种关系在 Map 集合中称为映射。由于映射关系的存在我们要访问集合中的一个元素只要指定需要的 Key 就可以访问相应的值。

8.5.1　Map 接口

Map 集合的根接口是 Map 接口，该接口设计了一系列的方法来操作 Map 集合。Map 接口中常用方法如表 8-4 所示。

表 8-4 Map 接口中的常用方法

方法	功能描述
boolean equals(Object o)	将指定对象与 Map 集合作比较
boolean containsKey(Object key)	如果该集合包含指定的键 key 返回 true
boolean containsValue(Object value)	如果该集合包含指定的值 value 返回 true
V get(Object key)	根据 key 值在集合中取其相应的 value 值
V put(K key, V value)	把一组键值对存放到集合中
boolean remove(Object key, Object value)	如果集合中有一组值得 key 和 value 都与指定的 key 和 value 相同那么删掉这组键值对
int size()	计算 Map 集合的宽度
Set<K> keySet()	返回集合的所有键，返回的类型是一种 Set 集合
Collection<V> values()	返回集合的所有值，返回的类型 Collection 集合
Set<Map.Entry<K, V>> entrySet()	返回集合中的所有键值对(遍历用)，返回类型是 Set 集合并且泛型为 Map.Entry<K, V>

表 8-4 中所列举的方法及说明来自于 Java 官方的文档 JavaAPI 文档，表中只列举属于 Map 接口自己独有方法中部分常用方法，如果读者想学习其他方法的用法请自行查阅 API 文档来学习使用。

下面依然通过集合遍历的例子程序来体验一下 Map 接口中方法。

【例 8-5-1】 编写一个 java 类，在其中创建一个 Map 集合，向集合中添加一些元素，查询集合中有没有键是"num2"，如果没有增加 key 为"num2"的键值对，如果有查询一下"num2"的值是不是"苹果"如果不是修改成苹果，遍历集合并打印出集合的所有 key 和所有的 value，然后遍历集合中的每一组元素。

```
01  public class Example_08_16 {
02    public static void main(String[] args) {
03      //创建Map集合
04      Map<String, String> map = new HashMap<>();
05      //使用put()输入一些数据
06      map.put("num0", "香蕉");
07      map.put("num1", "苹果");
08      map.put("num3", "桃子");
09      map.put("num4", "橘子");
10      //查询集合中是否有key是num2
11      if (!map.containsKey("num2")) {
12        System.out.println("没有num2键增加num2键值对");
13        map.put("num2", "水果");
14      }
15      if (!map.get("num2").equals("苹果")) {
```

```java
16              System.out.println("num2键的值不是苹果修改成苹果");
17              map.put("num2", "苹果");
18          }
19          //存放所有的key
20          Set<String> set = map.keySet();
21          //存放所有的value
22          Collection<String> collections = map.values();
23          //打印所有的key值
24          System.out.print("Map集合中所有的key值是：");
25          for (String string : set) {
26              System.out.print(string+",");
27          }
28          //打印所有的value值
29          System.out.println();
30          System.out.print("Map集合中所有的value值是：");
31          for (String string : collections) {
32              System.out.print(string+",");
33          }
34          //打印所有的键值对
35          System.out.println();
36          System.out.print("Map集合中所有的键值是：");
37          for (Map.Entry<String, String> mEntry : map.entrySet()) {
38              System.out.print(mEntry+",");
39          }
40      }
41  }
```

运行结果如下：

```
没有num2键增加num2键值对
num2键的值不是苹果修改成苹果
Map集合中所有的key值是：num4,num2,num3,num0,num1,
Map集合中所有的value值是：橘子,苹果,桃子,香蕉,苹果,
Map集合中所有的键值是：num4=橘子,num2=苹果,num3=桃子,num0=香蕉,num1=苹果,
```

上述代码中使用多态的方式创建一个 Map 集合对象 map，然后使用接口中的 put( ) 方法添加一些数据元素到集合中，通过 containsKey( ) 方法判断有没有一个叫"num2"的键，如果没有添加一组 key 为"num2" value 为"水果"的数据，再判断 key 是"num2"的元素的 value 值是不是"苹果"如果不是改成苹果。通过 keySet( ) 方法将所有的键取出来放到一个 Set 集合

中，通过 values( )方法将所有的值取出来放到一个 Collection 集合中，使用 foreach 循环遍历两个集合打印出所有的键和值。再用 foreach 循环遍历 map 集合将每次遍历的键值对放入一个 Map.Entry<String, String>类型的变量 mEntry 中，然后打印出集合中所有的键值对。

从上面的例子上能看出 Map 集合中 key 值是不可以重复的，所以我们在第 17 行代码处可以通过再次输入键是"num2"的元素来修改 num2 元素的 value 值，并且 key 值在输入时是无序的存在，这个特性是 Map 集合最重要的特性，上面讲到的 Set 集合底层就是用 Map 集合实现的，并且 Set 集合的元素就是使用的 Map 集合中的 key 值存放的，所以用 keySet( )方法取来的 key 值是一个 Set 集合类型。

8.5.2 HashMap 类

HashMap 集合是 Map 集合的一个实现类。HashMap 集合有 Map 集合的特点：数据不能重复，并且插入数据时插入的数据是无序的。同时数据存储到 HashMap 集合内部也是无序的。

HashMap 集合在实际应用中常常使用 Map 接口的方法，所以 HashMap 集合中的所有操作可以参考 Map 接口的内容。

需要注意的是一般情况如果我们不要求 key 是有序的情况中大多数创建实例采用的是 HashMap 来创建一个 Map 集合实例。实际应用中大多数的 value 值得类型多是 Object（也包括另一个 Map 集合），所以读者需要学会创建并使用 value 泛型是 Object 的 Map 集合。下面用一个实例来体验一下 value 是 Object 类型或者是一个 Map 集合的情况。

【例 8-5-2】编写一个 java 类，在其中创建 HashMap 集合，要求利用例 8-4-4 的模型 Fruit，创建几个 Fruit 模型实例讲这些实例存储到 HashMap 集合中，再将该集合存入另一个 Map 集合中，遍历打印两个集合的结果。

```
01  public class Example_08_17 {
02    public static void main(String[] args) {
03      //创建value值是Object的Map集合
04      Map<String, Fruit> map1 = new HashMap<>();
05      Map<String, Fruit> map2 = new HashMap<>();
06      Map<String, Map<String, Fruit>> map3 = new HashMap<>();
07      //存入对象型数据到value
08      map1.put("num0", new Fruit(1,"苹果",20));
09      map1.put("num1", new Fruit(2,"香蕉",15));
10      map1.put("num3", new Fruit(3,"菠萝",5));
11      map1.put("num4", new Fruit(4,"橘子",10));
12      map2.put("苹果", new Fruit(1,"苹果",20));
13      map2.put("香蕉", new Fruit(2,"香蕉",15));
14      map2.put("菠萝", new Fruit(3,"菠萝",5));
15      map2.put("橘子", new Fruit(4,"橘子",10));
16      //存入另一个Map到value
```

```
17        map3.put("map1", map1);
18        map3.put("map2", map2);
19        System.out.println("打印map1的内容:");
20        for (Map.Entry<String, Fruit> mEntry : map1.entrySet()) {
21            System.out.println(mEntry);
22        }
23        System.out.println("打印map3的内容:");
24        for (Map.Entry<String, Map<String, Fruit>> mEntry : map3.entrySet()) {
25            System.out.println(mEntry);
26        }
27    }
28 }
```

运行结果如下:

```
打印map1的内容:
num4=Fruit [id=0, name=橘子, price=10]
num3=Fruit [id=0, name=菠萝, price=5]
num0=Fruit [id=0, name=苹果, price=20]
num1=Fruit [id=0, name=香蕉, price=15]
打印map3的内容:
map2={香蕉=Fruit [id=0, name=香蕉, price=15], 菠萝=Fruit [id=0, name=菠萝, price=5], 橘子=Fruit [id=0, name=橘子, price=10], 苹果=Fruit [id=0, name=苹果, price=20]}
map1={num4=Fruit [id=0, name=橘子, price=10], num3=Fruit [id=0, name=菠萝, price=5], num0=Fruit [id=0, name=苹果, price=20], num1=Fruit [id=0, name=香蕉, price=15]}
```

从上面的例子上看，存储 Map 和存储 Object 还是有一点区别，存储 Map 的集合从结果上看 value 值使用"{}"括起来的一组值。这种组合方式可以在一个键中存储不限长数据，在将来的各种 JavaWeb 框架中经常采用这种方式来搭建框架的 context，所以请读者可以理解这种存储方式。

8.5.3 TreeMap 类

TreeMap 集合是 Map 集合另一一个实现类。TreeMap 集合底层是由一个平衡二叉树构成，所以它的 key 值是按照自然排序的，TreeMap 集合其他的特性和 HaspMap 用法相似，下面我们用一个例子展示一下 TreeMap 的 key 值自动排序。

【例 8-5-3】 编写一个 java 类，在其中创建 TreeMap 集合，将部分无序 key 的数据存入 TreeMap 集合，遍历集合打印集合内容。

```
01 public class Example_08_18 {
02    public static void main(String[] args) {
```

```
03          //创建 TreeMap 集合
04          Map<String, String> map = new TreeMap<>();
05          //存入 key 无序的数据
06          map.put("num0","苹果");
07          map.put("num2","香蕉");
08          map.put("num3","菠萝");
09          map.put("num1","橘子");
10          System.out.println("打印 map 的内容:");
11          for (Map.Entry<String,String> mEntry : map.entrySet()) {
12              System.out.println(mEntry);
13          }
14      }
15  }
```

运行效果如下所示:

```
打印 map 的内容:
num0=苹果
num1=橘子
num2=香蕉
num3=菠萝
```

8.5.4 集合遍历

Map 集合由于存储的形式为键值对的方式,所以 Map 集合的遍历分为采用遍历 key,遍历 value 和遍历键值对三种方式。其中 key 的结果集是 Set<K>类型,相当于遍历一个 Set 集合所以可以采用 Set 集合遍历的方式来遍历;Value 的结果集是 Collection<V>类型,和单列集合的遍历方式相同可以采用单列集合的遍历方式;键值对的遍历需要使用 iterator 方式或者依托 iterator 方式存在的 foreach 方式。下面用实例来应用各种对 Map 遍历。

【例 8-5-4】 使用各种方式遍历 Map 集合。

```
01  public class Example_08_20 {
02    public static void main(String[] args) {
03          //创建 Map 集合
04          Map<String, String> map = new HashMap<>();
05          //存入 key 无序的数据
06          map.put("num0","苹果");
07          map.put("num2","香蕉");
08          map.put("num3","菠萝");
```

```java
09      map.put("num1","橘子");
10      //使用 key 遍历集合
11      System.out.println("使用 key 遍历 map 的内容:");
12      for (String string : map.keySet()) {
13          System.out.println("key 的值:"+string+"value 的值:"+map.get(string));
14      }
15      //使用 value 遍历集合
16      System.out.println("使用 value 遍历 map 的内容:");
17      for (String string : map.values()) {
18          System.out.println("value 的值: "+string);
19      }
20      //使用 iterator 遍历集合
21      System.out.println("使用 iterator 遍历 map 的内容:");
22      Iterator<Map.Entry<String, String>> it = map.entrySet().iterator();
23      while (it.hasNext()) {
24          Map.Entry<String, String> mEntry = it.next();
25          System.out.println("key 的值: "+mEntry.getKey()+"value 的值: "+mEntry.getValue());
26      }
27      //使用 foreach 遍历集合
28      System.out.println("使用 foreach 遍历 map 的内容:");
29      for (Map.Entry<String,String> mEntry : map.entrySet()) {
30          System.out.println("key 的值: "+mEntry.getKey()+"value 的值: "+mEntry.getValue());
31      }
32  }
33 }
```

运行效果如下所示:

```
使用 key 遍历 map 的内容:
key 的值: num2value 的值: 香蕉
key 的值: num3value 的值: 菠萝
key 的值: num0value 的值: 苹果
key 的值: num1value 的值: 橘子
使用 value 遍历 map 的内容:
value 的值: 香蕉
value 的值: 菠萝
```

> value 的值：苹果
> value 的值：橘子
> 使用 iterator 遍历 map 的内容：
> key 的值：num2value 的值：香蕉
> key 的值：num3value 的值：菠萝
> key 的值：num0value 的值：苹果
> key 的值：num1value 的值：橘子
> 使用 foreach 遍历 map 的内容：
> key 的值：num2value 的值：香蕉
> key 的值：num3value 的值：菠萝
> key 的值：num0value 的值：苹果
> key 的值：num1value 的值：橘子

上面的例子给出了 Map 集合的各种遍历方式，需要注意的是如果我们遍历集合中的 value 值是没有办法拿到相应的 key 值。

通常情况我们要遍历一个 Map 集合只需要遍历 Map 集合中的 key 值就可以达到我们的目的，但如果确实需要遍历整个集合就需要创建 iterator 对象，这个对象的泛型需要是 Map.Entry<O, O>类型，这个对象可以沟通过 Map.entrySet() 的 iterator() 方法获得。

8.6 Collections 工具类

在上面的章节中我们学会了对集合的基本操作以及对集合的遍历操作。但是在实际的项目开发中除了这些基本操作以外我们还会经常对集合做排序操作，查找替换集合中的某个特定元素操作等。Java 为了满足集合操作的需要提供了一个专门用于集合操作的工具类 Collections 工具类，这个类位于 java.util 包中，它提供了大量的用于集合元素排序、查找、替换等操作的方法。

表 8-5 Collections 工具类中的常用方法

方法	功能描述
static boolean addAll(Collection<? super T> c, T... elements)	将所有指定的元素增加到指定的单列集合中
static void copy(List<T> dest, List<T> src)	将一个列表复制到另一个列表中
static void fill(List<T> list, T obj)	将指定元素代替列表中所有元素
static int indexOfSubList(List<?> source, List<?> target)	指定列表在目标列表中第一次出现的位置，如果没有返回-1
static int lastIndexOfSubList(List<?> source, List<?> target)	指定列表在目标列表中最后一次出现的位置，如果没有返回-1

续表

方法	功能描述
static boolean replaceAll (List < T > list, T oldVal, T newVal)	将列表中的一个指定的值替换成另一个值
static void swap (List<? > list, int i, int j)	交换两个两位置的元素
static Object max (Collection<T> coll)	返回列表元素中的最大值
static Object min (Collection<T> coll)	返回列表元素中的最小值
static void reverse(List<? > list)	将列表中的元素逆序排序
static void shuffle(List<? > list)	将列表中的元素乱序
static void sort(List<T> list)	将列表中的元素升序排序

表 8-5 所述方法中为集合提供了排序、替换、查找等操作下面我们通过实例来演示各种方法的用法。

8.6.1 复制、增加

Collections 工具类中提供了 addAll( )方法可以将一组枚举数据增加到一个单列集合中，copy( )方法可以将一个集合复制到另一个集合中。具体内容参考表 8-6。

表 8-6 Collections 工具类中复制、增加常用方法

方法	功能描述
static boolean addAll(Collection<? super T> c, T... elements)	将所有指定的元素增加到指定的单列集合中
static void copy (List< T> dest, List<T> src)	将一个列表复制到另一个列表中

addAll( )方法避免了在集合中添加多个元素时不停写 add( )方法的麻烦，可以使用枚举的方式向一个集合中添加多个元素。用 copy( )方法复制和通常使用赋值符号"="复制的方式是不同的，用"="复制的方式我们称为"浅复制"，在集合中使用浅复制复制集合不能达到我们程序的目的，因为集合中使用浅复制复制的两个集合所指向的内存地址是同一个地址，一旦一个集合修改另一个集合会跟着一块修改。copy( )方法复制得到的结果其本质上也是"浅复制"不过要比"="这种复制方法作用要深（如果集合中的 value 值存的依然是一个集合这种方式也达不到复制的要求），如果要真正实现深复制在 java 中还要使用循环遍历中为另一个集合赋值的操作。

下面我们通过一个例子来看一看两种复制的区别。

【例 8-6-1】 分别用"="和 copy( )方法复制一个单列集合查看两个集合的结果。

```
01 public class Example_08_21 {
02   public static void main(String[] args) {
```

```
03      //创建两个集合
04      List<Integer> list = new ArrayList<>();
05      List<Integer> list1 = new ArrayList<>();
06      //使用枚举的方式为list集合增加元素
07      Collections.addAll(list, 1,2,3,4);
08      //使用赋值的方式复制list集合
09      list1 = list;
10      //对list集合增加新元素
11      //为集合list再添加元素
12      list.add(5);
13      System.out.println("打印list:");
14      for (Integer integer : list) {
15          System.out.print(integer+",");
16      }
17      System.out.println();
18      System.out.println("打印list1:");
19      for (Integer integer : list1) {
20          System.out.print(integer+",");
21      }
22  }
23 }
```

运行效果如下所示：

```
打印list:
1,2,3,4,5,
打印list1:
1,2,3,4,5,
```

程序的第7行我们使用Collections工具类中提供了addAll()方法使用枚举的方式为集合增加了4个元素。通过上述程序的运行结果来看使用"="的方式复制一个集合后，其本质上是将两个集合指向同一块内存，所以当两个集合中的任意一个集合有修改，另一个集合内容会同时跟着修改。下面使用copy()方法来复制。

```
01 public class Example_08_21 {
02   public static void main(String[] args) {
03      //创建两个集合
04      List<Integer> list = new ArrayList<>();
05      List<Integer> list1 = new ArrayList<>();
```

```
06        //使用枚举的方式为list集合增加元素
07        Collections.addAll(list, 1,2,3,4);
08        Collections.addAll(list1, 7,8,9,10);
09        //使用copy()的方式复制list集合
10        Collections.copy(list1, list);
11        //对list集合增加新元素
12        list.add(5);
13        System.out.println("打印list:");
14        for (Integer integer : list) {
15            System.out.print(integer+",");
16        }
17        System.out.println();
18        System.out.println("打印list1:");
19        for (Integer integer : list1) {
20            System.out.print(integer+",");
21        }
22    }
23 }
```

运行效果如下所示：

```
打印list:
1,2,3,4,5,
打印list1:
1,2,3,4
```

从结果上看使用copy()方法完成复制后list和list1中的内容可以单独操作。但是使用copy()方法时需要注意方法要求复制集合的时候源集合和目标集合要求长度相同，所以需要为list1集合赋予和list集合一样长的数据(默认实例化后的集合长度是0)。

8.6.2 查找、替换

Collections工具类中提供了一组针对集合的查找、替换的方法，使用这些方法可以快捷的查找到我们想要的元素，或者替换掉一些我们不想要的数据。具体方法请参考表8-7所示。

表8-7 Collections工具类中查找替换的常用方法

方法	功能描述
static void fill(List<T> list, T obj)	将指定元素代替列表中所有元素
static int indexOfSubList(List<?> source, List<?> target)	指定列表在目标列表中第一次出现的位置，如果没有返回-1
static int lastIndexOfSubList(List<?> source, List<?> target)	指定列表在目标列表中最后一次出现的位置，如果没有返回-1

续表

方法	功能描述
static boolean replaceAll (List < T > list，T oldVal，T newVal)	将列表中的一个指定的值替换成另一个值

下面我们通过一个例子来体验一下这些方法的应用。

【例 8-6-2】 使用 Collections 工具类中的方法完成集合的查找、替换。

```
01 public class Example_08_22 {
02   public static void main(String[] args) {
03     List<Integer> list = new ArrayList<>();
04     List<Integer> list1= new ArrayList<>();
05     List<Integer> list2= new ArrayList<>();
06     Collections.addAll(list, 1,2,3,4,5,6);
07     Collections.addAll(list1, 3,2,5,1,0,6,3,4,1,0,6,2,2,1,0);
08     Collections.addAll(list2, 1,0,6);
09     //使用指定元素替换集合中所有元素
10     Collections.fill(list, 7);
11     System.out.print("集合 list:");
12     for (Integer integer : list) {
13       System.out.print(integer+",");
14     }
15     //查找 list1 中第一次出现 list2 的 index 值
16     System.out.println();
17     int i = Collections.indexOfSubList(list1, list2);
18     System.out.println("list1 中第一次出现 list2 的 index 值为: "+i);
19     //查找 list1 中最后一次出现 list2 的 index 值
20     i = Collections.lastIndexOfSubList(list1, list2);
21     System.out.println("list1 中最后一次出现 list2 的 index 值为: "+i);
22     //将 list1 中的 0 元素替换成元素 9
23     Collections.replaceAll(list1, 0, 9);
24     System.out.print("list1 中的 0 元素替换成元素 9 后的结果: ");
25     for (Integer integer : list1) {
26       System.out.print(integer+",");
27     }
28   }
29 }
```

运行效果如下所示：

```
集合 list:7,7,7,7,7,7,
list1 中第一次出现 list2 的 index 值为：3
list1 中最后一次出现 list2 的 index 值为：8
list1 中的 0 元素替换成元素 9 后的结果：3,2,5,1,9,6,3,4,1,9,6,2,2,1,9,
```

8.6.3 排序

排序是我们在使用集合时的常用操作，Collections 工具类中提供了一组集合排序的方法，使用这些方法可以让我们快速对集合排序。具体方法请参考表 8-8 所示。

表 8-8　Collections 工具类中集合排序的常用方法

方法	功能描述
static void swap(List<?> list, int i, int j)	交换两个两位置的元素
static Object max(Collection<T> coll)	返回列表元素中的最大值
static Object min(Collection<T> coll)	返回列表元素中的最小值
static void reverse(List<?> list)	将列表中的元素逆序排序
static void shuffle(List<?> list)	将列表中的元素乱序
static void sort(List<T> list)	将列表中的元素升序排序

下面我们通过一个例子来体验一下这些方法的应用。

【例 8-6-3】　使用 Collections 工具类中的方法完成集合的排序。

```
01  public class Example_08_23 {
02    public static void main(String[] args) {
03      List<Integer> list = new ArrayList<>();
04      Collections.addAll(list, 3,2,5,1,0,6,3,4,1,0,6,2,2,1,0);
05      //交换第 2 位元素和第 5 位元素的值
06      Collections.swap(list, 2, 5);
07      System.out.print("集合 list:");
08      for (Integer integer : list) {
09        System.out.print(integer+",");
10      }
11      //返回 list 中的最大值
12      System.out.println();
13      System.out.println("list 集合中的最大值是："+Collections.max(list));
14      //返回 list 中的最小值
15      System.out.println("list 集合中的最小值是："+Collections.min(list));
16      //将 list 中元素逆序排序
17      Collections.reverse(list);
```

```
18      System.out.print("逆序后集合list:");
19      for (Integer integer : list) {
20          System.out.print(integer+",");
21      }
22      //将list中元素乱序
23      Collections.shuffle(list);
24      System.out.println();
25      System.out.print("乱序后集合list:");
26      for (Integer integer : list) {
27          System.out.print(integer+",");
28      }
29      //将list中元素升序排列
30      Collections.sort(list);
31      System.out.println();
32      System.out.print("升序排序后集合list:");
33      for (Integer integer : list) {
34          System.out.print(integer+",");
35      }
36  }
37 }
```

运行效果如下所示：

```
集合list:3,2,6,1,0,5,3,4,1,0,6,2,2,1,0,
list集合中的最大值是：6
list集合中的最小值是：0
逆序后集合list:0,1,2,2,6,0,1,4,3,5,0,1,6,2,3,
乱序后集合list:1,0,0,0,6,1,5,1,2,3,3,2,4,2,6,
升序后集合list:0,0,0,1,1,1,2,2,2,3,3,4,5,6,6,
```

本 章 小 结

本章详细介绍了Java集合框架的知识。从单列集合Collection和双列集合Map开始，我们依次介绍了单列集合List集合、Set集合，双列集合Map集合，讲解了各种集合的特性，用实例说明了各种集合的特点，学会各种集合的基础操作和遍历操作，掌握Collections工具类的操作。熟练掌握集合框架知识，将会帮助我们更好的对数据的存储、访问、修改等操作进行快速有效的掌控，对于以后的实际开发大有裨益的。

习 题

一、判断题
1. Set 集合和 Map 集合都是双列集合。　　　　　　　　　　　　　　（　）
2. TreeSet 集合是单列无序不重复集合。　　　　　　　　　　　　　　（　）
3. Map 集合是使用键值对存储数据。　　　　　　　　　　　　　　　（　）
4. Collection 是单列集合的父接口。　　　　　　　　　　　　　　　（　）
5. Iterator 接口可以遍历所有集合。　　　　　　　　　　　　　　　（　）
6. LinkedList 集合的读取速度要比 ArrayList 集合读取速度快。　　　　（　）

二、填空题
1. 单列集合的顶层接口是_____。
2. ArrayList 集合的底层是使用_____来实现的。
3. LinkedList 集合的底层是使用 _____来实现的。
4. foreach 循环的底层是使用 _____接口来遍历数据。
5. Set 集合主要的实现类有 _____和_____。
6. Collections 工具类中将集合乱序的方法为 _____。

三、选择题
1. LinkedList 类的特点是？
   A. 查询速度快　　　　　　　　　　B. 插入删除速度快
   C. 元素无序　　　　　　　　　　　D. 元素不重复
2. Java 中集合框架位于哪个包中？
   A. java.util　　　　　　　　　　　B. java.lang
   C. java.array　　　　　　　　　　 D. java.collections
3. Map 结合中取出所有键的方法是？
   A. entrySet( )　　B. get( )　　　C. keySet( )　　　D. put( )
4. 对于 HashMap 的说法错误的是？
   A. 底层是数组结构　　　　　　　　B. 底层是链表结构
   C. 可以存储空值和空键　　　　　　D. 不可以存储空值和空键
5. 要想集合中保存的元素没有重复值并且是按照自然排序排列可以使用下面那个集合？
   A. LinkedList　　B. TreeSet　　　C. ArrayList　　　D. HashSet

四、编程题
1. 产生 10 个 1-100 的随机数，并放到一个数组中，把数组中大于等于 10 的数字放到一个 list 集合中，打印该集合。
2. 学校运动会已知有十六支男子球队参加篮球赛。写一个程序，把这 16 支球队随机分为 4 个组。采用 List 集合和随机数。
3. 请按照以下要求设计一个学生类，并完成数据统计。要求如下：
   (1) Student 类中包含姓名、成绩、年龄三个属性；
   (2) Student 类中定义一个无参的构造方法和一个接收三个参数的构造方法，三个参数分别为姓名、成绩、年龄属性赋值；

（3）编写测试类，在测试类中创建 List 对象，创建 5 个学生对象存入 List 对象中；

（4）在这个 List 对象基础上完成并打印学生的平均年龄，学生的平均成绩，最高分成绩的学生名字，年龄最小的学生名字；

（5）将学生信息按照成绩高低打印出来。

第 9 章　异常处理

在我所有的程序 Bug 中，80%是语法错误。
Of all my programming bugs, 80% are syntax errors.

——MarcDonner
IBM Watson 研究中心

学习目标
- ▶ 了解 Java 异常处理概念。
- ▶ 掌握 Java 异常类型。
- ▶ 掌握异常捕捉处理方法。
- ▶ 学会自定义异常。

微信扫码立领
●章节配套课件

微信扫码立领
●对应代码文件

9.1　异常处理概述

有过开发经历的同学们都会体会到，编写代码的过程中真正处理核心代码所用的时间占开发的总时间比例并不大，最耗费时间的工作是处理开发过程中遇到的各种错误。如何准确高效的处理各种错误是一门语言是否高效的重要标准。Java 语言针对各种错误提供了一种优秀的解决方案：异常处理机制。

在 Java 语言中错误分为两种：

一种称为 Error 就是错误，这是一种在编译过程中就会发现的严重程序错误，遇到这种问题程序是不能通过编译的。现今这种问题一般在集成开发环境中可以直接提示程序错误不能进行编译比较容易解决。

一种称为 Exception 就是异常，异常也是一种程序错误，但这种错误在编译过程中是不会出现问题的。它发生在程序运行的时候，程序运行过程中发生的不被期望的事件，它阻止了程序按照程序员的预期正常执行，这就是异常。

在实际工作中 Error 是比较好解决的，但 Exception 解决起来就比较麻烦。因为异常发生时总是需要做出选择。是任程序自生自灭退出终止程序，还是输出错误给用户或是跳过异常继续运行？Java 提供的异常处理机制能让程序在异常发生时，按照程序员的预先设定的异常处理逻辑，有针对性地处理异常，让程序尽最大可能恢复正常并继续执行，且保持代码的准确。

9.1.1　异常的结构体系

Java 语言将所有的错误都作为异常对象来处理，并定义了一个超类 java.lang.Throwable 来派生所有的错误类。

Throwable 类的派生类分为处理错误的 Error 类和处理异常的 Exception 类。本章来介绍处理异常的 Exception 类。

Java 语言中 Exception 类派生出的众多类大体上可以分为两类，一类为 RuntimeException 即运行时异常（程序在运行过程中遇到某些问题例如要访问的类不存在等），一类为非运行时异常（例如请求的文件不存在，请求的数据库不能读写等）。

图 9-1 异常类结构图给出了异常处理类中部分常用派生类的层次结构图，本章节将对其中重要的派生类进行讲解。

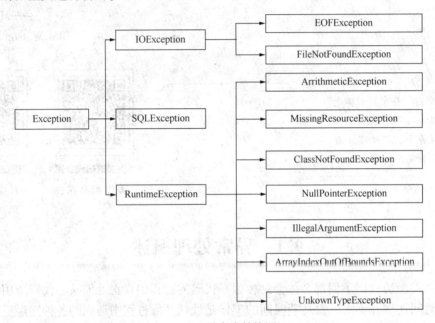

图 9-1　异常类结构图

Exception 类派生自 Throwable 类，Exception 类中常用的方法都是继承自 Throwable 类中的方法，Throwable 类中包含了很多用于异常处理的方法比较常用的方法常如表 9-1 所示。

表 9-1　Throwable 类的常用方法

方法	功能描述
String getMessage( )	返回抛出异常的详细信息
void printStackTrace(printStream s)	将抛出的异常信息和详细追溯信息发送到指定的打印流中
String toString( )	打印简短的抛出描述

这些方法中 getMessage( ) 可以取得异常的详细信息，一般用于分析处理比较罕见的异常，printStackTrace( ) 多用于测试工作可以将错误的详细信息通过流的形式打印出来。

9.1.2　初识异常

Java 的异常处理本质上是抛出异常和捕获异常。

Java 中的异常是指在程序的运行过程中程序遇到了错误情况（不是在编译过程中能够发现的属于 Error 类型的错误），它是指阻止当前方法或作用域继续执行，这种情况叫做出现异常。

第9章 异常处理

抛出异常：对于异常情形，程序已经无法继续下去了，因为在当前环境下无法获得必要的信息来解决程序问题。这个时候 Java 的异常处理机制就会将程序从当前环境中跳出，并把问题提交给上一级环境，这就是抛出异常。

捕获异常：抛出异常后，会进行异常捕获操作。首先，异常处理机制会在 Java 运行环境中创建一个异常对象；然后，异常发生的进程被终止，并且从当前环境中弹出对异常对象的引用。异常处理机制接管异常发生程序，并开始寻找一个符合当前情况的异常处理器处理异常程序，它的任务是将程序从异常的状态中恢复过来，使程序要么换一种方式运行，要么忽略异常继续运行下去。这种操作就是捕获异常。

下面通过一个简单的例子体验一下异常抛出和异常捕获。

【例 9-1-1】 编写一个方法接受一个 int 型参数，在方法中创建一个定长数组，为数组下标是形参的元素传值，如果传入的实参大于数组长度捕捉异常并打印异常类型，如果不大于数组长度打印程序正常运行。

```
01  public class Example_09_01 {
02      public static void main(String[] args) {
03          Example_09_01 ex = new Example_09_01();
04          ex.arraytext(3);
05      }
06      public void arraytext(int x) {
07          try {
08              int [] a = new int[3];
09              a[x]= 9;
10              System.out.println("程序正常运行！！");
11          } catch (ArrayIndexOutOfBoundsException e) {
12              System.out.println("你遇到的异常是："+e);
13          }
14      }
15  }
```

运行结果如下：

```
你遇到的异常是：java.lang.ArrayIndexOutOfBoundsException: 3
```

上述程序传递的实参是 3，程序整体上是正确的可以通过编译，当程序运行到第 9 行代码时程序遇到一个运行时出现的错误数组下标越界，这个时候程序运行暂停，程序会抛出一个 ArrayIndexOutOfBoundsException 异常，如果没有捕捉这个异常程序到这里就中断并且报错，我们通过 try 关键字（具体用法参看后续章节）检查是否出现异常，如果出现通过 catch 关键字捕获这个异常，捕获到异常以后被 try 关键字检查的程序不再运行，程序运行跳转到运行异常处理器中的异常处理代码，本实例异常处理代码中就是打印遇到的异常是什么，最终得到的结果是打印"你遇到的异常是：java.lang.ArrayIndexOutOfBoundsException：3"。

9.2 Java 异常类型

Java 定义两种类型的异常：Checked exceptions（检查型异常）和 Unchecked exceptions（非检查型异常）。这两种类型的异常区别在于编译器在编译源代码的时候检查型异常要求必须捕捉或者处理异常否则不能通过编译，非检查型异常可以不用捕捉或处理异常就可以通过编译。

不过这种分类方法一直受到大多程序员的诟病，主要矛盾集中在 Checked exceptions，这种类型的异常检查是 Java 独有的一种检查方式并在其核心 API 中大量应用，其他语言中没有这种方式只拥有 Unchecked exceptions 的检查异常的方式。从程序员的角度大部分的 Checked exceptions 其实是可以通过程序员提前对程序运行环境做处理完成的，没有必要必须捕捉异常。另外 Checked exceptions 的强制处理方式使得代码中必须引入异常处理相关的类和方法，这种操作又与当下软件设计原则中的降低耦合的原则不相符合。所以在 Java 语言归属于 Oracle 后，这类 Checked exceptions 在 Java 新增加的 API 中并不常见。

所以现在大部分程序员将 Java 的异常分为 RuntimeException（运行时异常）和非运行时异常（虽然这类异常中的绝大部分为 Checked exceptions 但大多数程序员还是反对 Java 的分类方法，这似乎是对 SUN 公司默默的反抗）。本章中我们也是用这种分类方法说明各种类型的异常。

9.2.1 运行时异常

运行时异常 RuntimeException 是 Exception 类中的一个子类，专门负责处理编译器没有做出处理但是在程序运行过程中出现的程序错误使程序不能进行下去的问题。通常这类异常可以通过对程序的优化来规避，或者直接抛弃掉，但为了程序的健壮性负责任的程序员都会对这些异常做出处理，下面我们介绍一下常用的 RuntimeException 子类。

ArrithmeticException：算数运算异常，这种异常通常发生在为数学公式传递的值违反了数学公式的某些约束条件。最常见的就是除数是"0"。

MissingResourceException：指定资源丢失异常，这种异常通常是加载某个你指定好的资源但确没有找到。常见于 JavaWeb 框架编程中寻找不到配置文件。

ClassNotFoundException：要加载的类或者依赖的 jar 不存在。这种问题常见于加载的类文件或者 jar 文件并不是你真正要的那个文件而是存在于不同目录中相同名字的那个目标。

NullPointerException：空指针异常。这种异常常见于应用的对象没有初始化，或者初始化后为 Null 的情况。这种异常是初学者经常遇到的问题，请同学们遇到这种问题时仔细检查自己的程序看看有没有那个对象没有初始化或者对象为 Null。

IllegalArgumentException：非法参数异常。这种异常常见于文件处理和 JavaWeb 项目中，造成该种异常的原因是传递的参数不符合目标程序的要求。

ArrayIndexOutOfBoundsException：非法索引引用异常。这种异常通常处理数组越界问题，引起这种异常的原因通常是索引使用了负值或者索引值大于等于数组的大小。

UnkownTypeException：遇到未知类型异常。这种异常通常出现在程序运行使用的 JDK 版本不同的时候，有些版本定义的数据类型另一个版本的 JDK 不认识便会抛出该类异常。

除了上面提到的异常以外，RuntimeException 还包含很多不同的派生类，每一个派生类代表一类程序运行时可能出现的异常,在实际编程中如果遇到可以查询 JavaAPI 文档来确定异常的种类。

9.2.2 非运行时异常

非运行时异常包含多种异常类它们也是 Exception 类中的子类,这些异常中大多是为处理请求某些资源时遇到的问题而存在的。这类异常中的绝大多数异常属于检查型异常这就意味着要求程序员必须对这类异常捕捉、处理,下面我们介绍一下常用的非运行时异常。

EOFException:输入过程中以外终止。
FileNotFoundException:要加载的文件没有找到。
FileLockInterruptionException:要加载的文件被其他线程锁定。
SQLException:数据库访问错误。

除了上面提到的异常以外,非运行时异常还包含很多不同的派生类,在后面的学习中会逐渐的接触到。

9.3 异常捕捉、处理

上面我们介绍了异常类型,那么在实际编程中针对以上各种类型的异常我们一般可以采用两种方式捕捉处理异常。第一种是一种比较优秀的处理方式就是采用 try…catch 语句块来监听、捕捉、处理异常。当然如果你对自己的程序有信心不会出现任何问题,或者出现了问题也不用处理,再或者出现了问题也处理不了,那么你可以采用第二种方法使用 throws 关键字将异常抛出。

下面就来介绍一下这两种异常处理方法。

9.3.1 try…catch

Java 提供了 try…catch 语句块来处理异常,这组语句块有三个关键字组成分别是用于监听可能产生异常的目标程序的 try 关键字,用于捕获异常的 catch 关键字,用于无论是否出现异常或处理异常都必须执行某些程序的 finally 关键字。

try…catch 语句块的语法结构如下:

```
try {
    可能出现异常的代码
    ...
}
catch (Exception1 e) {
    处理异常类型1的代码
}
catch (Exception2 e) {
    处理异常类型2的代码
}
```

```
    ......
    catch (ExceptionN e) {
        处理异常类型n的代码
    }
    finally {
        最终要运行的代码
    }
}
```

try…catch 语句块中 try 负责监听，try 后面的一对大括号就是 try 的监听区域，大括号中放置的是可能出现异常的代码。如果被 try 监听的代码出现了异常 try 就会通知 catch 将其捕获，需要注意的是 catch 可以有很多，具体由哪一个捕获需要看那用一个 catch 中异常类型和监听到的异常类型匹配结果来确定。finally 负责执行一些不论是否捕捉异常都需要执行的代码。需要注意的是 finally 语句块和 catch 语句块可以省略，但是不能同时省略（通常不会省略所有的 catch 语句块，最少保留一个）。下面用实例来说明异常捕捉方法。

【例 9-3-1】 编写一个方法接受一个 int 型参数，在方法中创建一个定长数组，为数组下标是形参的元素传值，捕捉该段程序中的各种异常。

```
01  public class Example_09_02 {
02      public static void main(String[] args) {
03          Example_09_02 ex = new Example_09_02();
04          ex.arraytext(3);
05      }
06      public void arraytext(int x) {
07          try {
08              int [] a = new int[4];
09              a[x]= 9;
10              a[1]=(Integer) null;
11              System.out.println("数组第1位的值是:"+a[1]);
12              System.out.println("程序正常运行！！");
13          } catch (ArrayIndexOutOfBoundsException e) {
14              System.out.println("你遇到的异常是："+e);
15          } catch (NullPointerException e) {
16              System.out.println("你遇到的异常是："+e);
17          }
18      }
19  }
```

运行结果如下：

```
你遇到的异常是：java.lang.NullPointerException
```

如果上述程序第四行代码中传入的实参值大于等于 4 或者小于 0 运行结果如下：

```
你遇到的异常是：java.lang.ArrayIndexOutOfBoundsException: -1
```

从上面的程序中可以看出我们可以使用多个 catch 语句块来捕捉不同的异常，具体被那个 catch 捕捉到需要看哪种异常先发生并且被监听到。同样这个例子中我们省略了 finally 语句块。

上面的程序中还有可能遇到一种情况，就是不知道可能出现什么异常情况，那么可以捕捉异常的超类 Exception 类。

```
01  public class Example_09_03 {
02      public static void main(String[] args) {
03          Example_09_03 ex = new Example_09_03();
04          ex.arraytext(3);
05      }
06      public void arraytext(int x) {
07          try {
08              int [] a = new int[4];
09              a[x]= 9;
10              a[1]=(Integer) null;
11              System.out.println("数组第1位的值是:"+a[1]);
12              System.out.println("程序正常运行！！");
13          } catch (ArrayIndexOutOfBoundsException e) {
14              System.out.println("你遇到的异常是："+e);
15          } catch (Exception e) {
16              System.out.println("你遇到的异常是："+e);
17          }
18      }
19  }
```

运行结果如下：

```
你遇到的异常是：java.lang.NullPointerException
```

这里需要注意如果遇到捕捉的各种异常中，如果有超类和子类的关系存在捕捉超类的 catch 语句必须放在捕捉子类的语句之后，如果放到前面会报错。我们将上面代码第 13 行和第 15 行代码交换，会直接报错不能通过编译。

下面我们来讨论下 finally 语句块，finally 语句块要出现在 try…catch 语句块的最后面，finally 语句块中的代码必须运行无论 try…catch 是否捕捉到异常。这个 finally 语句在某些应用中占有很重要的作用,例如如果程序打开一个数据库,那么无论是否遇到异常情况最终程序都需要将数据库关闭掉,那么这个操作就需要 finally 语句块来完成这个功能。finally 语句块的使用要遵循以下原则:

(1) finally 语句块在 try…catch 语句块中只能存一个。
(2) finally 语句块可以没有,但如果需要只能出现在 try…catch 语句块的最后面。
(3) finally 语句块和 catch 语句块都可以省略但是不能同时省略。

下面给出一个合法的 finally 语句块实例。

【例 9-3-2】 编写一个方法,捕捉该段程序中的各种异常,不论是否出现异常都要打印"感谢你对我们的支持!!"。

```
01  public class Example_09_04 {
02      public static void main(String[] args) {
03          Example_09_04 ex = new Example_09_04();
04          ex.arraytext(3);
05      }
06      public void arraytext(int x) {
07          try {
08              int [] a = new int[4];
09              a[x]= 9;
10              a[1]=(Integer) null;
11              System.out.println("数组第1位的值是:"+a[1]);
12              System.out.println("程序正常运行!!");
13          } catch (ArrayIndexOutOfBoundsException e) {
14              System.out.println("你遇到的异常是:"+e);
15          }catch (Exception e) {
16              System.out.println("你遇到的异常是:"+e);
17          }finally {
18              System.out.println("感谢你对我们的支持!!");
19          }
20      }
21  }
```

运行结果如下:

你遇到的异常是:java.lang.NullPointerException
感谢你对我们的支持!!

删掉第 10 行代码运行结果如下:

数组第1位的值是:0
程序正常运行!!
感谢你对我们的支持!!

删掉第 13-16 行代码运行结果如下：

```
数组第1位的值是:0
程序正常运行！！
感谢你对我们的支持！！
```

9.3.2 throws/throw

有些时候一些优秀的程序员（这真的是优秀?）是可以确定自己的程序是不会产生任何异常的，这个时候 Java 的 Checked exceptions 异常就是一个比较麻烦的事情，因为 Java 规定了这类异常必须捕捉并且处理，不论你的程序是否会出现这种异常。还有一些异常如果一旦出现程序是没有能力处理的需要其他的支持来解决这种问题，例如，内存不足的问题。遇到这一类的情况可以直接将异常抛出。抛出异常可以使用 throws 或者 throw 关键字来实现。

throws 关键字：它是在方法定义时声明该方法要抛出的异常类型，如果抛出的是 Exception 异常类型，则该方法被声明为抛出所有的异常。多个异常可使用逗号分割。throws 关键字的语法格式为：

```
方法名 throws 异常序列（Exception1，Exception2，…，ExceptionN）
{ }
```

方法名后的 throws 异常序列是声明的要抛出的异常列表。当方法抛出了异常列表中的异常时，方法将不对这些类型及其子类类型的异常做处理，而抛向调用该方法的方法，由调用者去处理。例如：

```
01 public class Example_09_05 {
02     public static void main(String[] args) {
03         Example_09_05 ex = new Example_09_05();
04         try {
05             ex.arraytext(5);
06         } catch (Exception e) {
07             System.out.println("你的异常在主调方法中处理,异常是："+e);
08         }
09     }
10     public void arraytext(int x) throws ArrayIndexOutOfBoundsException{
11         int [] a = new int[4];
12         a[x]= 9;
13         System.out.println("数组第1位的值是:"+a[1]);
14     }
15 }
```

运行结果如下：

> 你的异常在主调方法中处理,异常是：java.lang.ArrayIndexOutOfBoundsException: 5

上面的例子中 arraytext( ) 方法没有对异常做任何处理，它仅仅把异常抛出，那么这个异常抛出以后是抛向了主调方法中，那么这个异常需要由主调方法来处理，如果主调方法没有处理会继续向上抛出直到有人处理或报错为止（main 函数就是最后一个可以处理抛出异常的函数，如果到了 main 函数后还是没有处理就会报错）。

使用 throws 针对方法抛出异常需要注意两点：

1. 要认真考虑当前的方法是否真的不需要处理异常或者当前的方法是否真的没有能力处理该异常，如果不是请谨慎使用 throws 关键字来抛出异常，因为如果真出现了异常最终还是要在程序流程中的某一个方法中处理的。

2. 抛出异常的方法如果是写到了某个超类中，那么当继承该类的子类重写这个抛出异常的方法时候不能声明与这个方法不同的异常，子类中声明的任何异常必须是相同的异常或者该异常的超类。

throw 关键字：它总是出现在方法体中，用来抛出一个异常。程序会在 throw 语句后立即终止，它后面的语句不能执行，然后在包含它的所有 try 程序块中（上层调用函数中的 try 程序块也算）从近端向远端寻找含有与其抛出异常匹配的 catch 子句来处理抛出的异常。throw 关键字的语法格式为：

> throw 异常对象

需要注意 throw 关键字后面跟着的是异常的实例对象，所以如果当前程序没有异常的实例对象需要自己创建实例对象后在抛出。

下面给出 throw 关键字的实例

【例 9-3-3】 编写一个方法，使用 try…catch 方式捕捉异常，同时使用 throw 关键字的方式将捕捉到的异常抛出，由上级方法处理该异常。

```
01 public class Example_09_06 {
02     public static void main(String[] args) {
03         Example_09_06 ex = new Example_09_06();
04         try {
05             ex.arraytext(5);
06         } catch (Exception e) {
07             System.out.println("你的异常在主调方法中处理,异常是："+e);
08         }
09     }
10     public void arraytext(int x){
11         try {
12             int [] a = new int[4];
13             a[x]= 9;
14             System.out.println("数组第1位的值是:"+a[1]);
```

```
15         } catch (ArrayIndexOutOfBoundsException e) {
16             throw e;
17         }
18     }
19 }
```

运行结果如下：

你的异常在主调方法中处理,异常是：java.lang.ArrayIndexOutOfBoundsException: 5

上面的例子中在 16 行代码中使用 throw e 将抓到的异常抛出了，使得这个数组越界的异常没有在 arraytext( ) 方法中做处理，而是通过 throw 关键字将异常抛向了主调方法中，主调方法中拥有 ArrayIndexOutOfBoundsException 的超类 Exception 存在所以可以处理这个被抛出来的异常。

当然在使用 throws 关键字抛出异常的方法中也可以使用 throw 关键字抛出异常，但这种情况下异常是没有实例化的，使用 throw 关键字抛出异常时需要自己实例化要抛出的异常。

【例 9-3-4】 编写一个方法，使用 throws 方式抛出异常，同时使用 throw 关键字的方式将捕捉到的异常抛出，由上级方法处理该异常。

```
01 public class Example_09_07 {
02     public static void main(String[] args) {
03         Example_09_07 ex = new Example_09_07();
04         try {
05             ex.arraytext(5);
06         } catch (Exception e) {
07             System.out.println("你的异常在主调方法中处理,异常是: "+e);
08         }
09     }
10     public void arraytext(int x) throws
ArrayIndexOutOfBoundsException ,IOException {
11
12         int [] a = new int[4];
13         a[x]= 9;
14         System.out.println("数组第1位的值是:"+a[1]);
15         ArrayIndexOutOfBoundsException e = new
ArrayIndexOutOfBoundsException();
16         throw e;
17     }
18 }
```

运行结果如下：

你的异常在主调方法中处理，异常是：java.lang.ArrayIndexOutOfBoundsException: 5

通过上面的例子我们可以知道 throw 关键字的一些特性：

1. 在"throw e;"语句之后写的任何语句都会报错，原因是 throw 关键字的特性是它后面所有的语句都不能执行，所以在它之后写任何语句都会报错。

2. throw 关键字后面跟着的是异常的实例对象。在例 9-3-4 的第 15 行需要创建一个 ArrayIndexOutOfBoundsException 类型的异常对象。

3. 在使用 throws 关键字抛出异常的方法中使用 throw 关键字抛出的异常需要属于 throws 关键字后面的异常列表中的某一个元素值或是某一个元素值得子类。在例 9-3-4 的第 15 行创建的异常对象是 throws 关键字后异常列表中的 ArrayIndexOutOfBoundsException 类型。

9.4 自定义异常

使用 Java 的内置异常类几乎可以处理编程时遇到的大部分情况。但是总有一些特殊的情况内置异常类处理不了，遇到这种情况可以使用自定义异常类来处理。

9.4.1 自定义异常

用户可以通过继承异常类的方式来创建一个自定义异常，语法格式如下：

```
class MyException extends Exception 或其他异常类 {}
```

需要注意如果想创建运行时异常我们需要继承 RuntimeException 或者其子类，如果想创建非运行时异常一般需要继承 Exception 类。

下面用一个实例来学习如何创建自定义异常。

【例 9-4-1】 编写一个自定义异常类。

```
01  public class MyException extends Exception {
02      private int i;
03      //定义无参构造器
04      public MyException(){
05          super();
06      }
07      //定义有参数构造器
08      public MyException(String msg){
09          super(msg);
10      }
11      //定义可用方法
12      public int getI() {
13          return i;
```

```
14      }
15      public void setI(int i) {
16          this.i = i;
17      }
18  }
```

从例子上可以看出创建一个异常类是非常容易的事情，只要继承我们想继承的异常超类就可以了，但是从实际工作上来看一般不会直接编写一个只有继承的空类，我们一般会编写一些必要的构造器和一些需要用到的方法。通常自定义异常最少需要定义两个构造方法：一个是无参的构造方法；一个是以 String 类型为参数的构造方法，创建这个构造方法的作用是，如果捕捉到的异常有异常信息可以通过这个构造方法创建一个对象处理异常信息。

9.4.2 自定义异常的抛出、捕捉与处理

自定义异常的捕捉与处理其实本质上和 Java 内置的异常类的捕捉与处理方式是相同的。主要的问题在于我们自定义的异常在程序运行过程中不论是使用 try 语句块监听，还是使用 throws 关键字抛出都不能监听到或者抛出我们自定义的异常，所以我们如果想使用自定义异常就需要程序员自己编写代码抛出自定义异常，才可以继续进行异常的捕捉与处理。下面我们利用实例来说明如何在 try 语句块中和 throws 关键字中抛出、捕捉并处理自定义异常。

【例 9-4-2】 编写一个方法来检查学生的考试状态参数，如果是 0 认为缺考，如果是 1 认为正常考试，如果是 2 认为是作弊，如果是其他数值则抛出上例中自定义的异常 MyException，使用 try 语句块和 throws 关键字两种方式捕捉该异常，捕捉后打印异常错误信息和用户输入的值。

第一种使用 try…catch 的方式捕捉：

```
01  public class Example_09_08 {
02      public static void main(String[] args) {
03          Example_09_08 ex = new Example_09_08();
04          ex.arraytext(5);
05      }
06      //使用throws的方式抛出自定义异常
07      public void arraytext(int x) {
08          String type;
09          switch (x) {
10          case 0:
11              type = "该生的考试状态为缺考";
12              System.out.println(type);
13              break;
14          case 1:
15              type = "该生的考试状态为正常";
```

```
16                System.out.println(type);
17                break;
18            case 2:
19                type = "该生的考试状态为作弊";
20                System.out.println(type);
21                break;
22            default:
23                type = "该生的考试状态异常";
24                try {
25                    //创建自定义异常实例
26                    MyException mye = new MyException(type);
27                    mye.setI(x);
28                    throw mye;
29                } catch (MyException e) {
30                    System.out.println("你的异常在方法中处理,异常是: "+e);
31                    System.out.println("你的传入的值是: "+e.getI());
32                }
33                break;
34        }
35    }
36 }
```

运行结果如下：

```
你的异常在方法中处理,异常是: tryex.MyException: 该生的考试状态异常
你的传入的值是: 5
```

需要注意的是使用这种方法捕获自定义异常的时候，使用 throw 关键字抛出异常的时候需要在 try 程序块中抛出，抛出之前需要创建你要抛出的那个自定义异常的对象，同时可以调用自定义异常中的方法（参考第 27 行）。第 26 行代码创建了一个有 String 类型参数的构造方法，传入的参数就被当做异常的信息使用，从运行结果可以看出打印出的信息就是我们传入的 type 参数的值。

自定义异常还有第二种捕捉方式使用 throws 关键字的方式来捕捉，我们需要强调的我们并不建议使用这种方式来捕捉自定义异常。因为自定义异常在这种模式下抛出后 Java 会将直接交给整体的异常框架来处理，如果我们想用自己的自定义异常来处理需要我们在处理自定义异常的时候同时增加对 Exception 异常框架的处理。

第二种使用 throws 关键字的方式捕捉：

```
01 public class Example_09_09 {
02     public static void main(String[] args) {
```

```
03          Example_09_09 ex = new Example_09_09();
04          try {
05              ex.arraytext(5);
06          } catch (MyException e) {
07              System.out.println("你的异常在主调方法中处理,异常是: "+e);
08              System.out.println("你的传入的值是: "+e.getI());
09          } catch (Exception e) {
10              System.out.println("父异常,异常是: "+e);
11          }
12      }
13      //使用throws的方式抛出自定义异常
14      public void arraytext(int x) throws Exception{
15          String type;
16          switch (x) {
17          case 0:
18              type = "该生的考试状态为缺考";
19              System.out.println(type);
20              break;
21          case 1:
22              type = "该生的考试状态为正常";
23              System.out.println(type);
24              break;
25          case 2:
26              type = "该生的考试状态为作弊";
27              System.out.println(type);
28              break;
29          default:
30              type = "该生的考试状态异常";
31              //创建自定义异常实例
32              MyException mye = new MyException(type);
33              mye.setI(x);
34              throw mye;
35          }
36      }
37  }
```

运行结果如下:

你的异常在方法中处理,异常是: tryex.MyException: 该生的考试状态异常
你的传入的值是: 5

下面这段程序中第 9 行代码中增加了对 Exception 异常的捕捉处理代码，从程序结果上看并没有捕捉 Exception 异常，但是大家可以自己动手试试将这段代码删掉，就会看到程序报错提示你需要处理 Exception 异常，原因就是使用 throws 这种方式抛出异常默认是将异常抛出给 java 内置异常框架来处理，要求必须有该自定义异常的上级内置异常的处理。

自定义异常可以做很多事情，但是请读者们注意尽量不要使用自定义异常来做程序流程控制，因为异常的执行过程中需要对内存中的数据进行跟踪，这个跟踪消耗的资源较多，在程序的流程控制中大部分操作用户是不需要跟踪内存的所以这种没有必要的资源开销尽量不要在自己的程序中出现。

本 章 小 结

本章详细介绍了 Java 中的异常处理机制，主要讲述了异常处理的概念；介绍了异常的层次类型；掌握了异常的捕捉处理方式；学会了如何自定义异常，如何抛出、捕捉、处理自定义异常。熟练掌握这些基础知识，将有助于快速处理实际开发中遇到的各种问题。

习 题

一、判断题

1. 所欲异常类的父类是 Error。　　　　　　　　　　　　　　　　　　　　　（　　）
2. FileNotFoundException 异常要求必须处理异常。　　　　　　　　　　　（　　）
3. RuntimeException 异常的父类是 Exception 类。　　　　　　　　　　　（　　）
4. try…catch 语句块中可以省略所有的 catch 语句块。　　　　　　　　　（　　）
5. finally 语句块可以放到 catch 语句块之前。　　　　　　　　　　　　　（　　）
6. throws 关键字只能抛出一种异常。　　　　　　　　　　　　　　　　　（　　）
7. 使用 throw 抛出异常只能抛出自定义异常。　　　　　　　　　　　　　（　　）
8. 如果程序发生异常没有捕获异常程序依然可以继续运行。　　　　　　（　　）

二、填空题

1. Java 中的异常类都继承自超类 ＿＿＿＿＿＿＿＿＿＿＿。
2. try 语句块后面必须跟随 ＿＿＿＿＿＿ 语句块或者 ＿＿＿＿＿＿ 语句块。
3. 异常处理中 ＿＿＿＿＿＿ 语句块一定会被执行。
4. 抛出异常可以使用 ＿＿＿＿＿＿ 关键字或 ＿＿＿＿＿＿ 关键字来实现。
5. 在方法定义中抛出异常使用 ＿＿＿＿＿＿ 关键字。
6. 在方法体中抛出异常使用 ＿＿＿＿＿＿ 关键字。

三、选择题

1. 下面哪一个关键字可以抛出异常？
   A. try　　　　　　　B. catch　　　　　　C. finally　　　　　　D. throw
2. 关于 catch 语句异常的排序下列哪个描述正确？
   A. 父类在上，子类在下　　　　　　　　　B. 子类在上，父类在下
   C. 父类和子类不能同时出现　　　　　　　D. 排序先后没有影响

3. 当遇到异常有没有办法处理时，Java 异常机制要做出那种操作？
   A. 捕获异常　　　　B. 抛出异常　　　　C. 声明异常　　　　D. 忽略异常
4. 关于 finally 语句块说法正确的是？
   A. 其中的代码总被执行　　　　　　　B. 只能在 try 后面没有 catch 时才会执行
   C. finally 语句块不能省略　　　　　　D. 只有发生异常时才能执行
5. 异常处理中我们使用什么语句监听可能发生异常的代码？
   A. try　　　　　　B. catch　　　　　C. throws　　　　　D. throw
6. 自定义异常可以继承以下哪个类？
   A. Error　　　　　B. Assert　　　　　C. Exception　　　　D. Throwable

四、编程题

1. 编写程序，要求输入 n 个整数，计算这 n 个数的阶乘，如果阶乘的结果小于 0 或者大于 10000 则认为程序有异常分别捕捉并处理这两种情况得异常，并输出异常信息。

2. 编写程序，编写一个方法计算圆的面积，如果半径为负值抛出异常，并在 main 方法中对抛出的异常捕捉处理。

第 10 章　文件读写与数据流

计算机科学中的所有问题都可以通过另一种间接的方式来解决。
Any problem in computer science can be solved by anther layer of indirection.

——David John Wheeler
全世界首位计算机博士

学习目标
- ▶ 了解 Java IO 流概念。
- ▶ 掌握 File 类。
- ▶ 掌握 Java 字节流。
- ▶ 掌握 Java 字符流。

微信扫码立领
●章节配套课件

微信扫码立领
●对应代码文件

10.1　Java IO 流

　　现实工作中大多数的程序在运行的过程中需要和外部的存储介质做数据交流，例如在显示器上打印结果，在文件中读取数据等操作。Java 语言中处理这类与外部存储介质数据交流的方式被称为流。

　　流的概念起源于 UNIX 中管道的概念。在 UNIX 中，管道是一条不间断的字节流，用来实现程序或进程间的通信，或读写外围设备、外部文件等。Java 同样应用这个概念定义 Java 的流。在 Java 中一个流，必有源端和目的端，它们可以是任何存储介质。可以计算机内存的某些区域，也可以是磁盘文件，甚至可以是 Internet 上的某个 URL。流的源端和目的端可简单地看成是数据的产生源头和数据的使用者，如果程序是数据使用者这个流就可以定义为输入流，输入流可不必关心它的产生源头是什么，只要能从流中读数据既可；如果程序是数据的产生源头那么这个流可以定义为输出流，输出流可不必关心它的数据使用者是什么，只是要可以向流中写数据既可。

　　Java 中流是一组有顺序的，有起点和终点的连续不断的数据集合，是对数据传输的总称或抽象。即数据在两设备间的传输称为流，流的本质是数据传输，Java 根据数据传输特性将流抽象为各种类，这些种类的流位于 java.io 包中，方便更直观的进行数据操作。

　　图 10-1 IO 流结构图给出了 java.io 包中的常见流。

10.1.1　IO 流分类

　　Java 中的 IO 流分类可以有多种分类方法：

　　1. 根据处理数据类型的不同分为字符流和字节流。字符流是以字符为基本单位来处理

第10章 文件读写与数据流

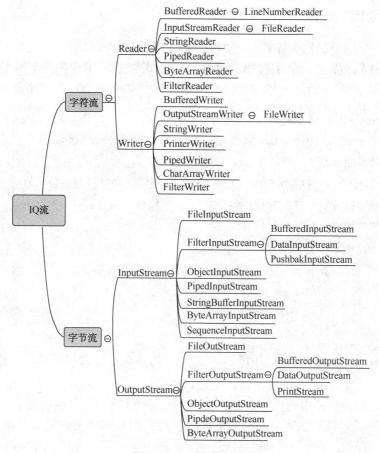

图10-1　IO流结构图

的流，常用的字符流有用于以字符形式从外部读取数据的 BufferedReader 流，将数据写入外部存储设备的 BufferedWriter 流等；字节流是以字节为基本单位来处理的流，常用的字节流有用于读取外部二进制数据的 InputStream 流，用于将数据写入外部存储设备的 OutputStream 流等。本章对流的讲解基于这种分类方式讲解。

2. 根据数据流向的不同分为输入流和输出流。这里输入和输出的实体指的是 Java 程序，数据由 Java 程序流向目标文件的流被称为输出流，常用的输出流有 Write 流、OutputStream 流等；数据由目标文件流向 Java 程序的流被称为输入流，常用的输入流有 Reader 流、InputStream 流等。

3. 根据功能不同分为节点流和处理流。节点流一般用于直接从指定位置进行读写操作，功能比较单一，常用的节点流有针对文件处理的 FileInputStream 流，针对字符串处理的 StringReader 流，针对数组处理的 ByteArrayInputStream 流，针对管道处理的 PipedInputStream 流等；处理流往往是对其他流进行封装后在进行读写操作，通常处理流会提供功能比较强大的读写方法，常用的处理流有缓冲流 BufferedInputStrean 流，转换流 InputStreamReader 流，数据流 DataInputStream 流等。

10.1.2 初识 IO 流

下面通过一个简单的例子体验一下 IO 流对文件的读写操作。

【例 10-1-1】 创建一个字符串，通过流的方式将字符串中的内容存储到 text.txt 文件中。

```
01 public class Example_10_01 {
02     public static void main(String[] args) throws Exception {
03         String str = "欢迎使用JavaIO";
04         FileOutputStream out = new FileOutputStream("text.txt");
05         byte[] bs = str.getBytes();
06         for (byte b : bs) {
07             out.write(b);
08         }
09         out.close();
10     }
11 }
```

上面例子就是一个流的简单应用，上述程序在程序的第 4 行创建了一个输出流 FileOutputStream 流，通过它的 write( ) 方法将转换为 byte 型的字符串依次写入 text.txt 文件中。项目运行后会在项目的根目录中创建一个 text.txt 文件，在文件中写入"欢迎使用JavaIO"的内容。

在 Java 中不同的流可以完成不同的工作，下面我们对这些工作做下分析，分析哪种流适应当前工作：

1. 传输不同种类的数据源：如果传递的数据是文件数据可以使用 FileInputStream 流，FileOutputStream 流，FileReader 流，FileWriter 流；如果传递的数据是 byte[ ] 数据可以使用 ByteArrayInputStream 流，ByteArrayOutputStream 流；如果传递的数据是 Char[ ] 数据可以使用 CharArrayReader 流，CharArrayWriter 流；如果传递的数据是 String 数据可以使用 StringBufferInputStream 流，StringReader 流，StringWriter 流；如果传递的数据是网络数据可以使用 InputStream 流，OutputStream 流，Reader 流，Writer 流。

2. 传输格式化数据：可以使用 PrintStream 流，PrintWriter 流。

3. 传递的数据需要缓冲：可以使用 BufferedInputStream 流，BufferedOutputStream 流，BufferedReader 流，BufferedWriter 流。

4. 传输的数据需要使用不同格式：如果需要二进制格式可以使用 InputStream 流，OutputStream 流及其所有带 Stream 结束的子类；如果需要纯文本格式可以使用 Reader 流，Writer 流及其所有带 Reader 或 Writer 的子类。

5. 其他一些特殊需要：如果需求是要求从 Stream 流到 Reader 流或 Writer 流的转换可以使用 InputStreamReader 流或 OutputStreamWriter 流；如果需求是要针对对象输入输出可以使用 ObjectInputStream 流或 ObjectOutputStream 流；如果需求是要针对不同进程之间通信可以使用：PipeInputStream 流，PipeOutputStream 流，PipeReader 或 PipeWriter 流；如果需求是合并输入可以使用：SequenceInputStream 流。

当然除了这些应用以外还有，流还可以满足一些其他的工作需要。本章节会在后续的内容中陆续介绍上面的各种流的使用方法，至于流的其他用法请读者在日后的工作学习中自行学习探索。

10.2　File 类

Java 中各种流的源或目标最常用就是文件，因此本章节对各种流的讲解也是以文件作为数据源或者是写入目标，因此首先来讲解 Java 中对文件操作的类 java.io.File 类。

Java 通过 File 类来实现对文件的各种属性操作。包括文件属性读取，文件创建，文件删除，文件添加等等。File 是一个类，那么在使用的时候就需要创建对象，但是 File 类的实例对象和其他类的实例对象不同，这个实例对象代表了磁盘中实际存在的文件和目录，所以 File 类的实例对象一旦创建，这个对象表示的抽象路径名就会固定下来，在这个对象生存周期内将不会改变。

File 类的对象可以代表一个具体的文件路径，在实际运用种，可以使用绝对路径也可以使用相对路径，下面是创建文件对象实例：

```
File f1=new File("c:\\text\\text.txt");
File f2=new File("text.txt");
File f3=new File("c:\\text");
File f4=new File("c:\\text\\","text.txt");
```

上面的对象中 f1，f2 分别代表对象中存放一个文件路径，f1 存放的是绝对路径，f2 存放的是相对路径，f3 则是代表对象中存放的是一个文件夹，文件夹也是文件路径的一种，f4 代表对象中存放的路径是"c：\ text \ text. txt"这是一种使用两种路径组合产生新的路径的构造方法。

File 类拥有以下构造函数：

1. File(String pathname)

它可以通过将给定路径名字符串转换为路径名来创建一个新 File 实例。如果给定字符串是空字符串，那么结果是空路径名。

2. File(File parent, String child)

它可以将一个文件类型的 parent 的路径名取出来和字符串类型的路径名组合在一起创建一个新 File 实例。如果 parent 为 null，则和构造方法 1 的效果一样。

3. File(String parent, String child)

它可以将表示父路径的 parent 和表示子路径的 child 组合成一个完成的路径来创建一个新的 File 实例。需要注意所用的路径必须存在，不存在的路径不会新建。

4. File(URI uri)

它可以通过将给定的 URI 地址转换为一个路径名来创建一个新的 File 实例，这个一般用的比较少。

File 的构造函数在应用中都需要填写相应的路径给构造函数,那么程序中路径的书写格式就是必须注意的事项,各种不同的操作系统路径中的分隔符不同。路径分割符"\"在 Windows 系统上,程序中它要用"\\"或者"/"来表示;在 UNIX 系统上,程序中它要用"/"来表示。

例如路径 Windows 系统上有一个文件"C:\text\text1\text.txt",那么在程序中我们如何用字符串来表示这个文件的地址:

Windows 系统:需要写成 C:\\text\\text1\\text.txt 或者 C:/text/text1/text.txt

UNIX 系统:需要写成 C:/text/text1/text.txt

10.2.1 File 类的常用方法

File 类提供了一些列的用于文件操作的方法,使用这些方法可以对 File 对象路径中的文件做查询、创建、删除等操作。下面列举了一些 File 类中的常用方法供后面的章节学习参考,常用方法如表 10-1 所示。

表 10-1 File 类中的常用方法

方法	功能描述
boolean exists( )	测试路径指向的文件是否存在
boolean isFile( )	测试路径指向的是否是普通文件
boolean isDirectory( )	测试路径指向的是否是目录
boolean isHidden( )	测试路径指向的是否是隐藏文件
boolean canRead( )	测试文件是否可读
boolean canWrite( )	测试文件是否可写
boolean mkdirs( )	创建对象中指向的目录
boolean renameTo(File dest)	重新命名 File 对象表示的文件或目录
String getName( )	返回 File 对象表示的文件或目录的名称字符串
String getParent( )	返回 File 对象表示的父路径名称符串,如果此路径名没有父路径,则返回 null
String getPath( )	返回 File 对象表示的路径字符串
String getAbsolutePath( )	返回 File 对象表示的绝对路径字符串
long lastModified( )	返回文件上次修改时间
long length( )	返回文件长度
String[ ] list( )	列出指定目录中的全部内容(只列名称)
File[ ] listFiles( )	列出指定目录中的全部文件(包括子目录中,并只列名称)
boolean createNewFile( )	当且仅当具有该名称的文件尚不存在时,原子地创建一个由该路径名命名的新的空文件。
boolean delete( )	删除该路径指向的文件或文件夹
boolean setLastModified(long time)	设置 File 对象指向的文件或文件夹最后的修改时间
boolean setReadOnly( )	设置 File 对象指向的文件或文件夹只读

下面给出一个 File 类的简单应用例子认识一下 File 类,代码中的各种方法会在后面的章节中介绍。

【例 10-2-1】 File 类对象的简单应用。

```
01  public class Example_10_02 {
02      public static void main(String[] args) throws Exception {
03          //String dirname = "/text";
04          String dirname = "c:/text";
05          File f1 = new File(dirname);
06          //测试f1中的路径是否存在
07          if (f1.isDirectory()) {
08              System.out.println("路径是 " + dirname);
09              String s[] = f1.list();
10              for (int i = 0; i < s.length; i++) {
11                  File f = new File(dirname + "/" + s[i]);
12                  if (f.isDirectory()) {
13                      System.out.println(s[i] + "不是文件");
14                  } else {
15                      System.out.println(s[i] + "是一个文件");
16                  }
17              }
18          } else {
19              System.out.println(dirname + " 不存在");
20          }
21      }
22  }
```

程序如果注释掉第 4 行开放第 3 行(项目目录中没有一个叫 text 的文件夹)运行结果是：

/text 不存在

C：\ text 的文件夹中如果没有任何文件只有一个文件夹 text1 运行结果是：

路径是 c:/text
text1不是文件

C：\ text 的文件夹中如果有文件 text0.txt、text2.txt、text3.txt 和文件夹 text1 运行结果是：

路径是 c:/text
text0.txt是一个文件
text1不是文件
text2.txt是一个文件
text3.txt是一个文件

10.2.2 操作文件属性

File 类中的一部分方法可以操作一个文件的各种属性下面就来介绍一下这些方法。这些操作文件属性的常用方法有：

```
//测试路径指向的是不是目录
public boolean isDirectory()
//测试路径指向的是不文件
public boolean isFile()
//测试文件是不是可以读取
public boolean canRead()
//测试文件是不是可以写入
public boolean canWrite()
//测试文件是不是隐藏文件
public boolean isHidden()
//获取绝对路径
public String getAbsolutePath()
//获取路径
public String getPath()
//获取父路径
public String getParent()
//获取名称
public String getName()
//获取长度，字节数
public long length()
//获取最后一次的修改时间，毫秒值
public long lastModified()
//设置最后一次修改时间
public boolean setLastModified(long time)
//设置文件夹只读
public boolean setReadOnly()
```

下面通过案例来介绍这些方法的具体使用。

在编写实例之前需要做以下工作：在 C 盘下创建一个 iotext 的目录，目录中创建子目录 text 目录，在 text 目录中创建子目录 cdtext 目录，在 text 目录中创建创建 text0.txt 文件并设置成只读，创建 text1.txt 文件设置成隐藏文件，创建 text2.txt 和 text3.txt 为正常文件，在 text2.txt 文件中写入一些内容。

【例 10-2-2】 使用 File 类中的方法测试对象中的路径是文件还是目录，并将结果打印出来。

```
01 public class Example_10_03 {
02     public static void main(String[] args) throws Exception {
03         String dirname1 = "C:\\iotext\\text\\cdtext";
04         String dirname2 = "C:/iotext/text/text0.txt";
05         File f1 = new File(dirname1);
06         File f2 = new File(dirname2);
07         //创建一个集合存放多个路径
08         List<File> list = new ArrayList<>();
09         list.add(f1);
10         list.add(f2);
11         for (File file : list) {
12             //测试file中的路径是否是目录
13             if (file.isDirectory()) {
14             System.out.println("路径" +file.getPath()+"是一个目录");
15             System.out.println("路径" + file.getPath()+"不是一个文件");
16             } else {
17             if (file.isFile()) {
18                 System.out.println("路径" + file.getPath()+"不是一个目录");
19                 System.out.println("路径" + file.getPath()+"是一个文件");
20             } else {
21                 System.out.println("路径" + file.getPath()+"不是一个目录");
22                 System.out.println("路径" + file.getPath()+"也不是一个文件");}}
23         }
24     }
25 }
```

运行结果如下:

路径C:\iotext\text\cdtext是一个目录
路径C:\iotext\text\cdtext不是一个文件
路径C:\iotext\text\text0.txt不是一个目录
路径C:\iotext\text\text0.txt是一个文件

上述代码中第 13 行代码使用 isDirectory( )方法判断路径是不是目录,第 17 行代码使用 isFile( )方法来判断路径是不是文件。

【例 10-2-3】 使用 File 类中的方法测试对象中的文件 text0.txt,text1.txt,text2.txt 的各种属性,并将结果打印出来。

```
01 public class Example_10_04 {
02     public static void main(String[] args) throws Exception {
```

```
03      String dirname1 = "C:/iotext/text/text0.txt";
04      String dirname2 = "C:/iotext/text/text1.txt";
05      String dirname3 = "C:/iotext/text/text2.txt";
06      File f1 = new File(dirname1);
07      File f2 = new File(dirname2);
08      File f3 = new File(dirname3);
09      //创建一个集合存放多个路径
10      List<File> list = new ArrayList<>();
11      list.add(f1);
12      list.add(f2);
13      list.add(f3);
14      for (File file : list) {
15          //测试file中的路径是不是文件
16        if (file.isFile()) {
17          System.out.println("现在显示文件"+file.getName()+"的信息: ");
18          //测试文件是否可以读取
19          if (file.canRead()) {
20              System.out.println("文件" + file.getName()+"是一个可以读取的文件");
21          }else {
22              System.out.println("文件" + file.getName()+"是一个不可读取的文件");}
23          //测试文件是否可以写入
24          if (file.canWrite()) {
25              System.out.println("文件" + file.getName()+"是一个可以写入的文件");
26          } else {
27              System.out.println("文件" + file.getName()+"是一个不可写入的文件");}
28          //测试文件是否是隐藏文件
29          if (file.isHidden()) {
30              System.out.println("文件" + file.getName()+"是一个隐藏文件");
31          } else {
32                System.out.println("文件" + file.getName()+"不是一个隐藏文件");}
33          //获取文件各种属性
34          System.out.println("文件" + file.getName()+"的绝对路径是: "+file.getAbsolutePath());
```

```
35              System.out.println("文件" + file.getName()+"的路径是: "+file.getPath());
36              System.out.println("文件" + file.getName()+"的父路径是: "+file.getParent());
37              System.out.println("文件" + file.getName()+"的名字是: "+file.getName());
38              System.out.println("文件" + file.getName()+"的长度是: "+file.length());
39              System.out.println("文件" + file.getName()+"的最后一次修改时间是: "+ new Date(file.lastModified()));
40              System.out.println("======================================");
41          }else {
42              System.out.println("路径" + file.getPath()+"不是一个文件");} }
43      }
44  }
```

运行结果如下:

```
现在显示文件text0.txt的信息:
文件text0.txt是一个可以读取的文件
文件text0.txt是一个不可写入的文件
文件text0.txt不是一个隐藏文件
文件text0.txt的绝对路径是: C:\iotext\text\text0.txt
文件text0.txt的路径是: C:\iotext\text\text0.txt
文件text0.txt的父路径是: C:\iotext\text
文件text0.txt的名字是: text0.txt
文件text0.txt的长度是: 19
文件text0.txt的最后一次修改时间是: Wed Jan 15 00:01:00 CST 2020
======================================
现在显示文件text1.txt的信息:
文件text1.txt是一个可以读取的文件
文件text1.txt是一个可以写入的文件
文件text1.txt是一个隐藏文件
文件text1.txt的绝对路径是: C:\iotext\text\text1.txt
文件text1.txt的路径是: C:\iotext\text\text1.txt
文件text1.txt的父路径是: C:\iotext\text
文件text1.txt的名字是: text1.txt
文件text1.txt的长度是: 19
文件text1.txt的最后一次修改时间是: Wed Jan 15 00:01:00 CST 2020
```

```
========================================
现在显示文件text2.txt的信息:
文件text2.txt是一个可以读取的文件
文件text2.txt是一个可以写入的文件
文件text2.txt不是一个隐藏文件
文件text2.txt的绝对路径是: C:\iotext\text\text2.txt
文件text2.txt的路径是: C:\iotext\text\text2.txt
文件text2.txt的父路径是: C:\iotext\text
文件text2.txt的名字是: text2.txt
文件text2.txt的长度是: 701
文件text2.txt的最后一次修改时间是: Wed Jan 15 00:01:00 CST 2020
========================================
```

【例 10-2-4】 使用 File 类中的方法获取文件 text3.txt 的最后一次修改时间，如果时间不是 2020 年 1 月 20 日将时间修改成 2020 年 1 月 20 日，获取文件 text3.txt 是否只读，如果不是只读修改成只读。

```
01  public class Example_10_05 {
02      public static void main(String[] args) throws Exception {
03          String dirname = "C:/iotext/text/text3.txt";
04          File f = new File(dirname);
05
06          // 测试f中的路径是不是文件
07          if (f.isFile()) {
08              System.out.println("现在开始判断" + f.getName() + "的最后修改日期是否符合要求: ");
09              //开始判断最后修改日期是不是符合要求代码
10              // 将字符串2020年1月20日装换成时间并输出成long类型的时间
11              String s = 2020 + "/" + 1 + "/" + 20;
12              SimpleDateFormat sdf = new SimpleDateFormat("yyyy/mm/dd");
13              long dt = sdf.parse(s).getTime();
14              //输出当前文件的最后修改时间
15              System.out.println("文件" + f.getName() + "原来的最后一次修改时间是: " + new Date(f.lastModified()));
16              //判断最后的修改时间是不是2020年1月20日，如果不是修改成2020年1月20日
17              if (f.lastModified()!=dt) {
18                  f.setLastModified(dt);
19                  System.out.println("文件" + f.getName() + "使用setLastModified()方法修改过的最后一次修改时间是: " + new Date(f.lastModified()));
```

```
20              }else {
21                  System.out.println("文件" + f.getName() + "最后一次修改时间是没有
被修改: " + new Date(f.lastModified()));
22              }
23              //开始判断文件是不是只读代码
24              System.out.println("现在开始判断" + f.getName() + "的是否只读: ");
25              if (!f.canWrite()) {
26                  System.out.println("文件" + f.getName() + "是只读的");
27              } else {
28                  System.out.println("原始文件" + f.getName() + "不是只读的");
29                  f.setReadOnly();
30                  if (!f.canWrite()) {
31                      System.out.println("文件" + f.getName() + "通过setReadOnly()
方法设置成只读");
32                  } else {
33                      System.out.println("文件" + f.getName() + "不能设置成只读");
34                  }
35              }
36          } else {
37              System.out.println("路径" + f.getPath() + "不是一个文件");
38          }
39      }
40 }
```

运行结果如下:

现在开始判断text3.txt的最后修改日期是否符合要求:
文件text3.txt原来的最后一次修改时间是: Wed Jan 15 00:01:00 CST 2020
文件text3.txt使用setLastModified()方法修改过的最后一次修改时间是: Mon Jan 20 00:01:00 CST 2020
现在开始判断text3.txt的是否只读:
原始文件text3.txt不是只读的
文件text3.txt通过setReadOnly()方法设置成只读

从以上三个例子中可以看出，使用File类可以很方便的操作文件的各种属性，实际开发中有需要对文件做操作可以参考以上实例。

10.2.3 创建删除文件及文件夹

在日常项目中通常需要创建或者删除文件或文件夹，File类中提供了一些针对文件或者文件夹创建、删除的方法下面就来介绍一下这些方法。

```
//测试路径指向的文件或目录是否存在
public boolean exists()
//创建指定的目录，如果父路径不存在创建失败
public boolean mkdir()
//创建指定的目录包括其不存在的父目录
public boolean mkdirs()
//当路径指向的文件不存在的时候原地创建一个空文件
public boolean createNewFile() throws IOException
//删除路径指向的文件或目录
public boolean delete()
```

下面通过案例来介绍这些方法的具体使用，案例测试之前请先在 C 盘根目录下创建文件夹 "iotext"。

【例 10-2-5】 创建 File 对象使用其中的方法获取路径 "C：\ iotext \ text \ cdtext"，查看是否有该文件夹存在，如果没有创建一个；然后获取路径 "C：\ iotext \ text \ cdtext \ text0. txt"；查看该文件是否存在，如果没有创建一个，如果有删掉该文件。

```
01  public class Example_10_06 {
02      public static void main(String[] args) {
03          String dirname = "C:/iotext/text/cdtext";
04          File f = new File(dirname);
05          File f1 = new File(f,"text0.txt");
06          // 测试硬盘中是否存在该文件
07          if (!f.exists()) {
08              System.out.println("路径" + f.getPath() + "不存在，现在创建一个");
09              //创建指定目录
10              //f.mkdir();
11              f.mkdirs();
12          }
13          if (!f1.exists()) {
14              System.out.println("文件" + f1.getName()+ "不存在，现在创建一个");
15              try {
16                  f1.createNewFile();
17              } catch (IOException e) {
18                  e.printStackTrace();
19              }
20          } else {
21              System.out.println("文件" + f1.getName()+ "存在，现在删除text0.txt");
```

```
22              f1.delete();
23          }
24      }
25 }
```

第一次运行结果：

```
路径C:\iotext\text\cdtext不存在，现在创建一个
文件text0.txt不存在，现在创建一个
```

第二次运行结果：

```
文件text0.txt存在，现在删除text0.txt
```

第一次运行之后 C 盘 iotext 文件夹中创建了一个 text 文件夹，text 中创建了一个 cdtext 文件夹，cdtext 文件夹中创建了一个 text0.txt 的文件。第二次运行之后程序删除了 cdtext 文件夹中的 text0.txt 文件。

需要注意 File 类中创建目录(文件夹)的方法有 mkdir( ) 和 mkdirs( ) 方法，如果要创建的目录其上级目录都存在的情况可以使用 mkdir( ) 方法创建文件夹，但如果不是使用 mkdir( ) 方法会抛出异常，需要使用 mkdirs( ) 方法来创建目录。第 16 行代码使用 createNewFile( ) 方法创建文件，需要注意的是该方法必须捕捉异常。

10.2.4 遍历目录

在 Java 项目中，通常会有需求对某一个目录中的所有文件做统一的操作，如果我们要使用上面的知识把目录中的每一个文件都手动转化为字符串再做处理，那样的工作量过大并不符合实际工作。针对这里工作需要，File 类中提供了一些遍历目录的方法下面就来介绍一下这些方法。

```
//遍历目录下所有文件，并返回名字
public String[] list()
//遍历目录下所有文件，并返回文件
public File[] listFiles()
```

下面通过案例来介绍遍历方法的使用，案例测试之前请先在 C 盘根目录下创建文件夹"iotext"在其下建立文件夹"text"，文件 text0.txt，text1.java，text2.txt，text3.java 在文件夹 text 中建立文件 atext0.txt，atext1.java，atext2.txt。

【例 10-2-6】 创建 File 对象使用其中的方法获取路径"C：\iotext"，分别使用 list( ) 方法将该目录及其子目录中的所有的文件属性都改为只读，使用 listFiles( ) 方法找到并打印所有 .java 文件。

```java
/**
 * 使用list()方法遍历目录
 * **/
01 public class Example_10_07 {
02     public static void main(String[] args) {
03         String dirname = "C:/iotext";
04         File f = new File(dirname);
05         // 测试该路径是否存在
06         if (!f.exists()) {
07             System.out.println("路径" + f.getPath() + "不存在，现在创建一个");
08             //创建指定目录
09             f.mkdirs();
10         }
11         //测试该路径是否是目录
12         if (f.isDirectory()) {
13             System.out.println("目录" + f.getPath()+ "中的文件有：");
14             //遍历目录中的所有文件并将文件名存入String数组中
15             String[] names = f.list();
16             for (String string : names) {
17                 File f1 = new File(f,string);
18                 //判断f1中的路径是不是目录
19                 if (f1.isDirectory()) {
20                     String[] names1 = f1.list();
21                     for (String string2 : names1) {
22                         File f2 = new File(f1,string2);
23                         System.out.print(string+"文件夹中的"+f2.getName()+"文件,");
24                         //修改为只读
25                         f2.setReadOnly();
26                     }
27                 } else {
28                     System.out.print(f1.getName()+"文件,");
29                     //修改为只读
30                     f1.setReadOnly();
31                 }
32             }
33         } else {
34             System.out.println("路径" + f.getName()+ "不是一个目录");
35         }
36     }
37 }
```

运行结果如下：

> 目录C:\iotext中的文件有：
> text文件夹中的atext0.txt文件,text文件夹中的atext1.java文件,text文件夹中的atext2.txt文件,text0.txt文件,text1.java文件,text2.txt文件,text3.java文件,

第二次运行的同时路径"C：\iotext"及其子目录中的所有文件都变成了只读文件。

下面例子使用 listFiles( )方法遍历目录

```
/**
 * 使用listFiles()方法遍历目录
 * **/
01 public class Example_10_08 {
02     public static void main(String[] args) {
03         String dirname = "C:/iotext";
04         File f = new File(dirname);
05         // 测试该路径是否存在
06         if (!f.exists()) {
07             System.out.println("路径" + f.getPath() + "不存在，现在创建一个");
08             //创建指定目录
09             f.mkdirs();
10         }
11         //测试该路径是否是目录
12         if (f.isDirectory()) {
13             System.out.println("目录" + f.getPath()+ "中的.java文件有：");
14             //遍历目录中的所有文件并将文件存入File对象数组中
15             File[] fs = f.listFiles();
16             for (File file : fs) {
17                 if (file.isDirectory()) {
18                     //遍历子目录中的所有文件并将文件存入File对象数组中
19                     File[] fsc = file.listFiles();
20                     for (File file2 : fsc) {
21                         if (file2.getName().endsWith(".java")) {
22                             System.out.print(file.getName()+"文件夹中的"+file2.getName()+"文件,");
23                         }
24                     }
25                 } else {
26                     if (file.getName().endsWith(".java")) {
27                         System.out.print(file.getName()+"文件，");
```

```
28                    }
29                }
30            }
31        } else {
32            System.out.println("路径" + f.getName()+ "不是一个目录");
33        }
34    }
35 }
```

运行结果如下：

目录C:\iotext中的.java文件有：
text文件夹中的atext1.java文件,text1.java文件，text3.java文件

实际工作中使用哪种遍历方式要根据实际工作需求来确定。

10.3 字节流

通过上面的章节的学习已经可以创建或删除一个文件并且可以提取设置文件的各种属性，下面在开始介绍 Java 如何通过流将数据在程序和源端(目标端)传递。

本节介绍 Java 专门用二进制数据流形式传递数据的流字节流。我们通常使用的图片、音频、视频等文件大多是以二进制形式存在的，这种类型的数据传输使用字节为基本传输单位，Java 流中提供一类专门用于这类数据传输的流，统称为字节流。

10.3.1 字节流分类

Java 字节流有两个重要的分类：
1. 输出字节流，这个分类中所有流的超类为抽象类 java.io.OutputStream。
输出字节流 OutputStream 可以看成一个数据流淌的管道，数据从程序流出，流向目标端，具体如图 10-2 所示。
输出字节流 OutputStream 的常用子类如图 10-3 所示。

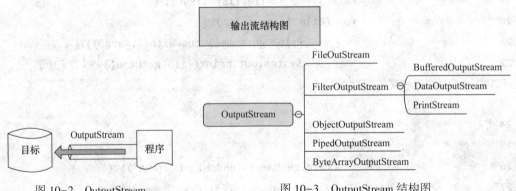

图 10-2 OutputStream   图 10-3 OutputStream 结构图

抽象类 java.io.OutputStream 还提供了一些用于数据写入的方法，具体如表 10-2 所示。

表 10-2　抽象类 OutputStream 中常用方法

方法	功能描述
void close( )	关闭输出流释放资源
void flush( )	刷新输出流并强制写出所有缓冲的字节
void write(byte[ ] b)	将字节数据 b 写入输出流
void write(byte[ ] b, int off, int len)	将字节数据 b 从 off 开始的 len 长数据写入输出流
abstract void write(int b)	将指定字节写入输出流

表中的各种方法在后面的程序中讲解。

2. 输入字节流，这个分类中所有流的超类为抽象类 java.io.InputStream。

输入字节流 InputStream 也可以看成一个数据流淌的管道，数据从数据源流出，流向程序，具体如图 10-4 所示。

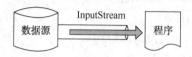

图 10-4　InputStream

输出字节流 InputStream 的常用子类如图 10-5 所示。

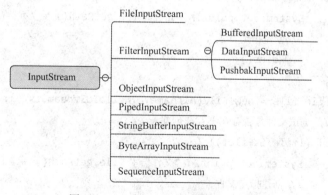

图 10-5　InputStream 结构图

抽象类 java.io.InputStream 还提供了一些用于数据读取的方法，具体如表 10-3 所示。

表 10-3　抽象类 InputStream 中常用方法

方法	功能描述
void close( )	关闭输入流释放资源
void read( )	从输入流中读取数据的下一个字节
void read(byte[ ] b)	从输入流中读取一些字节，并将它们存储到缓冲区 b 中
void read(byte[ ] b, int off, int len)	从输入流读取最多 len 字节的数据到一个字节数组

表中的各种方法在后面的程序中讲解。

10.3.2 使用字节流读写文件

字节流的众多子类中有一组子类专门负责处理文件的读写它们是 FileInputStream 和 FileOutputStream。下面我们用例子来说明如何使用这组字节流来对文件的读写，需要注意的是字节流通常用于处理二进制数据文件，但是文本数据它也可以处理。但从处理效率来看它处理文本的能力不如字符流，处理文本的时候大多用后面要讲到的字符流，但为了让读者可以清晰的看到程序结果在这部分的例子中我们使用字节流处理文本数据。

【例 10-3-1】 使用 FileInputStream 流和 FileOutputStream 流对路径"C：\ iotext \ text"下的 HelloIOStream.txt 文件做读写操作，读入的数据源文件路径"C：\ iotext \ text0.txt"。

```
01  public class Example_10_09 {
02      public static void main(String[] args) {
03          // 存放目标文件的目录
04          String dirname = "C:/iotext/text";
05          // 存放数据源文件的路径
06          String dirname1 = "C:/iotext/text0.txt";
07          // 存放读取来的数据
08          String outname = "";
09          File f = new File(dirname);
10          // 测试目标文件目录是否存在
11          if (!f.exists()) {
12              System.out.println("路径" + f.getPath() + "不存在，现在创建一个");
13              // 创建指定目录
14              f.mkdirs();
15          }
16          File file = new File(dirname, "HelloIOStream.txt");
17          // 测试文件是否存在不存在创建一个
18          if (!file.isFile()) {
19              System.out.println("文件" + file.getPath() + "不存在，现在创建一个");
20              // 创建指定文件
21              try {
22                  file.createNewFile();
23              } catch (IOException e) {
24                  e.printStackTrace();
25              }
26          }
27          // 取C:\iotext\text0.txt文件内容
```

```
28              // 创建一个输入流
29          try {
30              FileInputStream input = new FileInputStream(dirname1);
31              int len = 0;
32              // 通过循环将流中的内容取出
33              while ((len = input.read()) != -1) {
34                  // 将每次取来的结果拼接到字符串outname中
35                  outname = outname + (char) len;
36              }
37              input.close();
38          } catch (FileNotFoundException e) {
39              e.printStackTrace();
40          } catch (IOException e) {
41              e.printStackTrace();
42          }
43          System.out.println(outname);
44          // 将取来的结果存储到
45          // 创建一个输出流
46          try {
47              FileOutputStream output = new FileOutputStream(file);
48              output.write(outname.getBytes());
49          } catch (FileNotFoundException e) {
50              e.printStackTrace();
51          } catch (IOException e) {
52              e.printStackTrace();
53          }
54      }
55  }
```

运行结果：

```
路径C:\iotext\text不存在，现在创建一个
文件C:\iotext\text\HelloIOStream.txt不存在，现在创建一个
Hello.IO
```

上面的例子程序首先检查了目标文件是否存在，如果不存在创建目标文件。然后在第30行代码处创建了一个输入流 FileInputStream，调用输入流的 read( ) 方法可以将源文件中的数据通过字节的形式取出，由于取出的是字节所以取出的内容都是一些数字组成的数据，如果这个值是-1 的时候就意味着文件中的所有数据都取出来了。通过第 35 行代码将所有取出的数据组合成新的字符串打印在控制台上。在 47 行创建了一个输出流 FileOutputStream，

同样因为这个流是一个字节流所以不能直接将字符串的内容通过 write() 方法写入流中需要将字符串转化为 byte 类型才可以传送数据。运行完的结果是 C：\ iotext \ text \ Hello-IOStream.txt 文件中存入字符串"Hello.IO"。

提示：上面例子中如果源文件 text0.txt 中存入的是中文字符，那么读取数据会产生乱码，这是由于中文字符占据 2 个字节，我们在使用 FileInputStream 读取数据的时候默认读取 1 个字节所以会产生中文乱码。中文的解决办法会在后面的缓冲区部分讲解，本例中请不要将中文字符放入源文件 text0.txt 中。

10.3.3 使用字节流复制文件

程序处理中有一类操作如：复制文件操作，通过程序备份文件操作；将某个文件转移到其他的位置存放，这类操作通常都是使用字节流来完成，并且使用的流都是成对出现，一个负责从源文件读取数据，一个负责向目标写入数据。下面用实例来说明这类对文件的复制操作。

【例 10-3-2】 使用 FileInputStream 流和 FileOutputStream 流将路径"C：\ iotext"下的 cat.jpg 文件复制到路径"C：\ iotext \ text"路径下名字另存为 newcat.jpg。

```
01  public class Example_10_10 {
02      public static void main(String[] args) throws IOException,
    FileNotFoundException {
03          // 存放目标文件的目录
04          String dirname = "C:/iotext/text";
05          // 存放数据源文件的路径
06          String dirname1 = "C:/iotext/cat.jpg";
07          File f = new File(dirname);
08          // 测试目标文件目录是否存在
09          if (!f.exists()) {
10              System.out.println("路径" + f.getPath() + "不存在，现在创建一个");
11              // 创建指定目录
12              f.mkdirs();
13          }
14          File file = new File(dirname, "newcat.jpg");
15          // 测试文件是否存在不存在创建一个
16          if (!file.isFile()) {
17              System.out.println("文件" + file.getPath() + "不存在，现在创建一个");
18              // 创建指定文件
19              file.createNewFile();
20          }
21          long begintime = System.currentTimeMillis();
22          // 创建一个输入流
```

```
23          FileInputStream input = new FileInputStream(dirname1);
24          // 创建一个输出流
25          FileOutputStream output = new FileOutputStream(file);
26          int len = 0;
27          // 通过循环将流中的内容取出
28          while ((len = input.read()) != -1) {
29              // 将输入流每次取来的结果直接放到输出流中
30              output.write(len);
31          }
32          long endtime = System.currentTimeMillis();
33          input.close();
34          output.close();
35          System.out.println("复制所耗费时间为："+(endtime-begintime));
36      }
37 }
```

运行结果：

复制所耗费时间为：1288

程序运行以后在目录 C：\ iotext \ text 有了一张复制好的图片。不过从程序运行中复制文件所花费的时间来看这种复制的效率并不很高，效率不高的原因是我们在使用 write（）方法写入代码的时候是通过循环一个字节一个字节的将数据从数据源读取过来在写入输出流中的因此数据复制的效率比较低。我们有更理想的写入方式会在后面的章节介绍。

10.3.4 使用字节流缓冲区

上一小节我们实现了数据的复制，但是效率并不高，不高的原因是我们读取数据和写入数据的方式是一个一个字节的传递造成的。在 10.3.2 小节中传递数据时中文问题也同样是数据传递是一个一个字节的传递造成的，为了解决这一类的问题字节流中引入了缓冲区的概念，使用缓冲区可以有效的缓解以上两种问题。

日常生活中如果我们要运送一堆苹果到货车上，运送的办法有两种，一种是一个一个的拿然后放到货车上，一种办法是用一个框直接装一筐然后运到货车上，这两种办法明显只要不是苹果只有几个的情况下第二种办法速度更快。缓冲区替换原始的一个一个字节传递的方案和搬运苹果的原理一样，缓冲区相当于装苹果的筐。下面我们就用缓冲区改造例 10-3-1 和 10-3-2 两个例子。

【例 10-3-3】 使用缓冲区技术修改例 10-3-1。由于该程序在原来的例子基础上进行改造，因此一些必要判断就不在编写，异常使用直接抛出的方式处理，并且将 text0. txt 中的内容更改为中文字符。

```
01 public class Example_10_11 {
02     public static void main(String[] args) throws FileNotFoundException, IOException {
03         String dirname = "C:/iotext/text/HelloIOStream.txt";
04         String dirname1 = "C:/iotext/text0.txt";
05         // 取C:\iotext\text0.txt文件内容
06         // 创建一个输入流
07         FileInputStream input = new FileInputStream(dirname1);
08         FileOutputStream output = new FileOutputStream(dirname);
09         //设置缓冲区byte[] buff = new byte[input.available()]
10         byte[] buff = new byte[1024];
11         int len = 0;
12         while ((len = input.read(buff)) != -1) {
13             System.out.println(new String(buff, 0, len, "utf-8"));
14             output.write(buff, 0, len);
15         }
16         input.close();
17     }
18 }
```

运行结果：

你好IO流

从运行结果来看，中文已经可以正常传递了，上面的例子中第 10 行代码中设置了一个 byte 类型的数组，这个数组就是一个缓冲区，设置数组的大小就可以设定缓冲区的大小（如苹果例子中的筐）这个缓冲区大小并不是越大越好，使用适合自己最佳（装苹果的筐也不是越大效率越高的）。如果不知道最适合自己的缓冲区大小可以使用第 9 行注释掉的那段代码使用流的 available()方法测试一个流可以返回的字节数，但这种方式获得的值并不一定是最佳缓冲大小，同学们尽量根据自己的需求来确定一个缓冲区的大小。另外使用缓冲区存放读取的数据还存在一个问题就是很可能你的缓冲区比接收的数据大（使用筐装苹果也不会刚好装满每一筐，总有某一筐没有装满），那么缓冲区中剩余没有使用的部分会被 null 填满，所以不论是创建 String(buff, 0, len, "utf-8") 对象，还是调用 write(buff, 0, len)方法都需要指定 buff 的起止坐标，当然需要在控制台输出的时候需要给出编码模式。

【例 10-3-4】 使用缓冲区技术改在例 10-3-2。

```
01 public class Example_10_12 {
02     public static void main(String[] args) throws IOException, FileNotFoundException {
03         // 存放目标文件的目录
```

```
04        String dirname = "C:/iotext/text/newcat.jpg";
05        // 存放数据源文件的路径
06        String dirname1 = "C:/iotext/cat.jpg";
07        long begintime = System.currentTimeMillis();
08        // 创建一个输入流
09        FileInputStream input = new FileInputStream(dirname1);
10        // 创建一个输出流
11        FileOutputStream output = new FileOutputStream(dirname);
12        int len = 0;
13        byte[] buff = new byte[input.available()];
14        // 通过循环将流中的内容取出
15        while ((len = input.read(buff)) != -1) {
16            // 将输入流每次取来的结果直接放到输出流中
17            output.write(buff, 0, len);
18        }
19        long endtime = System.currentTimeMillis();
20        input.close();
21        output.close();
22        System.out.println("复制所耗费时间为: "+(endtime-begintime));
23    }
24 }
```

运行结果：

复制所耗费时间为: 2

对比例 10-3-4 和例 10-3-2 所消耗的时间比较，使用缓冲区所消耗的时间远远小于不使用缓冲区所消耗的时间。充分的说明了使用缓冲区可以大大优化我们程序的效率。

10.3.5 使用字节缓冲流

上一小节使用了缓冲区技术优化了程序运行效率，但是需要我们自己设置缓冲区的大小，如果我们对程序掌控的比较好，非常了解我们要传输的数据，可以合理的设置缓冲区大小使用上面小节的缓冲区技术是一种比较优秀的方案。但是也有很多情况我们没有办法确定要传输的数据情况或者我们对程序掌握没有那么透彻，设置的缓冲区并不十分理想。为了解决这类问题 Java 提供了两个带有缓冲区的流 BufferedInputStream 流和 BufferedOutputStream 流。

BufferedInputStream 流和 BufferedOutputStream 流被称为缓冲流，缓冲流的基本原理，是在创建流对象时，会创建一个内置的默认大小的缓冲区，通过缓冲区读写，减少系统 IO 操作次数，从而提高读写的效率。BufferedInputStream 流的层次示意图如图 10-6 所示，BufferedOutputStream 流的示意图如图 10-7 所示。

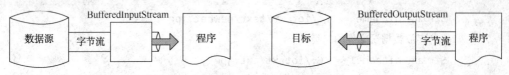

图 10-6　BufferedInputStream 流的层次示意图　　图 10-7　BufferedOutputStream 流的层次示意图

从图中可以看出缓冲流是包裹在字节流的外层运行的，它不能单独的存在，使用缓冲流的时候需要为它传送一个字节流，这看起来似乎是在字节流外面打了一层包装，因此缓冲流也被称为包装流。

下面我们用缓冲流来重新实现例 10-3-2。

【例 10-3-5】　使用缓冲流技术改在例 10-3-2。

```
01 public class Example_10_13 {
02     public static void main(String[] args) throws IOException,
FileNotFoundException {
03         // 存放目标文件的目录
04         String dirname = "C:/iotext/text/newcat.jpg";
05         // 存放数据源文件的路径
06         String dirname1 = "C:/iotext/cat.jpg";
07         long begintime = System.currentTimeMillis();
08         // 创建一个输入流，为缓冲流提供基础
09         FileInputStream input = new FileInputStream(dirname1);
10         //创建一个输入缓冲流，给缓冲流传入基础字节流
11         BufferedInputStream buffinput = new BufferedInputStream(input);
12         // 创建一个输出流
13         FileOutputStream output = new FileOutputStream(dirname);
14         //创建一个输出缓冲流
15         BufferedOutputStream buffoutput = new BufferedOutputStream(output);
16         int len;
17         while ((len = buffinput.read()) != -1) {
18             // 将输入流每次取来的结果直接放到输出流中
19             buffoutput.write(len);
20         }
21         long endtime = System.currentTimeMillis();
22         //只需要关闭缓冲流相应的字节流自动关闭
23         buffinput.close();
24         buffoutput.close();
25         System.out.println("复制所耗费时间为："+(endtime-begintime));
26     }
27 }
```

运行结果：

复制所耗费时间为：15

上面例子中第 11 行代码和第 15 行代码创建了两个缓冲流，由于缓冲流必须依存字节流才可以正常运行所以需要在第 9 行和第 13 行创建了两个字节流，然后在循环的过程中缓冲流会定义一个默认缓冲区，它的大小为 8192 个字节，然后每次循环读取或者存入 8192 个字节到流中从而提高了运行效率，当然从结果可以看出这个效率不一定比使用缓冲区的效率高。最后需要注意的是缓冲流使用后直接关闭缓冲流系统会自动关闭它所依存的字节流。

10.4 字符流

通过上面小节的学习已经可以使用字节流对任何形式的数据做 IO 操作，但是字节流由于自身传递数据采用字节的形式传送的，它的处理单元为 1 个字节，Java 中针对文字的处理采用 Unicode 码，Unicode 码有很多不是 1 个字节能存储的，例如中文字符就不能使用 1 个自己来存储，所以字节流对文本类型文件并不友好。为了解决这类问题 Java 提供了字符流用于处理文本数据传输。

10.4.1 字符流分类

Java 字符流有两个重要的分类：

1. 输出字符流，这个分类中所有流的超类为抽象类 java.io.Writer。

输出字符流 Writer 的常用子类如图 10-8 所示。

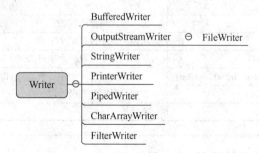

图 10-8　Writer 结构图

抽象类 java.io.Writer 还提供了一些用于数据写入的方法，具体如表 10-4 所示。

表 10-4　抽象类 Writer 中常用方法

方法	功能描述
void close( )	关闭输出流释放资源
void flush( )	刷新输出流并强制写出所有缓冲的字节
void write(char[ ] cbuf)	将字符数组写入输出流

续表

方法	功能描述
abstract void write(char[ ] cbuf, int off, int len)	将字符数据 cbuf 从 off 开始的 len 长数据写入输出流
void write(int c)	将单个字符写入输出流
void write(String str)	将字符串写入输出流
void write(String str, int off, int len)	将字符串冲 off 开始写 len 长度
Writer append(char c)	将指定字符添加到该流种
Writer append(CharSequence csq)	将指定字符序列加入到该流中
Writer append(CharSequence csq, int start, int end)	将指定字符从 start 开始到 end 结束加入到流中

2. 输入字符流，这个分类中所有流的超类为抽象类 java.io.Reader。
输出字符流 Reader 的常用子类如图 10-9 所示。

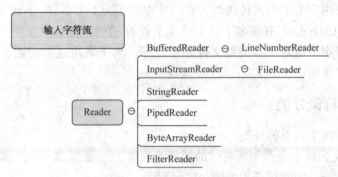

图 10-9 Reader 结构图

抽象类 reader 还提供了一些用于数据读取的方法，具体如表 10-5 所示。

表 10-5 抽象类 reader 中常用方法

方法	功能描述
void close( )	关闭输入流释放资源
void intread( )	从输入流中读取单个字符
void intread(char[ ] cbuf)	从输入流中读取一个字符数组
abstract intread(char[ ] cbuf, int off, int len)	从输入流读取一个字符数组从 off 开始最多 len 字符的数据。
int read(CharBuffer target)	读取一段字符到缓冲区
void reset( )	重置流

10.4.2 使用字符流读写文件

字符流也包含众多子类，同字节流相仿字符流也提供一组子类专门负责处理文件的流，它们是 FileReader 流和 FileWriter 流。这组字符流的用法与字节流相似，不过用于处理文本的数据要比使用字节流优秀。下面我们使用 FileReader 流和 FileWriter 流来完成例子 10-3-1 来比较一下字符流和字节流的区别。

【例 10-4-1】 请读者使用 FileReader 流和 FileWriter 流重新针对路径"C：\ iotext \ text"下的 HelloIOStream.txt 文件做读写操作，读入的数据源文件路径"C：\ iotext \ text0.txt"。

```java
01  public class Example_10_14 {
02      public static void main(String[] args) {
03          // 存放目标文件的目录
04          String dirname = "C:/iotext/text";
05          // 存放数据源文件的路径
06          String dirname1 = "C:/iotext/text0.txt";
07          // 存放读取来的数据
08          String outname = "";
09          File f = new File(dirname);
10          // 测试目标文件目录是否存在
11          if (!f.exists()) {
12              System.out.println("路径" + f.getPath() + "不存在，现在创建一个");
13              // 创建指定目录
14              f.mkdirs();
15          }
16          File file = new File(dirname, "HelloIOStream.txt");
17          // 测试文件是否存在不存在创建一个
18          if (!file.isFile()) {
19              System.out.println("文件" + file.getPath() + "不存在，现在创建一个");
20              // 创建指定文件
21              try {
22                  file.createNewFile();
23              } catch (IOException e) {
24                  e.printStackTrace();
25              }
26          }
27          // 取C:\iotext\text0.txt文件内容
28          // 创建一个输入字符流
29          try {
30              FileReader input = new FileReader(dirname1);
31              int len = 0;
32              // 通过循环将流中的内容取出
33              while ((len=input.read())!=-1) {
34                  outname = outname + (char)len;
35              }
36              outname=new String(outname.getBytes(),"UTF-8");
37              input.close();
38          } catch (FileNotFoundException e) {
```

```
39              e.printStackTrace();
40          } catch (IOException e) {
41              e.printStackTrace();
42          }
43          System.out.println(outname);
44          // 将取来的结果存储到
45          // 创建一个输出流
46          try {
47              FileWriter output = new FileWriter(file);
48              output.write(outname);
49              output.close();
50          } catch (FileNotFoundException e) {
51              e.printStackTrace();
52          } catch (IOException e) {
53              e.printStackTrace();
54          }
55      }
56  }
```

运行结果:

你好IO

上面的例子使用了字符流读取了文件 text0.txt 中的内容,用法和字节流相似,但是由于 text0.txt 中包含中文字符所以需要在 36 行对取得的字符串转码才可以正常显示中文,这种操作大部分情况是没有问题的,但是会有少部分中文解析后依然出现乱码,所以大多数遇到传递中文字符的时候一般我们不选择 FileReader 流和 FileWriter 流这组字节流来处理。

10.4.3 使用字符流缓冲区

在字符数据传递中同样为了加快数据处理速度字符流也选择了缓冲区技术来提高速度,下面我们来使用缓冲区技术改写例 10-4-1。

【例 10-4-2】 使用缓冲区技术修改例 10-4-1。

```
01  public class Example_10_15 {
02      public static void main(String[] args) throws FileNotFoundException,
IOException {
03          String dirname = "C:/iotext/text/HelloIOStream.txt";
04          String dirname1 = "C:/iotext/text0.txt";
05          // 取C:\iotext\text0.txt文件内容
```

```
06          // 创建一个输入流
07          FileReader input = new FileReader(dirname1);
08          FileWriter output = new FileWriter(dirname);
09          //设置缓冲区
10          char[] buff = new char[1024];
11          //记录最后一位的位置
12          int len = 0;
13          len = input.read(buff);
14          output.write(buff, 0, len);
15          input.close();
16          output.close();
17      }
18 }
```

运行结果：

```
HelloIOStream文件中打印你好IO
```

从运行结果来看，中文已经可以正常传递了，使用缓冲区技术可以解决中文问题，但在实际操作中也会有部分中文会显示乱码。

10.4.4 使用字符缓冲流

在使用字符流处理包含中文的文档数据时，使用缓冲区技术的机会并不很多，大多情况下我们会选用 Java 提供了两个带有缓冲区的流，BufferedReader 流和 BufferedWriter 流。

BufferedReader 流和 BufferedWriter 流同样是缓冲流，它和字节流的缓冲流 BufferedInputStream 流、BufferedOutputStream 流工作原理相同，下面我们用实例说明。

【例 10-4-3】 使用缓冲流技术读写数据。

```
01 public class Example_10_16 {
02      public static void main(String[] args) throws FileNotFoundException, IOException {
03          String dirname = "C:/iotext/text/HelloIOStream.txt";
04          String dirname1 = "C:/iotext/text0.txt";
05          // 取C:\iotext\text0.txt文件内容
06          //创建字节流
07          FileReader input = new FileReader(dirname1);
08          FileWriter output = new FileWriter(dirname);
09          // 创建缓冲流
10          BufferedReader inputRead = new BufferedReader(input);
```

```
11      BufferedWriter outputWrite = new BufferedWriter(output);
12      if (!inputRead.ready()) {
13          System.out.println("读取文件错误");
14      }
15      int len = 0;
16      //一个字符一个字符的读取
17      /*String outstr = "";
18      while ((len=inputRead.read())!=-1) {
19          outstr = outstr+(char)len;
20      }
21      outputWrite.write(outstr);*/
22      //按照一个数组一个数组的读取
23      char[] buff = new char[20];
24      while ((len=inputRead.read(buff))!=-1) {
25          outputWrite.write(buff,0,len);
26      }
27      inputRead.close();
28      outputWrite.close();
29   }
30 }
```

运行结果：

```
HelloIOStream文件中打印你好IO
```

上例中采用两种方式都可以将数据源中的数据读取出来，并写到目标文件中。但是 BufferedReader 流还拥有一个自己独特的方法 readLine( )方法它可以将数据安行读取，这种读取数据的方式要比较我们上面的一个一个字符的读取方式有效，不过数据写入的时候要搭配 BufferedWriter 流中的 newLine( )方法使用，该方法是打印一个行分隔符。

【例 10-4-4】 使用缓冲流技术一行一行读写数据。

```
01 public class Example_10_17 {
02     public static void main(String[] args) throws FileNotFoundException,
IOException {
03         String dirname = "C:/iotext/text/HelloIOStream.txt";
04         String dirname1 = "C:/iotext/text0.txt";
05         // 取C:\iotext\text0.txt文件内容
06         //创建字节流
07         FileReader input = new FileReader(dirname1);
08         FileWriter output = new FileWriter(dirname);
```

```
09          // 创建缓冲流
10          BufferedReader inputRead = new BufferedReader(input);
11          BufferedWriter outputWrite = new BufferedWriter(output);
12          if (!inputRead.ready()) {
13              System.out.println("读取文件错误");
14          }
15          //按照行读取数据
16          String linestr;
17          while ((linestr=inputRead.readLine())!=null) {
18              outputWrite.write(linestr);
19              outputWrite.newLine();
20          }
21          inputRead.close();
22          outputWrite.close();
23      }
24 }
```

10.4.5 转换流

细心的同学到现在应该发现我们使用字节流虽然可以传递中文文本，但是部分中文出现了乱码问题，造成这种情况得原因是因为中文字符在不同的编码模式下占用的字符数是不相同，所以我们使用字符的方式传递也会造成乱码问题。解决乱码问题的最好办法就是我们在程序中手动转码就可以保证传递的中文不会出现问题。但是字符流传递文本的效率高，精度好，但是转码确不如字节流。因此字符流中提供了一组特殊的流被让字节流和字符流共同协作完成数据传输，这种流称为转换流。

转换流 InputStreamReader 将输入字节流转换为输入字符流，它是字节流通向字符流的桥梁，能将字节流输出为字符流，并且能为字节流指定字符集，可输出一个个的字符。如果不指定字符集编码，该解码过程将使用平台默认的字符编码，这种方式可以高效传递文本数据也可以解决中文字符乱码问题。OutputStreamWriter 将输出字符流转换成输出字节流。它是字符流通向字节流的桥梁，可使用指定的编码将要写入流中的字符编码成字节。

下面我们使用转换流来完成之前数据传输的例子传输一组在上面的例子中会出现乱码的文本。

【例 10-4-5】 使用转换流技术读写中文文本数据。

```
01 public class Example_10_18 {
02     public static void main(String[] args) throws FileNotFoundException, IOException {
03         String dirname = "C:/iotext/text/HelloIOStream.txt";
04         String dirname1 = "C:/iotext/text0.txt";
```

```
05          // 取C:\iotext\text0.txt文件内容
06          //创建字节流
07          FileInputStream input = new FileInputStream(dirname1);
08          FileOutputStream output = new FileOutputStream(dirname);
09          //创建转换流,并且将文本编码转换成utf-8
10          InputStreamReader instre = new InputStreamReader(input,"utf-8");
11          //如果要使用utf-8做编码模式,不需要转换
12          //OutputStreamWriter outstwr = new OutputStreamWriter(output);
13          //将文本数据编码转换成gbk写入文件
14          OutputStreamWriter outstwr = new OutputStreamWriter(output,"gbk");
15          // 创建缓冲流
16          BufferedReader inputRead = new BufferedReader(instre);
17          BufferedWriter outputWrite = new BufferedWriter(outstwr);
18          if (!inputRead.ready()) {
19              System.out.println("读取文件错误");
20          }
21          //按照行读取数据
22          String linestr;
23          while ((linestr=inputRead.readLine())!=null) {
24              System.out.println(linestr);
25              outputWrite.write(linestr);
26              outputWrite.newLine();
27          }
28          inputRead.close();
29          outputWrite.close();
30      }
31 }
```

运行结果:

醉里挑灯看剑,梦回吹角连营。
八百里分麾下炙,五十弦翻塞外声。沙场秋点兵。
马作的卢飞快,弓如霹雳弦惊。了却君王天下事,
赢得生前身后名。可怜白发生!

通过这种转换流做到了字节流和字符流之间的相互转换,并且能有效解决乱码的问题,但是请同学们注意这种操作只能针对文本数据如果针对图像数据就会造成数据丢失。

本 章 小 结

本章详细介绍了 Java IO 的基本知识，了解了流的基本概念。通过对 File 类的学习学会了在程序中如何读取，修改文件的属性，如何创建删除文件及文件夹，如何遍历目录。通过对字节流和字符流的讲解学会使用流传输数据，学会处理解决中文乱码问题。

习 题

一、判断题

1. 有一个 File 对象，如果想知道该对象是否是目录可以调用它的 isDirectory( ) 方法来确定。 （   ）
2. 有一个 File 对象，如果想知道该对象是否是文件可以调用它的 isDirectory( ) 方法来确定。 （   ）
3. 有一个 File 对象 f，不论该对象是否存在父路径都可以直接使用 f.mkdir( ) 创建其所在的所有路径。 （   ）
4. 使用 FileInputStream 流读取数据，每次只能读取一个字符的数据。 （   ）
5. 使用字节流读取中文文本不需要另外做字符编码转换。 （   ）

二、填空题

1. 有一个 File 对象，如果要测试该对象是否是隐藏文件需要使用该对象的 _____ 方法来测试。
2. 有一个 File 对象，如果要获取该对象的路径需要使用该对象的 _____ 方法来获取。
3. 有一个 File 对象，如果要检查该对像是否可以写入需要使用该对象的 _____ 方法来检查。
4. 有一个 File 对象它指向了一个文件，如果该文件不存在，需要创建该文件，那么需要使用该对象的 _____ 方法来创建。
5. Java 中的 IO 流根据传输的数据不同可以分为 _____ 流和 _____ 流。
6. InputStreamReader 流是将 _____ 流转换为 _____ 流。

三、选择题

1. 下面哪一个是 BufferedReader 流的父类？
  A. File   B. Reader   C. InputStream   D. OutputStream
2. 有一个 File 对象 file，下列哪个方法可以测试 f 是否只读？
  A. file.canRead( )   B. file.canWrite( )   C. file.isHidden( )   D. file.isFile( )
3. 下面哪个流是缓冲流？
  A. InputStreamReader   B. FilterReader
  C. BuffereReader   D. StringReader
4. 有一个 BufferedReader 流对象 buf，有一个数组 char[ ] buff = new char[20]，下列哪个答案是 inputRead.read(buff) 的返回值类型？

A. boolean　　　　　B. int　　　　　　C. char　　　　　　D. char[ ]

5. 下面描述正确的是?

A. 使用字符流可以不处理编码问题直接传递中文。

B. 使用字节流可以不处理编码问题直接传递中文。

C. 中文文本数据不能使用流来传递。

D. 使用转换流包装字节流和字符流共同作用是一种有效处理中文文本数据的方法。

四、编程题

1. 在电脑 D 盘下创建一个文件为 HelloIO.txt 文件，编写程序判断它是文件还是目录，编程在 D 盘下创建一个目录 TestIO，编程将 HelloIO.txt 移动到 TestIO 目录下去，再移动一些文件到目录 TestIO 中，然后遍历 TestIO 这个目录下的文件，将所有文件是否只读，是否是隐藏文件，文件创建时间等信息记录到 HelloIO.txt 中。

2. 编写一个程序分析文本文档。要求如下：

(1) 从一个文本文档中读取信息(该文档中需要包含中文)。

(2) 统计该文档中中文字符的个数，统计该文档中英文字符的个数。

(3) 指定一组字符，查询该文档中是否包含该组字符，如果包含有多少个。

(4) 将所有的统计结果一份输出到控制台，一份记录在一个 D 盘 longin 目录下的 longin.txt 的文件中。

第 11 章　多线程

软件中如此多的复杂性皆来自于想在做一件事的同时多做几件事。
(So much complexity in software comes from trying to make one thing do two things.)

——瑞安·辛格(Ryan Singer)
Chia 联合创始人

学习目标
- 理解线程的概念、线程生命周期。
- 掌握创建线程的两种方法，重点掌握由接口创建线程。
- 掌握在主线程中终止子线程运行的方法。
- 掌握线程的基本方法，包括 sleep( )、join( )和 yield( ) 方法控制线程调度。
- 掌握多线程的同步。
- 了解线程间通信、定时执行的线程及线程池。

微信扫码立领
● 章节配套课件

微信扫码立领
● 对应代码文件

11.1　线程概述

大多数的程序语言只能循序运行单独一个程序块，无法同时运行不同的多个程序块。Java 的"多线程"可让不同的程序块一起运行，同时也可达到多任务处理的目的。Java 是少数的几种支持"多线程"的语言之一。

11.1.1　进程与线程

在一个操作系统中，每个独立执行的程序都可称之为一个进程，也就是"正在运行的程序"。目前大部分计算机上安装的都是多任务操作系统，即能够同时执行多个应用程序。在计算机中，所有的应用程序都是由 CPU 执行的，对于一个 CPU 而言，在某个时间点只能运行一个程序，也就是说只能执行一个进程。

在一个进程中还可有多个执行单元同时运行，这些执行单元可以看作程序执行的一条条线索，被称为线程。当一个 Java 程序启动时，就会产生了一个进程，该进程中会默认创建一个线程，这个线程会运行 main( )方法中的代码。线程是比进程更小的执行单位，是进程内部单一的一个顺序控制流。所谓多线程是指一个进程在执行过程中可以产生多个线程，这些线程可同时存在、同时运行，形成多条执行线索。线程具有以下四个特点：

(1) 线程是进程中的一个执行单元，负责进程中的程序的执行；
(2) 一个进程至少要有一个线程；
(3) 一个进程可以有多个线程，此时为多线程应用程序；

(4) 程序使用了多线程，可以实现部分程序"同时执行"，也就是并发。

进程和线程一样，都是实现并发的一个基本单位。线程和进程的主要差别体现在以下两个方面：

(1) 同样作为基本的执行单元，线程是划分得比进程更小的执行单位；

(2) 每个进程都有一段专用的内存区域。与此相反，线程却共享内存单元(包括代码和数据)，通过共享的内存单元来实现数据交换、实时通信与必要的同步操作。

在一般情况下，程序的某些部分同特定的事件或资源联系在一起，同时又不想为它而暂停程序其他部分的执行，就可考虑创建一个线程，令它与那个事件或资源关联到一起，独立于主程序运行。通过使用线程，可避免用户在运行程序和得到结果之间的停顿，还可让一些任务(如打印任务)在后台运行，而用户则在前台继续完成一些其他的工作。总之，利用多线程技术，可以使编程人员方便地开发出能同时处理多个任务的功能强大的应用程序。

11.1.2 认识线程

在传统的程序语言里，运行的顺序总是必须顺着程序的流程来走，遇到 if-else 语句就加以判断，遇到 for、while 等循环就会多绕几圈，最后程序还是按着一定的程序走，且一次只能运行一个程序块。接下来，用一个简单的程序来说明这种情况。

【例 11-1-1】 传统程序。

```java
01 class Dog{
02     private String name;
03     public Dog(String name){
04         this.name = name;
05     }
06     public void show(){
07         for (int i = 0; i <5; i++) {
08             System.out.println("name="+name);
09         }
10     }
11 }
12 public class Example11_1 {
13     public static void main(String[] args) {
14         Dog dog1 = new Dog("小强");
15         Dog dog2 = new Dog("旺财");
16         dog1.show();
17         dog2.show();
18     }
19 }
```

运行结果：

```
name=小强
name=小强
name=小强
name=小强
name=小强
name=旺财
name=旺财
name=旺财
name=旺财
name=旺财
```

觉得 10 个"小强"和"旺财"不给力，想多来点，如果显示小强 100000000 次，何时会看见旺财？在【例 11-1-1】中，JVM 启动后，只有一个执行路径，即一个线程，该线程也称为主线程，从 main 方法最开始一直到执行结束。如果主线程在某个位置遇到了比较耗时的操作(如一个耗时间的循环)，那么下面的程序需等待很长时间才会被执行到。例如：360 杀毒和体检，若 360 是单个线程执行，体检进行完之后才能杀毒，而机器软件数据比较多，需很长时间才能体检结束，杀毒将迟迟不能开始，用户体验一定很差。用户希望体检和杀毒能同时执行。在这里，用户也希望"小强"和"旺财"同时执行，即出现。

如果希望程序中实现多段程序代码交替运行的效果，则需创建多个线程。

注意：

（1）单个 CPU 处理多线程程序时是通过在多个线程间快速切换完成的，在我们看来好像并发一样；

（2）单个 CPU 不能同时执行多个线程，是随机轮流的执行，多个 CPU 才可以真正实现多线程的并发。

比如早期的服务器性能高于单机，其实就是放置多颗 CPU。后来硬件技术发展，放置多颗 CPU 的晶体到一个壳中，形成多核 CPU，可实现同时处理多个线程。CPU 技术进步了，也要求放置内存变大，可以装载更多地程序进到内存中，够 CPU 处理。

11.2　线程的创建

那么，到底能否实现多个线程同时执行呢？甚至是把这种耗时的操作放到一个单独的线程中，主线程执行自己的任务，同时开启一个子线程执行耗时任务，二者并发执行呢？【例 11-1-1】main 函数是程序的入口，程序从 main 开始执行，因此也把 main 函数称为主线程。主线程在执行显示"小强"的同时，再开辟一个线程来执行显示"旺财"即可。

11.2.1　支持线程的类

在 java 中，有如下几种支持线程的类：

1. java.lang.Thread

在 Java 中线程是通过 java.lang 包中的 Thread 类创建的。可通过派生 Thread 类的子类定义用户自己的线程，也可使用 Runnable 接口。

2. java. lang. Runnable

Java 中定义 Runnable 接口的目的是使任何类都可为线程提供线程体，即 run( )方法。

3. java. lang. Object

Object 是 Java 中的根类。它定义了线程同步与交互的方法，如：wait( )，notify( )以及 notifyAll( )。

4. java. lang. ThreadGroup

java. lang 包中的 ThreadGroup 类实现了线程组，提供了对线程组或组中的每个线程操作的方法。ava 应用程序中，所有的线程都属于一个线程组，线程组中的线程一般是相关的。

5. java. lang. ThreadDeath

一般用于杀死线程。

11.2.2 继承 Thread 类创建多线程

Thread 存放在 java. lang 类库里，不需加载 java. lang 类库，因它会自动加载。此外，run( )方法是定义在 Thread 类里，把线程的程序代码编写在 run( )方法内，事实上所做的就是覆盖的操作。要使一个类可激活线程，必须按照下面的语法来编写。

继承 Thread 类创建多线程的定义语法：

```
class 类名称  extends Thread{ //从 Thread 类扩展出子类
属性
方法…
修饰符  run() {//复写 Thread 类里的 run()方法
    以线程处理的程序;
    }
}
```

将类声明为 Thread 的子类，该子类应重写 Thread 类 run 方法。接下来可以分配并启动该子类的实例。按照上述的语法来重新编写【例 11-1-1】，使它可同时激活多个线程。

【例 11-2-1】 继承 Thread 类方式创建多线程。

```
01 class Dog extends Thread{
02     private String name;
03     public Dog(String name){
04         this.name = name;
05     }
06     public void run(){
07         for (int i = 0; i < 1000; i++) {
```

```
08      System.out.println("name="+name+"..."+Thread.currentThread().getName()
                            +"..."+i);
09      }
10   }
11 }
12 public class Example11_2 {
13   public static void main(String[] args) {
14       Dog dog1 = new Dog("小强");
15       Dog dog2 = new Dog("旺财");
16       dog1.start();
17       dog2.start();
18   }
19 }
```

部分运行结果：

```
name=小强...Thread-0...0
name=旺财...Thread-1...0
name=小强...Thread-0...1
name=旺财...Thread-1...1
name=小强...Thread-0...2
name=旺财...Thread-1...2
name=小强...Thread-0...3
name=旺财...Thread-1...3
name=小强...Thread-0...4
name=旺财...Thread-1...4
name=小强...Thread-0...5
name=旺财...Thread-1...5
……
```

从运行结果中可发现，输出是交替进行的，也就是说程序是采用多线程机制运行的。与之前的程序相比，修改后的程序的第 1 行 Dog 类继承了 Thread 类，第 16 行和第 17 行调用的不再是 run( )方法，而是 start( )方法。所以，要启动线程必须调用 Thread 类之中的 start( )方法，而调用了 start( )方法，也就是调用了 run( )方法。

Thread 类中 currentThread( )可获取当前执行的线程对象，currentThread( ). setName( )可设置当前线程的名称，Thread. currentThread( ). getName( )获取当前线程的名称。因此，在【例 11-2-1】第 6 行和第 7 行之间还可以加入如下的语句，设置当前线程的名称。

```java
//设置当前线程的名称
Thread.currentThread().setName("little Dog");
```

部分运行结果:

```
name=旺财...little Dog...0
name=小强...little Dog...0
name=旺财...little Dog...1
name=小强...little Dog...1
name=旺财...little Dog...2
name=小强...little Dog...2
name=旺财...little Dog...3
name=小强...little Dog...3
name=旺财...little Dog...4
name=小强...little Dog...4
……
```

想一想,第 16 行和第 17 行是否可以替换为以下代码呢?

```java
dog1.run();
dog2.start();
```

若做了如上的修改,部分运行结果为:

```
name=小强...little Dog...0
name=小强...little Dog...1
name=小强...little Dog...2
name=小强...little Dog...3
name=小强...little Dog...4
name=小强...little Dog...5
name=小强...little Dog...6
name=小强...little Dog...7
name=小强...little Dog...8
name=小强...little Dog...9
name=旺财...little Dog...0
name=旺财...little Dog...1
name=旺财...little Dog...2
...
```

可看到,这样还是先执行主线程,然后单独执行线程,并没有并发。调用 Thread 子类对象的 run() 方法只是普通调用方法,并不开启线程。若要开启线程,必须调用该对象的

start( )方法。因此,通过继承 Thread 类实现线程步骤如下:

(1) 定义类继承 Thread;

(2) 在该类中重写 run( )方法,将线程要执行的任务代码放到里面;

(3) 调用线程时,首先该子类的对象,该对象就是线程对象,然后调用该对象的 start( )方法启动线程(此时 JVM 会调用该对象的 run( )方法执行线程的代码)。

注意:调用一次 start( )方法即可启动线程,同一个对象在同一个位置调用多次 start( ),JVM 只启动一次线程。

11.2.3 实现 Runnable 接口创建多线程

在 Java 中,如果一个类继承自某类,同时又想采用多线程技术,就不能用 Thread 类产生线程,这时就要用 Runnable 接口。

【例 11-2-2】 实现 Runnable 接口创建多线程的定义语法。

```
class 类名称 implements Runnable{ //实现 Runnable 接口
    属性
    方法...
    修饰符 run() {//复写 Thread 类里的 run()方法
        以线程处理的程序;
    }
}
```

按照上述的语法来重新编写【例 11-1-1】,实现同时激活多个线程,如【例 11-2-3】。

【例 11-2-3】 实现 Runnable 接口方式创建多线程。

```
01 class Dog implements Runnable{
02   private String name;
03   public Dog(String name){
04       this.name = name;
05   }
06   //覆盖接口中的run方法
07   public void run(){
08       for (int i = 0; i < 1000; i++) {
09   System.out.println("name="+name+"..."+Thread.currentThread().getName()
                        +"..."+i);
10       }
11   }
12 }
13 public class Example11_3 {
14   public static void main(String[] args) {
```

```
15      //创建Runnable接口的子类对象,注意此对象不是线程对象
16      Dog dog1 = new Dog("小强");
17      Dog dog2 = new Dog("旺财");
18      //创建Thread类的对象,将Runnable子类对象作为参数传递给Thread类的构造函数
19      Thread t1  = new Thread(dog1);
20      Thread t2  = new Thread(dog2);
21      t1.start();
22      t2.start();
23    }
24 }
```

部分运行结果如下:

```
name=小强...Thread-0...0
name=小强...Thread-0...1
name=小强...Thread-0...2
name=小强...Thread-0...3
name=旺财...Thread-1...0
name=小强...Thread-0...4
name=旺财...Thread-1...1
name=小强...Thread-0...5
name=小强...Thread-0...6
name=小强...Thread-0...7
……
```

第 1 行 Dog 类实现了 Runnable 接口,复写了 Runnable 接口之中的 run() 方法,此类为一多线程实现类。第 16、17 行实例化两个 Dog 类对象。第 19、20 行通过 Dog 类(Runnable 接口的子类)去实例化两个 Thread 类的对象,调用 start() 方法启动多线程。

从运行结果中可发现,无论继承了 Thread 类还是实现了 Runnable 接口,运行的结果都是一样的。为何实现了 Runnable 接口还需要调用 Thread 类中的 start() 方法才能启动多线程呢?通过查找 JDK 文档可发现,在 Runnable 接口中只有一个 run() 方法,如图 11-1 所示。

Method Summary	
wid	run ()
	When an object implementing interface Runnable is used to create a thread, starting the thread causes the object's run method to be called in that separately executing thtread.

Method Detai 1

run
public void run()

图 11-1 Runnable 接口中的方法列表

第11章 多线程

在 Runnable 接口中并没有 start() 方法，所以一个类实现了 Runnable 接口也必须用 Thread 类中的 start() 方法来启动多线程。在 JDK 文档中的 Thread 类中，有这样一个构造方法：

```
Thread(Runnable target)
```

在实际的开发中，可将一个 Runnable 接口的实例化对象作为参数去实例化 Thread 类对象去实现多线程机制。因此，通过实现 Runnable 接口实现线程步骤如下：

（1）定义类实现 Runnable 接口；
（2）在该类中重写 run() 方法，将线程要执行的任务代码放到里面；
（3）调用线程时，首先创建 Thread 类的对象，同时将 Runnable 子类对象作为参数传递给 Thread 的构造函数，最后调用该对象的 start() 方法启动线程。

11.2.4　两种实现多线程方式的对比分析

不管实现了 Runnable 接口还是继承了 Thread 类，其结果都是一样的，那么这两者之间有什么关系呢？通过查看 JDK 文档发现二者之间的联系，如下图 11-2 所示。

```
java-lang
Class Thread

java.lang.Object
  └ java.lang.Thread

All Implemented Interfaces：
    Runnable
────────────────────────────

public class Thread
extends Object
implements Runnable
```

图 11-2　Thread 类与 Runnable 接口的关系

Thread 类实现了 Runnable 接口，也就是说 Thread 类也是 Runnable 的一个子类。下面通过一个模拟铁路售票系统的应用程序来进行比较分析，实现两个售票点发售某日某次列车车票 10 张，一个售票点用一个线程来表示。

【例 11-2-4】　继承 Thread 类来实现这个程序。

```
01 class TicketWindow extends Thread{
02    private int ticketCount=10;//记录火车票总数
03    private String name;
04    public TicketWindow(String name){
05        this.name = name;
06    }
07    public void run() {
08        Thread.currentThread().setName(name);
09        while (ticketCount>0) {
```

```
10            ticketCount=ticketCount-1;
11            System.out.println(Thread.currentThread().getName()
                          +"--出售1张火车票,目前剩余"+ticketCount+"张火车票");
12        }
13    }
14 }
15 public class Example11_4 {
16   public static void main(String[] args)  {
17       TicketWindow ticketWindow1 = new TicketWindow("窗口1");
18       TicketWindow ticketWindow2 = new TicketWindow("窗口2");
19       ticketWindow1.start();
20       ticketWindow2.start();
21   }
22 }
```

运行结果:

```
窗口2--出售1张火车票,目前剩余9张火车票
窗口1--出售1张火车票,目前剩余9张火车票
窗口2--出售1张火车票,目前剩余8张火车票
窗口1--出售1张火车票,目前剩余8张火车票
窗口2--出售1张火车票,目前剩余7张火车票
窗口1--出售1张火车票,目前剩余7张火车票
窗口2--出售1张火车票,目前剩余6张火车票
窗口1--出售1张火车票,目前剩余6张火车票
窗口1--出售1张火车票,目前剩余5张火车票
……
```

【例11-2-5】 实现 Runnable 接口来实现这个程序。

```
01 class TicketWindow implements Runnable {
02   private int ticketCount=10;//记录火车票总数
03   private String name;
04   public TicketWindow(String name){
05       this.name = name;
06   }
07   public void run() {
08       Thread.currentThread().setName(name);
09       while (ticketCount>0) {
```

```
10            ticketCount=ticketCount-1;
11            System.out.println(Thread.currentThread().getName()
                        +"--出售1张火车票,目前剩余"+ticketCount+"张火车票");
12        }
13    }
14 }
15 public class Example11_5 {
16    public static void main(String[] args)  {
17        TicketWindow ticketWindow1 = new TicketWindow("窗口1");
18        TicketWindow ticketWindow2 = new TicketWindow("窗口2");
19        Thread thread1 = new Thread(ticketWindow1);
20        Thread thread2 = new Thread(ticketWindow2);
21        thread1.start();
22        thread2.start();
23    }
24 }
```

运行结果:

```
窗口2--出售1张火车票,目前剩余9张火车票
窗口1--出售1张火车票,目前剩余9张火车票
窗口2--出售1张火车票,目前剩余8张火车票
窗口1--出售1张火车票,目前剩余8张火车票
窗口2--出售1张火车票,目前剩余7张火车票
窗口1--出售1张火车票,目前剩余7张火车票
窗口2--出售1张火车票,目前剩余6张火车票
窗口1--出售1张火车票,目前剩余6张火车票
窗口2--出售1张火车票,目前剩余5张火车票
……
```

从结果上看,【例11-2-4】和【例11-2-5】基本一致,每个窗口线程对于同一资源(车站该次列车的总的票数)单独访问,而没有共享。原因在于,每个线程使用的是单独的窗口对象。

接下来,在【例11-2-4】和【例11-2-5】的基础上进行改进,使多个子线程使用同一个窗口对象,就可实现对于车票总数这个资源的共享访问。对于继承Thread实现线程的方法,每个对象就是一个线程,无法进行资源共享访问的改造,只能使用实现Runnable接口的线程创建方法,将同一个Runnable接口子类的对象传递给不同线程。这样就可以实现多个子线程共享一个变量(车票总数)。改造后的程序如下。

【例11-2-6】 改造【例11-2-4】和【例11-2-5】来实现这个程序。

```
01 class TicketWindow implements Runnable {
02   private int ticketCount=10;//记录火车票总数
03   public void run() {
04       while (ticketCount>0) {
05           ticketCount=ticketCount-1;
06           System.out.println(Thread.currentThread().getName()
                               +"--出售1张火车票,目前剩余"+ticketCount+"张火车票");
07       }
08   }
09 }
10 public class Example11_6 {
11   public static void main(String[] args) {
12       TicketWindow ticketWindow = new TicketWindow();
13       //构造函数就可以直接指定当前线程的名称
14       Thread thread1 = new Thread(ticketWindow,"窗口1");
15       Thread thread2 = new Thread(ticketWindow,"窗口2");
16       thread1.start();
17       thread2.start();
18   }
19 }
```

运行结果:

```
窗口1--出售1张火车票,目前剩余9张火车票
窗口2--出售1张火车票,目前剩余8张火车票
窗口2--出售1张火车票,目前剩余6张火车票
窗口2--出售1张火车票,目前剩余5张火车票
窗口1--出售1张火车票,目前剩余7张火车票
窗口1--出售1张火车票,目前剩余3张火车票
窗口1--出售1张火车票,目前剩余2张火车票
窗口1--出售1张火车票,目前剩余1张火车票
窗口2--出售1张火车票,目前剩余4张火车票
窗口1--出售1张火车票,目前剩余0张火车票
```

在第 16 行到第 17 行启动了两个线程,从输出结果来看,尽管启动了两个线程对象,但都操纵同一个资源,实现了资源共享。因此,可得出以下结论:

(1) Java 只支持单继承,如果线程类已经继承了别的类,则再无法从 Thread 进行继承,因此继承 Thread 的方法用起来并不方便;

(2) 多个线程处理同一个资源(如访问修改某个非静态成员变量)时,如果想要达到多个线程共享该资源的情况,必须使用 Runnable 接口实现。

可见，实现 Runnable 接口相对于继承 Thread 类来说，有如下显著的优势：

（1）适合多个相同程序代码的线程去处理同一资源的情况，把虚拟 CPU（线程）同程序的代码、数据有效分离，较好地体现了面向对象的设计思想。

（2）可以避免由于 Java 的单继承特性带来的局限。开发中经常碰到这样一种情况，即：当要将已经继承了某一个类的子类放入多线程中，由于一个类不能同时有两个父类，不能用继承 Thread 类方式，就只能采用实现 Runnable 接口的方式了。

（3）增强了程序的健壮性，代码能够被多个线程共享，代码与数据是独立的。当多个线程的执行代码来自同一个类的实例时，即称它们共享相同的代码。当线程被构造时，需要的代码和数据通过一个对象作为构造函数实参传递进去，这个对象就是一个实现了 Runnable 接口的类的实例。

事实上，几乎所有多线程应用都可用第二种方式，即实现 Runnable 接口。

11.2.5 后台线程

对 Java 程序来说，只要还有一个前台线程在运行，这个进程就不会结束，如果一个进程中只有后台线程在运行，这个进程就会结束。例如售票程序，必须等所有窗口售票完成后，程序才能退出。前台线程是相对后台线程而言的，前面所介绍的线程都是前台线程。如果某个线程对象在启动（调用 start( )方法）之前调用了 setDaemon(true)方法，这个线程就变成了后台线程。

【例 11-2-7】 售票窗口设定为后台线程。

```
01 class TicketWindow implements Runnable {
02     private int ticketCount=2000;//记录火车票总数
03     public void run() {
04         while (ticketCount>0) {
05             ticketCount=ticketCount-1;
06             System.out.println(Thread.currentThread().getName()
                      +"--出售1张火车票,目前剩余"+ticketCount+"张火车票");
07         }
08     }
09 }
10 public class Example11_7 {
11     public static void main(String[] args)  {
12         System.out.println("当前线程是："+Thread.currentThread().getName()+
                      "---是后台线程吗？"+Thread.currentThread().isDaemon());
13         TicketWindow ticketWindow = new TicketWindow();
14         Thread thread1 = new Thread(ticketWindow,"窗口1");
15         thread1.setDaemon(true);
16         //在main方法中调用Thread.currentThread()和thread1.currentThread()都是main线程
```

```
17        System.out.println(thread1.getName()+"---是后台线程吗？"
                            +thread1.isDaemon());
18        thread1.start();
19        for(int i=0;i<1;i++){
20            System.out.println(i);
21        }
22    }
23 }
```

部分运行结果：

```
……
窗口1--出售1张火车票，目前剩余315张火车票
窗口1--出售1张火车票，目前剩余314张火车票
窗口1--出售1张火车票，目前剩余313张火车票
窗口1--出售1张火车票，目前剩余312张火车票
窗口1--出售1张火车票，目前剩余311张火车票
窗口1--出售1张火车票，目前剩余310张火车票
```

运行结果仅截取了最后几行，从运行结果来看，窗口1还有310张票未售出，程序就停止了运行。在第15行代码中，仅将"窗口1"设定为后台线程，程序中的main为前台线程。程序执行到第22行，前台线程执行结束，程序退出。进程发送指令告知后台线程也结束。后台线程收到指令也结束，但指令从发出到后台线程响应，需要一定的时间，因此在前台执行完毕后，后台线程还需要一定的时间。虽然创建了一个无限循环的线程，但因它是后台线程，整个进程在主线程结束时就随之终止运行了。这验证了进程中只有后台线程运行时，进程就会结束的说法。

11.3 线程的生命周期及状态转换

任何线程整个生命周期可以分为五个阶段，分别是新建状态(New)、就绪状态(Runnable)、运行状态(Running)、阻塞状态(Blocked)和死亡状态(Terminated)，线程的不同状态表明了线程当前正在进行的活动。

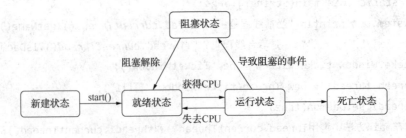

图 11-3　线程的状态转换

1. 新建状态(New)

在程序中用构造方法创建了一个线程对象后，新的线程对象便处于新建状态，此时，它已有了相应内存空间和其他资源，但还处于不可运行状态，和其他 Java 对象一样，仅由 Java 虚拟机为其分配了内存，没有表现出任何线程的动态特征。新建一个线程对象可采用线程构造方法来实现。例如：

```
Thread thread=new Thread();
```

2. 就绪状态(Runnable)

新建线程对象调用了 start( ) 方法后，该线程就进入就绪状态(也称可运行状态)。处于就绪状态的线程位于可运行池中，此时它只是具备了运行的条件，线程将进入线程队列排队，能否获得 CPU 的使用权开始运行，还需要等待系统的调度，等待 CPU 服务。

3. 运行状态(Running)

如果处于就绪状态的线程获得了 CPU 的使用权，开始执行 run( ) 方法中的线程执行体，则该线程就进入了运行状态。run( ) 方法定义了该线程的操作和功能。当一个线程启动后，它不可能一直处于运行状态(除非它的线程执行体足够短，瞬间就结束)，当使用完系统分配的时间后，系统就会剥夺该线程占用的 CPU 资源，让其他线程获得执行的机会。需要注意的是，只有处于就绪状态的线程才可能转换到运行状态。

4. 阻塞状态(Blocked)

一个正在执行的线程在某些特殊情况下，如被人为挂起或执行耗时的输入/输出操作时，会放弃 CPU 的使用权，进入阻塞状态。在可执行状态下，如果调用 sleep( )、suspend( )、wait( ) 等方法，线程都将进入堵塞状态。堵塞时，就不能进入排队队列，只有当引起阻塞的原因被消除后，线程才可以转入就绪状态。

下面列举一个线程由运行状态转换为阻塞状态的原因，以及如何从阻塞转换成就绪状态：

● 当线程试图获取某个对象的同步锁时，若该锁被其他线程所持有，则当前线程会进入阻塞状态，若想从阻塞状态进入就绪状态必须得获取到其他线程所持有的锁。若对一个对象只需要一次方法调用，就可以使用匿名对象；

● 当线程调用了一个阻塞式的 IO 方法时，该线程就会进入阻塞状态，若想进入就绪状态就必须要等到这个阻塞的 IO 方法返回；

● 当线程调用了某个对象的 wait( ) 方法时，也会使线程进入阻塞状态，若想进入就绪状态就需要使用 notify( ) 方法唤醒该线程；

● 当线程调用了 Thread 的 sleep(long millis) 方法时，也会使线程进入阻塞状态，在这种情况下，只需等到线程睡眠的时间到了以后，线程就会自动进入就绪状态；

● 当在一个线程中调用了另一个线程的 join( ) 方法时，会使当前线程进入阻塞状态，在这种情况下，需要等到新加入的线程运行结束后才会结束阻塞状态，进入就绪状态。

5. 死亡状态(Terminated)

线程的 run( )方法正常执行完毕或者调用 stop( )方法、线程抛出一个未捕获的异常(Exception)、错误(Error),线程就进入死亡状态。一旦进入死亡状态,线程将不再拥有运行的资格,也不能再转换到其他状态。

11.4　线程调度与优先级

11.4.1　线程调度策略

同一时刻若有多个线程处于可运行状态,则要排队等待 CPU 资源。此时每个线程自动获得一个线程优先级(priority),优先级高低反映线程重要或紧急的情况。可运行状态的线程按优先级排队,线程调度算法依据优先级基础上的"先到先服务"原则进行调度。当线程调度管理器选中某个线程时,该线程获得 CPU 资源。Java 中许多线程是可运行的,但只有一个线程在运行,这种调度是抢占式调度。该线程将持续运行,直到它自行中止或出现高优先级线程成为可运行的,则该低优先级线程被高优先级线程强占运行。抢占式调度分为独占方式和分时方式:

(1)独占方式,当前执行线程将一直执行下去,直到执行完毕或由于某种原因主动放弃 CPU,或 CPU 被一个更高优先级的线程抢占。

(2)分时方式,当前运行线程获得一个时间片,时间到时,即使没执行完也要让出 CPU,等待下一个时间片调度。

11.4.2　线程优先级

一般的操作系统在进程调度时,都有时间片的概念,而 Java 的线程机制是不支持时间片的。优先级高的线程被优先执行,直到其结束或是因为某些原因被挂起。在某些情况下,优先级相同的线程分时运行,在另一些情况下,线程将一直运行到结束。

通常情况下系统会为每个 Java 线程赋予一个介于最大优先级和最小优先级之间的数,线程的优先级用 1~10 之间的整数来表示,数字越大优先级越高。还可使用 Thread 类中提供的三个静态常量表示线程的优先级,如表 11-1 所示。

表 11-1　Thread 类的优先级常量

Thread 类的静态常量	功能描述
static int MAX_PRIORITY	表示线程的最高优先级,相当于值 10
static int MIN_PRIORITY	表示线程的最低优先级,相当于值 1
static int NORM_PRIORIY	表示线程的普通优先级,相当于值 5

其中,线程的默认级别是 Thread.NORM_PRIORIY。程序在运行期间,处于就绪状态的每个线程都有自己的优先级,如 main 线程具有普通优先级。线程优先级不是固定不变的,可通过 Thread 类 setPriority(int newPriority)方法设置,参数 newPriority 接收的是 1~10 之间的整数或 Thread 类三个静态常量。如:

```
public static final int NORM_PRORITY=5
public static final int MIN_PRORITY=1
public static final int MAX_PRORITY=10
```

新建线程将继承创建父线程的优先级。父线程是指执行新线程的语句所在线程，它可能是程序主线程，也可能是另一个用户自定义线程。可通过 getPriority( ) 方法来获得线程优先级，也可通过 setPriority( ) 方法来设定线程优先级(有些操作系统只识别 3 个级别：1、5 和 10)：

```
public final int getPriority()
public final void setPriority(int newPriority)
```

【例 11-4-1】 主线程中通过设置子线程优先级，观察同样级别的子线程中的某一个在单独提高优先级后的程序执行情况。

```
01 public class Example11_8 {
02   public static void main(String[] args) {
03     Thread t1 = new Thread(new T1());
04     Thread t2 = new Thread(new T2());
05     t1.setPriority(Thread.NORM_PRIORITY + 3);
06     t1.start();
07     t2.start();
08   }
09 }
10 class T1 implements Runnable {
11   public void run() {
12     for (int i = 0; i < 10; i++) {
13       System.out.println("T1: " + i);
14     }
15   }
16 }
17 class T2 implements Runnable {
18   public void run() {
19     for (int i = 0; i < 10; i++) {
20       System.out.println("T2: " + i);
21     }
22   }
23 }
```

运行结果：

```
T1: 0
T1: 1
T1: 2
T1: 3
T2: 0
T1: 4
T2: 1
T1: 5
T2: 2
......
```

【例 11-4-1】中 t2 保持默认优先级别 Thread.NORM_PRIORITY，第 5 行设置了 t1 的优先级高于默认的优先级别 3 个等级。运行程序观察设置优先级后 t1 和 t2 的执行情况，相比之下，t1 获得了更多的优先级时间。

11.5 线程的基本控制

在 JAVA 实现多线程的程序里，Thread 类实现了 Runnable 接口，但操作线程的主要方法并不在 Runnable 接口之中，而是在 Thread 类之中，如表 11-2 所示 Thread 类的主要方法。

表 11-2 Thread 类中的主要方法

方法名称	方法说明
public void run( )	执行线程
public final void setName( )	设定线程名称
public final String getName( )	返回线程的名称
public final int getPriority( )	返回线程的优先级
public static int activeCount( )	返回线程组中目前活动的线程的数目
public static native Thread currentThread( )	返回目前正在执行的线程
public void destroy( )	销毁线程
public static int enumerate(Thread tarray[ ])	将当前和子线程组中的活动线程拷贝至指定的线程数组
public final void setDaemon(boolean on)	设置当前线程为 Daemon 线程，该方法必须在线程启动前调用
public final ThreadGroup getThreadGroup( )	返回线程的线程组
public static boolean interrupted( )	判断目前线程是否被中断，如果是，返回 true，否则返回 false
public final native boolean isAlive( )	判断线程是否在活动，如果是，返回 true，否则返回 false
public boolean isInterrupted( )	判断目前线程是否被中断，如果是，返回 true，否则返回 false
public final void join( ) throws InterruptedException	等待线程死亡
public final synchronized void join(long millis) throws InterruptedException	等待 millis 毫秒后，线程死亡

续表

方法名称	方法说明
public final synchronized void join(long millis, int nanos) throws InterruptedException	等待 millis 毫秒加上 nanos 微秒后，线程死亡
public final Boolean isDaemon()	测试线程是否为 Daemon 线程，若是返回 true，否则返回 false
public final void setPriority(int newPriority)	设定线程的优先值
public static native void sleep(long millis) throws InterruptedException	使目前正在执行的线程休眠 millis 毫秒
public static void sleep(long millis, int nanos) throws InterruptedException	使目前正在执行的线程休眠 millis 毫秒加上 nanos 微秒
public native synchronized void start()	开始执行线程
public String toString()	返回代表线程的字符串
public static native void yield()	将目前正在执行的线程暂停，允许其他线程执行。

11.5.1 线程测试

当线程的状态未知时，可以通过 isAlive() 方法来测试线程是否已启动且仍在启动。返回 true 意味着线程已启动，但还未运行结束。isAlive()，即线程处于"新建"状态时，线程调用 isAlive() 方法返回 false。在线程的 run() 方法结束之前，即没有进入死亡状态之前，线程调用 isAlive() 方法返回 true。

【例 11-5-1】 编写程序调用 isAlive() 方法观察线程激活情况。

```
01  public class Example11_9 {
02    public static void main(String[] args) {
03      Thread t1 = new Thread(new T1(),"线程t1");
04      Thread t2 = new Thread(new T2(),"线程t2");
05      System.out.println("调用所有start()方法之前   ,t1.isAlive() = " +t1.isAlive());
06      System.out.println("调用所有start()方法之前   ,t2.isAlive() = " +t2.isAlive());
07      t1.start();
08      System.out.println("调用t1.start()方法之后    ,t1.isAlive() = "
                          +t1.isAlive());
09      System.out.println("调用t2.start()方法之前    ,t2.isAlive() = "
                          +t2.isAlive());
10      t2.start();
11      System.out.println("调用所有start()方法之后   ,t1.isAlive() = "
                          +t1.isAlive());
12      System.out.println("调用所有start()方法之后   ,t2.isAlive() = "
                          +t2.isAlive());
```

```
13    }
14 }
15 class T1 implements Runnable {
16    public void run() {
17        for (int i = 0; i < 10; i++) {
18            System.out.println("T1: " + i);
19        }
20    }
21 }
22 class T2 implements Runnable {
23    public void run() {
24        for (int i = 0; i < 10; i++) {
25            System.out.println("T2: " + i);
26        }
27    }
28 }
```

运行结果:

```
调用所有start()方法之前, t1.isAlive() = false
调用所有start()方法之前, t2.isAlive() = false
调用t1.start()方法之后, t1.isAlive() = true
调用t2.start()方法之前, t2.isAlive() = false
T1: 0
T1: 1
T1: 2
调用所有start()方法之后   , t1.isAlive() = true
T1: 3
调用所有start()方法之后   , t2.isAlive() = true
T1: 4
T1: 5
T1: 6
T2: 0
……
```

【例 11-5-1】程序第 5 行和第 6 行在线程运行之前调用 isAlive() 方法，判断线程是否启动，但在此处并没有启动，所以返回 false，表示线程未启动。第 8 行和第 9 行又一次调用 isAlive() 方法，此时线程 t1 已经启动，所以第 8 行返回 true，线程 t2 未启动，所以第 9 行返回 false。第 11 行和第 12 行再次调用 isAlive() 方法，此时线程 t1 与 t2 都已启动，所以均返回 true。

11.5.2 线程插队

现实生活中经常能碰到"插队"的情况，同样，在 Thread 类中也提供了一个 join( ) 方法来实现这个"功能"。当在某个线程中调用其他线程的 join( ) 方法时，调用的线程将被阻塞，直到被 join( ) 方法加入的线程执行完成后它才会继续运行。

【例 11-5-2】 编写程序使用 join( ) 方法实现线程插队。

```
01 public class Example11_10 {
02   public static void main(String[] args) {
03     Thread t1 = new Thread(new T1(),"线程t1");
04     Thread t2 = new Thread(new T2(),"线程t2");
05     System.out.println("调用所有start()方法之前  , t1.isAlive() = "+t1.isAlive());
06     System.out.println("调用所有start()方法之前  , t2.isAlive() = "+t2.isAlive());
07     t1.start();
08     System.out.println("调用t1.start()方法之后   , t1.isAlive() = "+t1.isAlive());
09     System.out.println("调用t2.start()方法之前   , t2.isAlive() = "+t2.isAlive());
10     try {
11       t1.join();
12     } catch (InterruptedException e) {
13     }
14     t2.start();
15     System.out.println("调用所有start()方法之后  , t1.isAlive() = "+t1.isAlive());
16     System.out.println("调用所有start()方法之后  , t2.isAlive() = "+t2.isAlive());
17   }
18 }
19 class T1 implements Runnable {
20   public void run() {
21     for (int i = 0; i < 10; i++) {
22       System.out.println("T1: " + i);
23     }
24   }
25 }
26 class T2 implements Runnable {
27   public void run() {
28     for (int i = 0; i < 10; i++) {
29       System.out.println("T2: " + i);
30     }
31   }
32 }
```

运行结果:

```
调用所有start()方法之前, t1.isAlive() = false
调用所有start()方法之前, t2.isAlive() = false
调用t1.start()方法之后, t1.isAlive() = true
调用t2.start()方法之前, t2.isAlive() = false
T1: 0
T1: 1
T1: 2
T1: 3
T1: 4
T1: 5
T1: 6
T1: 7
T1: 8
T1: 9
调用所有start()方法之后, t1.isAlive() = false
调用所有start()方法之后, t2.isAlive() = true
T2: 0
T2: 1
……
```

【例 11-5-2】在【例 11-5-1】的基础上做了一定的修改,可以通过更清楚的观察运行结果理解线程插队。【例 11-5-2】在第 10 行到第 13 行之间设置线程 t1 的 join 方法后,线程 t1 就会"插队"优先执行,t1 只有执行完,才开始执行线程 t2。

11.5.3 线程让步

在校园中,经常会看到同学互相抢篮球,当某同学抢到篮球后就可拍一会,之后他会把篮球让出来,大家重新开始抢篮球,这个过程就相当于 Java 程序中的线程让步。

线程让步可通过 yield( )方法来实现,该方法和 sleep( )方法相似,都可让当前正在运行的线程暂停,区别在于 yield( )方法不会阻塞该线程,它只是将线程转换成就绪状态,让系统重新调度一次。当某个线程调用 yield( )方法之后,只有与当前线程优先级相同或者更高的线程才能获得执行的机会。

【例 11-5-3】 编写程序使用 yield( )方法实现线程让步。

```
01  public class Example11_11 {
02      public static void main(String[] args) {
03          Thread t1 = new Thread(new T1(),"线程t1");
04          Thread t2 = new Thread(new T2(),"线程t2");
05          t1.start();
```

```
06         t2.start();
07     }
08 }
09 class T1 implements Runnable {
10     public void run() {
11         for (int i = 0; i < 10; i++) {
12             System.out.println("T1: " + i);
13             if(i%3==0){
14                 System.out.println("T1: 让步");
15                 Thread.yield();
16             }
17         }
18     }
19 }
20 class T2 implements Runnable {
21     public void run() {
22         for (int i = 0; i < 10; i++) {
23             System.out.println("T2: " + i);
24         }
25     }
26 }
```

运行结果：

```
T1: 0
T1: 让步
T2: 0
T1: 1
T2: 1
T1: 2
T2: 2
T1: 3
T1: 让步
T2: 3
……
```

线程 t1 在循环变量 i 等于 3 时，会调用 yield( ) 方法，使当前线程暂停，这时另一个线程 t2 就会获得执行，从运行结果可以看出，当线程 t1 输出 3 以后，会做出让步，线程 t2 继续执行。

11.5.4 线程休眠

优先级高的线程可在它的 run( )方法中调用 sleep( )方法来使自己放弃处理器资源，休眠一段时间。休眠时间的长短由 sleep( )方法的参数决定，millsecond 是毫秒为单位的休眠时间。

【例 11-5-4】 编写程序使用 sleep( )方法实现线程休眠。

```
01 public class Example11_12 {
02   public static void main(String[] args) {
03     Thread t1 = new Thread(new T1(),"线程t1");
04     Thread t2 = new Thread(new T2(),"线程t2");
05     t1.start();
06     t2.start();
07   }
08 }
09 class T1 implements Runnable {
10   public void run() {
11     for (int i = 0; i < 10; i++) {
12       System.out.println("T1: " + i);
13       if(i%3==0){
14         System.out.println("T1: 休眠");
15         try {
16           Thread.sleep(1000);
17         } catch (InterruptedException e) {
18           e.printStackTrace();
19         }
20       }
21     }
22   }
23 }
24 class T2 implements Runnable {
25   public void run() {
26     for (int i = 0; i < 10; i++) {
27       System.out.println("T2: " + i);
28     }
29   }
30 }
```

运行结果：

```
T1: 0
T2: 0
T1: 休眠
T2: 1
T2: 2
T2: 3
T2: 4
……
```

运行【例 11-5-4】时，会发现运行的速度明显降低了很多，这是因为每次运行时，当线程 t1 中 i%3 为 0 时都需要先休眠一会儿。由于使用 sleep( ) 方法会抛出 InterruptedException，所以在程序中需要用 try…catch( ) 捕获。

11.5.5 线程中断

一个占有 CPU 资源的线程可让休眠的线程调用 interrupt( ) 方法 "吵醒" 自己，即导致休眠的线程发生 InterruptedException 异常，从而结束休眠，重新排队等待 CPU 资源。因此，当一个线程运行时，另一个线程可调用对应的 Thread 对象的 interrupt( ) 方法来中断它。

【例 11-5-5】 利用 sleep( ) 优雅的关闭子线程。

```
01 import java.util.Date;
02 public class Example11_13 {
03   public static void main(String[] args) {
04     MyThread r1 = new MyThread();
05     Thread mythread = new Thread(r1);
06     mythread.start();
07     try {
08       Thread.sleep(10000);
09     } catch (InterruptedException e) {
10       e.printStackTrace();
11     }
12     mythread.interrupt();
13   }
14 }
15 class MyThread implements Runnable{
16   public void run() {
17     while (true) {
18       System.out.println("=====" + new Date() + "=====");
19       try {
20         Thread.sleep(1000);
```

```
21              } catch (InterruptedException e) {
22                  return;
23              }
24          }
25      }
26 }
```

运行结果：

```
=====Fri Jan 03 22:26:06 CST 2020=====
=====Fri Jan 03 22:26:07 CST 2020=====
=====Fri Jan 03 22:26:08 CST 2020=====
=====Fri Jan 03 22:26:09 CST 2020=====
=====Fri Jan 03 22:26:10 CST 2020=====
=====Fri Jan 03 22:26:11 CST 2020=====
=====Fri Jan 03 22:26:12 CST 2020=====
=====Fri Jan 03 22:26:13 CST 2020=====
=====Fri Jan 03 22:26:14 CST 2020=====
=====Fri Jan 03 22:26:15 CST 2020=====
```

运行程序观察设置子线程的执行情况，发现 10ms 后，子线程被终止运行。同时，【例 11-5-5】通过设置 boolean 变量的值可以优雅的关闭子线程。

11.6 线程同步

11.6.1 问题的提出

当多个线程并发执行时，虽各个线程中语句的执行顺序是确定的，线程的相对执行顺序是不确定的，多数情况下并不影响程序运行结果。但在有些情况下，如多线程对共享数据操作时，将会产生执行结果的不确定性，使共享数据的一致性被破坏，因此，在某些应用程序中须对线程并发操作进行控制。

【例 11-2-7】模拟售票，实际生活中每个窗口在售票时会消耗一定的操作时间，在程序中加入 sleep(1000) 来模拟售票员的售票时间，改写程序如下。

【例 11-6-1】 模拟售票。

```
01 class TicketWindow implements Runnable {
02     private int ticketCount=10;//记录火车票总数
03     public void run() {
04         while (ticketCount>0) {
05             try {
```

```
06                Thread.sleep(1000);
07            } catch (InterruptedException e) {
08                e.printStackTrace();
09            }
10            ticketCount=ticketCount-1;
11            System.out.println(Thread.currentThread().getName()
                            +"--出售1张火车票,目前剩余"+ticketCount+"张火车票");
12        }
13    }
14 }
15 public class Example11_14 {
16     public static void main(String[] args)  {
17         TicketWindow ticketWindow = new TicketWindow();
18         //构造函数就可以直接指定当前线程的名称
19         Thread thread1 = new Thread(ticketWindow,"窗口1");
20         Thread thread2 = new Thread(ticketWindow,"窗口2");
21         thread1.start();
22         thread2.start();
23     }
24 }
```

运行结果:

```
窗口1--出售1张火车票,目前剩余9张火车票
……
窗口2--出售1张火车票,目前剩余0张火车票
窗口1--出售1张火车票,目前剩余-1张火车票
```

从结果可发现,车票打印出了负数,说明了有同一张票被卖了2次的意外发生。造成这种意外的根本原因就是因为资源数据访问不同步引起的,解决这种问题的关键是同步。

11.6.2 同步代码块

要解决这个问题,须要保证下面用于处理共享资源的代码在任何时刻仅有一个线程访问。

```
01        while (ticketCount>0) {
02            try {
03                Thread.sleep(1000);
04            } catch (InterruptedException e) {
05                e.printStackTrace();
```

```
06      }
07      ticketCount=ticketCount-1;
08      System.out.println(Thread.currentThread().getName()
                    +"--出售1张火车票,目前剩余"+ticketCount+"张火车票");
09   }
```

即当一个线程运行到 while(ticketCount>0) 后,CPU 不去执行其他线程中的、可能影响当前线程中的下一句代码的执行结果的代码块,须等到下一句执行完后才能去执行其他线程中的有关代码块,这就是线程同步。

当多个线程使用同一共享资源时,可将处理共享资源的代码放置在一个代码块中,使用 synchronized 关键字来修饰,即同步代码块,其语法格式如下:

```
synchronized(lock){
    操作共享资源的代码块
}
```

lock 是一个锁对象,是同步代码块的关键。当执行同步代码块时,会检查锁对象的标志位,默认情况下标志位为 1,此时线程会执行同步代码块,同时将锁对象的标志位置为 0。当一个新的线程执行到这段同步代码块时,由于锁对象的标志位为 0,新线程会发生阻塞,等待当前线程执行完同步代码块后,标志位被置为 1,新线程才能进入同步代码块执行其中的代码。循环往复,直到共享资源被处理完为止。

【例 11-6-2】 使用同步代码块实现模拟售票。

```
01 class TicketWindow implements Runnable {
02   private int ticketCount=10;//记录火车票总数
03   Object lock=new Object();//定义任意一个对象,用于同步代码块的锁
04   public void run() {
05    while(true){
06     synchronized(lock){
07       try {
08           Thread.sleep(1000);
09       } catch (InterruptedException e) {
10           e.printStackTrace();
11       }
12       if(ticketCount>0) {
13         ticketCount=ticketCount-1;
14         System.out.println(Thread.currentThread().getName()
                     +"--出售1张火车票,目前剩余"+ticketCount+"张火车票");
15       }
16       else break;
```

```
17      }
18    }
19   }
20 }
21 public class Example11_15 {
22   public static void main(String[] args)  {
23        TicketWindow ticketWindow = new TicketWindow();
24        //构造函数就可以直接指定当前线程的名称
25        Thread thread1 = new Thread(ticketWindow,"窗口1");
26        Thread thread2 = new Thread(ticketWindow,"窗口2");
27        thread1.start();
28        thread2.start();
29   }
30 }
```

运行结果如下所示：

```
窗口1--出售1张火车票，目前剩余9张火车票
窗口1--出售1张火车票，目前剩余8张火车票
窗口1--出售1张火车票，目前剩余7张火车票
窗口1--出售1张火车票，目前剩余6张火车票
窗口1--出售1张火车票，目前剩余5张火车票
窗口2--出售1张火车票，目前剩余4张火车票
窗口2--出售1张火车票，目前剩余3张火车票
窗口2--出售1张火车票，目前剩余2张火车票
窗口2--出售1张火车票，目前剩余1张火车票
窗口2--出售1张火车票，目前剩余0张火车票
```

程序将有关 ticketCount 的操作代码放入 synchronized 语句内，形成了同步代码块。从运行结果可以看出，售出的票不再出现负数的情况，这是因为售票的代码实现了同步。

11.6.3 同步方法

用 synchronized 关键字修饰的方法称为同步方法，它能实现和同步代码块同样的功能，具体语法格式如下：

```
Synchronized 返回值类型 方法名([参数1,……]){}
```

在某一时刻只允许一个线程访问该方法，直到当前线程访问完毕后，其他线程才有机会执行方法。

【例 11-6-3】 使用同步方法实现模拟售票。

```java
01 class TicketWindow implements Runnable {
02     private int ticketCount=10;//记录火车票总数
03     Object lock=new Object();//定义任意一个对象，用于同步代码块的锁
04     public void run() {
05       while(true){
06           saleTicket();
07           if(ticketCount<=0) {
08               break;
09           }
10        }
11     }
12     private synchronized void saleTicket()
13     {
14         if(ticketCount>0) {
15             try {
16                 Thread.sleep(10);
17             } catch (InterruptedException e) {
18                 e.printStackTrace();
19             }
20             ticketCount=ticketCount-1;
21             System.out.println(Thread.currentThread().getName()
                         +"--出售1张火车票，目前剩余"+ticketCount+"张火车票");
22         }
23     }
24 }
25 public class Example11_16 {
26    public static void main(String[] args)  {
27        TicketWindow ticketWindow = new TicketWindow();
28        //构造函数就可以直接指定当前线程的名称
29        Thread thread1 = new Thread(ticketWindow,"窗口1");
30        Thread thread2 = new Thread(ticketWindow,"窗口2");
31        thread1.start();
32        thread2.start();
33    }
34 }
```

运行结果如下所示：

窗口1--出售1张火车票,目前剩余9张火车票
窗口1--出售1张火车票,目前剩余8张火车票
窗口1--出售1张火车票,目前剩余7张火车票
窗口1--出售1张火车票,目前剩余6张火车票
窗口1--出售1张火车票,目前剩余5张火车票
窗口1--出售1张火车票,目前剩余4张火车票
窗口2--出售1张火车票,目前剩余3张火车票
窗口2--出售1张火车票,目前剩余2张火车票
窗口2--出售1张火车票,目前剩余1张火车票
窗口2--出售1张火车票,目前剩余0张火车票

用 synchronized 关键字把售票方法 saleTicket( ) 修饰为同步方法,然后在 run( ) 方法中调用该方法,从运行结果可看出没有出现负数号的票,可见,编译运行后的结果同上面同步代码块方式的运行结果完全一样。

11.6.4 死锁

产生死锁的原因,主要是持有一个锁并试图获取另一个锁时资源的无序使用。如果要访问多个共享数据对象,则要从全局考虑定义一个获得封锁的顺序,并在整个程序中都遵守这个顺序。释放锁时,要按加锁的反序释放。

例如,如果有两个资源 A、B,并有一个线程要获得其中任何一个资源。线程1和线程2都必须确保它在获取 B 的锁之前先获得 A 的锁,以此类推。释放锁时,按照与获取相反的次序释放锁。在主线程中启动某线程类的两个实例,每个实例对象必须在占有两个资源时方才能够正确执行,观察死锁现象。

【例 11-6-4】 死锁。

```
01  class TestDeadLock implements Runnable {
02      public int flag = 1;
03      static Object o1 = new Object(), o2 = new Object();
04      public void run() {
05          System.out.println("flag=" + flag);
06          if (flag == 1) {
07              synchronized (o1) {
08                  try {
09                      Thread.sleep(500);
10                  } catch (Exception e) {
11                      e.printStackTrace();
12                  }
13                  synchronized (o2) {
14                      System.out.println("1");
```

```
15              }
16          }
17      }
18      if (flag == 0) {
19          synchronized (o2) {
20              try {
21                  Thread.sleep(500);
22              } catch (Exception e) {
23                  e.printStackTrace();
24              }
25              synchronized (o1) {
26                  System.out.println("0");
27              }
28          }
29      }
30  }
31 }
32 public class Example11_17{
33   public static void main(String[] args) {
34       TestDeadLock td1 = new TestDeadLock();
35       TestDeadLock td2 = new TestDeadLock();
36       td1.flag = 1;
37       td2.flag = 0;
38       Thread t1 = new Thread(td1);
39       Thread t2 = new Thread(td2);
40       t1.start();
41       t2.start();
42   }
43 }
```

运行结果:

```
flag=1
flag=0
```

从运行结果可以发现，线程 t1 进入了 o1 的监视器，然后又在等待 o2 的监视器。同时线程 t2 进入了 o2 的监视器并等待 o1 的监视器。这个程序永远不会完成。

本 章 小 结

本章详细介绍了线程是如何创建的,线程的生命周期和执行顺序,控制线程的启动和挂起,以及正确结束线程等。重点在于线程的控制和线程的同步,以及线程的通信,应该多多过揣摩,合理使用。难点在于线程之间的同步,控制不好会产生资源冲突,为了解决资源冲突问题,可以采用同步机制,此时必须确定多个线程不会同时读取并改变这个资源,这需要合理地使用 synchronized 关键字,但是同步也会带来一定的效能延迟,并且可能产生死锁。

习 题

一、判断题
1. 线程新建后,不调用 start 方法也有机会获得 CPU 资源。   (   )
2. 当创建一个线程对象时,该对象表示的线程就立即开始运行。   (   )
3. 如果前台线程全部死亡,后台线程也会自动死亡。   (   )
4. 线程结束等待或者阻塞状态后,会进入运行状态。   (   )
5. 同步代码块中的锁对象可以是任意类型的对象。   (   )
6. 静态方法不能使用 synchronized 关键字来修饰。   (   )

二、填空题
1. 在实现多线程的程序时有两种方式,一是通过继承_____类,二是通过实现_____Runnable 接口。
2. 在多任务系统中,每个独立执行的程序称之为_____,也就是"正在运行的程序"。
3. 线程的整个生命周期分为五个阶段,分别是_____、_____、_____、_____和_____。
4. 要将某个线程设置为后台线程,需要调用该线程的_____方法。
5. yield( )方法只能让相同优先级或者更高优先级、处于_____状态的线程获得运行的机会。
6. 要想解决线程间的通信问题,可以使用_____、_____、_____方法。

三、选择题
1. 什么原因可导致线程停止执行?
   A. 有更高优先级的线程开始执行   B. 线程调用了 wait( )方法
   C. 线程调用了 yield( )方法   D. 线程调用了 sleep( )方法
2. 哪个方法是实现 Runnable 接口所需的?
   A. wait( )   B. run( )   C. stop( )   D. update( )
3. 以下哪个是线程类的方法?
   A. yield( )   B. sleep(long msec)
   C. go( )   D. stop( )
4. 以下哪个最准确描述 synchronized 关键字?
   A. 允许两线程并行运行,而且互相通信

B. 保证在某时刻只有一个线程可访问方法或对象

C. 保证允许两个或更多处理同时开始和结束

D. 保证两个或更多线程同时开始和结束

5. 有关线程的叙述正确的有？

A. 通过继承 Thread 类或实现 Runnable 接口，可以获得对类中方法的互斥锁定

B. 可以获得对任何对象的互斥锁定

C. 线程通过调用对象的 synchronized 方法可取得对象的互斥锁定

D. 线程调度算法是平台独立的

四、编程题

1. 通过实现 Runnable 接口的方式，创建一个新线程，要求 main 线程打印 100 次字符串 main，新线程打印 50 次字符串 new。

2. 通过实现接口方式创建一个新线程，要求 main 线程打印 1000 个随机数，新线程完成一个文件拷贝操作（使用字节流将 D 的某文件拷贝到 E 盘）。

3. 程序中有 10 个计算线程，第一个线程从 1 加到 10，第二个线程从 11 加到 20，…，第 10 个线程从 91 加到 100，最后再把 10 个线程的结果相加。

4. 编写两个子线程，第一个线程完成打印 1~500 中的素数，第二个线程完成 $1*2+2*3+3*4+\cdots+99*100$ 的计算。在主线程中分别调用，提高第二个线程的 3 个优先级，让第二个线程获得更多 CPU 执行时间。

第 12 章　数据库编程

如果调试程序是一种标准的可以铲除 BUG 的流程，那么，编程就是把他们放进来的流程。

If debugging is the process of removing software bugs, then programming must be the process of putting them in.

——E. W. Dijkstra

Dijkstra 最短路径算法和银行家算法的创造者，著名的计算机科学家

1972 年图灵奖（号称计算机科学界的诺贝尔奖）获得者

学习目标
- ▶ 了解数据库和 JDBC 概念，掌握数据库编程环境搭建。
- ▶ 掌握 JDBC 的常用类和接口。
- ▶ 掌握 JDBC 操作数据库的建库、建表、以及对数据表的增、删、改、查的等基本操作。

微信扫码立领
●章节配套课件

微信扫码立领
●对应代码文件

12.1　数据库基础知识

12.1.1　数据

数据（Data）就是描述事物的符号记录。描述事物的符号可是数字，也可是文字、图形、图像、声音、语言等，数据有多种表现形式，都可以经过数字化后存入计算机。

例如，在学生信息管理中，学生的姓名、性别、出生日期、所在系别、入学时间信息可以这样描述：（张三，男，2002-05-01，计算机系，2020-09-01）

12.1.2　数据库

数据库（DataBase，DB），顾名思义，是存放数据的仓库，是指长期存储在计算机内的、有组织的、可共享的数据集合。数据库中的数据按一定的数据模型组织，描述和存储，具有较小的冗余度、较高的数据独立性，可以为各种用户共享。

12.1.3　数据库管理系统

数据库管理系统（DataBase Management System，DBMS）是数据库系统的一个重要组成部分，它是位于用户与操作系统之间的一层数据管理软件。

12.1.4　数据库系统

数据库系统（DataBase System，DBS）是指在计算机系统中引入数据库后的系统，一般由数据库、数据库管理系统（及其开发工具）、应用系统、数据管理员和用户组成。应当指出

的是，数据库的建立、使用和维护等工作只靠一个 DBMS 远远不够，还要有专门数据库管理员(DataBase Administrator，DBA)来完成。

12.2　JDBC 简介

JDBC(Java Database Connectivity，Java 数据库连接)是由 Sun 公司提供的与平台无关的数据库连接标准，是一种可以执行 SQL 语句的 Java API(Application Programming Interface，应用程序接口)，程序可以通过 JDBC API 连接到多种关系数据库，并使用结构化查询语言完成对数据库的查询、更新。

12.2.1　JDBC 体系结构

Java 数据库连接体系结构是用于 Java 应用程序连接数据库的标准方法。与 ODBC 类似，JDBC 接口也包括两个层次：一个是面向应用的 API，即 Java API，由抽象类和接口组成，可以实现数据库的连接、执行 SQL 语句、获得执行结果等；另一个层次是面向数据库的 API，即 Java Driver API，供开发商开发数据库驱动程序用。为此，JDBC 采用了如图 12-1 所示的体系结构。

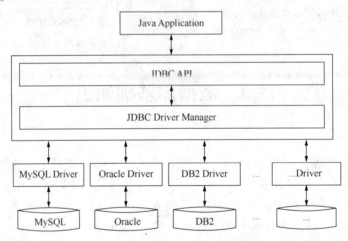

图 12-1　JDBC 的体系结构示意图

1. Java 应用程序

包括应用程序、Java Applet 和 Servlet，这些程序都可以利用 JDBC 完成对数据库的访问和操作。

2. JDBC 驱动管理器

它是 Java 虚拟机的一个组成部分，既负责管理针对各种类型 DBMS 的 JDBC 驱动程序，也负责和用户的应用程序交互，为 Java 应用程序建立数据库连接。

3. 驱动程序

JDBC 是独立于 DBMS 的，而每个数据库系统都有自己的协议与客户端通信，所以 JDBC 利用数据库驱动程序来使用这些数据库引擎。

12.2.2　JDBC 驱动类型

当需要访问某个特定的数据库时，必须使用相应的数据库驱动程序，如 MySQL、SQL Server、Oracle 等。比较常用的 JDBC 驱动有 4 种类型：JDBC-ODBC 桥、本地 API 部分 Java 驱动、网络协议完全 Java 驱动、本地协议完全 Java 驱动。

1. JDBC-ODBC 桥(JDBC-ODBC Bridge)

JDBC-ODBC 桥是利用了现有的 ODBC，它将 JDBC 调用解释为 ODBC 的调用。这种类型的驱动使 Java 应用可以访问所有支持 ODBC 的 DBMS。

2. 本地 API 部分 Java 驱动(Native-API Partly Java Driver)

该类驱动将 JDBC 调用转换成对特定 DBMS 客户端 API 的调用，用特定 DBMS 客户端取代 JDBC-ODBC 桥和 ODBC，因此也具有与 JDBC-ODBC 桥相类似的局限性。

3. 网络协议完全 Java 驱动(Net-Protocol Fully Java Driver)

这种类型的驱动将 JDBC 的调用转换为独立于任何 DBMS 的网络协议命令，并发送给一个网络服务器中的数据库中间件。该中间件进一步将网络协议命令转换成某种 DBMS 所能理解的操作命令。

4. 本地协议完全 Java 驱动(Native-Protocol Fully Java Driver)

这种类型的驱动直接将 JDBC 的调用转换为特定 DBMS 所使用的网络协议命令，允许一个客户端程序直接调用 DBMS 服务器，在 Intranet 环境中是一种很实用的方式。

12.3　JDBC 常用 API

JDBC API 是实现 JDBC 标准支持数据库操作的类与方法的集合，JDBC API 包括 java.sql 和 javax.sql 两个包。JDBC API 提供的基本功能如下：
(1) 建立与一个数据源的连接。
(2) 向数据源发送查询和更新语句。
(3) 处理得到的结果。

12.3.1　驱动程序管理

1. java.sql.Driver

提供数据库驱动程序信息，是所有 JDBC 驱动程序必须实现的接口，该接口专门提供给数据库厂商使用。

2. java.sql.DriverManager

提供管理一组 JDBC 驱动程序所需的基本服务，包括加载所有数据库驱动器，以及根据用户的连接请求驱动相应的数据库驱动器建立连接。常用方法如表 12-1 所示。

3. java.sql.DrivePropertyInfo

提供驱动程序与建立连接相关的特性。

表 12-1 DriverManager 类常用方法

方法	功能描述
static synchronized void registerDriver(Driver driver)	该方法用于向 DriverManager 中注册给定的 JDBC 驱动程序
static Connection getConnection(String url, String user, String pwd)	指定 3 个入口参数，依次是连接数据库的 URL、用户名、密码，该方法用于建立数据库连接，并返回表示连接的 Connection 对象
setLoginTimeout()	获取驱动程序试图登录某数据库可等待的最长时间，以秒为单位
println(String message)	将一条消息打印到当前 JDBC 日志流中

12.3.2 数据库连接

1. java.sql.Connection

表示与特定数据库的连接，通过连接执行 SQL 语句并获取 SQL 语句执行结果。Connection 接口代表 Java 程序和数据库的连接对象，只有获得该连接对象后，才能访问数据库，并操作数据表在 Connection 接口中，定义了一系列方法，其常用方法如表 12-2 所示。

表 12-2 Connection 接口常用方法

方法	功能描述
Statement createStatement()	该方法用于返回一个向数据库发送语句的 Statement 对象。
createStatement(int resultSetType, int resultSetConcurrency)	创建一个 Statement 对象，该对象将生成具有给定类型和并发性的 ResultSet 对象。
isReadOnly()	查询 Connection 对象是否处于只读模式。
setReadOnly()	设置当前 Connection 对象的读/写模式，默认是非只读模式。
commit()	使所有上一次提交/回滚后进行的更改成为持久更改，并释放 Connection 对象当前持有的所有数据库锁。
rollback()	取消在当前事务中进行的所有更改，并释放 Connection 对象当前持有的所有数据库锁。
setAutoCommit(boolean b)	设置自动提交模式。
close()	立即释放 Connection 对象的数据库和 JDBC 资源。

12.3.3 SQL 语句

1. java.sql.Statement

Statement 是执行数据库操作的一个重要接口，用于执行静态 SQL 语句，并返回一个结果对象，Statement 接口对象可通过 Connection 实例的 createStatement() 方法获得，该对象会把静态 SQL 语句发送到数据库编译执行，返回数据库处理结果，其常用方法如表 12-3 所示。

表 12-3 Statement 接口常用方法

方法	功能描述
boolean execute(String sql)	用于执行各种 SQL 语句，返回一个 boolean 类型的值，如果为 true，表示所执行的 SQL 语句有查询结果，可通过 Statement 的 getResultSet() 方法获得查询结果。
int executeUpdate(String sql)	用于执行 SQL 中的 insert、update 和 delete 语句，该方法返回一个 int 类型的值，表示数据库中受该 SQL 语句影响的记录条数。
ResultSet executeQuery(String sql)	用于执行 SQL 中的 select 语句，该方法返回一个表示查询结果的 ResultSet 对象。
executeBatch()	将一批命令提交给数据库执行，如果全部命令都执行成功，则返回更新计数组成的数组。
clearBatch()	清空 Statement 对象的当前 SQL 命令列表。
addBatch(String sql)	将给定的 SQL 命令添加到 Statement 对象的当前命令列表中。
close()	立即释放 Statement 对象的数据库和 JDBC 资源。

2. java.sql.PreparedStatement

PreparedStatement 是 Statement 的子接口，用于执行预编译的 SQL 语句。该接口扩展了带有参数 SQL 语句的执行操作，应用接口中的 SQL 语句可以使用占位符"?"来代替其参数，然后通过 setXxx() 方法为 SQL 语句的参数赋值，其常用方法如表 12-4 所示。

表 12-4 PreparedStatement 接口常用方法

方法	功能描述
execute()	在 PreparedStatement 对象中执行 SQL 语句，该语句可以是任何类型的 SQL 语句
int executeUpdate()	在此 PreparedStatement 对象中执行 SQL 语句，该语句必须是一个 DML 语句或者是无返回内容的 SQL 语句
ResultSet executeQuery()	在此 PreparedStatement 对象中执行 SQL 查询，该方法返回的是 ResultSet 对象
void setInt(int parameterIndex, int x)	将指定参数设置为给定的 int 值
void setFloat(int parameterIndex, float x)	将指定参数设置为给定的 float 值
void setDouble(int parameterIndex, double x)	将指定参数设置为给定的 double 值
void setObject(int parameterIndex, Object x)	使用给定对象设置指定参数的值
void setString(int parameterIndex, String x)	将指定参数设置为给定的 String 值
void setDate(int parameterIndex, Date x)	将指定参数设置为给定的 Date 值
void addBatch()	将一组参数添加到此 PreparedStatement 对象批处理命令中

续表

方法	功能描述
void setCharacterStream(int parameterIndex, java.io.Reader reader, int length)	将指定的输入流写入数据库的文本字段
void setBinaryStream(int parameterIndex, java.io.InputStream x, int length)	将二进制的输入流数据写入到二进制字段中

3. java.sql.CallableStatement

用来执行 SQL 的存储过程。

12.3.4 数据

1. java.sql.ResultSet

ResultSet 接口用于保存 JDBC 执行查询时返回的结果集,该结果集封装在一个逻辑表格中。在应用程序中经常使用 next() 方法作为 while 循环的条件来迭代 ResultSet 结果集,其常用方法如表 12-5 所示。

表 12-5　ResultSet 接口常用方法

方法	功能描述
String getString(int columnIndex)	获取指定字段的 String 类型的值,columnIndex 为字段索引。
String getString(String columnName)	获取指定字段的 String 类型的值,columnName 为字段名称。
int getInt(int columnIndex)	获取指定字段的 int 类型的值,参数 columnIndex 为字段索引。
int getInt(String columnName)	获取指定字段的 int 类型的值,参数 columnName 为字段名称。
doublegetDouble(int columnIndex)	以 double 的形式获取 ResultSet 对象的当前行中指定列的值。
Date getDate(int columnIndex)	用于获取指定字段的 Date 类型的值,参数 columnIndex 代表字段的索引。
Date getDate(String columnName)	用于获取指定字段的 Date 类型的值,参数 columnName 代表字段的名称。
boolean next()	将游标从当前位置向下移一行。
booleanisAfterLast()	判断游标是否在最后一行之后。
booleanisBeforeFirst()	判断游标是否在第一行之前。
booleanisFirst()	判断游标是否指向结果集的第一行。
booleanislast()	判断游标是否指向结果集的最后一行。

ResultSet 接口中定义了大量的 getXxx() 方法,而采用哪种 getXxx() 方法取决于字段的数据类型。程序既可以通过字段的名称来获取指定数据,也可以通过字段的索引来获取指定的数据,字段的索引是从 1 开始编号的。

12.4　搭建数据库编程环境

本节以 MySQL 为例,介绍数据库编程环境的搭建。

12.4.1 MySQL 数据库管理系统

简称 MySQL，是一个关系型数据库管理系统，其社区版（MySQL Community Edition）是世界上最流行的、提供免费下载的开源数据库管理系统。

1. 下载

MySQL 本身是开源项目，很多网站都提供了免费下载的资源。可选择 MySQL 的官方网站 www.mysql.com，其免费提供 MySQL 最新版本的下载以及相关技术文章，就学习而言，建议读者按操作系统选择相应的 MySQL 社区版资源下载。

2. 安装

JAVA 与 MySQL 数据库进行连接，必须安装好 JDK 和 MySQL 数据库。将下载的 MySQL 社区版压缩文件，解压缩到本地计算机即可。如，将按 32 位操作系统选择下载的 mysql-5.6.16-win32.zip 解压缩到 E 盘根目录下即可。

12.4.2 启动数据库服务器

1. 安全初始化

在命令行进入 MySQL 安装目录的 bin 子目录，输入"mysqld--initialize-insecure"命令，初始化 data 目录，并授权一个无密码的 root 用户。执行成功后，MySQL 安装目录下多出一个 data 子目录（用于存放数据库），如图 12-2 所示。

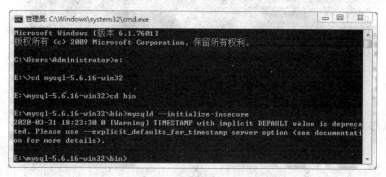

图 12-2　数据库安全初始化

2. 启动数据库

在 MySQL 安装目录的 bin 子目录下输入"mysqld"或"mysqld -nt"启动 MySQL 数据库服务器，MySQL 服务器占用的默认端口是 3306。启动成功后，MySQL 数据库服务器将占用当前 MS-DOS 窗口，如图 12-3 所示（有些版本数据库启动成功无任何提示；有些版本有提示却无命令提示符，需再打开一个窗口继续操作）。

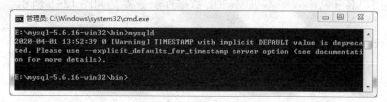

图 12-3　启动数据库

注意：

（1）直接关闭 MySQL 数据库服务器所占用的命令行窗口不能关闭 MySOL 数据库服务器，可以使用操作系统提供的"任务管理器"来关闭 MySQL 数据库服务器。

（2）如果当前计算机已经启动 MySQL 数据库服务器，那么必须关闭 MySQL 数据库服务器，之后才能再次在命令行窗口重新启动 MySQL 数据库服务器。

3. root 用户

MySQL 默认授权可以访问该服务器的用户只有一个，用户名为 root，密码为空。MySQL 数据库服务器启动后，可以用 root 用户访问数据库服务器，还可以再授权能访问数据库服务器的新用户，但只有 root 用户有权利建立新的用户。

root 用户若要修改自身密码，需使用 mysqladmin 命令，使用格式如下：

```
mysqladmin -u root -p password
```

进入 MySQL 安装目录的 bin 子目录执行该命令后，将提示输入"用户"的当前密码，若输入正确，继续提示输入"用户"的新密码及确认新密码。本书中数据库采用 root 为用户名，密码为空的方式，如图 12-4 所示。

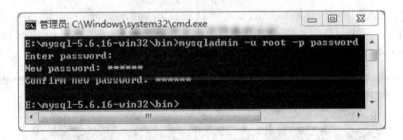

图 12-4 修改 root 用户密码

4. 登录数据库服务器

当 MySQL 数据库服务器已经运行时，可通过 MySQL 自带客户端工具登录到 MySQL 数据库。重新打开一个新的命令提示符窗口，进入 MySQL 安装目录的 bin 子目录后，输入以下格式的请求登录信息：

```
mysql -h 主机名 -u 用户名 -p
```

h 为客户端所要登录的 MySQL 主机名，登录本机（localhost 或 127.0.0.1）该参数可以省略；u 为登录的用户名；p 为用户密码，如果所要登录的用户名密码为空，可以忽略此选项。使用前文用户名和密码登录本机 MySQL 数据库服务器，如图 12-5 所示。

```
mysql -u root
```

成功登录后，即可在 mysql> 命令提示符下输入 SQL 语句完成数据库与表的创建，以及其他相关操作。

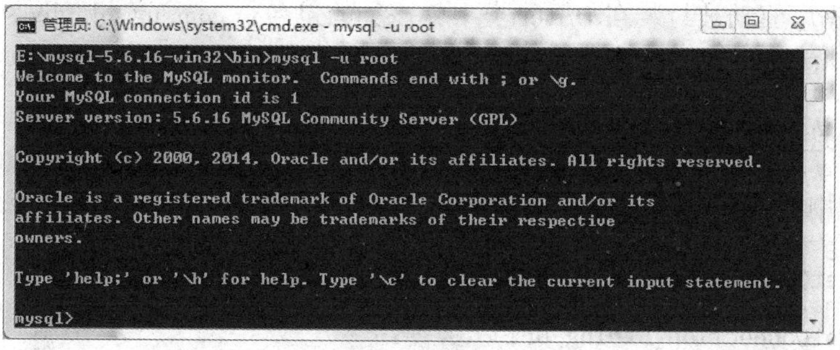

图 12-5　登录数据库

注意：

（1）MySQL 数据库服务器内自带三个数据库，分别为 information_schema 数据库、mysql 数据库和 test 数据库。其中，information_schema 数据库保存了 MySQL 服务器所有数据库的信息，如数据库名、数据库的表、数据库索引信息等；mysql 数据库中是 mysql 数据库中的所有信息表，如账户表、补丁插件之类信息表等；test 数据库是空数据库，主要用于测试。

（2）MySQL 数据库默认使用的是 UTF-8 编码格式，而命令行窗口默认使用的是 GBK 编码格式。为了保证命令行窗口方式能够插入和查询准确中文数据，可在执行插入语句和查询语句前，先执行以下两条命令：

set character_set_client=gbk;

set character_set_results=gbk;

12.4.3　下载数据库驱动

MySQL 数据库驱动文件可在官方网站 http：//dev.mysql.com/downloads/connector/j/页面下载，单击页面 Platform Independent(Architecture Independent)ZIP Archive 后的 Download 按钮进入下载页面，单击"No thanks, just start my download"即可下载驱动压缩包，解压后得到相应的 JAR 包。

例如，若下载的是 mysql-connector-java-5.1.39.zip，将其解压至硬盘后的文件 mysql-connector-java-5.1.39-bin.jar 就是 JDBC-数据库驱动，将该驱动复制到 JDK 扩展目录中即可，如："D：\ Java \ jdk1.8.0 \ jre \ lib \ ext"。

12.4.4　加载驱动程序

应用程序负责加载的 JDBC-MySQL 数据库驱动的代码如下：

```
try{
 Class.forName("com.mysql.jdbc.Driver");
}
catch(Exception e){}
```

MySQL 数据库驱动被封装在 Driver 类中,该类的包名是 com.mysql.jdbc,该类不是 Java 运行环境类库中的类,需要放置在 jre 的扩展中。

12.4.5 连接数据库

java.sql 包中的 DriverManager 类有两个用于建立连接的类方法(static 方法):

```
Connection getConnection(String url, String user,String pwd)
Connection getConnection(String url)
```

这两个方法都可能抛出 SQLException 异常,DriverManager 类调用上述方法可以和数据库建立连接,即可以返回一个 Connection 对象,参见 12.3 节中表 12-1 所示。参数中的 url 则遵循一定的写法,以 MySQL 数据库为例,其 url 地址书写格式如下:

```
协议:子协议:子名称
```

各部分含义如下:
(1) 协议:jdbc url 中的协议为 jdbc。
(2) 子协议:数据库的类型,如 mysql、oracle 等。
(3) 子名称:数据库的网络标识字符串或数据源的名称。

```
jdbc:mysql://hostname:port/databasename
```

其中,jdbc:mysql 是固定的写法,mysql 指的是 MySQL 数据库。hostname 指的是 MySQL 数据库服务器所驻留的主机名称(如果数据库在本机上,hostname 可为 localhost 或 127.0.0.1,如果在其他机器上,hostname 为所要连接机器的 IP 地址),port 指的是连接数据库的端口号(MySQL 数据库服务器默认占用的端口是 3306),databasename 指的是 MySQL 数据库服务器中相应数据库的名称。

(1) 应用程序使用 Connection getConnection(java.lang.String)方法,与 MySQL 数据库服务器的数据库 test 建立连接,可执行如下代码:

```
Connection con;
String url="jdbc:mysql://127.0.0.1:3306/test?user=root&password=&useSSL=true";
try{
    con=DriverManager.getConnection(url);//连接代码
}
catch(SQLException e){
    System.out.println(e);
}
```

(2) 应用程序使用 Connection getConnection(java.lang.String)方法,与 MySQL 数据库服

务器的数据库 test 建立连接，可执行如下代码：

```
Connection con;
String url="jdbc:mysql://127.0.0.1:3306/test?useSSL=true";
String user="root";
String password="";
try{
 con=DriverManager.getConnection(url,user,password);//连接代码
}catch(SQLException e){
    System.out.println(e);
  }
```

应用程序一旦和某个数据库建立连接，就可以通过 SQL 语句和该数据库中的表交互信息，如查询信息、修改信息、更新表记录等。

注意：

（1）如果数据库的表中记录有汉字，并且不是用命令行方式录入的，那么无法采用 12.4.2 节介绍的方式解决读取数据表中文信息乱码问题，此时只需在建立连接时额外多传递一个参数 characterEncoding，并取值 gb2312 或 utf-8 即可。

```
String url="jdbc:mysql://localhost/test?useSSL=true&characterEncoding=utf-8";
con=DriverManager.getConnection(uri,"root","");//连接代码
```

12.4.6　关闭数据库

每次操作数据库结束后都要关闭数据库连接，释放资源，以重复利用资源。若建立连接对象为 con，则关闭数据库代码如下：

```
con.close();
```

一切准备就绪，编写程序检验 MySQL 数据库编程环境的搭建效果，完成 MySQL 数据库驱动加载、连接与关闭数据库 test。

【例 12-4-1】　编写程序，验证数据库编程环境搭建成功与否。

```
01 import java.sql.*;
02 public class Example12_1 {
03   public static void main(String[] args) throws Exception {
04       String Driver = "com.mysql.jdbc.Driver";
05       String URL =
           "jdbc:mysql://localhost:3306/test?useSSL=true&characterEncoding=utf-8";
```

```
06          String user = "root";
07          String password = "";
08          try {
09              Class.forName(Driver);// 加载数据库驱动
10              System.out.println("加载数据库驱动成功！");
11              Connection con= DriverManager.getConnection(URL, user, password);
                //建立数据库连接
12              System.out.println("连接数据库成功！");
13              con.close();// 关闭数据库连接
14          }
15          catch (SQLException e) {
16              e.printStackTrace();
17          }
18          catch(ClassNotFoundException e){
19          }
20      }
21  }
```

运行结果：

加载数据库驱动成功！

连接数据库成功！

到此，MySQL 数据库编程环境已搭建成功。

12.5 数据库基本操作

12.5.1 数据库应用开发基本方法

1. 建立与数据库的连接

参照 12.4.5 节所述，正确建立与所需数据库的连接，在此不再赘述。

2. 执行 SQL 语句

在所建立的数据库连接上，采用 12.3.3 节的 Statement 或 PreparedStatement 接口创建执行 SQL 语句的对象，根据需求选择执行不同的方法。对已经创建的数据库连接对象，调用 createStatement()方法，便可得到一个 Statement 对象。该方法的格式是：

```
public statement createStatement() throws SQLException;
```

若所创建的连接对象是 con，则使用下列语句创建一个 con 上的 Statement 对象：

```
Statement stat=con.createStatement();
```

便可用 stat 对象调用 Statement 的相应方法发送 SQL 语句。SQL 的检索操作，使用 ExecuteQuery( )方法；SQL 的更新操作，使用 ExecuteUpdate( )方法。

3. 处理结果集

执行 SQL 语句的对象 stat 调用相应的方法实现对数据库中的表操作后，会将查询结果存放在 ResultSet 类声明的对象中，返回一个结果记录的表，称为结果集。再通过遍历结果集得到查询内容。

4. 关闭数据库连接

若存在 Statement 对象，则须先释放 Statement 对象，再关闭数据库连接。

12.5.2 创建数据库与表

创建数据库与表属于更新操作，Statement 对象 stat 应用 ExecuteUpdate( )方法执行指定的 SQL 语句，返回一个 ResultSet 的对象。ExecuteUpdate( )方法详细定义如下：

```
public int executeUpdate(String sql) throws SQLException
```

参数 sql 就是以字符串形式表达的 SQL 语句。需要特别注意的是：在 Java 中，字符串若超过一行将出现编译错误，在构造 sql 参数时，需要将表达多行的字符串的每一行加上双引号，并将各行用加号（+）连接，例如：

```
String sql;
sql="CREATE TABLE student("+
    "sNo CHAR(12) PRIMARY KEY,sName VARCHAR(10),"+
    "sSex VARCHAR(2),sCollege VARCHAR(20),"+
    "sClass VARCHAR(20),sHeight FLOAT,"+
    "sWeight FLOAT,sBirthday DATE"+")";
```

当创建数据库与表时，不需要对结果集进行处理，可按下面的语句执行 SQL：

```
stat.executeUpdate(sql);
```

用 Java 语言编写程序，模拟数据库应用系统中的数据库初始创建环节，创建教务信息数据库 edu 及学生基本信息数据表 student 的表结构，表中包含学号 sNo、姓名 sName、性别 sSex、学院 sCollege、班级 sClass、身高 sHeight、体重 sWeight、出生日期 sBirthday 字段。

【例 12-5-1】 编写程序，创建数据库与数据表。

```
01 import java.sql.*;
02 public class Example12_2 {
03     public static void main(String[] args) throws Exception {
04         String Driver = "com.mysql.jdbc.Driver";
```

```java
05      String URL =
            "jdbc:mysql://localhost:3306/test?useSSL=true&characterEncoding=utf-8";
06      //连接MySQL数据库test
07      String user = "root";
08      String password = "";
09      try {
10          Class.forName(Driver);//加载数据库驱动
11          System.out.println("加载数据库驱动成功！");
12          Connection con= DriverManager.getConnection(URL, user, password);
13          System.out.println("连接数据库test成功！");
14          Statement stat=con.createStatement();//实例化Statement对象
15          //开始创建数据库edu
16          String sql="CREATE DATABASE edu character set utf8 collate utf8_general_ci";
            //创建新数据库edu的SQL语句
17          stat.executeUpdate(sql);//向MySQL数据库提交创建数据库的SQL修改语句
18          System.out.println("数据库 edu创建成功！");
19          //数据库edu创建完毕
20          sql="USE edu";//打开数据库edu的SQL语句
21          stat.executeUpdate(sql);//向MySQL数据库提交打开数据库的SQL修改语句
22          //开始创建数据表student
23          sql="CREATE TABLE student("+
24              "sNo CHAR(12) PRIMARY KEY,sName VARCHAR(10),"+
25              "sSex VARCHAR(2),sCollege VARCHAR(20),"+
26              "sClass VARCHAR(20),sHeight FLOAT,"+
27              "sWeight FLOAT,sBirthday DATE"+")";//创建新数据表的SQL语句
28          stat.executeUpdate(sql);//向MySQL数据库提交创建新表的SQL修改语句
29          System.out.println("数据表 student创建成功！");
30          //数据表student创建完毕
31          stat.close();//关闭操作
32          con.close();//关闭数据库连接
33      }
34      catch (SQLException e) {
35          e.printStackTrace();
36      }
37      catch(ClassNotFoundException e){
38      }
39  }
40 }
```

运行结果：

加载数据库驱动成功！
连接数据库test成功！
数据库 edu 创建成功！
数据表 student 创建成功！

不要忘记先启动 MySQL 数据库服务器，再执行【例 12-5-1】示例程序。动态创建数据库之前，必须首先连接到一个已经存在的数据库。上例第 5 行连接字符串 URL 写的是 MySQL 提供的数据库 test。连接数据库后，第 14 行利用 Statement 接口使用了 CreateStatement( )方法实例化 Statement 对象 stat。第 16 行设定创建数据库的字符串 sql，加入了"character set utf8 collate utf8_ general_ ci"信息，将数据库编码格式设定为 utf8。第 19 行使用 Statement 接口中的 executeUpdate( )方法执行创建数据库 edu 的这条 SQL 语句。为保证所有操作都在数据库 edu 内进行，第 20 行和第 21 行打开了数据库 edu，并保持为默认数据库使用，直到所有操作数据库语句块结束，或直到出现下一个打开不同数据库的 use 语句。第 23 行到第 27 行，在数据库 edu 中创建了新表 student。当所有数据库相关操作执行完毕后，必须按照与建立数据库连接、实例化 Statement 对象相反的顺序，先关闭 stat 对象，再关闭数据库连接对象 con。程序运行完毕，可在命令提示符下输入 SQL 语句查看新建数据表 student 结构是否正确，如图 12-6 所示。

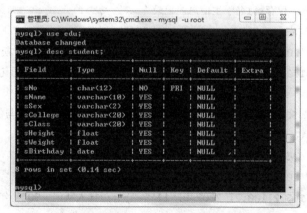

图 12-6　查看新建数据库和数据表结构

注意：

接下来，本章后续讲解的所有数据库相关操作都将在【例 12-5-1】创建的数据库 edu 中完成，故均须先启动 MySQL 数据库服务器，才可操作 MySQL 数据库。

12.5.3　插入数据

数据表中插入新数据属于数据库更新操作，应用 Statement 对象调用 ExecuteUpdate( )方法执行数据插入的 SQL 语句，返回一个 int 类型数值，表明受影响的记录数。

参照【例 12-5-1】中第 19 行的方式，向数据表 student 中插入 4 条学生基本数据信息。

【例 12-5-2】　使用 Statement 接口完成数据表插入新记录。

```
01  import java.sql.*;
02  public class Example12_3 {
03      public static void main(String[] args) throws Exception {
04          String Driver = "com.mysql.jdbc.Driver";
05          String URL =
                  "jdbc:mysql://localhost:3306/edu?useSSL=true&characterEncoding=utf-8";
06          String user = "root";
07          String password = "";
08          try {
09              Class.forName(Driver);//加载数据库驱动
10              Connection con= DriverManager.getConnection(URL, user, password);
                //建立数据库连接
11              /***********执行SQL语句&处理结果集****************/
12              Statement stat=con.createStatement();//实例化Statement对象
13              //实例化Statement对象
14              String sql;
15              int count=0;//记录插入记录的数量
16              //开始向表student插入新记录,分别保存4名学生的信息
17              //插入、保存第1名学生信息的记录
18              sql="INSERT INTO student VALUES("+
                      "'202007140101','张晓哲','男','计算机与信息技术学院','计201',"+
                      "170.1,150.1,'2002-09-01'"+")";//插入新记录SQL语句
19              count+=stat.executeUpdate(sql);
20              //向MySQL数据库edu提交SQL语句,执行第1名学生信息的插入与保存。
21              //插入、保存第2名学生信息的记录
22              sql="INSERT INTO student VALUES("+
                      "'202007140102','王月','女','计算机与信息技术学院','计201',"+
                      "165.2,100.2,'2002-07-11'"+")";//插入新记录SQL语句
23              count+=stat.executeUpdate(sql);
24              //向MySQL数据库edu提交 SQL语句,执行第2名学生信息的插入与保存。
25              //插入、保存第3名学生信息的记录
26              sql="INSERT INTO student VALUES("+
                      "'202007140201','李家明','男','计算机与信息技术学院','计202',"+
                      "175.5,140.3,'2002-09-17'"+")";//插入新记录SQL语句
27              count+=stat.executeUpdate(sql);
28              //向MySQL数据库edu提交 SQL语句,执行第3名学生信息的插入与保存。
29              //插入、保存第4名学生信息的记录
```

```
30              sql="INSERT INTO student VALUES("+
                    "'202007140202','赵明明','女','计算机与信息技术学院','计202',"+
                    "162.2,120.3,'2002-06-02'"+")";//插入新记录SQL语句
31              count+=stat.executeUpdate(sql);
32              //向MySQL数据库edu提交 SQL语句,执行第4名学生信息的插入与保存。
33              System.out.println("成功插入"+count+"名学生数据");
34              stat.close();//关闭操作
35              /*******************end********************/
36              con.close();//关闭数据库连接
37          }catch (SQLException e) {
38              e.printStackTrace();
39          }
40          catch(ClassNotFoundException e){
41          }
42      }
43  }
```

运行结果:

成功插入4名学生数据

【例12-5-2】中第18行、第22行、第26行、第30行分别设置了4次执行插入数据操作的SQL语句内容,当不明确插入数据的顺序与表中字段是否一致时,需要写明每个字段名称,保证数据与字段顺序一致,将插入语句写成如下形式:

```
sql="INSERT INTO student(sNo,sName,sSex,sCollege,sClass,sHeight,sWeight,sBirthday)"+
    " VALUES('202007140101','张晓哲','男','计算机与信息技术学院','计201',"+
    "170.1,150.1,'2002-09-01'"+")";
```

这样就不易出现插入数据与字段不匹配的问题。第15行定义了变量count用来记录插入数据总条数,第19行执行stat.executeUpdate(sql)插入学生信息成功后,executeUpdate(sql)方法返回一个受该SQL语句影响的int类型记录条数数值(参照表12-3),将与count变量数值累加。程序执行完毕后,可在命令提示符查询MySQL数据库的student表插入数据后的表信息是否正确,如图12-7所示。

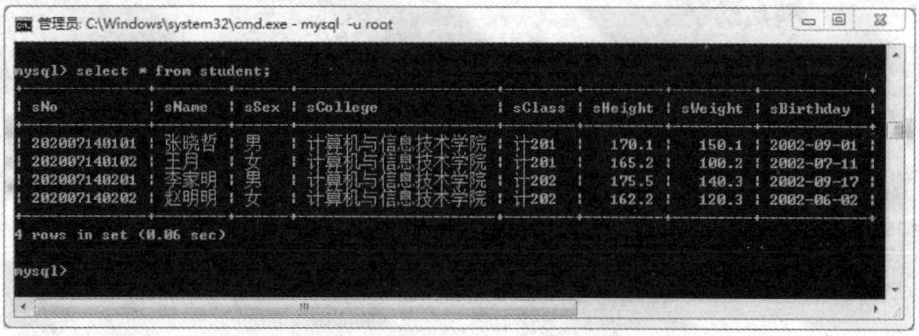

图12-7 查看添加数据结果

12.5.4 查询数据

查询数据表满足特定条件的数据信息，属于数据库检索操作，应用 Statement 接口中的 ExecuteQuery()方法执行 SELECT 查询语句，返回一个 ResultSet 型的结果集。通过遍历查询结果集的内容，才能够获得 SQL 语句执行的查询结果。ExecuteQuery()方法详细定义如下：

```
public ResultSet executeQuery(String sql) throws SQLException
```

在结果集中通过游标控制具体记录的访问，游标指向结果集中的当前记录。每次调用 ResultSet 类的 next()方法将使游标自顶向下移到下一行，作为用户可操作的当前行，就可执行数据读取。但第一次调用 next()方法时，将会把游标移到第一行，这是因为结果集中游标的初始位置是在第一行记录之前。如果当前行已经是结果集中的最后一行，则调用 next()方法将返回 false，否则返回 true。

在定位到结果集中的一行后，就可以执行数据读取，对于不同 SQL 数据类型要使用不同的读取方法，以实现 SQL 数据类型与 Java 数据类型的转换。具体操作是根据不同的 SQL 数据类型，使用相应的 getXxx()方法获取每个列的值，参照表 12-5。对于各种数据类型的数据获取方法 getXxx()，JDBC 提供了两种形式：

（1）以列名为参数，格式如下：

```
getXxx(String colName)
```

例如：

```
ResultSet rs=stat.executeQuery("SELECT sNo,sHeight,sBirthday FROM student");
while(rs.next()){
    String s=rs.getString ("sNo");
    float f=rs.getFloat("sHeight");
    Date d=rs.getDate("sBirthday");
}
```

从 student 表中查询所有记录的 sNo、sHeight、sBirthday 字段内容。

（2）以结果集中列的序号为参数，序号从 1 开始递增，格式如下：

```
getXxx(int columnIndex)
```

例如：

```
ResultSet rs=stat.executeQuery("SELECT sNo,sHeight,sBirthday FROM student");
while(rs.next()){
    String s=rs.getString (1);
    float f=rs.getFloat(2);
    Date d=rs.getDate(3);
}
```

需要特别注意的是，参数取值为结果集中列序号，而不是 student 表中列序号。

在 edu 数据库中，分别使用以上两种不同形式的 getXxx 方法，按下列要求完成学生信息表 student 信息查询并输出查询结果：

（1）查询 student 表中所有学生信息。

（2）查询 student 表中"计 201"班级的学生信息。

本例及本节后续实例，均与【例 12-5-2】在同一数据库 edu 中进行操作，重新书写【例 12-5-2】第 11 行至第 35 行之间代码即可。

【例 12-5-3】 查询数据表信息。

Example12_4.java 部分代码

```
01  /***********执行SQL语句&处理结果集***************/
02  Statement stat=con.createStatement();
03  String sql;
04  sql="SELECT * FROM student";
05  //查询student表中所有数据
06  ResultSet rs=stat.executeQuery(sql);//执行SQL语句返回查询到的结果集
07  System.out.println("-------所有学生基本信息查询结果如下------------");
08  System.out.println("学号\t\t姓名\t性别\t二级学院\t\t班级\t身高\t体重\t生日");
09  while(rs.next()) {
10      System.out.print(rs.getString("sNo")+"\t");
11      System.out.print(rs.getString("sName")+"\t");
12      System.out.print(rs.getString("sSex")+"\t");
13      System.out.print(rs.getString("sCollege")+"\t");
14      System.out.print(rs.getString("sClass")+"\t");
15      System.out.print(rs.getFloat("sHeight")+"\t");
16      System.out.print(rs.getFloat("sWeight")+"\t");
17      System.out.println(rs.getDate("sBirthday")+"\t");
18  }
19  sql="SELECT * FROM student where sClass='计201'";//查询student表中计201班所有数据
20  rs=stat.executeQuery(sql);//执行SQL语句返回查询到的结果集
21  System.out.println("---------计201班学生基本信息查询结果如下-----------");
22  System.out.println("学号\t\t姓名\t性别\t二级学院\t\t班级\t身高\t体重\t生日");
23  while(rs.next()) {
24      System.out.print(rs.getString(1)+"\t");
25      System.out.print(rs.getString(2)+"\t");
26      System.out.print(rs.getString(3)+"\t");
27      System.out.print(rs.getString(4)+"\t");
28      System.out.print(rs.getString(5)+"\t");
29      System.out.print(rs.getFloat(6)+"\t");
```

```
30          System.out.print(rs.getFloat(7)+"\t");
31          System.out.println(rs.getDate(8)+"\t");
32      }
33   rs.close();//关闭结果集
34   stat.close();//关闭操作
35   /******************end********************/
```

运行结果：

```
------------所有学生基本信息查询结果如下------------------
学号           姓名      性别    二级学院              班级      身高      体重      生日
202007140101   张晓哲    男      计算机与信息技术学院  计201    170.1    150.1    2002-09-01
202007140102   王月      女      计算机与信息技术学院  计201    165.2    100.2    2002-07-11
202007140201   李家明    男      计算机与信息技术学院  计202    175.5    140.3    2002-09-17
202007140202   赵明明    女      计算机与信息技术学院  计202    162.2    120.3    2002-06-02
------------计201班学生基本信息查询结果如下----------------
学号           姓名      性别    二级学院              班级      身高      体重      生日
202007140101   张晓哲    男      计算机与信息技术学院  计201    170.1    150.1    2002-09-01
202007140102   王月      女      计算机与信息技术学院  计201    165.2    100.2    2002-07-11
```

第 6 行将执行 SQL 语句查询到的结果集放在 ResultSet 对象 rs 中；第 9 行至第 18 行读取结果集的每一行并输出。结果集处理完毕，切记一定要先执行第 33 行释放数据集对象 rs，再执行第 34 行释放 Statement 对象 stat，最后释放数据库连接 con。这种展示 SQL 语句查询结果的方式，比命令提示符下查看更直观。

12.5.5 修改数据

修改表中数据属于数据库更新操作，应用 Statement 对象调用 ExecuteUpdate( ) 方法执行数据修改的 SQL 语句，返回一个 int 类型数值，表明受影响的记录数。

在【例 12-5-2】基础上，完成以下内容：

（1）修改数据表 student 中学号为 202007140202 的学生体重为 100。

（2）修改数据表 student 中王月同学的生日为 2002-12-12。

【例 12-5-4】 修改数据表信息。

Example12_5.java 部分代码

```
     /***********执行SQL语句&处理结果集****************/
01 Statement stat=con.createStatement();

02 String sql="UPDATE student SET sWeight=100 WHERE sNo='202007140202'";

03 stat.executeUpdate(sql);//执行修改

04 sql="UPDATE student SET sBirthday='2002-12-12' WHERE sName='王月'";
```

```
05  stat.executeUpdate(sql);//执行修改
06  stat.close();//关闭操作
    /*********************end*********************/
```

一般情况下,修改完毕需要查看数据表确定成功与否,可在第5行至第6行之间,加上【例12-5-3】中第5行至第18行代码内容,执行查询SQL语句,可得到如下结果:

```
------------修改后student表所有学生基本信息查询结果如下------------------
学号             姓名      性别    二级学院              班级      身高      体重      生日
202007140101  张晓哲    男      计算机与信息技术学院   计201    170.1    150.1    2002-09-01
202007140102  王月      女      计算机与信息技术学院   计201    165.2    100.2    2012-12-12
202007140201  李家明    男      计算机与信息技术学院   计202    175.5    140.3    2002-09-17
202007140202  赵明明    女      计算机与信息技术学院   计202    162.2    100.0    2002-06-02
```

如果表中数据量很大,可以选择仅查询执行修改的那条记录来查看修改效果。

12.5.6 删除数据

删除表中数据属于数据库更新操作,应用 Statement 对象调用 ExecuteUpdate( )方法执行数据修改的 SQL 语句,返回一个 int 类型数值,表明受影响的记录数。

在【例12-5-2】基础上,删除数据表 student 中所有女生信息。

【例12-5-5】 删除数据表信息。

Example12_6.java 部分代码

```
    /***********执行SQL语句&处理结果集****************/
01  Statement stat=con.createStatement();
02  String sql=" DELETE from student WHERE sSex='女' ";// SQL语句
03  stat.executeUpdate(sql); //执行删除
04  stat.close();//关闭操作
    /*********************end*********************/
```

执行删除后,可在第3行和第4行之间加上查看数据表 student 信息的语句,得到如下删除后的运行结果:

```
------------删除女生信息后student表所有学生基本信息查询结果如下------------------
学号             姓名      性别    二级学院              班级      身高      体重      生日
202007140101  张晓哲    男      计算机与信息技术学院   计201    170.1    150.1    2002-09-01
202007140201  李家明    男      计算机与信息技术学院   计202    175.5    140.3    2002-09-17
```

本 章 小 结

本章主要介绍了数据库的相关基本概念,JDBC 搭建数据库编程环境的方法及步骤,

JDBC 技术常用类及接口，JDBC 编程操作数据库的基本方法和一些高级方法，帮助读者解决一些实际问题。

习　题

一、判断题

1. SQL 语言的数据操纵语句中最重要，使用也最频繁的是 SELECT。（　　）
2. 调用 commit() 方法进行事务处理时，只要事务中任何一个 SQL 语句未能成功生效，就抛出 SQLException 异常。（　　）
3. 为了能进行事务处理，必须关闭 con 的这个默认设置。（　　）
4. ResultSet 对象允许在这个表中一行一行地移动。（　　）
5. 向数据库发送一个 SQL 语句，例如 select * from mess，数据库中的 SQL 解释器负责把 SQL 语句生成底层的内部命令，然后执行该命令，完成有关的操作。（　　）
6. Java 提供了更高效率的数据库操作机制，就是 PreparedStatement 对象，该对象被习惯地称作预处理语句对象。（　　）
7. JDBC 和数据库表进行交互的主要方式是使用 SQL 语句，JDBC 提供的 API 可以将标准的 SQL 语句发送给数据库，实现和数据库的交互。（　　）
8. SQL 查询语句对数据库的查询操作将返回一个 ResultSet 对象，ResultSet 对象由按"列"（字段）组织的数据行构成。（　　）

二、填空题

1. ＿＿＿＿接口表示从数据库中返回的结果。
2. 使用＿＿＿＿方法加载和注册驱动程序。
3. 在 JDBC 中回滚事务的方法是＿＿＿＿。
4. 当获得数据库中的数据后，数据会存储在＿＿＿＿对象中。
5. 在 ResultSet 接口内部有一个指向表格数据行的游标（或指针），ResultSet 对象初始化时，游标在表格的第一行之前，调用＿＿＿＿方法可将游标移动到下一行。

三、选择题

1. 提供 Java 存取数据库能力的包是？
   A. java.sql　　　　B. java.awt　　　　C. java.lang　　　　D. java.swing
2. 使用下面的 Connection 的哪个方法可以建立一个 PreparedStatement 接口？
   A. createPrepareStatement()　　　　B. prepareStatement()
   C. createPreparedStatement()　　　　D. preparedStatement()
3. JDBC 是一套用与执行什么的 Java API？
   A. SQL 语句　　　　　　　　　　　　B. 数据库连接
   C. 数据库操作　　　　　　　　　　　D. 数据库驱动
4. 在编写 JDBC 程序时，必须要把所使用的数据库驱动程序或类库加载到项目的什么位置？
   A. 根目录下　　　　　　　　　　　　B. JDBC 程序所在目录下
   C. 任意目录下　　　　　　　　　　　D. classpath

5. 下面的描述错误的是？

A. Statement 的 executeQuery( ) 方法会返回一个结果集

B. Statement 的 executeUpdate) 方法会返回是否更新成功的 boolean 值

C. 使用 ResultSet 中的 getString 可以获得一个对应于数据库中 char 类型的值

D. ResultSet 中的 next( ) 方法会使结果集中的下一行成为当前行

四、编程题

1. 建立一个名字为 bank 的数据库。在 bank 数据库中创建 car1 表和 car2 表，car1 表和 car2 表的字段如下（二者相同）：

number（文本） name（文本） amount（数字，双精度）

其中，number 字段为主键。

要求进行两个操作，一是将 card1 表中某种记录的 amount 字段的值减去 100，二是将 card2 表中某记录的 amount 字段的值增加 100，必须保证这两个操作要么都成功，要么都失败。

2. 完成一个简单的学生成绩库，要求能够对学生成绩进行增删改查等操作。

（1）查询班级"计203"班所有学生的英语成绩，并求平均分与最高分、最低分。

（2）查询出数学成绩低于 60 分的所有学生基本信息，并将其数学成绩修改为 60，显示修改前与修改后的信息。

（3）删除学生姓名为"李响"的学生所有信息。

（4）增加两条学生基本信息。

第 13 章　网络编程

一般说来，软件系统只有得到实际应用，并且经历多次失败，才能工作得很好。

As a rule, software systems do not work well until they have been used, and have failed repeatedly, in real applications.

——戴夫·帕纳斯（Dave Parnas）
国际软件工程大师

学习目标

- ▶ 了解 TCP/IP 协议。
- ▶ 了解 URL 的构成，掌握获取 URL 各个属性的方法，学会利用 URL 读取网络资源。
- ▶ 掌握 Socket 的基本使用方法，学会建立 Socket 连接，实现客户端和服务器通信。
- ▶ 掌握利用 UDP 进行通信的方法。

微信扫码立领
●章节配套课件

微信扫码立领
●对应代码文件

13.1　概　　述

13.1.1　网络通信基础

网络编程涉及客户与服务器两个方面及它们之间的联系。客户端请求服务器执行某个操作，服务器执行这个操作并对客户端作出响应。

1. 网络协议

网络通信是指网络中的计算机通过网络互相传递信息。通信协议是网络通信的基础，是网络中计算机之间进行通信时共同遵守的规则，其中最主要的是 TCP 和 IP 协议。TCP/IP 是一个四层的体系结构，它包含应用层、运输层、网际层和网络接口层，其体系结构如图 13-1 所示。

2. IP 地址

IP 地址是计算机网络中任意一台计算机地址的唯一标识。通过这种地址标识，网络中的计算机可以互相定位和通信。目前，IP 地址有两种格式，即 IPV4 格式和 IPV6 格式。

图 13-1　TCP/IP 体系结构

3. 域名地址

域名地址是计算机网络中一台主机的标识名，也可以看作 IP 地址的助记名，例如，www.sohu.com.cn、www.china.com 等。在 Internet 上，一个域名地址可以有多个 IP 地址与之相对应，一个 IP 地址也可以对应多个域名。

4. 端口号

在网络上建立客户机与服务器之间的通信链路就要依靠网络端口号(port)。端口号是一个标记机器的逻辑通信信道的正整数,端口号不是物理实体。

TCP/IP 中的端口号是一个 16 位的数字,它的范围是 0-65535。其中 0-1023 被预先定义的服务通信占用,如 HTTP 服务的端口号为 80,TELNET 服务的端口号为 21,FTP 服务的端口号为 23。

13.1.2　TCP 协议与 UDP 协议

TCP/IP 网络传输层为网络应用程序提供了两种不同的通信方式:有连接通信(TCP)和无连接通信(UDP)。

1. TCP 协议

TCP(Transfer Control Protocol)协议是一种面向连接的、可以提供可靠传输的协议。TCP 协议是在端点与端点之间建立持续的连接而进行通信。建立连接后,发送端将发送的数据以字节流的方式发送出去;接收端则对数据按序列顺序将数据整理好,数据在需要时可以重新发送。

2. UDP 协议

UDP(User Datagram Protocol)是一种无连接的协议,它传输的是一种独立的数据报(Datagram)。每个数据报都是一个完整的信息,包括完整的源地址和目的地址。数据报在网络上以任何可能的路径传往目的地,因此,数据报能否到达目的地、到底目的地的时间、数据的正确性和各个数据报到达的顺序都是不能完全保证的。

13.1.3　网络通信的支持机制

Java 提供了两个不同层次的网络支持机制:利用 URL 访问网络资源和利用 Socket 通信。

1. URL 层次

URL 表示了 Internet 上某个资源的地址。URL 支持 http,file,ftp 等多种协议。通过 URL 标识,可以直接使用各种通信协议获取远端计算机上的资源信息,方便快捷地开发 Internet 应用程序。

2. Socket 层次

Socket(套接字)是网络上运行的两个程序之间双向通信链路的终端点,一般由一个地址加上一个端口号来标识,这样运输层就能识别数据要发送哪个应用程序。Socket 通信机制是一种底层的通信机制,通过 Socket 的数据是原始字节流信息,通信双方必须根据约定的协议对数据进行处理与解释。

13.2　URL 通信机制

URL(Uniform Resource Locator)是统一资源定位器的英文缩写,它是指向互联网"资源"的指针。

13.2.1 URL 简介

URL 表示 WWW 上的一个文件，它规范了 WWW 资源网络定位地址的表示方法。URL 的基本表示格式是：

```
传输协议标识：//主机名：端口号/文件名#引用
```

传输协议标识和主机名是必需的。当没有给出传输协议标识时，浏览器默认的传输协议是 HTTP。下面都是合法的 URL：

```
01   http://java.sun.com/index.html
02   http://java.sun.com/
03   http://jsjy.nepu.edu.cn/xygk/xyjj.htm
04   https://www.oracle.com/java/technologies/#chapter1
```

其中，第 2 行 URL 结尾处的"/"是"/index.html"的省略写法。第 4 行 URL 加上"#"，用于指定标记为 chapter1 的部分。

13.2.2 URL 类

java.net 包中的 URL 类是对同一资源定位（Uniform Resource Locator）的抽象，使用 URL 创建对象的应用程序称为客户端程序，URL 对象存放着一个具体资源的引用。URL 对象通常包含最基本的三部分信息：协议、地址、资源。协议须是 URL 对象所在 Java 虚拟机支持的协议；地址须是能连接的有效 IP 地址或域名地址；资源可是主机上任何一个文件。

1. 构造方法

URL 类是 Java 语言提供的支持 URL 编程的基础类，其类路径是 java.net.URL。URL 类的构造方法有四种：

(1) public URL(String spec)

该构造方法根据指定的字符串创建 URL 对象。例如：

```
URL url = new URL("http://www.oracle.com/");
```

(2) public URL(URL url, String spec)

该构造方法根据基地址 URL 和表示相对路径的字符串创建 URL 对象。例如：

```
URL url = new URL("http://www.oracle.com/");
URL urlIndex = new URL(url,"index.html");
```

(3) public URL(String protocol, String host, String file)

该构造方法根据指定的协议名称、端口名称和文件名称创建 URL 对象。例如：

```
URL url = new URL("http","http://www.oracle.com/","index.html");
```

(4) public URL(String protocol, String host, int port, String file)

该构造方法根据指定的协议名称、主机名、端口名称和文件名称创建 URL 对象。例如：

```
URL url = new URL("http","http://www.oracle.com/",80,"index.html");
```

注意：

URL 类的构造函数中的参数如果无效，就会抛出 MalformedURLException 异常。一般情况下程序员需要捕获并处理这个异常。其异常捕获并处理程序形式如下：

```
try {
  URL exceptionURL=new URL(...)
}
catch(MalformedURLException e) {
  ...
  //异常处理
  ...
}
```

2. 主要方法

URL 类提供的方法主要包括对 URL 类对象特征(如：协议名、主机名、文件名、端口号和标记)的查询和对 URL 类对象的读操作，如表 13-1 所示。

表 13-1 URL 类中的主要方法

方法名称	方法说明
Object getContent( )	获取此 URL 的内容。
int getDefaultPort( )	获取与此 URL 关联协议的默认端口号。
String getFile( )	获取此 URL 的文件名。
String getHost( )	获取此 URL 的主机名。
String getPath( )	获取此 URL 的路径部分。
int getPort( )	获取此 URL 的端口号，如果没有设置端口号返回值为-1。
String getProtocol( )	获取此 URL 的协议名称。
String getRef( )	获取此 URL 的锚点(也称为"引用")。
URLConnection openConnection( )	返回一个 URLConnection 对象，它表示到 URL 所引用的远程对象的连接。
InputStream openStream( )	打开到此 URL 的连接，并返回一个用于从该连接读入的 InputStream。

13.2.3 读取 URL 资源

【例 13-2-1】 URL 对象信息的获取。

```
01  import java.net.*;
02  public class Example13_1 {
03      public static void main(String[] args) throws Exception {
04          URL url=new URL("http://www.baidu.com/index.html");
05          System.out.println("协议: "+url.getProtocol()); //显示协议名
06          System.out.println("主机: "+url.getHost());     //显示主机名
07          System.out.println("端口: "+url.getPort());     //显示端口号
08          System.out.println("路径: "+url.getPath());     //显示路径名
09          System.out.println("文件: "+url.getFile());     //显示文件名
10          System.out.println("URL: "+url);                //显示url信息
11      }
12  }
```

运行结果：

```
协议: http
主机: www.baidu.com
端口: -1
路径: /index.html
文件: /index.html
URL: http://www.baidu.com/index.html
```

URL 对象的一种最简便的使用是在 Applet 中，通过调用 Applet 类的 getAudioClip( )、getImage( )、play( ) 等方法直接读取或操作 URL 所表示的声音或图像文件，通过 URL 可以像访问本地文件一样访问网络上其他主机中的文件。还可通过 openStream( ) 方法，得到 java.io.InputStream 类的对象，从该输入流方便地读取 URL 地址的数据。该方法的定义如下：

```
public final InputStream openStream() throws IOException;
```

【例 13-2-2】 URL 抓取网页并写到本地文件中。

```
01  import java.io.BufferedReader;
02  import java.io.BufferedWriter;
03  import java.io.File;
04  import java.io.FileOutputStream;
05  import java.io.IOException;
06  import java.io.InputStreamReader;
07  import java.io.OutputStreamWriter;
08  import java.net.MalformedURLException;
09  import java.net.URL;
```

```
10  /**
11   * 抓取网站内容
12   * 并写到本地网页文件中
13   **/
14  public class Example13_2 {
15      public static void main(String[] args) {
16          // TODO Auto-generated method stub
17          try {
18              URL u = new URL("http://www.nepu.edu.cn");
19              BufferedReader bin = new BufferedReader(new
                                  InputStreamReader(u.openStream(),"UTF-8"));
20              File file = new File("c:\\nepu.html");
21              BufferedWriter bout = new BufferedWriter(new OutputStreamWriter(new
                                          FileOutputStream(file)));
22              String line;
23              while ((line = bin.readLine())!=null) {
24                  System.out.println(line);
25                  bout.write(line);
26                  bout.flush();
27              }
28              bout.close();
29              bin.close();
30          } catch (MalformedURLException e) {
31          } catch (IOException e) {
32          }
33      }
34  }
```

运行结果：

```
?<!DOCTYPE html>
<html><head>
    <meta charset="utf-8">
    <meta http-equiv="X-UA-Compatible" content="IE=edge,chrome=1">
    <title>东北石油大学</title><META Name="keywords" Content="东北石油大学主站" />
    <meta name="description" content="">
    ……
```

运行后，将抓取的 http://www.nepu.edu.cn/ 文件的内容存入 c:\\nepu.html。

13.2.4 URLConnection 类

对一个指定的 URL 数据访问，还可以通过 URLConnection 类在应用程序与 URL 之间建立一个连接，对 URL 所表示的资源进行读写操作。URLConnection 类提供了很多连接设置和操作的方法。其中，重要的方法是获取连接上的输入/输出流的方法：

```
InputStream getInputStream();
OutputStream getOutputStream();
```

通过返回的输入/输出流可以实现对 URL 数据的读写。

1. 创建到 URL 的连接对象

URL 连接对象的建立过程中，首先要创建 URL 对象，然后调用该 URL 对象的 openConnection() 方法，创建到该 URL 的一个连接对象，如下所示：

```
try{
    URL google=new URL("http://www.google.com/index.html");
    URLConnection googleConnection=google.openConnection();
}catch(MalformedURLException e){//创建URL对象失败
...
} catch(IOException e){//openConnection()方法失败
...
}
```

2. 从 URLConnection 读

在 URLConnection 对象创建后，可从该对象获取输入流，执行对 URL 数据读操作，如【例 13-2-3】所示，采用 URLConnection 改写【例 13-2-2】实现同样的功能。

【例 13-2-3】 URL 抓取网页并写到本地文件中。

```
01 import java.io.BufferedReader;
02 import java.io.BufferedWriter;
03 import java.io.File;
04 import java.io.FileOutputStream;
05 import java.io.IOException;
06 import java.io.InputStreamReader;
07 import java.io.OutputStreamWriter;
08 import java.net.MalformedURLException;
09 import java.net.*;
10 /**
11  * 抓取网站内容
```

```
12  *  并写到本地网页文件中
13  **/
14  public class Example13_3 {
15      public static void main(String[] args) {
16          // TODO Auto-generated method stub
17          try {
18              URL u = new URL("http://www.nepu.edu.cn");
19              URLConnection u1=u.openConnection();
20              BufferedReader bin = new BufferedReader(new
                                    InputStreamReader(u.openStream(),"UTF-8"));
21              File file = new File("c:\\nepu.html");
22              BufferedWriter bout = new BufferedWriter(new OutputStreamWriter(new
                                    FileOutputStream(file)));
23              String line;
24              while ((line = bin.readLine())!=null) {
25                  System.out.println(line);
26                  bout.write(line);
27                  bout.flush();
28              }
29              bout.close();
30              bin.close();
31          } catch (MalformedURLException e) {
32          } catch (IOException e) {
33          }
34      }
35  }
```

运行结果与【例 13-2-2】相同。【例 13-2-3】中第 9 行修改为 import java.net.*；增加了第 19 行创建 URLConnection 对象 u1。

3. 对 URLConnection 写

URLConnection 支持程序向 URL 写数据。利用这个功能，Java 程序可以向服务器端的 CGI 脚本发送数据。

例如，下面代码实现了向 URL 为 http：//java.sun.com/cgi-bin/backwards 的 CGI 脚本的写操作，将客户端 Java 程序的输入发送给服务器中名为 backwards 的 CGI 脚本：

```
…
URL url=new URL("http://java.sun.com/cgi-bin/backwards");
URLConnection connection=url.openConnection();
```

```
connection.setDoOutput(true);
PrintWriter out =new PrintWwriter(connection.getOutputStream());
out.println("string");
out.close();
...
```

URL 类和 URLConnection 类提供了 Internet 上资源的较高层次的访问机制。当需要编写较低层次的网络通信程序(例如 Client/Server 应用程序)时，就需要使用 Java 提供的基于 Socket 的通信机制。

13.3　InetAddress 类

InetAddress 类用于封装 IP 地址，并提供了与 IP 地址相关的方法，如表 13-2 所示。

表 13-2　InetAddress 类中的常用方法

方法名称	方法说明
InetAddress getByName(String host)	参数 host 表示指定的主机，该方法用于在给定主机名的情况下确定主机 IP 地址，获得指定主机的 InetAddress 对象。
InetAddress getLocalHost( )	获得一个表示本地主机的 InetAddress 对象(含域名与 IP 地址)。
String getHostName( )	获取 InetAddress 对象所含的域名。
Boolean isReachable(int timeout)	判断指定的时间内地址是否可以到达。
String getHostAddress( )	获取 InetAddress 对象所含的 IP 地址。

【例 13-3-1】　演示获取域名与 IP 地址，获取登录成功与否信息。

```
01  import java.net.*;
02  public class Example13_4 {
03      public static void main(String args[]) throws Exception{
04          try{
05              InetAddress localAddress=InetAddress.getLocalHost();
                //获得本机InetAddress对象
06              InetAddress remoteAddress=InetAddress.getByName("www.baidu.com");
                //获得baidu的InetAddress对象
07              System.out.println("本机的主机名："+localAddress.getHostName());
08              System.out.println("本机的IP地址："+localAddress.getHostAddress());
09              System.out.println("baidu的域名与IP地址:"+remoteAddress.toString());
10              System.out.println("5秒是否可达？"+remoteAddress.isReachable(5000));
11          }
```

```
12      catch(UnknownHostException e) {
13          System.out.println("无法找到 www.baidu.com");
14      }
15  }
16 }
```

运行结果:

本机的主机名: VBGNAWTJPXUVOLS
本机的IP地址: 192.168.0.104
baidu的域名与IP地址:www.baidu.com/61.135.169.121
5秒是否可达? true

13.4 TCP 通信

13.4.1 TCP 通信简介

在 JDK 中提供了两个类用于实现 TCP 程序,用于表示服务器端的 ServerSocket 类和用于表示客户端的 Socket 类。通信时,首先创建代表服务器端的 ServerSocket 对象,该对象相当于开启一个服务,并等待客户端连接;然后创建代表客户端的 Socket 对象,并向服务器端发出连接请求,服务器端响应请求,两者建立连接后可以正式进行通信。整个通信过程如图 13-2 所示。一旦这两个 Socket 连接起来,就可进行双向数据传输。

图 13-2 TCP 通信

13.4.2 套接字

TCP 在一条物理链路上划分出 65536 个端口,不同程序使用不同端口,这样同一台主机上的多个程序就可以共用一条物理链路进行通信。程序使用某个 TCP 端口进行通信,类似于用一根电线将程序插在某个通信插口上,如图 13-3 所示。

TCP 将通信插口称作 Socket,中文译成"套接字"。套接字中主要包含本端(local)和远端(remote)的网络地址和端口信息,分别对应了本端和远端网络应用程序。客户端套接字中的远端指服务器,服务器套接字中的远端指客户端。

13.4.3 Socket

套接字类 Socket 常用方法如表 13-3 所示。

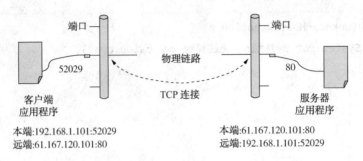

图 13-3 基于端口的客户端和服务器 TCP 通信

表 13-3 Socket 类中的常用方法

方法名称	方法说明
Socket( )	创建一个流套接字。
Socket(InetAddress address, int port)	创建一个流套接字并将其连接到指定 IP 地址的指定端口号。
Socket(String host, int port)	创建一个流套接字并将其连接到指定主机上的指定端口号。
void connect(SocketAddress endpoint)	客户端向服务器申请连接。
void connect(SocketAddress endpoint, int timeout)	客户端向服务器申请连接。
InputStream getInputStream( )	获取 TCP 连接的字节输入流。
OutputStream getOutputStream( )	获取 TCP 连接的字节输出流。
InetAddress getInetAddress( )	获取远端的网络地址。
Int getPort( )	获取远端的端口号。
InetAddress getLocalAddress( )	获取本端的网络地址。
int getLocalPort( )	获取本端的端口号。
boolean isConnected( )	检查是否已建立 TCP 网络连接。
boolean isClosed( )	检查 TCP 网络连接是否已断开。
void close( )	断开 TCP 网络连接。

其中，getInputStream( )和 getOutputStream( )方法分别用于获取输入流和输出流。当客户端和服务端建立连接后，数据是以 IO 流的形式进行交互的，从而实现通信，工作步骤如下：

（1）用构造函数创建一个 Socket 对象。
（2）Socket 对象尝试连接远程主机。
（3）一旦建立连接，则打开连接到 Socket 对象的输入输出流。
（4）按照一定的协议对 Socket 对象进行读/写操作。
（5）当数据传输完毕后，关闭连接。

作为客户端应用程序，应当具有如下代码结构：

```
01 try{//处理可能出现的异常
02     //创建套接字对象,向服务器申请建立TCP连接
03     Socket s=new Socket(服务器域名或 IP地址,服务端口);
04     //连接成功后与服务器进行通信,发送服务请求,然后接收服务响应
05     ...
06     s.close();//服务结束后断开TCP连接
07 }
08 catch(IOException e){ System.out.println("IOException");}
```

【例 13-4-1】 使用套接字类 Socket 连接东北石油大学 Web 服务器。

```
01 import java.io.*;
02 import java.net.*;
03 public class Example13_5 {
04     public static void main(String[] args) {
05         try {
06             // 处理可能出现的异常
07             // 创建套接字对象,向服务器申请建立 TCP连接
08             Socket s = new Socket("www.nepu.edu.cn", 80);// 给出服务器的域名和端口
09             System.out.println(s + "connected......");
10             // 显示套接字中的本端信息
11             System.out.println("local:"+s.getLocalAddress() + ":"+s.getLocalPort());
12             // 显示套接字中的远端信息
13             System.out.println("remote:" + s.getInetAddress() + ":"+ s.getPort());
14             // 建立TCP连接后可以与服务器进行通信,本例暂不通信
15             s.close();
16             // 断开TCP网络连接
17             System.out.println("TCP connection closed......");
18         } catch (UnknownHostException e) {
19             System.out.println("Host not found");
20         } catch (ConnectException e) {
21             System.out.println("Host connection failed");
22         } catch (IOException e) {
23             System.out.println("IOException");
24         }
25     }
26 }
```

运行结果:

```
Socket[addr=www.nepu.edu.cn/61.167.120.101,port=80,localport=52029]connected......
local:/192.168.1.101:52029
remote:www.nepu.edu.cn/61.167.120.101:80
TCP connection closed......
```

注：东北石油大学 Web 服务器的域名是 www.nepu.edu.cn，服务端口为 TCP 80。

13.4.4 ServerSocket

Java API 提供了一个 ServerSocket 类，该类的实例对象可以实现一个服务器端的程序，如表 13-4 所示。

表 13-4 ServerSocket 类中的常用方法

方法名称	方法说明
ServerSocket( )	构造方法
ServerSocket(int port)	构造方法（同时指定监听端口）
ServerSocket(int port, int backlog, InetAddress bindAddr)	构造方法（同时指定监听端口等）
Socket accept( )	监听服务请求。如果有请求，则建立 TCP 连接，返回套接字，否则保持阻塞状态
int getLocalPort( )	获取所监听的端口
InetAddress getInetAddress( )	获取本服务的网络地址
void bind(SocketAddress endpoint)	将服务绑定到指定的套接字地址
SocketAddress getLocalSocketAddress( )	获取本服务的套接字地址
boolean isBound( )	检查是否已绑定地址和端口
boolean isClosed( )	检查服务是否已关闭
void close( )	关闭网络服务

在 C/S 架构中，服务器应用程序是提供网络服务的，工作步骤如下：

（1）用构造函数创建一个 ServerSocket 对象。

（2）ServerSocket 对象使用其 accept( ) 方法监听此端口的入站连接。accept( ) 方法会一直阻塞，直到客户端尝试进行连接，这时它将返回一个连接客户端和服务器的 Socket 对象。

（3）根据服务类型，调用 Socket 的 getInputStream( ) 方法或 getOutputStream( ) 方法，或者调用这两个方法，以获得与客户端通信的输入流或输出流。

（4）按照一定的协议对 Socket 对象进行读/写操作。

（5）服务器或客户端(或两者)关闭连接。

（6）服务器返回步骤(2)，等待下一次连接。

作为服务器应用程序，应当具有如下代码结构：

```
01 try{//处理可能出现的异常
02      //创建服务器套接字对象，用于监听某个TCP端口
03   ServerSocket server=new ServerSocket(服务端口);
04   while(运行条件 或 true){ //服务器应保持运行状态，随时接收客户端的连接请求
05    Socket client=server.accept();//如果有TCP连接请求，则确认建立连接，返回套接字对象
06    ...//连接成功后与客户端进行通信，接收服务请求，然后发送服务响应
07    client.close();//服务结束后断开TCP连接
08    //继续循环，准备接收下一个连接请求。 可接收不同客户端的连接请求.
09   }
10   server.close();//关闭网络服务
11 }
12 catch(IOException e){System.out.println("IOException");}
```

【例 13-4-2】 服务端侦听服务，当客户端连接上时，服务端打印相应的提示信息。
Client. java// 客户端应用程序

```
01 import java.net.*;
02 import java.io.*;
03 public class Client {
04   public static void main(String[] args) {
05     // TODO Auto-generated method stub
06     try {
07         Socket client = new Socket("192.168.0.105",6666);
08     } catch (UnknownHostException e) {
09         System.out.println("无法确定主机的IP地址");
10     } catch (IOException e) {
11         System.out.println("服务端没启动，创建套接字时发生错误");
12     }
13   }
14 }
```

Server. java// 服务器端应用程序

```
01 import java.net.*;
02 import java.io.*;
03 public class Server {
04   public static void main(String[] args) {
05     // TODO Auto-generated method stub
06     System.out.println("==== 服务端开始运行 ====");
```

```
07    try {
08        ServerSocket server = new ServerSocket(6666);
09        Socket client = server.accept();
10        System.out.println("a client connected!");
11    } catch (IOException e) {
12    }
13    System.out.println("==== 服务端运行结束 ====");
14  }
15 }
```

运行结果:

```
01 ==== 服务端开始运行 ====
02 a client connected!
03 ==== 服务端运行结束 ====
```

该例首先运行服务端程序 Server.java，启动服务侦听，得到运行结果的第 1 行；然后再运行客户端程序 Client.java，启动链接，链接成功后得到运行结果的第 2 行和第 3 行。

13.4.5 简单的 TCP 通信实例

在 TCP 连接成功后，客户端与服务器应用程序各有一个套接字 socket 的对象，它们分别表示 TCP 连接两端的通信插口。Java API 将程序从通信插口（即 socket 对象）接收数据抽象成输入流，向通信插口发送数据抽象成输出流，这样网络通信问题就被转换成了输入输出问题。套接字类 Socket 中有如下两个重要方法。

（1）getInputStream()

获得套接字的字节型输入流对象。从输入流对象读取数据，即接收对方发来的信息。

（2）getOutputStream()

获得套接字的字节型输出流对象。向输出流对象写入数据，即向对方发送信息。

【例 13-4-3】 客户端/服务器架构 TCP 通信。在服务端进行侦听，实现接受多个客户端的连接；当客户端连接上来时，服务端打印相应的提示信息；客户端可以向服务端发送相应的信息，服务端返回信息。

Client.java//客户端应用程序

```
01 import java.io.*;
02 import java.net.*;
03 public class Client {
04   public static void main(String[] args) {
05     InputStream in = null;
06     OutputStream out = null;
```

```
07      try {
08          Socket client = new Socket("192.168.1.101",6666);
09          in = client.getInputStream();
10          out = client.getOutputStream();
11          DataInputStream dataIn = new DataInputStream(in);
12          DataOutputStream dataOut = new DataOutputStream(out);
13          dataOut.writeUTF("hello,server!");
14          String s = null;
15          if((s=dataIn.readUTF())!=null)
16              System.out.println(s);
17          dataOut.close();
18          dataIn.close();
19          client.close();
20      } catch (UnknownHostException e) {
21          System.out.println("无法确定主机的IP地址");
22      } catch (IOException e) {
23          System.out.println("创建套接字时发生错误");
24      }
25  }
26 }
```

Server.java// 服务器端应用程序

```
01 import java.io.*;
02 import java.net.*;
03 public class Server{
04   public static void main(String[] args) {
05       System.out.println("==== 服务端开始运行 ====");
06       try {
07           ServerSocket server = new ServerSocket(6666);
08           while(true){
09               Socket client = server.accept();
10               System.out.println("a client connected!");
11               DataInputStream dataIn = new
                                DataInputStream(client.getInputStream());
12               DataOutputStream dataOut = new
                                DataOutputStream(client.getOutputStream());
13               String s = null;
```

```
14                  if((s=dataIn.readUTF())!=null){
15                      System.out.println("客户端发来的信息是: "+s);
16                      System.out.println("客户端的地址是: "+client.getInetAddress());
17                      System.out.println("客户端的端口是: "+client.getPort());
18                  }
19              //服务端收到信息后,返回给客户端一个信息
20              dataOut.writeUTF("hello,client");
21              dataIn.close();
22              dataOut.close();
23              client.close();
24          }
25      } catch (IOException e) {
26      }
27      System.out.println("==== 服务端运行结束 ====");
28  }
29 }
```

服务端运行结果:

```
01 ==== 服务端开始运行 ====
02 a client connected!
03 客户端发来的信息是: hello,server!
04 客户端的地址是: /192.168.1.101
05 客户端的端口是: 50179
06 a client connected!
07 客户端发来的信息是: hello,server!
08 客户端的地址是: /192.168.1.99
09 客户端的端口是: 50180
```

客户端运行结果:

```
01 hello,client
```

【例 13-4-3】中 Client.java 第 8 行 Socket 构造方法参数为客户端 IP 地址和服务端口号。先运行服务端程序 Server.java,服务端启动实时侦听,得到服务端运行结果第 1 行的显示信息;然后运行客户端程序 Client.java,服务端输出服务端运行结果第 2 行到第 5 行的提示信息,服务端继续实时侦听,客户端输出"hello, client"的提示信息;修改 Client.java 中 Socket 构造方法参数为第二台客户端 IP 地址和服务端口号,并在第二台客户端计算机上运行 Client.java,服务端输出运行结果第 6 行到第 9 行的提示信息,服务端继续实时侦听直至服务端关闭,第二台客户端输出"hello, client"的提示信息。当服务端运行时,可实现与多个客户端通信。

13.5 UDP 通信

13.5.1 UDP 通信简介

利用 UDP 协议进行数据传输时，首先将要传输的数据定义成数据报（Datagram），在数据报中指明数据所要达到的端点（Socket，主机地址和端口号），再将数据报发送出去，通信流程如下：

（1）接收方应用程序首先准备好接收数据的缓冲区，然后监听某个 UDP 端口，等待接收该端口传输过来的数据。

（2）发送方应用程序首先准备好接收方的网址、UDP 端口和需要发送的数据，然后向接收方发送数据，通信结束。发送方不需要等待接收方的回复。

（3）接收方应用程序接收数据，然后分析并处理数据，通信结束。接收方不需要回复发送方。

它在通信实体的两端各建立一个 Socket，但这两个 Socket 之间并没有虚拟链路，这两个 Socket 只是发送、接收数据报的对象。Java 在 java.net 包中提供了两个类：DatagramSocket 和 DatagramPacket 支持数据报方式通信。

13.5.2 DatagramPacket

在 UDP 方式的网络编程中，无论是需要发送的数据还是需要接收的数据，都必须被处理成 DatagramPacket 类型的对象，该对象中包含数据要发送到的地址、端口号以及内容等。在接收数据时，接收到的数据也必须被处理成 DatagramPacket 类型的对象，该对象中包含发送方的地址、端口号等信息，也包含数据内容。

因此，在创建发送端和接收端的 DatagramPacket 对象时，使用的构造方法有所不同，接收端的构造方法只需接收一个字节数组来存放接收到的数据，而发送端的构造方法不但要接收存放发送数据的字节数组，还需指定发送端 IP 地址和端口号，如表 13-5 所示。

表 13-5 DatagramPacket 类中的常用方法

方法名称	方法说明
DatagramPacket(byte[ ] buf, int length)	构造方法（指定封装数据的字节数组、数据大小）
DatagramPacket(byte[ ] buf, int offset, int length)	构造方法（指定封装数据的字节数组、发送数据的偏移量、数据大小）
DatagramPacket(byte[ ] buf, int length, InetAddress addr, int port)	构造方法（指定封装数据的字节数组、数据大小、数据报目的 IP 地址、目的端口号）
DatagramPacket(byte[ ] buf, int offset, int length, InetAddress addr, int port)	构造方法（指定封装数据的字节数组、发送数据的偏移量、数据大小、数据报目的 IP 地址、目的端口号）
InetAddress getAddress()	该方法用于返回发送端或者接收端的 IP 地址，如果是发送端的 DatagramPacket 对象，就返回接收端的 IP 地址；反之，就返回发送端的 IP 地址

续表

方法名称	方法说明
int getPort()	该方法用于返回发送端或者接收端的端口号,如果是发送端的对象,就返回接收端的端口号;反之,就返回发送端的端口号
byte[] getData()	该方法用于返回将要接收或者将要发送的数据,如果是发送端的 DatagramPacket 对象,就返回将要发送的数据;反之,就返回接收到的数据
int getLength()	该方法用于返回接收或者将要发送数据的长度,如果是发送端的 DatagramPacket 对象,就返回将要发送的数据长度;反之,就返回接收到数据的长度
void setAddress(InetAddress iaddr)	设置接收方的网络地址
void setPort(int iport)	设置接收方的端口号
void setLength(int length)	设置即将被发送的数据长度
void setData(byte[] buf)	设置将即将被发送的数据

13.5.3 DatagramSocket

Java 使用 DatagramSocket(数据报套接字)类代表 UDP 协议的 Socket。DatagramSocket 类实现"网络连接",包括客户端网络连接和服务器端网络连接。UDP 方式的网络通信不需建立专用网络连接,但还是要发送和接收数据,DatagramSocket 实现的就是发送数据时的发射器,及接收数据时监听器的角色。

相比 TCP 中的网络连接,DatagramSocket 类既可用于实现客户端连接,也可用于实现服务器端连接。DatagramSocket 类常用方法见表 13-6 所示。

表 13-6 DatagramSocket 类中的常用方法

方法名称	方法说明
DatagramSocket()	构造方法。
DatagramSocket(int port)	构造方法(同时指定本端的 UDP 端口)。
DatagramSocket(int port, InetAddress laddr)	构造方法(同时指定本端的端口和网络地址)。
void send(DatagramPacket p)	发送数据报包裹。
void setSoTimeout(int timeout)	设置数据报包裹的有效时间。
InetAddress getLocalAddress()	获取本端网络地址。
int getLocalPort()	获取本端端口号。
void close()	关闭套接字
void receive(DatagramPacket p)	接收数据报包裹。

13.5.4 简单的 UDP 通信实例

采用数据报方式进行通信的过程主要分为以下 3 个步骤:

(1)创建数据报 Socket。

(2)构造用于接收或发送的数据报,并调用所创建 Socket 的 receive()方法进行数据报接收或调用 send()发送数据报。

(3)通信结束,关闭 Socket。

1. 实现一对一的简单 UDP 通信

创建一个简单的完整 UDP 通信程序,由一个接收端接收一个发送端发送的信息。

【例 13-5-1】 UDP 通信示例。

Receiver.java//接收端应用程序

```
01 import java.net.*;
02 import java.io.*;
03 public class Receiver {
04   public static void main(String[] args) {
05     try{
06         //处理可能出现的异常
07         System.out.println("Receive data at 8000......\n");
08         //接收前的准备工作:准备好存储缓冲区,将其包装成数据报包裹对象
09         byte buf[]=new byte[1024];//创建一个数据缓冲区(最多接收1024字节)
10         DatagramPacket pack=new DatagramPacket(buf,buf.length);
11         //创建数据报套接字对象,监听某个UDP端口,等待接收数据报包裹
12         DatagramSocket ds=new DatagramSocket(8000);//监听UDP 8000端口
13         ds.receive(pack);
14         //接收数据报包裹
15         //分析接收到的数据报包裹,例如发送方的网址、端口和数据等
16         InetAddress udpSender=pack.getAddress();
17         //获取发送方的网络地址
18         int port= pack.getPort();
19         //获取发送方的端口
20         //数据报里的数据是字节数组,可将其转成字符串
21         String msg=new String(pack.getData(),0,pack.getLength());//转字符串
22         System.out.println("Receive data from"+udpSender+":"+port);
23         System.out.println("接收到的数据为:"+msg);
24         ds.close();
25         //关闭数据报套接字
26     }catch(IOException e){ System.out.println(e.getMessage());}
27   }
28 }
```

Sender.java//发送端应用程序

```java
01 import java.net.*;
02 import java.io.*;
03 public class Sender {
04   public static void main(String[] args) {
05     try{
06         //处理可能出现的异常
07         System.out.print("Send data to localhost:8000......");
08         //发送前的准备工作：准备好接收方网址、端口和需发送的数据
09         InetAddress udpReceiver=InetAddress.getByName("localhost");//发给本机
10         int port=8000;
11         //接收方端口（本例为 UDP 8000）
12         String msg="this is an example !";//将被发送的信息
13         byte buf[]=msg.getBytes();//将字符串信息转成字节数组
14         //创建数据报包裹对象，其中包含需被发送的数据、接收方的网址和端口
15         DatagramPacket pack=new DatagramPacket(buf,buf.length,udpReceiver,port);
16         //创建数据报套接字对象，然后发送准备好的数据报包裹对象pack
17         DatagramSocket ds=new DatagramSocket();//创建一个数据报套接字对象
18         ds.send(pack);
19         //发送数据报包裹
20         ds.close();
21         //关闭数据报套接字
22         System.out.println("Over");
23     }catch(IOException e){ System.out.println(e.getMessage());}
24   }
25 }
```

接收端运行结果：

```
01 Receive data at 8000......
02
03 Receive data from/127.0.0.1:61359
04 接收到的数据为: this is an example !
```

发送端运行结果：

```
Send data to localhost:8000......Over
```

先运行接收端应用程序，接收端得到第 1 行和第 2 行的运行结果，然后停在此处等待接收数据；再运行发送端应用程序，向接收端发送一条"this is an example!"信息。

本 章 小 结

本章介绍了网络编程的相关知识,包括网络通信协议、IP 地址、端口号、InetAddress 类、TCP 和 UDP 协议。接着详细讲解了 TCP 中的 ServerSocket、Socket 类,以及如何通过 TCP 通信实现简单的 TCP 通信,UDP 相关的 DatagramSocket、DatagramPacket 类,以及如何通过 UDP 通信实现简单的 UDP 通信,并分别给出了两个与多线程相结合的网络通信实例。重点在于熟练掌握 TCP 网络程序和 UDP 网络程序的编写。

习 题

一、判断题

1. C/S 构架中服务器应用程序应当一直保持运行状态。( )
2. C/S 构架中服务器的 TCP 端口是固定不变的。( )
3. TCP 可以实现双向通信。( )
4. 域名不能被用作网络上主机地址。( )
5. 网络资源地址没有包含主机地址。( )
6. 编写网络应用程序通常不会涉及的 TCP/IP 层是链路层。( )

二、填空题

1. Java 的很多网络类都包含在_____包中。
2. _____类的对象包含一个 IP 地址。
3. UDP 网络编程中主要用到_____和_____类。
4. 服务器套接字类 ServerSocket 中接收并确认客户端 TCP 连接请求的方法是_____。
5. 因特网 Web 服务的默认端口是_____。
6. 用于网络通信的两个 Socket 类型为_____和_____。

三、选择题

1. 在套接字编程中,客户方需用到哪个类来创建 TCP 连接?
   A. Socket   B. URL   C. ServerSocket   D. DatagramSocket
2. 数据报包裹类 DatagramPacket 中没有包含的信息是?
   A. 对方 IP 地址   B. 对方端口
   C. 被发送的数据   D. 网络连接状态
3. 数据报包裹类 DatagramPacket 中读取数据的方法是?
   A. getData( )   B. getInputStream( )
   C. accept( )   D. getLength( )
4. 下列关于 TCP 和 UDP 的描述中,错误的是?
   A. TCP 是有连接的通信   B. TCP 可以实现双向通信
   C. UDP 是无连接的通信   D. UDP 不能实现双向通信
5. 下列关于 UDP 通信的描述中,错误的是?
   A. UDP 通信不需要建立连接

B. UDP 通信必须先建立连接然后才能通信

C. UDP 通信可以多个发送方对一个接收方

D. UDP 通信可以一个发送方对多个接收方

四、编程题

1. 局域网中的两台计算机，一台假定是服务器，另一台则是客户机，编程实现服务器与客户机的通信。

操作提示：

（1）在假定为服务器的计算机上编写并运行基于 TCP 协议的服务器端程序。

（2）本假定为客户机的计算机上编与基于 TCP 协议的客户端程序，注意在程序中准确书写欲连接服务器的 IP 地址和端口号。

（3）运行客户端程序，实现与服务器端的通信。

2. 编程实现基于 UDP 的网络通信。

操作提示：

（1）局域网的一台计算机假定为服务器。

（2）在该计算机上编写并运行基于 UDP 协议的服务器端程序。

（3）把另外一台计算机假设为客户端。

（4）在假定为客户端的计算机上编写并运行基于 UDP 协议的客户端程序。

第 14 章 GUI 开发

用代码行来衡量开发进度，无异于用重量来衡量制造飞机的进度。
Measuring programming progress by lines of code is like measuring aircraft building progress by weight.

——Bill Gates
微软公司（Microsoft）创始人、董事长、CEO 和首席软件设计师

学习目标
- ▶ 了解 Swing 概念，GUI 开发的相关原理。
- ▶ 掌握创建窗体的方法。
- ▶ 掌握布局管理器的使用方法。
- ▶ 掌握常用面板的使用方法。
- ▶ 掌握各类常用组件的使用方法。
- ▶ 掌握常用事件处理。

● 章节配套课件

● 对应代码文件

14.1 GUI 概述

GUI 全称是 Graphical User Interface，即图形用户接口，如图 14-1 所示，这就是一个简单的具有图形用户界面的计算平方与立方的程序。

图 14-1 GUI 开发实例

14.1.1 AWT 简介

在早期 JDK1.0 发布时，Sun 公司就为 GUI 开发提供了一套基础类库，这套类库被称为 AWT（Abstract Window Toolkit），即抽象窗口工具包。AWT 可用于 Java Application 和 Applet GUI 的开发，提供了一系列用于实现图形界面的组件，如用户界面组件、事件处理模型、图形和图像工具等。在 JDK 中针对每个组件都提供了对应的 Java 类，这些类都位于 java.awt 包中，如图 14-2 所示。

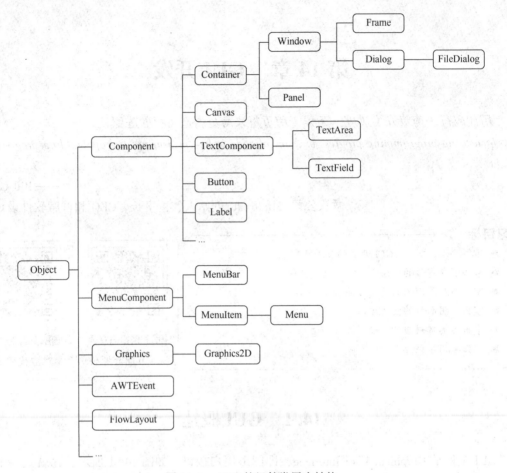

图 14-2　AWT 的组件类层次结构

14.1.2　Swing 简介

Swing 是一种轻量级组件，它由 Java 语言开发，底层以 AWT 为基础，使跨平台应用程序可以使用任何可插拔的外观风格，且 Swing 可通过简洁的代码、灵活的功能和模块化组件来创建优雅的用户界面。Swing 并不是 AWT 的替代品，而是在原有 AWT 的基础上进行补充和改进，也从侧面反映出 Swing 组件对 AWT 组件的依赖性，如图 14-3 所示。

14.1.3　AWT 与 Swing 区别

虽然目前 Java 平台依然支持 AWT，但在开发 GUI 时更常用的是 Swing。AWT 与 Swing 的最大区别是，Swing 组件的实现没有采用任何本地代码，完全由 Java 语言实现，具有平台独立的 API 并且具有平台独立的实现。因此，Swing 组件不再受各种平台显示特征的限制，比 AWT 组件具有更强大的功能：

1. 组件种类丰富

除了标准组件外，Swing 提供了大量的第三方组件，具有良好的可扩展性，许多商业或开源的 Swing 组件库都可方便地获取。

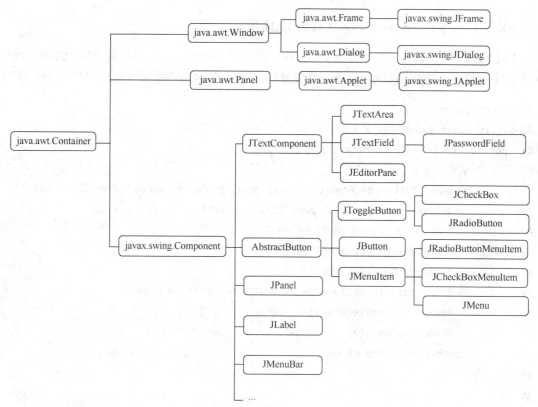

图 14-3 Swing 的组件类层次结构

2. 组件特性更丰富

Swing 不仅包含所有平台的特性，还能根据程序所运行的平台增加额外特性。

3. 具有良好的组件 API 模型支持

经过多年演化，Swing 组件的 API 变得强大且灵活、易扩展，它的 API 设计被认为是最成功的 GUI API 之一。

4. GUI 库标准

Swing 和 AWT 都是 JRE 中的标准库，不需要将它们随应用程序一起分发。由于它们是与平台无关的，不用担心平台的兼容性。Swing 在每个平台上都有相同的性能，不存在明显的性能差异。

既然如此，Java 中为什么还要保留 AWT 呢？首先在面向对象的类库中，一旦公布了一个类或组件就不能轻易地去掉，因已经有其他类使用了这些类或组件，将存在重新编码的问题。其次，AWT 的模式在很大程度上影响 Swing 的模式，甚至某些机制是一致的，如事件处理机制等。再次，Swing 依赖于 AWT，AWT 是 Swing 的基础。

14.2　一个简单的窗口应用

结合一个简单的窗口应用实例，重点学习基于 Swing 的 GUI 程序设计基本步骤和模块化设计思想。

14.2.1 基于 Swing 的 GUI 程序设计步骤

【例 14-2-1】 设计一个框架窗口，窗口标题为"first frame"，宽与高分别为 200；在框架窗口中添加一个按钮，显示"yes"，单击窗口右上角的"关闭"图标可关闭窗口。

```
01 import javax.swing.*;
02 public class Example14_1 {
03   public static void main(String[] args) {
04     try {
05       UIManager.setLookAndFeel(UIManager.getCrossPlatformLookAndFeelClassName());
06       JFrame frame = new JFrame("first frame");
07       JButton jb = new JButton("yes");
08       frame.getContentPane().add(jb);
09       frame.setSize(200, 200);
10       frame.setDefaultCloseOperation(JFrame.EXIT_ON_CLOSE);
11       frame.setVisible(true);
12       frame.validate();
13     } catch (Exception e) {
14     }
15   }
16 }
```

程序运行结果如图 14-4 所示。

图 14-4　例 14-2-1 运行结果

基于 Swing 的 GUI 应用程序的设计过程一般分为以下几步。

(1) 引入合适的包和类

一般的 Swing GUI 应用程序应引入需要的包：

```
import javax.swing.*;
import java.awt.*;
import java.awt.event.*;
```

根据程序需要，有时需要引入 javax.swing 包或 java.awt 包的子包。由于 Swing 组件使用 AWT 的结构，包括 AWT 的事件驱动模式，使用 Swing 组件的程序一般需要引入 awt 包。上例中，仅用到 javax.swing 包中的 JFrame 和 JButton 组件，在第 1 行只引入了该包。

（2）选择 GUI 外观风格

外观风格可以分为跨平台、当前运行平台和 windows L&F。这个设置并不是必须的，一般情况下，都会选择默认的外观风格。上例第 5 行选择的是跨平台外观风格。

（3）创建并设置顶层容器的布局

创建 GUI 的顶层容器，进行布局管理器等设置，用于放置各种 GUI 组件。上例第 6 行创建顶层容器 JFrame 的窗体对象 frame，采用的默认布局管理器为 BorderLayout 布局。

（4）定义并添加 GUI 组件

定义所需的组件，进行相应的设置（如边界、在顶层容器中的位置等），并添加到容器中显示。需要注意的是，应避免 Swing 组件与 AWT 组件混合使用。上例第 7 行使用了一个按钮组件。

（5）对组件或事件编码

编写对组件进行操作所引发事件的程序代码，以进行事件处理。上例第 10 行调用 JFrame 的 setDefaultCloseOperation 方法设置窗口右上角"关闭"图标的事件处理，设置值为 JFrame.EXIT_ON_CLOSE，单击 JFrame 窗口上的关闭按钮，将直接关闭 JFrame 框架窗口并结束程序运行。

（6）显示顶层容器，将整个 GUI 显示出来。

将所有设计内容可视化。上例第 11 行窗体设置为可见，第 12 行激活窗体上所有组件。

14.2.2 模块化设计

模块化设计，简单地说就是以功能块为单位进行程序设计，实现其求解算法的方法称为模块化。因此，可将【例 14-2-1】进行模块化设计为【例 14-2-2】。

【例 14-2-2】 实现模块化设计。

MyWin.java

```
01  import javax.swing.JFrame;
02  import javax.swing.JButton;
03  public class MyWin extends JFrame {
04      MyWin(String s) {
05          super(s);
06          JButton jb = new JButton("yes");
07          getContentPane().add(jb);
08          setSize(200, 200);
09          setDefaultCloseOperation(JFrame.EXIT_ON_CLOSE);
10          setVisible(true);
11          validate();
12      }
13  }
```

Example14_2.java

```
01 import javax.swing.*;
02 public class Example14_2 {
03   public static void main(String[] args) {
04     try {
05       UIManager.setLookAndFeel(UIManager.getCrossPlatformLookAndFeelClassName());
06         MyWin myframe = new MyWin("first frame");
07     } catch (Exception e) {
08     }
09   }
10 }
```

运行结果与【例14-2-1】一样。在上例中,将程序设计的工作进行了分块划分,把窗口的设计工作都放在 JFrame 子类 MyWin 中完成,再在主类 Example14_2 中创建该窗口即可。其中,MyWin 类中第 5 行 super 语句执行父类构造方法,将窗口标题设置为 s。

在进行基于 Swing 的 GUI 程序设计时,要遵循模块化设计思想,按 GUI 程序设计步骤完成。

14.3 Swing 容器

JComponent 是一个抽象类,用于定义所有子类组件的一般方法,由图 14-3 所示,并不是所有的 Swing 组件都继承于 JComponent 类,JComponent 类继承于 Container 类,所以凡是此类的组件都可作为容器使用。Swing 容器可分为顶层容器,中间容器和一些特殊容器。

14.3.1 顶层容器

顶层容器是容器中最顶层的,不能被其他容器所包含,但可在其上放置其他非顶层容器和 Swing 组件。与 AWT 组件不同,Swing 组件不能直接添加到顶层容器中,它必须添加到一个与 Swing 顶层容器相关联的内容面板(content pane)上。内容面板是顶层容器包含的一个普通容器,它是一个轻量级组件。基本规则如下:
(1)把 Swing 组件放入一个顶层 Swing 容器的内容面板上。
(2)避免使用非 Swing 的重量级组件。

1. JFrame

JFrame 是最常用的顶层容器,一般用作 Java Application 的主窗口,Applet 有时也使用 JFrame。如表 14-1、表 14-2 所示。

表 14-1 JFrame 类构造方法

构造方法	功能描述
public JFrame( )	创建一个没有窗口标题的窗口框架。
public JFrame(String title)	创建一个窗口标题为 title 的窗口框架。
public JFrame(GraphicsConfiguration gc)	以屏幕设备为 GraphicsConfiguration 和空白标题创建一个窗口框架。
public JFrame(String title, GraphicsConfiguration gc)	创建一个窗口标题为 title 和屏幕设备为 GraphicsConfiguration 的窗口框架。

表 14-2 JFrame 类常用方法

常用方法	功能描述
public void setBounds(int a, int b, int width, int height)	设置窗口初始位置 (a, b)，即距屏幕左面 a 个像素，距屏幕上方 b 个像素，窗口宽是 width，高是 height。
public void setSize(int width, int height)	设置窗口的大小。
public void setLocation(int x, int y)	设置窗口的位置，默认位置是 (0, 0)。
public void setVisible(boolean b)	设置窗口是否可见，窗口默认是不可见的。
public void setResizable(boolean b)	设置窗口是否可调整大小，默认可调整大小。
public void dispose( )	撤销当前窗口，并释放当前窗口所使用的资源。
public void setExtendedState(int state)	设置窗口的扩展状态，其中参数 state 取 JFrame 类中的类常量。
public void setDefaultCloseOperation(int operation)	设置单击窗体右上角的关闭图标后，程序会做出怎样的处理，其中的参数 operation 取 JFrame 类中的类常量。
public void setJMenuBar(JMenuBar mb)	设置窗口的菜单栏
public void remove(Component comp)	移除窗口中的指定组件
public Container getContentPane( )	返回此窗口的 contentPane 对象
public void setTitle(String title)	设置窗口标题
public void setBackground(Color c)	设置窗口的背景颜色
public void setLayout(Layout l)	设置窗口布局

注意：

（1）setExtendedState(int state) 方法中参数 state，可分别取值：

```
JFrame.MAXIMIZED_HORIZ（水平方向最大化）
JFrame.MAXIMIZED_VERT（垂直方向最大化）
JFrame.MAXIMIZED_BOTH（水平、垂直方向都最大化）
```

（2）setDefaultCloseOperation(int operation) 方法中参数 operation，可分别取值：

JFrame.DO_NOTHING_ON_CLOSE（什么也不做）

JFrame.HIDE_ON_CLOSE（隐藏当前窗口）

JFrame.DISPOSE_ON_CLOSE（隐藏当前窗口并释放窗体占有的其他资源）

JFrame.EXIT_ON_CLOSE（结束窗口所在的应用程序）

（3）对 JFrame 添加组件有两种方式：

① 用 getContentPane( ) 方法获得 JFrame 的内容面板，再对其加入组件：

```
frame.getContentPane().add(childComponent);
```

② 建立一个 Jpanel 之类的中间容器，把组件添加到容器中，用 setContentPane( ) 方法把该容器置为 JFrame 的内容面板：

```
Jpanel contentPane=new Jpanel( );
……//把其它组件添加到 Jpanel 中；
frame.setContentPane(contentPane);//把 contentPane 对象设置成为 frame 的内容面板
```

【例 14-3-1】 在【例 14-2-2】基础上，设置窗口初始位置为(100，100)，窗口宽与高为(200，200)，窗口背景颜色为 blue，修改窗口标题为"这是一个窗口示例"，不允许调节窗口大小，点击窗口右上角"关闭"图标时仅隐藏当前窗口。

MyWin.java

```
01  import javax.swing.*;
02  import java.awt.*;
03  public class MyWin extends JFrame {
04    MyWin(String s) {
05      super(s);
06      setTitle("这是一个窗口示例");//设置标题
07      this.setBounds(100, 100, 200, 200);//设置位置与宽高
08      this.setBackground(Color.blue);//设置背景颜色
09      this.setResizable(false);//不许调节窗口大小
10      JButton jb = new JButton("yes");
11      getContentPane().add(jb);
12      setSize(200, 200);
13      setDefaultCloseOperation(JFrame.HIDE_ON_CLOSE);//隐藏窗口
14      setVisible(true);
15      validate();
16    }
17  }
```

程序运行结果如图 14-5 所示。

图 14-5　例 14-3-1 运行结果

本示例在【例 14-2-2】基础上进行了部分修改，主类 Example14_3 内容与 Example14_2 相同，仅修改了 MyWin 内容。MyWin 第 5 行执行父类构造方法设置窗口标题，第 6 行执行 setTitle( ) 方法重新设置题目要求的窗口标题内容。

2. 对话框类

对话框窗口主要用来显示提示信息或接收用户输入。Java 中提供了用户可自定义对话框的 JDialog 类和一些提供现成界面的标准对话框类。

（1）JDialog

对话框（JDialog）一般是一个临时的窗口。JDialog 比 JFrame 简单，没有最小化按钮、状态等控制元素，但须依赖于某个窗口或组件，当所依赖的窗口或组件消失，它也将消失；而当所依赖的窗口或组件可见时，它又会自动恢复。如表 14-3、表 14-4 所示。

表 14-3　JDialog 类构造方法

构造方法	功能描述
public JDialog( )	创建一个没有标题并且没有指定 Frame 所有者的无模式对话框。
public JDialog(Dialog owner)	创建无模式对话框，指定其拥有者为另一个对话框 owner。
public JDialog(Dialog owner, String title)	创建一个拥有者为对话框 owner，标题为 title 的对话框。
public JDialog(Dialog owner, String title, boolean modal)	创建一个拥有者为对话框 owner，标题为 title 的对话框，其模式状态由 modal 来指定。
public JDialog(Frame owner)	创建无模式对话框，指定其拥有者为窗口 owner。
public JDialog(Frame owner, boolean modal)	创建一个拥有者为窗口 owner 的对话框，其模式状态由 modal 来指定。
public JDialog(Frame owner, String title)	创建一个标题为 title，拥有者为窗口 owner 的对话框。
public JDialog(Frame owner, String title, boolean modal)	创建一个标题为 title，拥有者为一个窗口的对话框，其模式状态由 modal 来指定。

表 14-4　JDialog 类常用方法

常用方法	功能描述
public JMenuBar getJMenuBar( )	返回此对话框上设置的菜单栏。
public Container getContentPane( )	返回此对话框的 contentPane 对象。
public void setContentPane(Container contentPane)	设置 contentPane 属性。
public int getDefaultCloseOperation( )	返回用户在此对话框上发起"close"时执行的操作。
public void setDefaultCloseOperation(int operation)	设置当用户在此对话框上发起"close"时默认执行的操作。
public void setTitle(String title)	将对话框标题设置为 title。
public void setModal(boolean b)	设置对话框是否为模式状态。
public boolean isModal( )	测试对话框是否为模式状态。
public void setResizable(boolean resizable)	设置对话框是否可改变大小。
public boolean isResizable( )	测试对话框是否可改变大小。
public void setVisible(boolean b)	设置对话框是否显示。
public void dispose( )	撤销对话框对象。

对话框可分为无模式对话框和有模式对话框。有模式对话框，指在运行期间不允许用户同应用程序的其他窗口进行交互。通常情况下，程序要在处理完对话框中的数据后才能进行下一步工作。无模式对话框，允许用户同时在该对话框和程序其他窗口中切换操作。

【例 14-3-2】 在图 14-5 基础上，点击"yes"按钮打开一个模式对话框。
MyDlg.java

```
01 import java.awt.*;
02 import javax.swing.*;
03 import java.awt.event.*;
04 public class MyDlg extends JDialog{
05   MyDlg(String s) {
06     setTitle(s);//设置标题
07     setModal(true);//设置对话框为有模式对话框
08     this.setBounds(10, 10, 100, 100);//设置位置与宽高
09     this.setBackground(Color.pink);//设置背景颜色
10     JButton jb = new JButton("必须点击我才可以继续");
11     jb.addActionListener(new ActionListener() {
12       public void actionPerformed(ActionEvent e) {
13         setVisible(false);
14       }
15     });
16     getContentPane().add(jb);
17     validate();
```

```
18    }
19 }
```

MyWin. java

```
01 import javax.swing.*;
02 import java.awt.*;
03 import java.awt.event.*;
04 public class MyWin extends JFrame {
05   MyWin(String s) {
06       super(s);
07       setTitle("对话框示例");//设置标题
08       this.setBounds(100, 100, 200, 200);//设置位置与宽高
09       this.setBackground(Color.blue);//设置背景颜色
10       this.setResizable(false);//不许调节窗口大小
11          JButton jb = new JButton("yes");
12          jb.addActionListener(new ActionListener() {
13             public void actionPerformed(ActionEvent e) {
14                 MyDlg mydlg=new MyDlg("对话框");
15                 mydlg.setVisible(true);//设置对话框可见
16             }
17          });
18       getContentPane().add(jb);
19       setDefaultCloseOperation(JFrame.HIDE_ON_CLOSE);//隐藏窗口
20       setVisible(true);
21       validate();
22   }
23 }
```

Example14_4. java

```
01 public class Example14_4 {
02   public static void main(String[] args) {
03       MyWin frame=new MyWin("hello");
04   }
05 }
```

程序运行结果如图 14-6 所示。

程序运行先显示上图左侧的 frame 窗口，当点击"yes"按钮时，弹出上图右侧对话框，此时因对话框为模式对话框，用户必须单击对话框上的按钮，程序才可继续往下执行。上例

图 14-6　例 14-3-2 运行结果

MyWin.java 中，第 12 行为窗口上的"yes"按钮对象添加了事件监听器，一旦单击此按钮将执行第 13 行至第 17 行的 actionPerformed 事件内代码内容，创建一个自定义的 MyDlg 对象并显示。MyDlg 类继承自 JDialog 类，MyDlg.java 中第 7 行设置对话框为有模式，第 11 行至第 15 行为对话框上的按钮添加事件监听器，在第 13 行撰写了发生事件的具体执行内容，即设置对话框为不可见。

注意：

1) 若修改 MyDlg.java 中第 7 行为 setModal(false)，则对话框模式为无模式。单击 frame 窗口中的"yes"按钮，仍会弹出图 14-6 所示的右侧对话框，但此时用户可不对对话框做任何处理，不影响用户的其他操作。

2) 在本实例中，为了使对话框在父窗体弹出，定义了一个 JFrame 窗体，首先在该窗体中定义一个按钮，然后为此按钮添加一个鼠标单击监听事件（在这里使用了匿名内部类的形式）。MyWin.java 第 14 行与第 15 行创建了新的对话框，这样就实现了用户单击该按钮后弹出对话框功能。

3) JDialog 窗体的功能是从一个窗体中弹出另一个窗体，就像是在使用 IE 浏览器时弹出的确定对话框一样。

(2) 标准对话框

javax.swing 包中的 JOptionPane 类提供了一些现成的、各种常用的标准对话框，这些对话框都是有模式对话框。该类中提供的创建对话框的静态方法基本都遵循 showXxxDialog() 的形式，如表 14-5 所示。

表 14-5　JOptionPane 类常见创建标准对话框的静态方法

方法名	描述	方法名	描述
showConfirmDialog()	显示确认对话框	showMessageDialog()	显示信息对话框
showInputDialog()	显示输入文本对话框	showOptionDialog()	显示选择性的对话框

1) 消息对话框

进行一个重要的操作动作之前，最好能弹出一个消息对话框。可以用 javax.swing 包中的 JOptionPane 类的静态方法创建一个消息对话框：

```
import javax.swing.JOptionPane;
public static void showMessageDialog(Component parentComponent,
                                    String message,
                                    String title,
                                    int messageType)
```

其中，参数 parentComponent 指定消息对话框所依赖的组件，message 指定消息对话框正前方显示的消息内容，title 指定消息对话框的标题内容，messageType 指定消息对话框外观，如表 14-6 所示。

表 14-6 消息对话框外观

调用方法	外观

JOptionPane.showMessageDialog(null,
    "提示信息",
    "消息对话框",
    JOptionPane.INFORMATION_MESSAGE);	

JOptionPane.showMessageDialog(null,
    "警告信息",
    "消息对话框",
    JOptionPane.WARNING_MESSAGE);	

JOptionPane.showMessageDialog(null,
    "错误信息",
    "消息对话框",
    JOptionPane.ERROR_MESSAGE);	

JOptionPane.showMessageDialog(null,
    "询问信息",
    "消息对话框",
    JOptionPane.QUESTION_MESSAGE);	

JOptionPane.showMessageDialog(null,
    "无提示图标信息",
    "消息对话框",
    JOptionPane.PLAIN_MESSAGE);	

2) 确认对话框

完成一个重要的操作动作之后，最好能弹出一个确认对话框再次核实用户所做的操作。可用 javax.swing 包中的 JOptionPane 类的静态方法创建一个确认对话框：

```
import javax.swing.JOptionPane;
public static int showConfirmDialog(Component parentComponent,
                                    Object message,
                                    String title,
                                    int optionType)
```

其中，参数 parentComponent 指定确认对话框所依赖的组件，message 指定确认对话框正前方显示的消息内容，title 指定确认对话框的标题内容，optionType 指定确认对话框外观，如表 14-7 所示。

3）输入对话框

输入对话框含有供用户输入文本的文本框、一个确认和取消按钮。可用 javax.swing 包中的 JOptionPane 类的静态方法创建一个输入对话框：

```
import javax.swing.JOptionPane;
public static String showInputDialog(Component parentComponent,
                                     Object message,
                                     String title,
                                     int messageType)
```

表 14-7 确认对话框外观

调用方法	外观
JOptionPane.showConfirmDialog(null, "您确定么？", "确认对话框", JOptionPane.YES_NO_CANCEL_OPTION);	确认对话框 您确定么？ 是(Y) 否(N) 取消
JOptionPane.showConfirmDialog(null, "您确定么？", "确认对话框", JOptionPane.YES_NO_OPTION);	确认对话框 您确定么？ 是(Y) 否(N)
JOptionPane.showConfirmDialog(null, "您确定么？", "确认对话框", JOptionPane.OK_CANCEL_OPTION);	确认对话框 您确定么？ 确定 取消

其中，该方法返回值为对话框中文本框的输入内容，参数 parentComponent 指定输入对话框所依赖的组件，message 指定输入对话框正前方显示的消息内容，title 指定输入对话框

的标题内容，messageType 指定输入对话框外观，取值与消息对话框中 messageType 相同。如：

```
String str = JOptionPane.showInputDialog(null,"您的姓名是：","输入对话框",
                            JOptionPane.QUESTION_MESSAGE);
```

该句执行结果如图 14-7 所示。

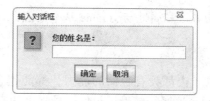

图 14-7　输入对话框运行结果

文本框中输入内容将作为 showInputDialog 返回结果赋值给 str，以提供给后续程序使用。

（3）颜色对话框

颜色对话框可根据用户选择的颜色返回一个颜色对象。可以用 javax.swing 包中的 JColorChooser 类的静态方法创建一个颜色对话框：

```
import javax.swing.JColorChooser;
public static Color showDialog(Component component,String title,Color initialColor)
```

其中，参数 component 指定对话框所依赖的组件，title 指定对话框的标题内容，initialColor 指定对话框返回的初始颜色，即对话框消失后返回的默认值。如：

```
JButton button = new JButton("灰色");
Color newColor=JColorChooser.showDialog(this,"调色板",button.getBackground());
```

该句执行结果如图 14-8 所示。颜色对话框运行时呈现的默认颜色为 button 按钮的背景颜色，当用户在颜色对话框中选择一种颜色，点击"确定"后将把选择的颜色返回给 newColor，以提供给后续程序使用。

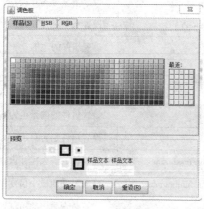

图 14-8　颜色对话框运行结果

3. JApplet

Applet 是一种能嵌入到网页中执行的 Java 图形程序,Applet 类没有考虑与 Swing 组件一起工作,所以从 Applet 类扩展出了一个 JApplet 类。JApplet 类就是创建这种程序的顶层容器,默认使用 BorderLayout 布局管理器,自身依赖浏览器执行,在此不对此类作以详述。

4. JWindow

JWindow 也可以创建一个窗体容器,但是 JWindow 创建的窗体没有标题栏,没有最大化、最小化按键。JWindow 的方法和属性与 JFrame 基本类似,在此不作赘述。

14.3.2 中间容器

Swing 中 JComponent 及其子类都具有容器的能力,都能包含其他容器或者 Swing 组件,这类容器称为中间容器。中间容器属于轻量级组件,最常见的有 JPanel、JScrollPane、JSplitPane、JTabbedPane 和 JTooBar 等。

1. JPanel

面板(JPanel)是一种没有标题的中间容器,用于容纳界面元素,以便在布局管理器的设置下容纳更多的组件,实现容器的嵌套。这类容器不能独立存在,必须通过 add() 方法添加到一个顶层容器或存在于顶层容器的一个中间容器。如表 14-8、表 14-9 所示。

表 14-8 JPanel 类构造方法

构造方法	功能描述
public JPanel()	创建具有双缓冲和流式布局的新 JPanel。
public JPanel(boolean isDoubleBuffered)	创建具有 FlowLayout 和指定缓冲策略的新 JPanel。
public JPanel(LayoutManager layout)	创建具有指定布局管理器的新缓冲 JPanel。
public JPanel(LayoutManager layout, boolean isDoubleBuffered)	创建具有指定布局管理器和缓冲策略的新 JPanel。

表 14-9 JPanel 类常用方法

常用方法	功能描述
public void setAlignmentX(float alignmentX)	设置垂直对齐方式。
public void setAlignmentY(float alignmentY)	设置水平对齐方式。
public void setBorder(Border border)	设置组件的边框。
public void setBackground(Color c)	设置组件的背景色为 c。
public void setFont(Font font)	设置组件的字体样式为 font。
public void setForeground(Color color)	设置组件的前景色为 color。
public void setVisible(boolean b)	设置组件是否显示。
public void setMaximumSize(Dimension maximumSize)	此组件的最大尺寸设置为一个常量值。
public void setMinimumSize(Dimension minimumSize)	将此组件的最小尺寸设置为一个常量值。
public void setEnabled(boolean enabled)	设置是否启用此组件。

第14章 GUI开发

【例14-3-3】 利用面板完成用户登录窗体的设计。

MyWin.java

```java
01 import javax.swing.*;
02 import java.awt.*;
03  public class MyWin extends JFrame {
04    MyWin(String s) {
05       super(s);
06       setBounds(100, 100, 200, 200);
07       setLayout(new FlowLayout());//定义窗口布局为流式布局
08       // 第 1 个 JPanel, 使用默认的浮动布局
09       JPanel panel01 = new JPanel();
10       panel01.add(new JLabel("用户名"));
11       panel01.add(new JTextField(10));
12       // 第 2 个 JPanel, 使用默认的浮动布局
13       JPanel panel02 = new JPanel();
14       panel02.add(new JLabel("密  码"));
15       panel02.add(new JPasswordField(10));
16       // 第 3 个 JPanel, 使用浮动布局, 并且容器内组件居中显示
17       JPanel panel03 = new JPanel(new FlowLayout(FlowLayout.CENTER));
18       panel03.add(new JButton("登录"));
19       panel03.add(new JButton("注册"));
20       //将三个面板对象放入窗体中
21       getContentPane().add(panel01);
22       getContentPane().add(panel02);
23       getContentPane().add(panel03);
24       setDefaultCloseOperation(JFrame.EXIT_ON_CLOSE);
25       setVisible(true);
26       validate();
27    }
28 }
```

Example14_5.java

```java
01 public class Example14_5 {
02   public static void main(String[] args) {
03        MyWin mywin = new MyWin("用户登录");
04   }
05 }
```

程序运行结果如图 14-9 所示。

图 14-9　例 14-3-3 运行结果

上例 MyWin. java 第 9 行至第 19 行创建了三个面板，每个面板分别放置了两个组件；第 21 行至第 23 行将三个面板以普通组件的形式加入到窗体中。

2. JSplitPane

JSplitPane（分隔面板）用于分隔两个（只能两个）Component，这两个 Component 可由用户交互式调整大小。如表 14-10、表 14-11 所示。

表 14-10　JSplitPane 类构造方法

构造方法	功能描述
JSplitPane( )	创建一个配置为将其子组件水平排列、无连续布局、为组件使用两个按钮的新 JSplitPane。
JSplitPane（int newOrientation）	创建一个具有指定方向且无连续布局的新 JSplitPane。newOrientation 指定分隔方向，取值为 JSplitPane 类常量 HORIZONTAL_ SPLIT 或 VERTICAL_ SPLIT。
JSplitPane（int newOrientation, boolean b）	创建一个具有指定方向和重绘方式的新 JSplitPane。参数 b 决定当拆分线移动时，组件是否连续变化。
JSplitPane（int newOrientation, Component newLeftComponent, ComponentnewRightComponent）	创建一个具有指定方向且分隔区域有组件的新 JSplitPane。参数 newLef tComponent 指定位于 JSplitPane 左边或上边区域的组件；newRightComponent 指定位于 JSplitPane 右边或下边区域的组件。
JSplitPane（int newOrientation, boolean b, Component newLeftComponent, Component newRightComponent）	创建一个具有指定方向、重绘方式且分隔区域具有组件的新 JSplitPane。

表 14-11　JSplitPane 类常用方法

常用方法	功能描述
public void setDividerLocation（double proportionalLocation）	设置分隔条的位置，用百分比表示。
public void setContinuousLayout（boolean newContinuousLayout）	设置 continuousLayout 属性的值，在用户干预期要使子组件连续地重新显示和布局子组件，此值必须为 true。

续表

常用方法	功能描述
public void setDividerLocation(int location)	设置分隔条的位置。
public void setDividerSize(int size)	设置分隔条的大小。
public void getDividerSize( )	获取分隔条的大小。
public void setOneTouchExpandable(boolean value)	设置 oneTouchExpandable 属性的值为 true，则 JSplitPane 在分隔条上会显示一个用来快速展开/折叠分隔条箭头。
public void getDividerLocation( )	获取分隔条的位置。

【例 14-3-4】 利用分隔面板完成登录窗体设计。

JSplitPaneDemo.java

```java
01 import java.awt.*;
02 import javax.swing.*;
03 public class JSplitPaneDemo {
04     public JSplitPaneDemo() {
05         JLabel jl = new JLabel("欢迎您使用本系统！");
06         JPanel j1 = new JPanel();
07         JPanel j2 = new JPanel();
08         JPanel panel01 = new JPanel();
09         panel01.add(new JLabel("用户名"));
10         panel01.add(new JTextField(10));
11         JPanel panel02 = new JPanel();
12         panel02.add(new JLabel("密  码"));
13         panel02.add(new JPasswordField(10));
14         JPanel panel03 = new JPanel(new FlowLayout(FlowLayout.CENTER));
15         panel03.add(new JButton("登录"));
16         panel03.add(new JButton("注册"));
17         j1.add(jl);
18         j2.add(panel01);
19         j2.add(panel02);
20         j2.add(panel03);
21         JSplitPane jsp = new JSplitPane();
22         jsp.setDividerLocation(100);
23         jsp.setDividerSize(3);
24         jsp.setPreferredSize(new Dimension(800, 600));
25         jsp.setOrientation(JSplitPane.HORIZONTAL_SPLIT);
26         jsp.setOneTouchExpandable(true);
```

```
27        jsp.setLeftComponent(j1);
28        jsp.setRightComponent(j2);
29        JFrame frame = new JFrame("分隔面板示例");
30        frame.setDefaultCloseOperation(JFrame.EXIT_ON_CLOSE);
31        frame.setContentPane(jsp);
32        frame.setVisible(true);
33        frame.pack();
34    }
35 }
```

Example14_6.java

```
01 public class Example14_6 {
02    public static void main(String[] args) {
03        new JSplitPaneDemo();
04    }
05 }
```

程序运行结果如图 14-10 所示。

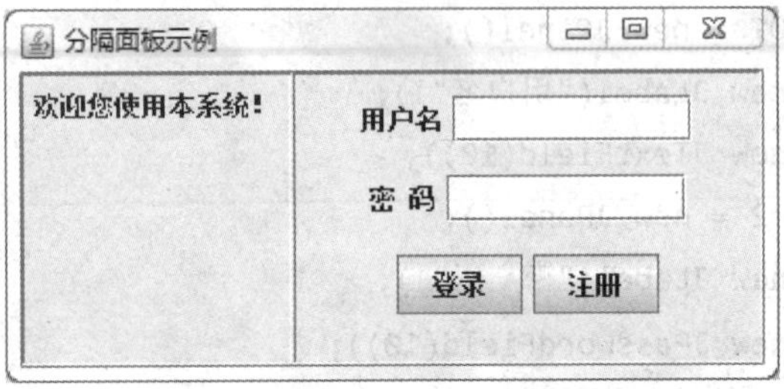

图 14-10 例 14-3-4 运行结果

【例 14-3-4】利用分隔面板将【例 14-3-3】的登录窗体的内容放置在右侧面板中，而在左侧面板放置了一个 JLabel 组件用来显示欢迎信息。JSplitPaneDemo.java 第 6 行与第 7 行分别定义分隔面板的左面板 jp1 与右面板 jp2；第 23 行至第 26 行分别设置了分隔面板的一些基本属性，包括水平分割方式等；第 27 行与第 28 行将 jp1 与 jp2 分别放入相应分隔面板中。

14.4 常用布局管理器

14.4.1 BorderLayout 边界布局管理器

BorderLayout（边界布局管理器）是 JWindow、JFrame、JInternalFrame 和 JDialog 的默认布局管理器。它将窗口分为 5 个区域：North、South、East、West 和 Center。其中，North 表示北，占据面板上方；South 表示南，占据面板下方；East 表示东，占据面板右侧；West 表示

西,占据面板左侧;中间区域 Center 是在东、南、西、北都填满后剩下的区域。

边界布局管理器并不要求所有区域都必须有组件,如果四周的区域(North、South、East 和 West)没有组件,则由 Center 去补充。如果单个区域中添加的不只一个组件,那么后来添加的组件将覆盖原来的组件,区域中只显示最后添加的一个组件。将组件加入容器时,应该指出把这个组件加在哪个区域中,若没有指定区域,则默认为中间。如表 14-12、表 14-13 所示。

表 14-12 BorderLayout 类构造方法

构造方法	功能描述
BorderLayout( )	创建一个 Border 布局,组件之间没有间隙。
BorderLayout(int hgap, int vgap)	创建一个 Border 布局,其中 hgap 表示组件之间的横向间隔;vgap 表示组件之间的纵向间隔,单位是像素。

表 14-13 BorderLayout 类常用方法

常用方法	功能描述
public void setHgap(int hgap)	设置组件之间的水平距离。
public void setVgap(int vgap)	设置组件之间的垂直距离。
public int getHgap( )	获得组件之间的水平距离。
public int getVgap( )	获得组件之间的垂直距离。
public void addLayoutComponent (String name, Component comp)	将指定组件加入该布局管理器中,使用指定的名称。
public void removeLayoutComponent(Component comp)	将指定组件从该布局管理器中删除。

【例 14-4-1】 使用 BorderLayout 将窗口分割为 5 个区域,并在每个区域添加一个按钮。

```
01 import javax.swing.*;
02 import java.awt.*;
03 public class Example14_7{
04   public static void main(String[] agrs)
05     {
06       JFrame frame=new JFrame("BorderLayoutDemo");
07       frame.setSize(400,200);
08       frame.getContentPane().setLayout(new BorderLayout());//窗口设置布局
09         JButton button1=new JButton("上");
10         JButton button2=new JButton("左");
11         JButton button3=new JButton("中");
12         JButton button4=new JButton("右");
13         JButton button5=new JButton("下");
14         frame.getContentPane().add(button1,BorderLayout.NORTH);
```

```
15      frame.getContentPane().add(button2,BorderLayout.WEST);
16      frame.getContentPane().add(button3,BorderLayout.CENTER);
17      frame.getContentPane().add(button4,BorderLayout.EAST);
18      frame.getContentPane().add(button5,BorderLayout.SOUTH);
19      frame.setBounds(300,200,600,300);
20      frame.setVisible(true);
21      frame.setDefaultCloseOperation(JFrame.EXIT_ON_CLOSE);
22    }
23 }
```

程序运行结果如图 14-11 所示。

上例第 8 行设置窗口布局 BorderLayout，第 14 行至第 18 行调用 JFrame 类的 add 方法将按钮添加在窗体上，通过将第二个参数设置为 BorderLayout 类常量确定了按钮添加的具体位置。去掉第 9 行与第 14 行代码，North 区将无组件添加，程序运行结果如图 14-12 所示。

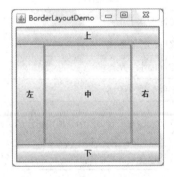

图 14-11　例 14-4-1 运行结果

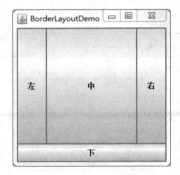

图 14-12　不填充 North 区域的运行结果

14.4.2　FlowLayout 流式布局管理器

FlowLayout(流式布局管理器)是 JPanel 和 JApplet 的默认布局管理器。FlowLayout 会将组件按照从从左到右、上到下的放置规律逐行进行定位，默认组件居中对齐。如表 14-14、表 14-15 所示。

表 14-14　FlowLayout 类构造方法

构造方法	功能描述
FlowLayout()	创建一个默认的流式布局。
FlowLayout(int alignment)	创建一个流式布局，可设定每一行组件的对齐方式。alignment 可取值 FlowLayout.LEFT、FlowLayout.RIGHT 和 FlowLayout.CENTER。
FlowLayout(int alignment, int horz, int vert)	创建一个流式布局，可设定组件间的水平和垂直距离，默认值为 5 个像素。

表 14-15　FlowLayout 类常用方法

常用方法	功能描述
public int getAlignment(int align)	获得该布局管理器的对齐方式。
public void setAlignment(int align)	设置该布局管理器的对齐方式。

【例 14-4-2】 向流式布局窗体中添加 5 个按钮组件。

```
01 import javax.swing.*;
02 import java.awt.*;
03 public class Example14_8 {
04   public static void main(String[] args) {
05     JFrame frame=new JFrame("FlowLayoutDemo");
06     FlowLayout flowLayout=new FlowLayout();
07     frame.getContentPane().setLayout(flowLayout);
08     JButton button1=new JButton("1");
09     JButton button2=new JButton("2");
10     JButton button3=new JButton("3");
11     JButton button4=new JButton("4");
12     JButton button5=new JButton("5");
13     frame.getContentPane().add(button1);
14     frame.getContentPane().add(button2);
15     frame.getContentPane().add(button3);
16     frame.getContentPane().add(button4);
17     frame.getContentPane().add(button5);
18     frame.setBounds(300,200,300,300);
19     frame.setVisible(true);
20     frame.setDefaultCloseOperation(JFrame.EXIT_ON_CLOSE);
21   }
22 }
```

程序运行结果如图 14-13 所示。将第 18 行代码的宽修改为 200，一行摆不下 5 个按钮组件，自动将多出的组件放置在下一行，运行结果如图 14-14 所示。

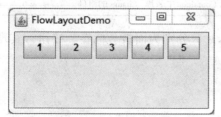

图 14-13　例 14-4-2 运行结果

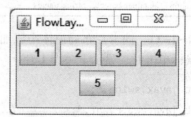

图 14-14　窗体宽为 200 的运行结果

保持窗体宽仍为200,若在第6行与第7行之间增加如下代码:

```
flowLayout.setHgap(10);//设定水平间隔为10
flowLayout.setVgap(10);//设定垂直间隔为10
```

程序运行结果如图14-15所示。

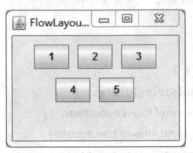

图14-15 设定间隔的运行结果

14.4.3 CardLayout 卡片布局管理器

CardLayout(卡片布局管理器)把容器分成许多层,每层的显示空间占据整个容器大小,但是每层只允许放置一个组件,当然每层都可以利用JPanel来实现复杂的用户界面。如表14-16所示CardLayout类构造方法,表14-17所示CardLayout类的常用方法。

表14-16 CardLayout类构造方法

构造方法	功能描述
CardLayout()	构造一个新布局,默认间隔为0。
CardLayout(int hgap, int vgap)	创建布局管理器,并指定组件间的水平间隔(hgap)和垂直间隔(vgap)。

表14-17 CardLayout类常用方法

常用方法	功能描述
public void first(Container parent)	显示Container中的第一个组件。
public void next(Container parent)	显示Container中的下一个组件。
public void previous(Container parent)	显示Container中的前一个组件。
public void last(Container parent)	显示Container中的最后一个组件。
public void show(Container parent, String name)	显示Container中名称为name的组件。

【例14-4-3】 向卡片布局窗体中添加3个卡片,分别为面板、标签、按钮,实现在某个卡片上鼠标单击时,显示下一个卡片。

```
01 import javax.swing.*;
02 import java.awt.event.*;
03 import java.awt.*;
04 class Example14_9 extends MouseAdapter{
```

```java
05  JFrame frame;
06  JPanel panel;
07  JLabel label;
08  JButton btn;
09  Container contentPan;
10  CardLayout cardLayout;//声明卡片布局管理器对象
11  Example14_9(){
12      frame = new JFrame("CardLayoutDemo");
13      contentPan = frame.getContentPane();
14      cardLayout = new CardLayout();//创建卡片布局管理器
15      contentPan.setLayout(cardLayout);  //为frame设置卡片布局管理器
16      panel = new JPanel();
17      JLabel labelPanel = new JLabel("我是面板");
18      panel.add(labelPanel);
19      label = new JLabel("我是标签");
20      btn = new JButton("我是按钮");
21      //将组件添加到frame中,每个组件赋予一个名字
22      frame.add(panel,"panel");
23      frame.add(label,"label");
24      frame.add(btn,"btn");
25      //显示面板
26      cardLayout.show(contentPan, "panel");
27      frame.setBounds(200,200,200,200);
28      frame.setLocationRelativeTo(null);
29      frame.setVisible(true);
30      frame.setDefaultCloseOperation(JFrame.EXIT_ON_CLOSE);
31      //组件的事件注册
32      panel.addMouseListener(this);
33      label.addMouseListener(this);
34      btn.addMouseListener(this);
35  }
36  public void mouseClicked(MouseEvent e) {
37      cardLayout.next(contentPan);
38  }
39  public static void main(String[] agrs) {
40      new Example14_14();
41  }
42 }
```

程序运行结果如图 14-16 所示。

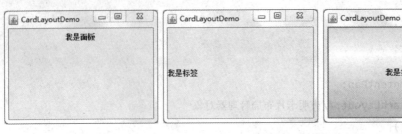

图 14-16 例 14-4-3 运行结果

上例第 22 行至第 24 行按顺序向卡片布局窗体依次添加卡片；第 26 行设置显示的卡片；第 32 行至第 34 行给组件设置鼠标事件监听。

14.4.4 GridLayout 网格布局管理器

GridLayout（网格布局管理器）是网格式的布局，它将区域分割成行（rows）和列（columns），组件按照由左至右、由上而下的次序排列填充到各个单元格中。如表 14-18、表 14-19 所示。

表 14-18 GridLayout 类构造方法

构造方法	功能描述
GridLayout( )	创建一个网格布局，每行只有一个组件。
GridLayout(int row, int col)	创建一个 rows 行和 cols 列的网格布局。
GridLayout(int row, int col, int hgap, int vgap)	创建一个 rows 行和 cols 列、水平间距 hgap、垂直间距 vgap 的网格布局。

表 14-19 GridLayout 类常用方法

常用方法	功能描述
public void setRows(int rows)	设置该布局管理器的行数。
public void setColumns(int cols)	设置该布局管理器的列数。

【例 14-4-4】 使用 GridLayout 设计一个简单计算器。

```
01 import javax.swing.*;
02 import java.awt.*;
03 public class Example14_10{
04     public static void main(String[] args) {
05         JFrame frame=new JFrame("GridLayoutDemo");
06         JPanel panel=new JPanel();//创建面板
07         panel.setLayout(new GridLayout(4,4,5,5));
08         panel.add(new JButton("7"));     //添加按钮
09         panel.add(new JButton("8"));
```

```
10          panel.add(new JButton("9"));
11          panel.add(new JButton("/"));
12          panel.add(new JButton("4"));
13          panel.add(new JButton("5"));
14          panel.add(new JButton("6"));
15          panel.add(new JButton("*"));
16          panel.add(new JButton("1"));
17          panel.add(new JButton("2"));
18          panel.add(new JButton("3"));
19          panel.add(new JButton("-"));
20          panel.add(new JButton("0"));
21          panel.add(new JButton("."));
22          panel.add(new JButton("="));
23          panel.add(new JButton("+"));
24          frame.getContentPane().add(panel);  //添加面板到容器
25          frame.setBounds(300,200,200,150);
26          frame.setVisible(true);
27          frame.setDefaultCloseOperation(JFrame.EXIT_ON_CLOSE);
28      }
29  }
```

程序运行结果如图 14-17 所示。

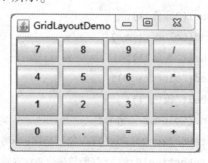

图 14-17 例 14-4-4 运行结果

14.4.5 BoxLayout 盒式布局管理器

BoxLayout（盒布局管理器）允许将控件按照 X 轴（从左到右）或者 Y 轴（从上到下）方向来摆放。BoxLayout 类只有一个构造方法：

```
BoxLayout(Container c,int axis)
```

其中，参数 c 是一个容器对象，即该布局管理器在哪个容器中使用；第二个参数决定容器上的组件水平（BoxLayout.X_AXIS）或垂直（BoxLayout.Y_AXIS）放置。BoxLayout 通常和

Box 容器联合使用。Box 类有如表 14-20 所示的常用方法。

表 14-20 Box 类常用方法

常用方法	功能描述
static createHorizontalBox( )	返回一个 Box 对象，它采用水平 BoxLayout，即 BoxLayout 沿着水平方向放置组件，让组件在容器内从左到右排列。
static createVerticalBox( )	返回一个 Box 对象，它采用垂直 BoxLayout。
static Component createHorizontalStrut(int width)	创建一个不可见的、固定宽度的组件。
static Component createVerticalStrut(int height)	创建一个不可见的、固定高度的组件。

【例 14-4-5】 使用 BoxLayout 设计一个嵌套的盒式布局。

```
01  import javax.swing.*;
02  import java.awt.*;
03  public class Example14_11{
04      public static void main(String[] agrs)    {
05          JFrame frame=new JFrame("BoxLayoutDemo");
06          JPanel jp1=new JPanel();
07          JPanel jp2=new JPanel();
08          JPanel jp3=new JPanel();
09          JPanel jp4=new JPanel();
10          jp1.add(new JLabel("黄色"));
11          jp1.setBackground(Color.yellow);
12          jp2.add(new JLabel("绿色"));
13          jp2.setBackground(Color.green);
14          jp3.add(new JLabel("亮蓝"));
15          jp3.setBackground(Color.cyan);
16          jp4.add(new JLabel("橙色"));
17          jp4.setBackground(Color.orange);
18          Box b1=Box.createHorizontalBox();//创建横向Box容器
19          Box b2=Box.createVerticalBox();//创建纵向Box容器
20          frame.add(b1);//将外层横向Box添加进窗体
21          b1.add(Box.createVerticalStrut(200));//添加高度为200的垂直框架
22          b1.add(jp1);//添加一个黄色背景色的面板
23          b1.add(Box.createHorizontalStrut(100));//添加长度为100的水平框架
24          b1.add(jp2);//添加一个绿色背景色的面板
25          b1.add(Box.createHorizontalGlue());
26          b1.add(b2);//添加嵌套的纵向Box容器
27          //添加宽度为100，高度为20的固定区域
```

```
28      b2.setOpaque(true);
29      b2.setBackground(Color.pink);//设置纵向Box容器背景颜色为粉色
30      b2.add(Box.createRigidArea(new Dimension(100,20)));
31      b2.add(jp3);//添加一个黄色背景色的面板
32      b2.add(Box.createVerticalGlue());//添加垂直组件
33      b2.add(jp4);//添加一个绿色背景色的面板
34      b2.add(Box.createVerticalStrut(40));//添加长度为40的垂直框架
35      //设置窗口的关闭动作、标题、大小位置以及可见性等
36      frame.setDefaultCloseOperation(JFrame.EXIT_ON_CLOSE);
37      frame.setBounds(100,100,400,200);
38      frame.setVisible(true);
39    }
40 }
```

程序运行结果如图 14-18 所示。

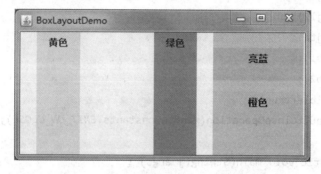

图 14-18 例 14-4-5 运行结果

14.4.6 绝对布局

绝对布局，就是可以使用绝对坐标的方式来指定组件的位置。如果容器的布局管理器设置为 null，当需要调整窗口大小时，无法重新定位和调整组件的大小以及位置关系，必须手工设置。

【例 14-4-6】 使用绝对布局设计一个问政咨询窗体。

```
01 import javax.swing.*;
02 import java.awt.*;
03 public class Example14_12 extends JFrame {
04    public Example14_12() {
05       setTitle("AbsoluteLayoutDemo");
06       setLayout(null);
07       setBounds(200, 200, 250, 250);
```

```
08      Container c = getContentPane();
09      JLabel jl1 = new JLabel("问政标题");
10      JLabel jl2 = new JLabel("问政内容");
11      JTextField jtf1=new JTextField(20);
12      JTextArea jta=new JTextArea(20,20);
13      JButton b1 = new JButton("确定");
14      JButton b2 = new JButton("取消");
15      jl1.setBounds(5, 10, 80, 30);
16      jtf1.setBounds(80, 10, 100, 30);
17      jl2.setBounds(5, 50, 80, 30);
18      jta.setBounds(80, 50, 100, 100);
19      b1.setBounds(50, 160, 60, 20);
20      b2.setBounds(130, 160, 60, 20);
21      c.add(jl1);
22      c.add(jtf1);
23      c.add(jl2);
24      c.add(jta);
25      c.add(b1);
26      c.add(b2);
27      setVisible(true);
28      setDefaultCloseOperation(WindowConstants.EXIT_ON_CLOSE);
29   }
30   public static void main(String[] args) {
31      Example14_12 frame = new Example14_12();
32   }
33 }
```

程序运行结果如图 14-19 所示。

图 14-19　例 14-4-9 运行结果

14.5 常用事件处理

GUI 应用程序的操作通常是通过鼠标和键盘操作来实现的。通常一个键盘或鼠标操作会引发一个系统预先定义好的事件，用户程序只需定义每个特定事件发生时程序应做出何种响应即可，这些代码将在它们对应的事件发生时由系统自动调用，这就是 GUI 应用程序开发最重要的关键步骤——事件处理。

14.5.1 事件处理机制

事件处理机制专门用于响应用户的操作，比如，响应用户的点击鼠标、按下键盘等操作。在事件处理的过程中，主要涉及 3 类对象，它们彼此之间有着非常紧密的联系，如图 14-20 所示。

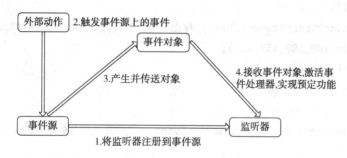

图 14-20 事件处理流程图

处理发生在某个 GUI 组件上的 XxxEvent 事件的某种情况，其事件处理的通用编写流程：

（1）创建事件源，即创建某种事件类的事件对象，并将它们加到容器中，该容器应该实现了 XxxListener 接口的事件监听器类。

（2）自定义事件监听器，即注册当前容器为事件对象的监听者。注册监听者可采用事件源的 addXxxListener( )方法来实现。例如：M. addXxxListener(N)。

这是将 N 对象注册为 M 对象的监听者。M 为事件，N 为容纳该事件的容器。当 M 发生 XxxEvent 事件时，N 对象得到通知，并调用相应方法处理事件。

（3）为事件源注册监听器，即在注册为监听者的容器中，重新定义接口中的相应方法用来进行事件处理。

【例 14-5-1】 实现如图 14-1 所示，简单的具有图形用户界面的计算平方与立方的程序。

MyWindow. java

```
01 import java.awt.*;
02 import java.awt.event.*;
03 import javax.swing.*;
04 class MyWindow extends JFrame implements ActionListener
05 {
```

```
06      JTextField text1,text2,text3;
07      MyWindow(String s)
08      { super(s);
09        setLayout(new FlowLayout());
10        text1=new JTextField(10);
11        text2=new JTextField(10);
12        text3=new JTextField(10);
13        text2.setEditable(false);
14        text3.setEditable(false);
15        add(text1);
16        add(text2);
17        add(text3);
18        text1.addActionListener(this); //把监听者窗体对象向事件源text1注册
19        setBounds(100,100,150,150);
20        setVisible(true);
21        validate();
22      }
23      public void actionPerformed(ActionEvent e) //发生事件处理时的操作
24      {
25        int n=0;
26        try
27        {
28          n=Integer.parseInt(text1.getText());
29          text2.setText(n+"的平方是:"+n*n);
30          text3.setText(n+"的立方是:"+n*n*n);
31        }
32        catch(NumberFormatException ee)
33        {
34          text1.setText("请输入数字字符");
35        }
36      }
37  }
```

Example14_13.java

```
01  class Example14_13{
02      public static void main(String args[]) {
03          new MyWindow("窗口");          }
04  }
```

上例，在 MyWindow 窗口中添加了三个 JTextField 组件，故由该窗口来担任监听者，触发的事件是由 ActionListener 接口监听的，因此在 MyWindow 定义中第 4 行必须添加"implements ActionListener"代码。第 18 行通过 addActionListener( ) 方法为第一个 JTextField 组件 text1 添加一个自定义事件监听器，当输完内容单击"回车"时就会创建一个代表此事件的对象，触发事件监听器，进行事件处理。本例中这个对象是 ActionEvent 类型的对象，包含了此事件与它的引发者 text1 文本框等相关信息。因为 ActionListener 接口只提供了 actionPerformed( ) 方法，于是第 23 行至第 36 行完成的是事件处理的内容。

注意：

上例可改用匿名类来实现：

（1）删除第 4 行定义 MyWindow 的"implements ActionListener"代码；

（2）再将第 23 行至第 36 行 actionPerformed( ) 方法删除。

（3）使用匿名类，改写第 18 行为以下代码内容创建监听器对象。

```
01  text1.addActionListener(new ActionListener() {
02      public void actionPerformed(ActionEvent e)
03      {
04          int n=0;
05          try
06          {
07              n=Integer.parseInt(text1.getText());
08              text2.setText(n+"的平方是:"+n*n);
09              text3.setText(n+"的立方是:"+n*n*n);
10          }
11          catch(NumberFormatException ee)
12          {
13              text1.setText("请输入数字字符");
14          }
15      }
16  });
```

14.5.2 窗体事件

Java 提供了 WindowListener 接口用于接收窗口事件的监听器接口，以及 WindowEvent 类表示窗体事件，通过 addWindowListener( ) 方法将窗体对象与窗体监听器关联。WindowListener 接口继承自 EventListener，其常用方法如表 14-21 所示。

表 14-21 WindowListener 接口常用方法

常用方法	功能描述
void windowActivated(WindowEvent e)	将 Window 设置为活动 Window 时调用。
voidwindowClosed(WindowEvent e)	因对窗口调用 dispose 而将其关闭时调用。

续表

常用方法	功能描述
void windowClosing(WindowEvent e)	用户试图从窗口的系统菜单中关闭窗口时调用。
void windowDeactivated(WindowEvent e)	当 Window 不再是活动 Window 时调用。
void windowDeiconified(WindowEvent e)	窗口从最小化状态变为正常状态时调用。
void windowIconified(WindowEvent e)	窗口从正常状态变为最小化状态时调用。
void windowOpened(WindowEvent e)	窗口首次变为可见时调用。

【例 14-5-2】 实现对窗体事件的监听。

```
01 import javax.swing.*;
02 import java.awt.event.*;
03 public class Example14_14 {
04   public static void main(String[] args) {
05     JFrame frame=new JFrame("窗体事件");
06     frame.addWindowListener(new WindowListener() {
07       public void windowOpened(WindowEvent e) {
08         System.out.println("windowOpened--->窗体被打开");
09       }
10       public void windowClosing(WindowEvent e) {
11         System.out.println("windowClosing--->窗体关闭");
12       }
13       public void windowClosed(WindowEvent e) {
14         System.out.println("windowClosed--->窗体被关闭");
15       }
16       public void windowIconified(WindowEvent e) {
17         System.out.println("windowIconified--->窗体最小化");
18       }
19       public void windowDeiconified(WindowEvent e) {
20         System.out.println("windowDeiconfied--->窗体从最小化恢复");
21       }
22       public void windowActivated(WindowEvent e) {
23         System.out.println("windowActivated--->窗体被选中");
24       }
25       public void windowDeactivated(WindowEvent e) {
26         System.out.println("windowDeactivated--->取消窗体被选中");
27       }
28     });
```

```
29          frame.setBounds(200,200,200,200);
30          frame.setVisible(true);
31      }
32  }
```

运行结果:

```
windowActivated--->窗体被选中
windowOpened--->窗体被打开
```

程序运行时,当执行到第 30 行时,窗体设为可视,此时 WindowListener 监听到窗体激活和窗体打开事件,输出如上结果。接着,用户对窗体做某些操作时,WindowListener 对操作窗口的窗体事件进行监听,当接收到特定的动作后,就将所触发事件的名称打印出来。如,点击窗体右上角"最小化"按钮,输出以下内容:

```
windowIconified--->窗体最小化
windowDeactivated--->取消窗体被选中
```

同时,窗体最小化到操作系统的状态栏,当点击窗体时,窗体恢复显示,输出以下内容:

```
windowDeiconfied--->窗体从最小化恢复
windowActivated--->窗体被选中
```

当单击窗体右上角"关闭"按钮时,输出以下内容:

```
windowClosing--->窗体关闭
windowDeactivated--->取消窗体被选中
```

因此,所有对窗体的操作,都由 WindowListener 监听。在上面的程序中,无论接口中的方法是否使用,都必须将 WindowListener 接口中的所有方法列出并实现,这给程序开发者带来了不便。为此,Java 为一些监听器接口提供了适配器类(Adapter),这些适配器类实现了相应的监听器接口,但所有方法体都是空的。可通过继承事件所对应的 Adapter 类,重写需要的方法。例如,针对 WindowListener 接口,java.awt.event 包中定义的事件适配器类为 WindowAdapter(窗口适配器),若只需监听窗口打开与关闭事件,那么上述代码的第 6 行至第 28 行,可以以下代码替换:

```
frame.addWindowListener(new WindowAdapter() {
    public void windowOpened(WindowEvent e) {
        System.out.println("windowOpened--->窗体被打开");
    }
    public void windowClosing(WindowEvent e) {
```

```
            System.out.println("windowClosing--->窗体关闭");
        }
    });
```

不需要监听处理的方法不用再定义,直接从 WindowAdapter 中继承即可。

14.5.3 鼠标事件

Java 提供了 MouseEvent 类表示鼠标事件,以及 MouseListener 接口用于定义监听器,也可继承对应的适配器类 MouseAdapter 类来实现,通过 addMouseListener()方法将监听器绑定到事件源对象。MouseListener 接口继承自 EventListener,其常用方法如表 14-22 所示。

表 14-22 MouseListener 接口常用方法

常用方法	功能描述
voidmouseReleased(MouseEvent e)	鼠标按键被释放时被触发。
voidmousePressed(MouseEvent e)	鼠标按键被按下时被触发。
voidmouseExited(MouseEvent e)	光标移除组件时被触发。
voidmouseEnter(MouseEvent e)	光标移入组件时被触发。
voidmouseClicked(MouseEvent e)	发生单击事件时被处罚。

【例 14-5-3】 实现对鼠标事件的监听。

```
01 import javax.swing.*;
02 import java.awt.event.*;
03 public class Example14_15 {
04   public static void main(String[] args) {
05     JFrame frame=new JFrame("鼠标事件");
06     frame.setBounds(200, 200, 200, 200);
07     frame.setDefaultCloseOperation(JFrame.EXIT_ON_CLOSE);
08     final JLabel label = new JLabel();
09     label.setText("请用鼠标点击");
10     label.addMouseListener(new MouseListener() {
11       public void mouseReleased(MouseEvent e) {//鼠标按键被释放时被触发
12         System.out.println("mouseReleased--->鼠标按键被释放");
13         int i = e.getButton(); //通过该值可以判断释放的是哪个键
14         if (i == MouseEvent.BUTTON1) {
15           System.out.println("mouseReleased--->释放了鼠标左键");
16         }else if(i == MouseEvent.BUTTON2) {
17           System.out.println("mouseReleased--->释放了鼠标滚轮");
18         }else if(i == MouseEvent.BUTTON3){
```

```java
19                System.out.println("mouseReleased--->释放了鼠标右键");
20            }
21        }
22        public void mousePressed(MouseEvent e) {//鼠标按键被按下时被触发
23            System.out.print("mousePressed--->鼠标按键被按下,");
24            int i = e.getButton(); // 通过该值可以判断按下的是哪个键
25            if(i == MouseEvent.BUTTON1) {
26                System.out.println("按下了鼠标左键");
27            }else if(i == MouseEvent.BUTTON2) {
28                System.out.println("按下了鼠标滚轮");
29            }else if(i == MouseEvent.BUTTON3) {
30                System.out.println("按下了鼠标右键");
31            }
32        }
33        public void mouseExited(MouseEvent e) {
34            System.out.println("mouseExited--->光标移出组件");
35        }
36        public void mouseEntered(MouseEvent e) {
37            System.out.println("mouseEntered--->光标移入组件");
38        }
39        public void mouseClicked(MouseEvent e) {//发生单击事件时被触发
40            System.out.print("mouseClicked--->单击了鼠标按键,");
41            int i = e.getButton(); // 通过该值可以判断单击的是哪个键
42            if (i == MouseEvent.BUTTON1) {
43                System.out.print("单击的是鼠标左键,");
44            }else if (i == MouseEvent.BUTTON2) {
45                System.out.print("单击的是鼠标滚轮,");
46            }else if (i == MouseEvent.BUTTON3) {
47                System.out.print("单击的是鼠标右键,");
48            }
49            int clickCount = e.getClickCount();//获取单击按键的次数
50            System.out.println("单击次数为" + clickCount + "下");
51        }
52    });
53    frame.getContentPane().add(label);
54    frame.setVisible(true);
55  }
56 }
```

运行结果如图 14-21 所示：

图 14-21　例 14-5-3 运行结果图

在上图中，用鼠标对窗口中的标签进行操作，先把鼠标移进标签区域，单击然后释放，再移出标签区域，控制台输出如下信息：

```
mouseEntered--->光标移入组件
mousePressed--->鼠标按键被按下，按下了鼠标左键
mouseReleased--->鼠标按键被释放
mouseReleased--->释放了鼠标左键
mouseClicked--->单击了鼠标按键，单击的是鼠标左键，单击次数为 1 下
mouseExited--->光标移出组件
```

第 14 行至第 20 行通过 MouseEvent 类中定义的常量来判断引发事件的到底是鼠标左键？右键？还是滚轮？MouseEvent.Button1 为左键，MouseEvent.Button2 为滚轮（即中键），MouseEvent.Button3 为右键。

14.5.4　键盘事件

Java 提供了 KeyEvent 类表示键盘事件，以及 KeyListener 接口用于定义监听器，也可以继承对应的适配器类 KeyAdapter 类来实现，通过 addKeyListener( ) 方法将监听器绑定到事件源对象。KeyListener 接口继承自 EventListener，其常用方法如表 14-23 所示。

表 14-23　KeyListener 接口常用方法

常用方法	功能描述
voidkeyTyped(KeyEvent e)	发生击键事件时被触发。
voidkeyPressed(KeyEvent e)	按键被按下时被触发。
voidkeyReleased (KeyEvent e)	按键被释放时被触发。

【例 14-5-4】　实现对键盘事件的监听。

```java
01 import javax.swing.*;
02 import java.awt.event.*;
03 import java.awt.*;
04 public class Example14_16 {
05   public static void main(String[] args) {
06     JFrame frame=new JFrame("键盘事件");
07     frame.setBounds(200, 200, 200, 200);
08     frame.setDefaultCloseOperation(JFrame.EXIT_ON_CLOSE);
09     JTextField jtf=new JTextField(10);
10     frame.getContentPane().setLayout(new FlowLayout());
11     jtf.addKeyListener(new KeyListener() {
12       public void keyPressed(KeyEvent e) { // 按键被按下时被触发
13         String keyText = KeyEvent.getKeyText(e.getKeyCode());
14         // 获得描述keyCode的标签
15         System.out.print("keyPressed--->");
16         if (e.isActionKey()) { // 判断按下的是否为动作键
17           System.out.println("您按下的是动作键"" + keyText + """);
18         } else {
19           System.out.print("您按下的是非动作键"" + keyText + """);
20           int keyCode = e.getKeyCode();// 获得与此事件中的键相关联的字符
21           switch (keyCode) {
22             case KeyEvent.VK_CONTROL: // 判断按下的是否为Ctrl键
23               System.out.print(", Ctrl键被按下");
24               break;
25             case KeyEvent.VK_ALT: // 判断按下的是否为Alt键
26               System.out.print(", Alt键被按下");
27               break;
28             case KeyEvent.VK_SHIFT: // 判断按下的是否为Shift键
29               System.out.print(", Shift键被按下");
30               break;
31           }
32           System.out.println();
33         }
34       }
35       public void keyTyped(KeyEvent e) { // 发生击键事件时被触发
36         System.out.println("keyTyped--->此次输入的是""+e.getKeyChar() + """);
37         // 获得输入的字符
38       }
```

```
39       public void keyReleased(KeyEvent e) {  // 按键被释放时被触发
40           String keyText = KeyEvent.getKeyText(e.getKeyCode());
41           // 获得描述keyCode的标签
42           System.out.println("keyReleased--->您释放的是""+ keyText + """键");
43           System.out.println();
44       }
45     });
46     frame.getContentPane().add(jtf);
47     frame.setVisible(true);
48   }
49 }
```

运行结果如图 14-22 所示:

图 14-22　例 14-5-4 运行结果图

在上图文本框中输入"a", 接着按下"Ctrl"按键, 得到如下输出结果:

```
keyPressed--->您按下的是非动作键"A"
keyTyped--->此次输入的是"a"
keyReleased--->您释放的是"A"键
keyPressed--->您按下的是非动作键"Ctrl", Ctrl键被按下
keyReleased--->您释放的是"Ctrl"键
```

第 36 行 e.getKeyChar( ) 得到的是对应的键盘字符, 第 40 行 e.getKeyCode( ) 得到的是对应的键盘字符代码。因此, 无论输入的是"A"还是"a", 获得的键盘字符代码是一样的。

14.5.5　动作事件

Java 提供了 ActionEvent 类表示动作事件, 以及 ActionListener 接口用于定义监听器, 通过 addActionListener( ) 方法将监听器绑定到事件源对象。除了窗体、键盘、鼠标外, Java 中的大部分组件都能引发动作事件, 如单击按钮组件、文本框内回车等。这类事件在【例 14-5

-1】中已经阐述过，在此不再赘述。

14.5.6 焦点事件

焦点事件由 FocusEvent 类捕获，所有组件都可以产生焦点事件，可通过实现 FocusListener 接口处理相应的焦点事件。FocusListener 接口有两个抽象方法，分别在组件获得或失去焦点时被触发，具体定义如下：

```
public void focusGained(FocusEvent e);//当组件获得焦点时将触发该方法
public void focusLost(FocusEvent e); //当组件失去焦点时将触发该方法
```

【例 14-5-5】 实现对焦点事件的监听。

```
01  import javax.swing.*;
02  import java.awt.event.*;
03  import java.awt.*;
04  public class Example14_17 {
05      public static void main(String[] args) {
06          JFrame frame=new JFrame("焦点事件");
07          frame.setBounds(200, 200, 200, 200);
08          frame.setDefaultCloseOperation(JFrame.EXIT_ON_CLOSE);
09          JTextField jtf=new JTextField(10);
10          JButton jb=new JButton("确定");
11          frame.getContentPane().setLayout(new FlowLayout());
12          jtf.addFocusListener(new FocusListener() {
13              public void focusGained(FocusEvent e) {//当组件获得焦点时将触发该方法
14                  jtf.setText("获得焦点");
15              }
16              public void focusLost(FocusEvent e) {//当组件失去焦点时将触发该方法
17                  jtf.setText("失去焦点");
18              }
19          });
20          frame.getContentPane().add(jtf);
21          frame.getContentPane().add(jb);
22          frame.setVisible(true);
23      }
24  }
```

程序的运行结果如图 14-23 左图所示：

此时，光标停留在文本框中，文本框拥有焦点，即可以向文本框中输入内容；当鼠标单击"确定"按钮时，按钮将获得焦点，文本框会失去焦点，文本框的监听器将文本框设置内

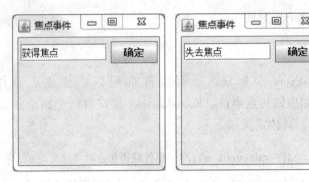

图 14-23　例 14-5-5 运行结果图

容为"失去焦点",如右图所示；若用鼠标单击文本框,文本框将再次获得焦点,文本框的监听器将把文本框设置为"获得焦点"。

14.6　Swing 常用基本组件

Java 的图形用户界面由各种组件构成,如标签、文本框、文本域、按钮、复选框、单选框、列表框、组合框和菜单等。这些组件类的一些常用方法如表 14-24 所示。

表 14-24　Component 类的常用方法

常用方法	功能描述
public void setBackground(Color c)	设置组件的背景色。
public void setForeground(Color c)	设置组件的前景色。
public Color getBackground(Color c)	获取组件的背景色。
public Color getForeGround(Color c)	获取组件的前景色。
public Font getFont(Font f)	获取组件上的字体。
public void setSize(int width, int height)	设置组件的大小(宽度和高度)
public void setLocation(int x, int y)	设置组件在容器中的位置,左上角坐标为(0, 0)
public Dimension getSize()	返回组件的大小(组件的宽度和高度)
public Point getLocation(int x, int y)	返回组件有容器中的位置(左上角坐标)
public void setBounds(int x, int y, int width, int height)	设置组件在容器中的位置及组件大小
public Rectangle getBounds()	返回组件在容器中的位置和大小
public void setEnabled(boolean b)	设置组件是否被激活。
public void setVisible(boolean b)	设置组件是否可见
public boolean isVisible()	判断组件是否可见
public boolean isEnabled()	判断组件是否为激活状态。
public void setFont(Font f)	设置组件上的字体。

14.6.1 标签组件

JLabel(标签)对象可以显示文本、图像或同时显示二者。标签不对输入事件作出反应，它无法获得键盘焦点。JLabel 类的方法如表 14-25、表 14-26 所示。

表 14-25 JLabel 类的构造方法

构造方法	功能描述
JLabel( )	创建无图像并且其标题为空字符串的 JLabel 实例。
JLabel(Icon image)	创建具有指定图像的 JLabel 实例。
JLabel(String text)	创建具有指定文本的 JLabel 实例。
JLabel(Icon image, int horizontalAlignment)	创建具有指定图像和水平对齐方式的 JLabel 实例。
JLabel(String text, int horizontalAlignment)	创建具有指定文本和水平对齐方式的 JLabel 实例。
JLabel(String text, Icon icon, int horizontalAlignment)	创建具有指定文本、图像和水平对齐方式的 JLabel 实例。

表 14-26 JLabel 类的常用方法

常用方法	功能描述
getHorizontalAlignment( )	返回标签内容沿 X 轴的对齐方式。
getHorizontalTextPosition( )	返回标签的文本相对其图像的水平位置。
ImageIcon getIcon( )	返回该标签显示的图形图像(字形、图标)。
String getText( )	返回该标签所显示的文本字符串。
void setHorizontalAlignment(int alignment)	设置标签的文本相对其图像的水平位置。
void setIcon(Icon icon)	定义此组件将要显示的图标。
void setText(String text)	定义此组件将要显示的单行文本。
void setUI(LabelUI ui)	设置呈现此组件的 L&F 对象。
void setVerticalAlignment(int alignment)	设置标签内容沿 Y 轴的对齐方式。
void setVerticalTextPosition(int textPosition)	设置标签的文本相对其图像的垂直位置。

【例 14-6-1】 实现标签组件。

```
01 import javax.swing.*;
02 import java.awt.*;
03 public class Example14_18 {
04   public static void main(String[] args) {
05     JFrame frame=new JFrame("标签组件");
06     frame.setBounds(200, 200, 300, 200);
07     frame.getContentPane().setLayout(new BorderLayout());
08     frame.setDefaultCloseOperation(JFrame.EXIT_ON_CLOSE);
09     JLabel label=new JLabel();
10     JLabel label2=new JLabel("这是一个仅有文字信息的标签组件",JLabel.CENTER);
```

```
11      label2.setOpaque(true);
12      label2.setBackground(Color.pink);
13      ImageIcon icon=new ImageIcon("java.jpg");
14      Image img=icon.getImage();
15      img=img.getScaledInstance(300, 150, Image.SCALE_DEFAULT);
16      icon.setImage(img);
17      label.setIcon(icon);
18      frame.getContentPane().add(label, BorderLayout.CENTER);
19      frame.getContentPane().add(label2, BorderLayout.SOUTH);
20      frame.setVisible(true);
21    }
22 }
```

程序的运行结果如图 14-24 所示：

图 14-24　例 14-6-1 运行结果图

第 11 行至第 12 行设置 label2 组件背景颜色为 Color.pink；第 13 行至第 14 行定义图标对象；第 15 行设定图片的宽与高；第 17 行设定 label 组件的图标为 icon；第 18 行至第 19 行将组件加入窗体内容面板的指定位置处。

14.6.2 文本组件

文本组件在实际使用中是最为广泛的一种，主要用于接收用户输入的信息，包括 JTextField、JPasswordField、JTextArea、JEditorPane 和 JTextPane 等。其中，JTextField、JPasswordField、JTextArea 有一个共同抽象父类 JTextComponent，它提供了文本组件常用的方法，如表 14-27 所示。

表 14-27　JTextComponent 类的常用方法

常用方法	功能描述
void setText(string text)	设置文本组件的内容。
String getText()	获得文本组件的内容。
void selectAll()	在文本组件中选中所有内容。

续表

常用方法	功能描述
String getSelectText()	返回文本组件中选定的文本内容。
void replaceSelection(String content)	用给定的内容替换当前选定的内容。
voidsetEditable(boolean b)	设置文本组件是否为只读状态。

表14-27中所列方法在不同的文本组件的使用上还存在一定的区别，接下来对这些组件进行详细讲解。

1. JTextField

JTextField(单行文本框)是一个轻量级组件，它允许编辑单行文本，JTextField类的构造方法如表14-28所示。

表14-28　JTextField类的构造方法

构造方法	功能描述
JTextField()	构造一个新的JTextField。
JTextField(int columns)	构造一个具有指定列数的新的空JTextField。
JTextField(String text)	构造一个用指定文本初始化的新JTextField。
JTextField(String text, int columns)	构造一个用指定文本和列初始化的新JTextField。

2. JPasswordField

JPasswordField(密码框)继承自JTextField，只是显示输入的内容时用特定的字符替换显示(例如*或●)，用法和JTextField基本一致，如表14-29、表14-30所示。

表14-29　JPasswordField类的构造方法

构造方法	功能描述
JPasswordField()	构造一个新的JPasswordField。
JPasswordField(int columns)	构造一个具有指定列数的新的空JPasswordField。
JPasswordField(String text)	构造一个用指定文本初始化的新JPasswordField。
JPasswordField(String text, int columns)	构造一个用指定文本和列初始化的新JPasswordField。

表14-30　JPasswordField类的常用方法

常用方法	功能描述
char[] getPassword()	获得密码框输入的密码。
void setEchoChar(char c)	设置密码框默认显示的密码字符。

3. JTextArea

JTextArea(文本域)，它可接收多行文本输入，JTextArea类的构造方法如表14-31所示。

表 14-31 JTextArea 类的构造方法

构造方法	功能描述
JTextArea()	构造一个新的 JTextArea。
JTextArea(int rows, int columns)	构造一个具有指定行与列数的新的空 JTextArea。
JTextArea(String text)	构造一个用指定文本初始化的新 JTextArea。
JTextArea(String text, int rows, int columns)	构造一个用指定文本、行与列初始化的新 JTextArea。

14.6.3 按钮组件

javax.Swing 中提供多种按钮，包括提交按钮、复选框、单选框等，这些按钮都是从 AbstractButton 类中继承而来的。AbstractButton 类的常用方法如表 14-32 所示。

表 14-32 AbstractButton 类的常用方法

常用方法	功能描述
void setText(string text)	设置按钮组件的文本。
String getText()	获得按钮组件的文本。
void setSelected(boolean b)	设置开发按钮是否选中状态。
void setEnabled(boolean b)	启动(禁用)按钮组件。
void addActionListener(ActionListener l)	将一个 ActionListener 添加到按钮中。
void addChangeListener(ChangeListener l)	向按钮添加一个 ChangeListener。
void addItemListener(ItemListener l)	将一个 ItemListener 添加到复选框中。
boolean isSelected()	返回按钮组件的状态。

1. JButton

JButton(按钮)对象主要负责完成一些特定的操作，如确定、保存、取消等，从而用户可以用鼠标单击它来控制程序运行的流程，其构造方法如表 14-33 所示。

表 14-33 JButton 类的构造方法

构造方法	功能描述
JButton()	创建一个没有文字标签的按钮。
JButton(String label)	创建一个以 label 为标签的按钮。
JButton(Icon icon)	创建一个带图标的按钮。
JButton(String text, Icon icon)	创建一个带初始文本和图标的按钮。

2. JRadioButton

JRadioButton(单选按钮)显示圆形图标，外加一段文字。其构造方法如表 14-34 所示。

表 14-34　JRadioButton 类的构造方法

构造方法	功能描述
JRadioButton( )	创建一个没有文字标签的单选按钮。
JRadioButton(String text)	创建一个以 text 为标签的单选按钮。
JRadioButton(Icon icon)	创建一个带图标的单选按钮。
JRadioButton(String text, Icon icon)	创建一个带初始文本和图标的单选按钮。
JRadioButton(String text, Icon icon, boolean selected)	创建一个以 text 为标签、带图标的、初始状态为 selected 的单选按钮。
JRadioButton(Icon icon, boolean selected)	创建一个带图标的、初始状态为 selected 的单选按钮。

3. JCheckButton

JCheckButton(复选框)具有一个方块图标,外加一段描述性文字。复选框可进行多选设置,每一个复选框都提供"选中"与"不选中"两种状态。其构造方法如表 14-35 所示。

表 14-35　JCheckButton 类的构造方法

构造方法	功能描述
JCheckButton( )	创建一个没有文字、没有图标且最初未被选定的复选框。
JCheckButton(String label)	创建一个以 label 为文本的、最初未被选定的复选框。
JCheckButton(Icon icon)	创建一个带图标的、最初未被选定的复选框。
JCheckButton(String label, Icon icon)	创建一个带初始文本和图标的、最初未被选定的复选框。
JCheckButton(String label, Icon icon, boolean checked)	创建一个以 label 为标签、带图标的、初始状态为 checked 的复选框。
JCheckButton(Icon icon, boolean checked)	创建一个带图标的、初始状态为 checked 的复选框。

4. JToggleButton

JToggleButton(开关按钮是 JRadioButton、JCheckBox 的父类,主要实现一个按钮的两种状态("选中"和"未选中")来实现开关切换的效果。JToggleButton 类构造方法如表 14-36 所示。

表 14-36　JToggleButton 类的构造方法

构造方法	功能描述
JToggleButton( )	无文本,默认未选中。
JToggleButton(String label)	有文本,默认未选中。
JToggleButton(Icon icon, boolean selected)	有文本,并指定是否选中。

【例 14-6-2】实现按钮组件。

```java
01 import java.awt.*;
02 import java.awt.event.*;
03 import javax.swing.*;
04 import javax.swing.event.*;
05 public class Example14_19 extends JFrame {
06   private JPanel jPanel1 = new JPanel();
07   private JPanel jPanel_check = new JPanel();
08   private JPanel jPanel_radio = new JPanel();
09   private JPanel jPanel2 = new JPanel(new BorderLayout());
10   private JPanel jPanel3=new JPanel();
11   private JTextArea jTextArea = new JTextArea(10, 10);
12   private JCheckBox jBox1 = new JCheckBox("游泳");
13   private JCheckBox jBox2 = new JCheckBox("跑步");
14   private JCheckBox jBox3 = new JCheckBox("打球");
15   private JRadioButton jRb1 = new JRadioButton("男", true);//设置为选中状态
16   private JRadioButton jRb2 = new JRadioButton("女");
17   private ButtonGroup grp = new ButtonGroup();
18   private JButton jb1 = new JButton("关闭");
19   private JToggleButton toggleBtn = new JToggleButton("开关按钮");
20   public Example14_19() {
21     Container container = getContentPane();
22     this.setBounds(200, 200, 300, 320);
23     setVisible(true);
24     setTitle("按钮组件");
25     setDefaultCloseOperation(WindowConstants.EXIT_ON_CLOSE);
26     container.setLayout(new BorderLayout());
27     container.add(jPanel1, BorderLayout.NORTH);
28     final JScrollPane jScrollPane = new JScrollPane(jTextArea);
29     jPanel1.add(jScrollPane);
30     jPanel2.add(jPanel_radio, BorderLayout.NORTH);
31     jPanel2.add(jPanel_check, BorderLayout.CENTER);
32     container.add(jPanel2, BorderLayout.CENTER);
33     jPanel3.add(jb1);
34     jPanel3.add(toggleBtn);
35     container.add(jPanel3, BorderLayout.SOUTH);
36     grp.add(jRb1);
37     grp.add(jRb2);
38     jPanel_radio.add(new JLabel("性别："));
```

```java
39      jPanel_radio.add(jRb1);
40      jPanel_radio.add(jRb2);
41      jPanel_check.add(new JLabel("爱好："));
42      //单选按钮处理
43      jRb1.addActionListener(new ActionListener() {
44          public void actionPerformed(ActionEvent e) {
45              jRb1.setSelected(!jRb1.isSelected());
46              jRb2.setSelected(!jRb1.isSelected());
47              if (jRb2.isSelected())
48                  jTextArea.append("性别："+jRb2.getText()+" 被选中\n");
49              else jTextArea.append("性别："+jRb1.getText()+" 被选中\n");
50          }
51      });
52      jRb2.addActionListener(new ActionListener() {
53          public void actionPerformed(ActionEvent e) {
54              jRb2.setSelected(!jRb2.isSelected());
55              jRb1.setSelected(!jRb2.isSelected());
56              if (jRb2.isSelected())
57                  jTextArea.append("性别："+jRb2.getText()+" 被选中\n");
58              else jTextArea.append("性别："+jRb1.getText()+" 被选中\n");
59          }
60      });
61      jb1.addActionListener(new ActionListener() {// 按钮处理
62          public void actionPerformed(ActionEvent e) {
63              System.exit(1);
64          }
65      });
66      jPanel_check.add(jBox1);
67      // 复选框处理
68      jBox1.addActionListener(new ActionListener() {
69          public void actionPerformed(ActionEvent e) {
70              if (jBox1.isSelected()) {
71                  jTextArea.append("兴趣 "+jBox1.getText()+" 被选中\n");
72              }
73          }
74      });
75      jPanel_check.add(jBox2);
```

```java
76      jBox2.addActionListener(new ActionListener() {
77          public void actionPerformed(ActionEvent e) {
78              if (jBox2.isSelected()) {
79                  jTextArea.append("兴趣 "+jBox2.getText()+" 被选中\n");
80              }
81          }
82      });
83      jPanel_check.add(jBox3);
84      jBox3.addActionListener(new ActionListener() {
85          public void actionPerformed(ActionEvent e) {
86              if (jBox3.isSelected()) {
87                  jTextArea.append("兴趣 "+jBox3.getText()+" 被选中\n");
88              }
89          }
90      });
91      //开关按钮处理
92      toggleBtn.addActionListener(new ActionListener() {
93          public void actionPerformed(ActionEvent e) {
94              // 获取事件源（即开关按钮本身）
95              JToggleButton toggleBtn = (JToggleButton) e.getSource();
96              jTextArea.append(toggleBtn.getText()+" 是否选中: "+toggleBtn.isSelected());
97          }
98      });
99      this.validate();
100 }
101 public static void main(String[] args) {
102     new Example14_19();
103 }
104 }
```

程序的运行结果如图 14-25 所示：

选中某一个"性别"或"爱好"时，以及"开关按钮"被点击时，文本域中会给出相应的提示信息。内容，读取普通文本框、密码文本框内容，并输出在多行文本域中，点击"取消"按钮则清空所有文本框内容；在第二个选项卡上实现了 JEditorPane，显示了加载甲骨文网站；在第三个选项卡上实现了向 JTextPane 中插入文本。

14.6.4 菜单组件

在 GUI 程序开发中，利用 Swing 提供的菜单组件可以创建出多种样式的菜单。

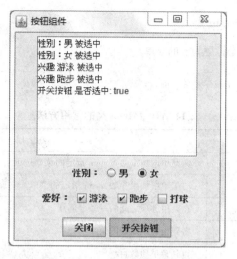

图 14-25　例 14-6-2 运行结果图

1. 下拉式菜单

下拉式菜单是通过出现在菜单条上的名字可视化的，菜单条(JMenuBar)通常出现在 JFrame 的顶部，菜单条显示多个下拉式菜单的名字，每个菜单有许多菜单项(JMenuItem)。因此，应先创建一个菜单条对象，再创建若干菜单对象，把这些菜单对象放在菜单条里，再按要求为每个菜单对象添加菜单项。菜单中的菜单项也可是一个完整的菜单，因此可以构造一个层次状菜单结构。

（1）菜单条

类 JMenuBar 的实例就是菜单条。例如，用以下代码创建菜单条对象 menubar：

```
JMenuBar menubar = new JMenuBar();
```

在窗口中增设菜单条，必须使用 JFrame 类中的 setJMenuBar( )方法。例如：

```
setJMenuBar(menubar);
```

类 JMenuBar 的常用方法如表 14-37 所示：

表 14-37　JMenuBar 类的常用方法

常用方法	功能描述
add(JMenu m)	将菜单 m 加入到菜单条中。
countJMenus( )	获得菜单条中菜单条数。
getJMenu(int p)	取得菜单条中的菜单。
remove(JMenu m)	删除菜单条中的菜单 m。

（2）菜单

由类 JMenu 创建的对象就是菜单，可采用如下两种构造方法创建：

```
JMenu()//建立一个空标题的菜单。
JMenu(String s)//建立一个标题为 s 的菜单。
```

类 JMenu 的常用方法如表 14-38 所示：

表 14-38 JMenu 类的常用方法

常用方法	功能描述
add(JMenuItem item)	向菜单增加由参数 item 指定的菜单选项。
add(JMenu menu)	向菜单增加由参数 menu 指定的菜单。实现在菜单嵌入子菜单。
addSeparator()	在菜单选项之间画一条分隔线。
getItem(int n)	得到指定索引处的菜单项。
getItemCount()	得到菜单项数目。
insert(JMenuItem item, int n)	在菜单的位置 n 插入菜单项 item。
remove(int n)	删除菜单位置 n 的菜单项。
removeAll()	删除菜单的所有菜单项。

（3）菜单项

类 JMenuItem 的实例就是菜单项。可采用如下两种构造方法创建：

```
JMenuItem()//建立一个空标题的菜单项。
JMenuItem(String s)//建立一个标题为 s 的菜单项。
```

类 JMenuItem 的常用方法如表 14-39 所示：

表 14-39 JMenuItem 类的常用方法

常用方法	功能描述
setEnabled(boolean b)	设置当前单项是否可被选择。
isEnabled()	返回当前菜单项是否可被用户选择。
getLabel()	得到菜单项的名称。
setLabel()	设置菜单选项的名称。
addActionListener(ActionListener e)	为菜单项设置监视器。监视器接受点击某个菜单的动作事件。

（4）处理菜单事件

菜单的事件源是用鼠标点击某个菜单项。处理该事件的接口是 ActionListener，要实现的接口方法是 actionPerformed(ActionEvent e)，获得事件源的方法 getSource()。

2. 弹出式菜单

JPopupMenu（弹出式菜单）并不固定在菜单栏中，而是能够自由浮动。与 JMenu 一样，开发人员可以使用 add 方法和 insert 方法向 JPopupMenu 中添加或插入 JMenuItem 与 JComponent。

【例 14-6-3】 实现菜单组件。

```java
01 import javax.swing.*;
02 import java.awt.event.*;
03 public class Example14_20 {
04   public static void main(String[] args) {
05     JFrame frame=new JFrame("菜单组件");
06     frame.setBounds(200, 200, 300, 300);
07     JMenuBar menubar=new JMenuBar();
08     JMenu jmFile=new JMenu("File");
09     JMenu jmEdit=new JMenu("Edit");
10     JMenu jmHelp=new JMenu("help");
11     JMenu jmNew=new JMenu("NEW");
12     JMenuItem jmiSave=new JMenuItem("Save",
13                           new ImageIcon(".\\src\\pic\\save.gif") );
14     JMenuItem jmiOpen=new JMenuItem("Open",
15                           new ImageIcon(".\\src\\pic\\open.gif") );
16     JMenuItem jmiPrint=new JMenuItem("Print");
17     JMenuItem jmiExit=new JMenuItem("Exit");
18     JMenuItem jmiProject=new JMenuItem("Project");
19     JMenuItem jmiClass=new JMenuItem("Class");
20     frame.setJMenuBar(menubar);
21     menubar.add(jmFile);
22     menubar.add(jmEdit);
23     menubar.add(jmHelp);
24     jmFile.add(jmNew);
25     jmFile.add(jmiOpen);
26     jmFile.add(jmiSave);
27     jmFile.add(jmiPrint);
28     jmFile.add(jmiExit);
29     jmNew.add(jmiProject);
30     jmNew.add(jmiClass);
31     jmiSave.setAccelerator(KeyStroke.getKeyStroke('S'));
32     jmiExit.setAccelerator(KeyStroke.getKeyStroke('E'));
33     jmiPrint.setAccelerator(KeyStroke.getKeyStroke(KeyEvent.VK_P,
                                        InputEvent.CTRL_MASK));
34     jmiExit.addActionListener(new ActionListener() {
35       public void actionPerformed(ActionEvent e) {
```

```java
36              System.exit(0);//退出应用程序
37          }
38      });
39      //定义弹出式菜单
40      JPopupMenu popupMenu = new JPopupMenu();
41      JMenuItem jmiCut=new JMenuItem("Cut");
42      JMenuItem jmiCopy=new JMenuItem("Copy");
43      JMenuItem jmiPaste=new JMenuItem("Paste");
44      popupMenu.add(jmiCut);
45      popupMenu.add(jmiCopy);
46      popupMenu.add(jmiPaste);
47      jmiPaste.setAccelerator(KeyStroke.getKeyStroke('P'));
48      frame.addMouseListener(new MouseAdapter() {
49          // 点击鼠标
50          public void mousePressed(MouseEvent event) {
51              // 调用triggerEvent方法处理事件
52              triggerEvent(event);
53          }
54          // 释放鼠标
55          public void mouseReleased(MouseEvent event) {
56              triggerEvent(event);
57          }
58          private void triggerEvent(MouseEvent event) { // 处理事件
59              // isPopupTrigger():返回此鼠标事件是否为该平台的弹出菜单触发事件。
60              if (event.isPopupTrigger())
61                  // 显示菜单
62                  popupMenu.show(event.getComponent(), event.getX(),
63                          event.getY());
64          }
65      });
66      frame.setDefaultCloseOperation(JFrame.EXIT_ON_CLOSE);
67      frame.setVisible(true);
68  }
69 }
```

程序的运行结果如图 14-26 所示:

上例，第 7 行至第 38 行实现的是下拉式菜单，运行结果见上图左图；第 39 行至第 65 行实现的是弹出式菜单，运行结果见上图右图；第 12 行至第 15 行，调用 JMenuItem 构造方

图 14-26　例 14-6-3 运行结果图

法定义了带有图片的菜单项 jmiOpen 和 jmiSave；第 31 行和第 32 行，调用 JMenuItem 类的 setAccelerator 方法设置菜单项 jmiSave 和 jmiExit 的快捷键；第 33 行设置了菜单项 jmiPrint 的组合快捷键；第 24 行将菜单 jmNew 加入到菜单 jmFile 中，第 29 行和第 30 行将菜单项 jmiProject 和 jmiClass 加入到菜单 jmNew，至此完成了嵌入式菜单 jmNew 的设置。

14.6.5　列表组件

Swing 中提供了 JComboBox(下拉列表框)与 JList(列表框)两种列表组件。

1. JComboBox

JComboBox(下拉列表框)是 javax.swing.JComponent 类的子类。它是一个带条状的显示区，具有下拉功能，在下拉列表框的右方存在一个倒三角形的按钮，当用户单击该按钮时，下拉列表框中的项目将会以列表形式显示出来。类 JComboBox 的构造方法如表 14-40 所示。

表 14-40　JComboBox 类的构造方法

构造方法	功能描述
JComboBox()	创建一个没有可选项的下拉框。
JComboBox(ComboBoxModel dataModel)	创建一个下拉框，其选项取自现有的 ComboBoxModel。
JComboBox(Objet[] arrayDate)	创建一个下拉框，Object 数组的元素作为下拉框的选项。
JComboBox(Vector vector)	创建一个下拉框，Vector 集合的元素作为下拉框的选项。

在初始化下拉列表框时，可以选择同时指定下拉列表框中的项目内容，也可在程序中使用其他方法设置下拉列表框中的内容，下拉列表框中的内容可以被封装在 ComboBoxModel 类型、数组或 Vector 类型中。JComboBox 能响应 ItemEvent 和 ActionEvent 事件，其中 ItemEvent 触发时机是当下拉列表框的所选项更改时，ActionEvent 触发时机是当用户在 JComboBox 直接输入选项并回车时。要处理这两个事件，需创建相应事件类并实现 ItemListener 接口和 ActionListener 接口。类 JComboBox 的常用方法如表 14-41 所示。

表 14-41　JComboBox 类的常用方法

常用方法	功能描述
void addItem(Object anObject)	将指定的对象作为选项添加到下拉列表框中。
void insertItemAt(Object anObject, int index)	在下拉列表框中的指定索引处插入项。

续表

常用方法	功能描述
void removeItem(Object anObject)	在下拉列表框中删除指定的对象项。
void removeItemAt(int anIndex)	在下拉列表框中删除指定位置的对象项。
void removeAllItems()	从下拉列表框中删除所有项。
int getItemCount()	返回下拉列表框中的项数。
Object getItemAt(int index)	获取指定索引的列表项，索引从 0 开始。
int getSelectedIndex()	获取当前选择的索引。
Object getSelectedItem()	获取当前选择的项。

2. JList

JList(列表框)只在窗体上占据固定大小，若需列表框具有滚动效果，可将列表框放入滚动面板。类 JList 的构造方法如表 14-42 所示。类 JList 的常用方法如表 14-43 所示。

表 14-42　JList 类的构造方法

构造方法	功能描述
JList()	构造一个空的只读模型的列表框。
JList(Object[] listData)	根据指定的非 null 模型对象构造一个显示元素的列表框。
JList(Vector listData)	使用 listData 指定的元素构造一个列表框。
JList(ListModel dataModel)	使用 listData 指定的元素构造一个列表框。

表 14-43　JList 类的常用方法

常用方法	功能描述
voidaddListSelectionListener(ListSelectionListener listener)	为每次选择发生更改时要通知的列表添加侦听器。
addSelectionInterval(int anchor, int lead)	将选择设置为指定间隔与当前选择的并集。
createSelectionModel()	返回 DefaultListSelectionModel 实例。
getCellRenderer()	返回呈现列表项的对象。
getModel()	返回保存由 JList 组件显示的项列表的数据模型。
intgetSelectedIndex()	返回所选的第一个索引；如果没有选择项，则返回-1。
getSelectedValue()	返回所选的第一个值，如果选择为空，则返回 null。
getSelectionModel()	返回当前选择模型的值。
boolean isSelectionEmpty()	如果什么也没有选择，则返回 true。
voidsetListData(Object[] listData)	根据一个 object 数组构造 ListModel，然后对其应用 setModel。
voidsetListData(Vector listData)	根据 Vector 构造 ListModel，然后对其应用 setModel。
voidsetModel(ListModel model)	设置表示列表内容或"值"的模型，并在通知 PropertyChangeListener 之后清除列表选择。

续表

常用方法	功能描述
void setSelectedIndex(int index)	选择单个单元。
void setSelectionMode(int selectionMode)	确定允许单项选择还是多项选择。
void setSelectionModel(ListSelectionModel selectionModel)	将列表的 selectionModel 设置为非 null 的 ListSelection Model 实现。

【例14-6-4】 实现列表组件。

```java
01 import java.awt.*;
02 import javax.swing.*;
03 import java.awt.event.*;
04 import javax.swing.event.*;
05 public class Example14_21 {
06   public static void main(String[] args) {
07     JFrame frame = new JFrame("列表组件");
08     Container con = frame.getContentPane();
09     JPanel jp1 = new JPanel(); // 创建面板1
10     JPanel jp2 = new JPanel(); // 创建面板2
11     JLabel info = new JLabel();
12     String str;
13     JComboBox cmb = new JComboBox(); // 创建JComboBox
14     JList<String> list;
15     String listItems[] = { "英文", "中文", "意大利语", "德语", "日语" };//列表选项
16     JTextField jtf = new JTextField(10);
17     JTextArea jta = new JTextArea(10, 10);
18     cmb.addItem("--请选择证件类型--"); // 向下拉列表中添加一项
19     cmb.addItem("身份证");
20     cmb.addItem("驾驶证");
21     cmb.addItem("军官证");
22     jp1.add(cmb, BorderLayout.WEST);
23     jp1.add(jtf, BorderLayout.CENTER);
24     jp1.add(new JLabel(""), BorderLayout.SOUTH);
25     cmb.addItemListener(new ItemListener() {
26       public void itemStateChanged(ItemEvent e) {
27         jtf.setText(String.valueOf(cmb.getSelectedItem()));
28       }
29     });
30     list = new JList<String>(listItems);// 创建列表并初始化列表选项
```

```java
31    list.setSelectionMode(ListSelectionModel.SINGLE_SELECTION);// 单选或多选
32    list.setLayoutOrientation(JList.VERTICAL);// 设置纵向或横向布局
33    list.setVisibleRowCount(3); // 设置行数
34    list.setSelectedIndex(1); // 设置初始选中的列表选 （编号从0开始）
35    // 如果列表选项比较多，需将列表放入一个带有滚动条的面板
36    JScrollPane listScroller = new JScrollPane(list);
37    // 在窗口的内容面板上添加组件
38    jp2.setLayout(new BorderLayout());
39    jp2.add(listScroller, BorderLayout.NORTH);// 将列表卷滚面板添加到主窗口
40    jp2.add(info, BorderLayout.CENTER);
41    // 将信息显示标签添加到主窗口
42    jp2.validate();
43    // 检查并自动布局容器里的组件
44    // 处理ListSelectionEvent事件的监听器：根据列表选中的选项来显示对应的信息
45    list.addListSelectionListener(new ListSelectionListener() {// 匿名类
46        public void valueChanged(ListSelectionEvent e) { // 处理列表选择事件
47            int index = list.getSelectedIndex();
48            // 获取被选中选项的序号
49            if (index == -1)
50                info.setText("无"); // 没有选项被选中
51            else
52                info.setText(listItems[index] + "被选中！"); // 有选项被选中
53        }
54    });
55    con.add(jp1, BorderLayout.NORTH);
56    con.add(jp2, BorderLayout.CENTER);
57    frame.setBounds(300, 200, 400, 400);
58    frame.setVisible(true);
59    frame.setDefaultCloseOperation(JFrame.EXIT_ON_CLOSE);
60  }
61 }
```

程序的运行结果如图 14-27 所示：

 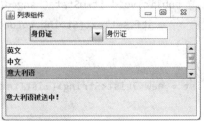

图 14-27　例 14-6-4 运行结果图

上例初次运行结果如左图所示,第 18 行至第 29 行实现的是 JComboBox(下拉列表框),如图中上半部分所示;第 30 行至第 54 行实现的是 JList(列表框),如图中下半部分所示。当在下拉列表框中选择了一种证件类型时,下拉列表框右侧的文本框会显示所选证件名称;当在列表框选择了一种语言时,下方标签会提示这种语言被选中,如上图右图所示。第 25 行至第 29 行实现的是为下拉列表框添加监听处理,也可用以下代码来实现:

```
cmb.addActionListener(new ActionListener() {
        public void actionPerformed(ActionEvent e) {
            jtf.setText(String.valueOf(cmb.getSelectedItem()));
        }
});
```

本 章 小 结

建立 Java 应用的 GUI 概括起来有两个核心问题:一是如何利用容器、组件以及布局管理器构建用户界面;另一个问题是实现用户在 GUI 上操作的响应。本章围绕这两个关键问题,详细介绍了 Swing 常用基本组件、高级组件、容器、布局管理器、常用事件处理等。

习 题

一、判断题

1. java.awt 包提供了基本的 java 程序的 GUI 设计工具,包含控件、容器和布局管理器。
 (   )
2. 所有 Swing 构件都实现了 ActionListener 接口。 (   )
3. 事件处理机制能够让图形界面响应用户的操作,主要包括事件、事件处理、事件源。
 (   )
4. 抽象窗口工具包 Swing 是 java 提供的建立图形用户界面 GUI 的开发包。 (   )
5. Swing 构件可直接添加到顶级容器中。 (   )
6. 要尽量使用非 Swing 的重要级构件。 (   )
7. Swing 的 JButton 不能直接放到 Frame 上。 (   )
8. 容器被重新设置大小后,CardLayout 布局管理器的容器中的组件大小不随容器大小的变化而改变。 (   )

二、填空题

1. 容器里的组件的位置和大小是由_____决定的。
2. _____布局管理器是容器中各个构件呈网格布局,平均占据容器空间。
3. Java 事件处理包括建立事件源、_____和将事件源注册到监听器。
4. Java 的图形界面技术经历了两个发展阶段,分别通过提供 AWT 开发包和_____开发包来实现。

三、选择题

1. 以下关于 Swing 容器叙述，哪项错误？
   A. 容器是一种特殊的组件，它可用来放置其他组件
   B. 容器是组成 GUI 所必需的元素
   C. 容器是一种特殊的组件，它可被放置在其他容器中
   D. 容器是一种特殊的组件，它可被放置在任何组件中

2. 以下关于 BorderLayout 类功能的描述，哪项错误？
   A. 它可以与其他布局管理器协同工作
   B. 它可以对 GUI 容器中的组件完成边框式的布局
   C. 它位于 java.awt 包中
   D. 它是一种特殊的组件

3. JTextField 类提供的 GUI 功能是？
   A. 文本区域   B. 按钮
   C. 文本字段   D. 菜单

4. 将 GUI 窗口划分为东、西、南、北、中五个部分的布局管理器是？
   A. FlowLayout   B. GridLayout
   C. CardLayout   D. BorderLayout

5. 在 Swing GUI 编程中，setDefaultCloseOperation(JFrame.EXIT_ON_CLOSE) 语句的作用是？
   A. 当执行关闭窗口操作时，不做任何操作
   B. 当执行关闭窗口操作时，调用 WindowsListener 对象并将隐藏 JFrame
   C. 当执行关闭窗口操作时，退出应用程序
   D. 当执行关闭窗口操作时，调用 WincowsListener 对象并隐藏和销毁 Jframe

四、编程题

1. 将 JFrame 区域分成大小相等的 2×2 块，分别装入四幅图片，鼠标进入哪个区域，就在该区域显示一幅图片，移出后则不显示图片。

2. 找一幅图像，显示在 JFrame 中，要求按原图大小显示，再放大或缩小一倍显示，或者放大显示右下部的 1/4 块。

3. 编写 JFrame（大小 140×60），其背景色为蓝色，画一个长方形（其填充色为 pink，各边离边小于 10 像素）和一个在填充的长方形中左右移动的小球（半径 15）。

4. 编写一个计算器程序，只有加减乘除功能，当作 JFrame 运行。

5. 编写一程序，创建一个框架，框架中有文本框和一命令按钮"计算 8!"；按"计算 8!"按钮时计算 8 的阶乘，并将结果显示在文本框中。

6. 编写一程序，使之具有如下功能：选中左边的列表中某项时，会自动添加到右边的列表中；当按 Close 按钮时，则结束程序的运行。

第 15 章 Java 游戏开发综合案例

一人独行走得快，与人同行走得远。
If you want to go fast, go alone. If you want to go far, go together.

——非洲谚语

微信扫码立领
●对应代码文件

学习目标
- ▶ 综合 Java 技术完成游戏设计开发。
- ▶ 掌握面向对象在游戏中的运用。
- ▶ 熟悉 GUI 的基本使用方法。

15.1 飞机大战游戏概述

飞机大战游戏是一款经典的小游戏，玩家众多。在本款游戏中，经典的游戏元素包括玩家指挥的英雄机、电脑控制的敌机、用于奖励的小蜜蜂，以及子弹。游戏主要需求如下：

（1）英雄机初始有三条生命；
（2）英雄机通过移动、发射子弹击落敌机，提升战斗成绩，其中击落一次敌机，成绩提高 40 分；
（3）英雄机击落小蜜蜂后，可以随机获得生命或者火力增强；
（4）敌机和小蜜蜂均是随机出现；
（5）英雄机生命为 0 时，游戏退出。

其中，游戏的运行界面如图 15-1 所示。

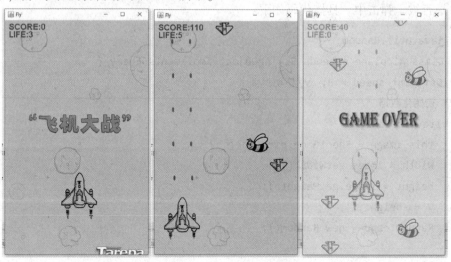

图 15-1 游戏运行界面

15.2 系统设计与实现

飞机大战游戏中，英雄机（Hero）、敌机（Airplane）、小蜜蜂（Bee）、子弹（Bullet）均属于飞行物。为减少代码冗余，提高程序的复用性，本案例设计一组继承类，四者分别从飞行物（FlyingObject）进行继承。同时，考虑敌机、小蜜蜂具有自身的特性，因此设计了两个接口类：敌机接口（Enemy）和奖励接口（Award），具体类图如图15-2所示。

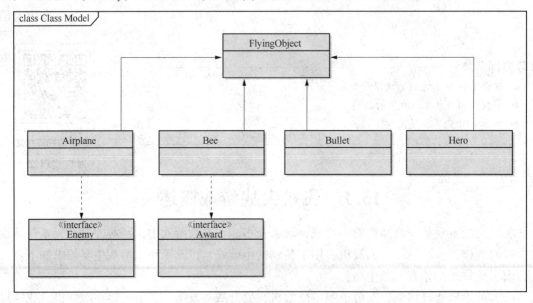

图 15-2　飞机大战游戏的主体类设计

15.2.1 飞行物父类与接口

飞行物（FlyingObject）中需要对所有飞行物的共同属性和行为进行定义，其中属性包括：(1) x 轴和 y 轴的坐标；(2) 宽和高；(3) 元素自身的图像。行为包括：(1) 移动；(2) 越界检查；(3) 是否被子弹击中。具体代码如下：

```java
import java.util.Random;
public class Airplane extends FlyingObject implements Enemy {
    private int speed = 3;  //移动步骤
    /** 初始化数据 */
    public Airplane(){
        this.image = ShootGame.airplane;
        width = image.getWidth();
        height = image.getHeight();
        y = -height;
        Random rand = new Random();
```

```java
        x = rand.nextInt(ShootGame.WIDTH - width);
    }
    /** 获取分数 */
    @Override
    public int getScore() {
        return 5;
    }
    /** //越界处理 */
    @Override
    public  boolean outOfBounds() {
        return y>ShootGame.HEIGHT;
    }
    /** 移动 */
    @Override
    public void step() {
        y += speed;
    }
}
```

敌机接口(Enemy)中需要定义击落敌机后,英雄机获得成绩,奖励接口(Award)中需要定义双倍火力和生命的奖励,此外还要定义当前奖励的类型行为。具体代码如下:

```java
/**
 * 敌人,可以有分数
 */
public interface Enemy {
    /** 敌人的分数   */
    int getScore();
}


/**
 * 奖励
 */
public interface Award {
    int DOUBLE_FIRE = 0;   //双倍火力
    int LIFE = 1;   //1条命
    /** 获得奖励类型(上面的0或1) */
    int getType();
}
```

15.2.2 英雄机

英雄机(Hero)是玩家操作的飞机，是飞行物(FlyingObject)的子类，主要属性包括：(1)显示图像；(2)生命；(3)火力。主要行为包括：(1)火力的增强与减弱；(2)生命的增加与降低；(3)移动；(4)越界检查；(5)碰撞。具体代码如下：

```java
import java.awt.image.BufferedImage;
public class Hero extends FlyingObject{
    private BufferedImage[] images = {};    //英雄机图片
    private int index = 0;                  //英雄机图片切换索引
    private int doubleFire;    //双倍火力
    private int life;    //命
    /** 初始化数据 */
    public Hero(){
        life = 3;    //初始3条命
        doubleFire = 0;    //初始火力为0
        images = new BufferedImage[]{ShootGame.hero0, ShootGame.hero1};    //图片数组
        image = ShootGame.hero0;    //初始为hero0图片
        width = image.getWidth();
        height = image.getHeight();
        x = 150;
        y = 400;
    }
    /** 获取双倍火力 */
    public int isDoubleFire() {
        return doubleFire;
    }
    /** 设置双倍火力 */
    public void setDoubleFire(int doubleFire) {
        this.doubleFire = doubleFire;
    }
    /** 增加火力 */
    public void addDoubleFire(){
        doubleFire = 40;
    }
    /** 增命 */
    public void addLife(){    //增命
        life++;
```

```java
}
/** 减命 */
public void subtractLife(){    //减命
    life--;
}
/** 获取命 */
public int getLife(){
    return life;
}
/** 当前物体移动了一下，相对距离，x,y鼠标位置 */
public void moveTo(int x,int y){
    this.x = x - width/2;
    this.y = y - height/2;
}
/** 越界处理 */
@Override
public boolean outOfBounds() {
    return false;
}

/** 发射子弹 */
public Bullet[] shoot(){
    int xStep = width/4;       //4半
    int yStep = 20;   //步
    if(doubleFire>0){   //双倍火力
        Bullet[] bullets = new Bullet[2];
        bullets[0] = new Bullet(x+xStep,y-yStep);   //y-yStep(子弹距飞机的位置)
        bullets[1] = new Bullet(x+3*xStep,y-yStep);
        return bullets;
    }else{        //单倍火力
        Bullet[] bullets = new Bullet[1];
        bullets[0] = new Bullet(x+2*xStep,y-yStep);
        return bullets;
    }
}
/** 移动 */
@Override
```

```java
public void step() {
    if(images.length>0){
        image = images[index++/10%images.length];    //切换图片hero0，hero1
    }
}
/** 碰撞算法 */
public boolean hit(FlyingObject other){
    int x1 = other.x - this.width/2;                      //x坐标最小距离
    int x2 = other.x + this.width/2 + other.width;        //x坐标最大距离
    int y1 = other.y - this.height/2;                     //y坐标最小距离
    int y2 = other.y + this.height/2 + other.height;      //y坐标最大距离
    int herox = this.x + this.width/2;                    //英雄机x坐标中心点距离
    int heroy = this.y + this.height/2;                   //英雄机y坐标中心点距离
    
    return herox>x1 && herox<x2 && heroy>y1 && heroy<y2;  //区间范围内为撞上了
}
}
```

15.2.3 敌飞机

敌飞机(Airplane)中需要敌机的速度、自身的奖励分值等进行定义，它的主要行为包括：(1)移动；(2)越界检查。具体代码如下：

```java
import java.util.Random;
public class Airplane extends FlyingObject implements Enemy {
    private int speed = 3;    //移动步骤
    /** 初始化数据 */
    public Airplane(){
        this.image = ShootGame.airplane;
        width = image.getWidth();
        height = image.getHeight();
        y = -height;
        Random rand = new Random();
        x = rand.nextInt(ShootGame.WIDTH - width);
    }
    /** 获取分数 */
    @Override
    public int getScore() {
        return 5;
```

```
    }
    /** //越界处理 */
    @Override
    public  boolean outOfBounds() {
        return y>ShootGame.HEIGHT;
    }
    /** 移动 */
    @Override
    public void step() {
        y += speed;
    }
}
```

15.2.4 小蜜蜂

小蜜蜂(Bee)是游戏中,增强英雄机能力的游戏元素,包括生命和火力两种奖励方式,是飞行物的一种,同时需要实现 Award 接口。它的主要行为包括:(1)移动;(2)越界检查;(3)随机奖励。具体代码如下:

```
import java.util.Random;
public class Bee extends FlyingObject implements Award{
    private int xSpeed = 1;      //x坐标移动速度
    private int ySpeed = 2;      //y坐标移动速度
    private int awardType;       //奖励类型
    /** 初始化数据 */
    public Bee(){
        this.image = ShootGame.bee;
        width = image.getWidth();
        height = image.getHeight();
        y = -height;
        Random rand = new Random();
        x = rand.nextInt(ShootGame.WIDTH - width);
        awardType = rand.nextInt(2);    //初始化时给奖励
    }
    /** 获得奖励类型 */
    public int getType(){
        return awardType;
    }
```

```java
/** 越界处理 */
@Override
public boolean outOfBounds() {
    return y>ShootGame.HEIGHT;
}
/** 移动,可斜着飞 */
@Override
public void step() {
    x += xSpeed;
    y += ySpeed;
    if(x > ShootGame.WIDTH-width){
        xSpeed = -1;
    }
    if(x < 0){
        xSpeed = 1;
    }
}
}
```

15.2.5 子弹

英雄机利用子弹(Bullet)完成对敌人的进攻,它的属性包括:(1)x轴和y轴的坐标;(2)元素自身的图像。行为包括:(1)移动;(2)越界检查。具体代码如下:

```java
public class Bullet extends FlyingObject {
    private int speed = 3;   //移动的速度
    /** 初始化数据 */
    public Bullet(int x,int y){
        this.x = x;
        this.y = y;
        this.image = ShootGame.bullet;
    }
    /** 移动 */
    @Override
    public void step(){
        y-=speed;
    }
    /** 越界处理 */
```

```java
    @Override
    public boolean outOfBounds() {
        return y<-height;
    }
}
```

15.2.5 主程序

主程序是游戏的主窗口，主要实现内容包括：
(1) 采用数组完成对敌机、子弹的存储；
(2) 初始化各个游戏的元素图像；
(3) 利用定时器 Timer 刷新游戏，完成英雄机的移动与射击、敌机和小蜜蜂的飞行、游戏元素的越界检查、游戏结束的检查、子弹飞行、子弹与飞行物的碰撞检查等动态过程；
(4) 处理鼠标监听，完成英雄机的控制；
(5) 飞行物的随机生成。
具体代码如下：

```java
import java.awt.Font;
import java.awt.Color;
import java.awt.Graphics;
import java.awt.event.MouseAdapter;
import java.awt.event.MouseEvent;
import java.util.Arrays;
import java.util.Random;
import java.util.Timer;
import java.util.TimerTask;
import java.awt.image.BufferedImage;

import javax.imageio.ImageIO;
import javax.swing.ImageIcon;
import javax.swing.JFrame;
import javax.swing.JPanel;
public class ShootGame extends JPanel {
    public static final int WIDTH = 400; // 面板宽
    public static final int HEIGHT = 654; // 面板高
    /** 游戏的当前状态: START RUNNING PAUSE GAME_OVER */
    private int state;
    private static final int START = 0;
    private static final int RUNNING = 1;
```

```java
private static final int PAUSE = 2;
private static final int GAME_OVER = 3;
private int score = 0; // 得分
private Timer timer; // 定时器
private int interval = 1000 / 100; // 时间间隔(毫秒)
public static BufferedImage background;
public static BufferedImage start;
public static BufferedImage airplane;
public static BufferedImage bee;
public static BufferedImage bullet;
public static BufferedImage hero0;
public static BufferedImage hero1;
public static BufferedImage pause;
public static BufferedImage gameover;

private FlyingObject[] flyings = {}; // 敌机数组
private Bullet[] bullets = {}; // 子弹数组
private Hero hero = new Hero(); // 英雄机

static { // 静态代码块，初始化图片资源
    try {
        background = ImageIO.read(ShootGame.class
                .getResource("background.png"));
        start = ImageIO.read(ShootGame.class.getResource("start.png"));
        airplane = ImageIO
                .read(ShootGame.class.getResource("airplane.png"));
        bee = ImageIO.read(ShootGame.class.getResource("bee.png"));
        bullet = ImageIO.read(ShootGame.class.getResource("bullet.png"));
        hero0 = ImageIO.read(ShootGame.class.getResource("hero0.png"));
        hero1 = ImageIO.read(ShootGame.class.getResource("hero1.png"));
        pause = ImageIO.read(ShootGame.class.getResource("pause.png"));
        gameover = ImageIO
                .read(ShootGame.class.getResource("gameover.png"));
    } catch (Exception e) {
        e.printStackTrace();
    }
}
/** 画 */
```

```java
@Override
public void paint(Graphics g) {
    g.drawImage(background, 0, 0, null); // 画背景图
    paintHero(g); // 画英雄机
    paintBullets(g); // 画子弹
    paintFlyingObjects(g); // 画飞行物
    paintScore(g); // 画分数
    paintState(g); // 画游戏状态
}
/** 画英雄机 */
public void paintHero(Graphics g) {
    g.drawImage(hero.getImage(), hero.getX(), hero.getY(), null);
}
/** 画子弹 */
public void paintBullets(Graphics g) {
    for (int i = 0; i < bullets.length; i++) {
        Bullet b = bullets[i];
        g.drawImage(b.getImage(), b.getX() - b.getWidth() / 2, b.getY(),
                null);
    }
}
/** 画飞行物 */
public void paintFlyingObjects(Graphics g) {
    for (int i = 0; i < flyings.length; i++) {
        FlyingObject f = flyings[i];
        g.drawImage(f.getImage(), f.getX(), f.getY(), null);
    }
}
/** 画分数 */
public void paintScore(Graphics g) {
    int x = 10; // x坐标
    int y = 25; // y坐标
    Font font = new Font(Font.SANS_SERIF, Font.BOLD, 22); // 字体
    g.setColor(new Color(0xFF0000));
    g.setFont(font); // 设置字体
    g.drawString("SCORE:" + score, x, y); // 画分数
    y=y+20; // y坐标增20
    g.drawString("LIFE:" + hero.getLife(), x, y); // 画命
```

```java
}
/** 画游戏状态 */
public void paintState(Graphics g) {
    switch (state) {
    case START: // 启动状态
        g.drawImage(start, 0, 0, null);
        break;
    case PAUSE: // 暂停状态
        g.drawImage(pause, 0, 0, null);
        break;
    case GAME_OVER: // 游戏终止状态
        g.drawImage(gameover, 0, 0, null);
        break;
    }
}

public static void main(String[] args) {
    JFrame frame = new JFrame("Fly");
    ShootGame game = new ShootGame(); // 面板对象
    frame.add(game); // 将面板添加到JFrame中
    frame.setSize(WIDTH, HEIGHT); // 设置大小
    frame.setAlwaysOnTop(true); // 设置其总在最上
    frame.setDefaultCloseOperation(JFrame.EXIT_ON_CLOSE); // 默认关闭操作
    frame.setIconImage(new ImageIcon("images/icon.jpg").getImage()); // 窗体图标
    frame.setLocationRelativeTo(null); // 设置窗体初始位置
    frame.setVisible(true); // 尽快调用paint
    game.action(); // 启动执行
}
/** 启动执行代码 */
public void action() {
    // 鼠标监听事件
    MouseAdapter l = new MouseAdapter() {
        @Override
        public void mouseMoved(MouseEvent e) { // 鼠标移动
            if (state == RUNNING) { // 运行状态下移动英雄机--随鼠标位置
                int x = e.getX();
                int y = e.getY();
                hero.moveTo(x, y);
```

```java
            }
        }
        @Override
        public void mouseEntered(MouseEvent e) { // 鼠标进入
            if (state == PAUSE) { // 暂停状态下运行
                state = RUNNING;
            }
        }
        @Override
        public void mouseExited(MouseEvent e) { // 鼠标退出
            if (state == RUNNING) { // 游戏未结束，则设置其为暂停
                state = PAUSE;
            }
        }
        @Override
        public void mouseClicked(MouseEvent e) { // 鼠标点击
            switch (state) {
            case START:
                state = RUNNING; // 启动状态下运行
                break;
            case GAME_OVER: // 游戏结束，清理现场
                flyings = new FlyingObject[0]; // 清空飞行物
                bullets = new Bullet[0]; // 清空子弹
                hero = new Hero(); // 重新创建英雄机
                score = 0; // 清空成绩
                state = START; // 状态设置为启动
                break;
            }
        }
    };
    this.addMouseListener(l); // 处理鼠标点击操作
    this.addMouseMotionListener(l); // 处理鼠标滑动操作

    timer = new Timer(); // 主流程控制
    timer.schedule(new TimerTask() {
        @Override
        public void run() {
            if (state == RUNNING) { // 运行状态
```

```java
                    enterAction(); // 飞行物入场
                    stepAction(); // 走一步
                    shootAction(); // 英雄机射击
                    bangAction(); // 子弹打飞行物
                    outOfBoundsAction(); // 删除越界飞行物及子弹
                    checkGameOverAction(); // 检查游戏结束
                }
                repaint(); // 重绘，调用paint()方法
            }

        }, intervel, intervel);
    }

    int flyEnteredIndex = 0; // 飞行物入场计数

    /** 飞行物入场 */
    public void enterAction() {
        flyEnteredIndex++;
        if (flyEnteredIndex % 40 == 0) { // 400毫秒生成一个飞行物--10*40
            FlyingObject obj = nextOne(); // 随机生成一个飞行物
            flyings = Arrays.copyOf(flyings, flyings.length + 1);
            flyings[flyings.length - 1] = obj;
        }
    }


    /** 走一步 */
    public void stepAction() {
        for (int i = 0; i < flyings.length; i++) { // 飞行物走一步
            FlyingObject f = flyings[i];
            f.step();
        }

        for (int i = 0; i < bullets.length; i++) { // 子弹走一步
            Bullet b = bullets[i];
            b.step();
        }

        hero.step(); // 英雄机走一步
    }
```

```java
/** 飞行物走一步 */
public void flyingStepAction() {
    for (int i = 0; i < flyings.length; i++) {
        FlyingObject f = flyings[i];
        f.step();
    }
}

int shootIndex = 0; // 射击计数

/** 射击 */
public void shootAction() {
    shootIndex++;
    if (shootIndex % 30 == 0) { // 300毫秒发一颗
        Bullet[] bs = hero.shoot(); // 英雄打出子弹
        bullets = Arrays.copyOf(bullets, bullets.length + bs.length); // 扩容
        System.arraycopy(bs, 0, bullets, bullets.length - bs.length, bs.length); // 追加数组
    }
}

/** 子弹与飞行物碰撞检测 */
public void bangAction() {
    for (int i = 0; i < bullets.length; i++) { // 遍历所有子弹
        Bullet b = bullets[i];
        bang(b); // 子弹和飞行物之间的碰撞检查
    }
}

/** 删除越界飞行物及子弹 */
public void outOfBoundsAction() {
    int index = 0; // 索引
    FlyingObject[] flyingLives = new FlyingObject[flyings.length]; //活的飞行物
    for (int i = 0; i < flyings.length; i++) {
        FlyingObject f = flyings[i];
        if (!f.outOfBounds()) {
            flyingLives[index++] = f; // 不越界的留着
        }
    }
    flyings = Arrays.copyOf(flyingLives, index); // 将不越界的飞行物都留着
```

```java
        index = 0; // 索引重置为0
        Bullet[] bulletLives = new Bullet[bullets.length];
        for (int i = 0; i < bullets.length; i++) {
            Bullet b = bullets[i];
            if (!b.outOfBounds()) {
                bulletLives[index++] = b;
            }
        }
        bullets = Arrays.copyOf(bulletLives, index); // 将不越界的子弹留着
}
/** 检查游戏结束 */
public void checkGameOverAction() {
    if (isGameOver()==true) {
        state = GAME_OVER; // 改变状态
    }
}
/** 检查游戏是否结束 */
public boolean isGameOver() {
    for (int i = 0; i < flyings.length; i++) {
        int index = -1;
        FlyingObject obj = flyings[i];
        if (hero.hit(obj)) { // 检查英雄机与飞行物是否碰撞
            hero.subtractLife(); // 减命
            hero.setDoubleFire(0); // 双倍火力解除
            index = i; // 记录碰上的飞行物索引
        }
        if (index != -1) {
            FlyingObject t = flyings[index];
            flyings[index] = flyings[flyings.length - 1];
            flyings[flyings.length - 1] = t; // 碰上的与最后一个飞行物交换
            // 删除碰上的飞行物
            flyings = Arrays.copyOf(flyings, flyings.length - 1);
        }
    }
    return hero.getLife() <= 0;
}
/** 子弹和飞行物之间的碰撞检查 */
public void bang(Bullet bullet) {
```

```java
        int index = -1; // 击中的飞行物索引
        for (int i = 0; i < flyings.length; i++) {
            FlyingObject obj = flyings[i];
            if (obj.shootBy(bullet)) { // 判断是否击中
                index = i; // 记录被击中的飞行物的索引
                break;
            }
        }
        if (index != -1) { // 有击中的飞行物
            FlyingObject one = flyings[index]; // 记录被击中的飞行物
            FlyingObject temp = flyings[index]; // 被击中的飞行物与最后一个飞行物交换
            flyings[index] = flyings[flyings.length - 1];
            flyings[flyings.length - 1] = temp;
            // 删除最后一个飞行物(即被击中的)
            flyings = Arrays.copyOf(flyings, flyings.length - 1);

            // 检查one的类型(敌人加分, 奖励获取)
            if (one instanceof Enemy) { // 检查类型, 是敌人, 则加分
                Enemy e = (Enemy) one; // 强制类型转换
                score += e.getScore(); // 加分
            } else { // 若为奖励, 设置奖励
                Award a = (Award) one;
                int type = a.getType(); // 获取奖励类型
                switch (type) {
                case Award.DOUBLE_FIRE:
                    hero.addDoubleFire(); // 设置双倍火力
                    break;
                case Award.LIFE:
                    hero.addLife(); // 设置加命
                    break;
                }
            }
        }
    }

    /**
     * 随机生成飞行物
     *
```

```
     * @return 飞行物对象
     */
    public static FlyingObject nextOne() {
        Random random = new Random();
        int type = random.nextInt(20); // [0,20)
        if (type < 4) {
            return new Bee();
        } else {
            return new Airplane();
        }
    }
}
```

本 章 小 结

本章通过 Java 飞机大战游戏的设计与开发，根据游戏需求给出了系统的总体设计，同时实现了飞行物、英雄机、敌飞机、小蜜蜂等具体游戏元素。设计过程中，综合使用面向对象对游戏的架构进行了总体设计，然后使用常用类、线程、GUI 界面等技术综合实现了游戏的主要元素和程序的主体框架。通过本章的学习，读者可以了解游戏的基本开发思路，并熟练掌握 Java 的常用技术，提升程序编程技能。

结合课件学理论，使用代码练操作
带你从入门到精通

为了帮助你更好地阅读本书，我们提供了以下线上服务

1. 配套课件
- 展示每章节对应课件资源，简明扼要展示知识点

2. 实用代码
- 提供对应代码数据，方便试验节省你的时间

微信扫码立领
- 对应课件合集
- 对应代码合集

微信扫码
添加智能阅读向导
获取本书配套资源